高等学校信息工程类专业系列教材

数字信号处理

（第四版）

刘顺兰　吴　杰　编著

高西全　主审

西安电子科技大学出版社

内 容 简 介

本书是在前三版的基础上修订而成的。

本书在重点介绍数字信号处理基础理论的同时，增加了数字信号处理的软件实现方法等内容，特别注意将理论与实际相结合。全书共8章，第1章介绍离散时间信号与系统，包括其时域和频域分析；第2、3章为离散傅里叶变换及其快速算法；第4～6章是IIR数字滤波器和FIR数字滤波器的实现结构及设计；第7章讨论了数字信号处理中的有限字长效应；第8章为MATLAB程序设计语言在信号处理中的应用。前7章每章都配有习题与上机练习。

本书可作为电子信息类专业本科生的教材，或者相近专业本科生的必修或选修课教材，也可作为相关专业技术人员学习数字信号处理理论的参考书。

图书在版编目(CIP)数据

数字信号处理/刘顺兰，吴杰编著．—4版．—西安：
西安电子科技大学出版社，2021.9(2023.4重印)
ISBN 978-7-5606-6185-8

Ⅰ．①数…　Ⅱ．①刘…　②吴…　Ⅲ．①数字信号处理　Ⅳ．①TN911.72

中国版本图书馆CIP数据核字(2021)第166237号

策　　划　马乐惠
责任编辑　许青青
出版发行　西安电子科技大学出版社(西安市太白南路2号)
电　　话　(029)88202421　88201467　　邮　　编　710071
网　　址　www.xduph.com　　电子邮箱　xdupfxb001@163.com
经　　销　新华书店
印刷单位　陕西天意印务有限责任公司
版　　次　2021年9月第4版　　2023年4月第3次印刷
开　　本　787毫米×1092毫米　1/16　印张　21
字　　数　496千字
印　　数　3501～6500册
定　　价　48.00元
ISBN 978-7-5606-6185-8/TN
XDUP 6487004-3

前　言

随着科学技术的发展，数字信号处理的新内容越来越多，但作为大学本科“数字信号处理”课程的教材，限于篇幅(学时)和教学大纲的要求，其内容只能是最基础的理论与方法的介绍。本书内容是在多年教学的基础上，经过教研室同仁的充分讨论而形成的。全书主要介绍数字信号处理的基本理论、基本分析方法以及 MATLAB 程序设计语言在数字信号处理中的应用。

本书是在使用多年的第三版的基础上修订而成的，在保留第三版教材风格的基础上，对其内容进行了删减、补充和完善。本次修订的主要改动如下：订正了第三版中发现的错误；删减了第 8 章信号的时频表示与小波分析，原第 9 章更改为第 8 章，并重写了 8.1 节；对第 1 章目录进行了调整，增加了 1.6 节序列的傅里叶变换及其性质；第 2 章引言部分增加了几种不同信号的傅里叶变换公式；参考答案部分又稍作补充；其他各章也或多或少进行了完善，并对个别科学家生平进行了介绍。同时为了方便学生边学边练，结合例题，每章都介绍了一些 MATLAB 应用程序。

由于作者水平所限，书中难免存在不足之处，欢迎广大读者指正。

作者 E-mail：liushunlan@hdu. edu. cn。

作者

2021 年 6 月

于杭州电子科技大学

第一版前言

本教材经“面向21世纪高等学校信息工程类专业系列教材编委会”组织，由通信与信息工程专业委员会评审、推荐出版。本教材由杭州电子工业学院刘顺兰主编。

数字信号处理是电子工程和通信工程等专业的一门技术基础课程。该课程的理论性和实践性都很强，是一门理论和技术发展都十分迅速、应用十分广泛的前沿性学科。因此，在授课过程中强调基本理论和基本概念的同时，还要结合当前信号处理的应用领域，使学生通过上机练习，切实掌握信号处理的基本方法。为了加深学生对基本概念和基本方法的理解，书中给出了一定量的例题、习题与上机练习，书后给出了部分习题的参考答案。为方便学生上机练习，本教材的最后一章对目前较常用的数字信号处理的仿真软件MATLAB作了简要介绍。

本教材参考学时数为50学时，主要包括以下五部分内容：离散时间信号与系统的分析，快速傅里叶变换，数字滤波器的设计，信号的时频表示与小波分析以及MATLAB语言在数字信号处理中的应用。第一部分包括第1、2章，是全书的基础部分，主要介绍时域离散信号和系统的描述方法，离散信号的三种重要的数学变换工具：序列的傅里叶变换(FT)、Z变换和离散傅里叶变换(DFT)。第二部分是第3章，介绍了离散傅里叶变换的快速算法——快速傅里叶变换(FFT)。通过对本章的学习，学生可以进一步认识到运算效率在数字信号处理中的重要地位。第三部分包括第4～6章，主要介绍了数字滤波器的基本理论和设计方法。前三部分构成了数字信号处理最基础的内容。第四部分是第7章，介绍信号的时频表示与小波分析，它是数字信号处理的新工具。这部分内容相对比较独立，在授课时可以根据具体情况采取全授、选授或不授。第五部分是第8章，介绍MATLAB语言在数字信号处理中的应用，授课时可以结合实验课开展教学，以学生自学为主。

本教材的绪论、第1章至第3章、第5章、第6章由刘顺兰执笔，第4章、第7章和第8章由吴杰执笔。在教材的编写过程中，教研室同仁提出了许多宝贵的修改意见，尤其是冯忠娜老师牺牲了大量的休息时间，为本教材绘制插图，在此表示诚挚的感谢。

限于编者的水平，对书中不妥之处，殷切希望读者能够不吝指正。

编　者
2003年4月
于杭州电子工业学院

目　录

绪　论

电子信息技术领域正日益广泛地采用数字信号及数字系统。信息科学和计算机科学的高速发展，为数字信号处理提供了强有力的手段。

1. 信号、系统和信号处理

1）信号

信号可定义为一传载信息的函数，其自变量常取为时间，尽管事实上它可以不代表时间，也不一定只限于有一个自变量(本书只讲一维时间信号)。自变量的取值方式有连续与离散两种。若自变量(一般都看成时间)是连续的，则称为连续时间信号；若自变量是离散数值，则称为离散时间信号。信号幅值的取值方式也可分为连续与离散两种方式。因此，组合起来，信号通常分为以下四类：

(1) 连续时间信号：时间是连续的，幅值可以是连续的，也可以是离散(量化)的。

(2) 模拟信号：时间是连续的，幅值也是连续的。模拟信号是连续时间信号的一个特例。

(3) 离散时间信号(或称序列)：时间是离散的，幅值可以是连续的，也可以是离散的。

(4) 数字信号：时间是离散的，幅值也是离散的。由于幅值是离散的，因此数字信号可用一系列数字来表示，而每个数字又可以表示为二进制码的形式。

因离散时间信号的一些理论同样适用于数字信号，故本书基本上讨论离散时间信号的分析和处理。

2）系统

系统定义为处理(或变换)信号的物理设备。或者进一步说，凡是能将信号加以变换以达到人们要求的各种设备或运算都称为系统。

按所处理的信号种类不同，系统可分为以下四类：

(1) 模拟系统：输入与输出均为模拟信号的系统。

(2) 连续时间系统：输入与输出均为连续时间信号的系统。

(3) 离散时间系统：输入与输出均为离散时间信号的系统。

(4) 数字系统：输入与输出均为数字信号的系统。

系统可以是线性的或非线性的，时不变的或时变的。

3）信号处理

信号处理是研究用系统对含有信息的信号进行处理(变换)，以获得人们所希望的信号，从而实现提取信息以便于利用的一门学科。信号处理包括滤波、变换、检测、谱分析、估计、压缩和识别等一系列加工处理。

数字信号处理是把信号转换成用数字或符号表示的序列，通过计算机或通用(专用)信号处理设备，用数字的数值计算方法对其进行处理，以达到提取有用信息、方便应用的目的。

2. 数字信号处理的基本组成

为了对"数字信号处理"有一个轮廓概念，我们先来讨论模拟信号的数字化处理系统。此系统首先把模拟信号变换为数字信号，然后用数字技术进行处理，最后还原成模拟信号。这一系统的方框图如图 0-1 所示，处理过程分为以下五个阶段：

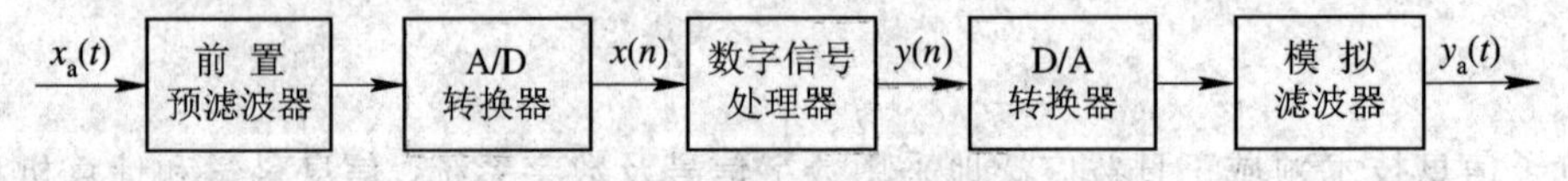

图 0-1　数字信号处理系统的简单框图

(1) 前置预滤波器：又称为抗混叠滤波器，它将输入模拟信号 $x_a(t)$ 中高于某一频率的分量滤除，从而保证进入 A/D 转换器的信号的最高频率限制在一定数值之内。

(2) A/D 转换器：称为模拟/数字转换器，用来由模拟信号产生一个二进制数值流，即产生数字信号 $x(n)$。

(3) 数字信号处理器：这是系统的核心部分，可以是一台通用计算机、一种专用处理器或数字硬件等。数字信号 $x(n)$ 通过数字信号处理器，按照预定的要求进行加工处理，得到输出数字信号 $y(n)$。

数字信号处理的实现大致有三种方法：

① 软件实现法：在通用计算机上通过软件编程对输入信号进行处理。

② 硬件实现法：用基本的数字硬件组成专用处理机或用专用数字信号处理芯片作为数字信号处理器。这种实现方法的优点是可以进行实时处理，但是由于是专用的，因而只能完成某一具体的加工处理，而不能完成其他加工处理。

③ 用通用的可编程的数字信号处理器实现法：这种方法既具有硬件实现法实时的优点，又具有软件实现法灵活的优点，是一种重要的数字信号处理实现方法。

第三种实现方法通常需用到通用数字信号处理芯片，如 TI 公司的 TMS320 系列芯片。这类芯片通常有专门执行信号处理算法的硬件和专门进行信号处理的指令。目前，有很多有关这方面的书籍可供参考。考虑到课程学时有限，这里我们不对这部分内容作专门介绍，而重点介绍数字信号处理的软件实现法，具体内容详见第 8 章。

(4) D/A 转换器：它进行 A/D 转换的逆操作，称为数字/模拟转换器，它从一串二进制数的序列 $y(n)$ 中产生一种阶梯形波形，这是产生一个模拟信号的第一步。

(5) 模拟滤波器：这是一个后置滤波器，用于滤除模拟量中不需要的高频分量，将阶梯形波形转换为所期望的模拟输出信号 $y_a(t)$。

图 0-1 所示为模拟信号的数字信号处理系统的简单框图，实际的系统并不一定要包括图 0-1 中的所有部分。例如，有些系统只需数字输出，可直接以数字形式显示或打印，就不需要 D/A 变换器；有些系统的输入本身就是数字量，因而就不需要 A/D 变换器；纯数字系统则只需要数字信号处理器这一核心部分就行了。

数字信号处理从某种角度来说，是多种计算机算法的汇集，因此，可认为它是计算数学的另一分支。在整个数字信号处理领域，离散时间线性时不变系统理论(第1章)和离散傅里叶变换(DFT)(第2章)是整个领域的理论基础，数字滤波器和快速傅里叶变换(FFT)是数字信号处理的两个基本内容。数字滤波器除了可以用来完成各种模拟滤波器所具有的功能外，还具有一些模拟滤波器所不具有的特性；而快速傅里叶变换的出现不仅大大促进了数字频谱的分析，更重要的是，它提供了一种信号处理的广泛的高效方法，已被应用于数字信号处理的许多环节。

除了上述基本理论和基本内容之外，数字信号处理理论还包括自适应信号处理、估计理论、信号压缩、信号建模、其他特殊算法及数字信号处理的实现和应用等。

本书是数字信号处理的基础理论教程，不可能涉及那么多理论内容，只着重于讨论数字信号处理的基本理论和基本内容，并对数字信号处理的实现和应用作一些简单介绍。

3. 数字信号处理系统的突出优点

数字信号处理与模拟信号处理相比具有以下明显的优点：

(1) 精度高。在模拟系统中，模拟元器件的精度很难达到10^{-3}以上；而数字系统中17位字长就可以达到10^{-5}的精度。在高精度系统中，有时只能采用数字系统。

(2) 灵活性强。数字信号处理运算很容易实时进行修改，往往简单地改变编程，或者通过改变寄存器中的内容就可实现，这比改变模拟系统方便得多。

(3) 可靠性高。由于数字系统只有两个电平信号“0”和“1”，因而受周围环境的温度及噪声的影响小；而模拟系统的各元器件都有一定的温度系数，且电平是连续变化的，易受温度、噪声和电磁感应等的影响。数字系统如采用大规模集成电路，其可靠性会更高。

(4) 便于大规模集成。由于数字部件具有高度规范性，便于大规模集成，大规模生产，而对电路参数要求不严，因此产品成品率高。例如，地震波分析需要过滤几赫兹到几十赫兹的信号，用模拟网络处理时，电感器(电容器)的电感(电容)、体积和重量都非常大，性能也达不到要求，而采用数字信号处理就能突出显示出体积、重量和性能等方面的优越性。

(5) 时分复用。时分复用就是利用数字信号处理器同时处理几个通道的信号。由于某一电路信号的相邻两次采样之间存在着很大的时间空隙，因而可在同步器的控制下，在此时间空隙中送入其他路的信号，而对于各路信号，则在同步器的控制下，利用同一个信号处理器，算完一路信号再算另一路信号。处理器的运算速度越高，能处理的信道数目也就越多。

(6) 可获得高性能指标。例如，有限长单位脉冲响应数字滤波器可实现准确的线性相位特性，这在模拟系统中是很难达到的。

(7) 可进行二维与多维处理。利用庞大的存储单元可以存储一帧或数帧图像信号，实现二维甚至多维的滤波及谱分析等。

4. 数字信号处理的应用

数字信号处理的突出优点，使得它在通信、语音、图像、雷达、地震测报、声呐、遥感、生物医学、电视和仪器中得到了愈来愈广泛的应用。

数字信号处理主要用来对信号进行分析和过滤。信号分析一般通过频域运算来完成，其主要应用包括谱(频率和/或相位)分析、语音识别、说话人确认和目标检测等。信号过滤通常(但不总)是一种时域运算。它的应用包括除去不需要的背景噪声、消除干扰、划分频带和形成信号频谱等。在有些应用(如声音合成)中，首先对某一信号进行分析以研究它的特性，然后在数字过滤中产生某一合成声音。

本书的前3章讨论信号分析方面的内容，包括离散时间信号与系统的基本理论，时域和频域分析，离散傅里叶变换及其快速算法。第4～6章讨论信号过滤方面的内容。其中，第4章描述数字滤波器的各种实现结构；第5章、第6章分别讨论无限长单位脉冲响应(IIR)数字滤波器和有限长单位脉冲响应(FIR)数字滤波器的设计方法和算法。第7章介绍数字信号处理中的有限字长效应。第8章介绍MATLAB程序设计语言在信号处理中的应用，即数字信号处理的软件实现方法及信号处理工具箱中函数的具体应用。

第 1 章　离散时间信号与系统

1.1　离散时间信号——序列

离散时间信号只在离散时间上给出函数值，是时间上不连续的一个序列。它既可以是实数，也可以是复数。一个离散时间信号是一个整数值变量 n 的函数，表示为 $x(n)$ 或 $\{x(n)\}$。尽管独立变量 n 不一定表示时间(例如，n 可以表示温度或距离)，但 $x(n)$ 一般被认为是时间的函数。因为离散时间信号 $x(n)$ 对于非整数值 n 是没有定义的，所以一个实值离散时间信号——序列可以用图形来描述，如图 1-1 所示。图中，横轴虽为连续直线，但只在 n 为整数时才有意义；纵轴线段的长短代表各序列值的大小。

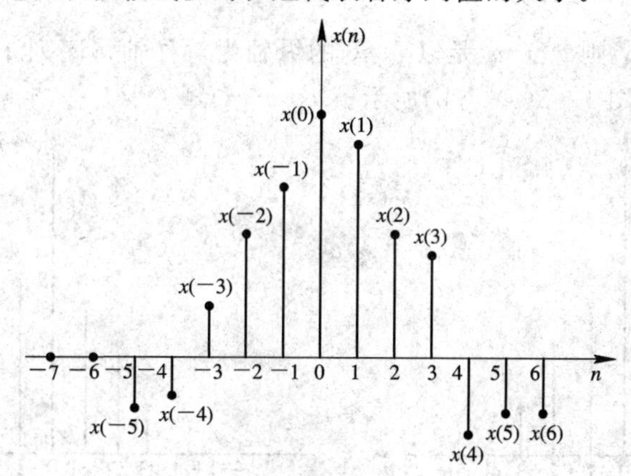

图 1-1　离散时间信号 $x(n)$ 的图形表示

离散时间信号常常可以通过对模拟信号(如语音)进行等间隔采样而得到。例如，对于一个连续时间信号 $x_a(t)$，以每秒 $f_s=1/T$ 个采样的速率进行采样而产生采样信号，采样信号与 $x_a(t)$ 的关系如下：

$$x(n) = x_a(nT)$$

然而，并不是所有的离散时间信号都是这样获得的。一些信号可以认为是自然产生的离散时间序列，如每日股票市场价格、人口统计数和仓库存量等。

1.1.1　序列的运算

在数字信号处理中常常遇到序列的移位、翻褶、相加、相乘、标乘、累加和差分等运算。

1. 序列的移位

图 1-1 所示的序列 $x(n)$ 其移位序列 $w(n)$ 为

$$w(n) = x(n-m)$$

当 m 为正时，$x(n-m)$ 是序列 $x(n)$ 逐项依次延时(右移)m 位而形成的一个新序列；当 m 为负时，$x(n-m)$ 是序列 $x(n)$ 逐项依次超前(左移)$|m|$ 位而形成的一个新序列。图 1-2 显示了 $x(n)$ 序列的延时序列 $w(n)=x(n-2)$，即 $m=2$ 时的情况。

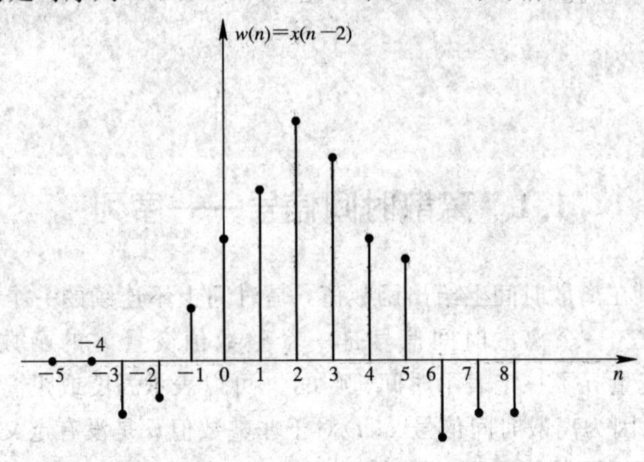

图 1-2 序列 $x(n)$ 的移位

2. 序列的翻褶

如果序列为 $x(n)$，则 $x(-n)$ 是以 $n=0$ 的纵轴为对称轴将序列 $x(n)$ 加以翻褶而形成的。$x(n)$ 及 $x(-n)$ 如图 1-3(a)、(b)所示。

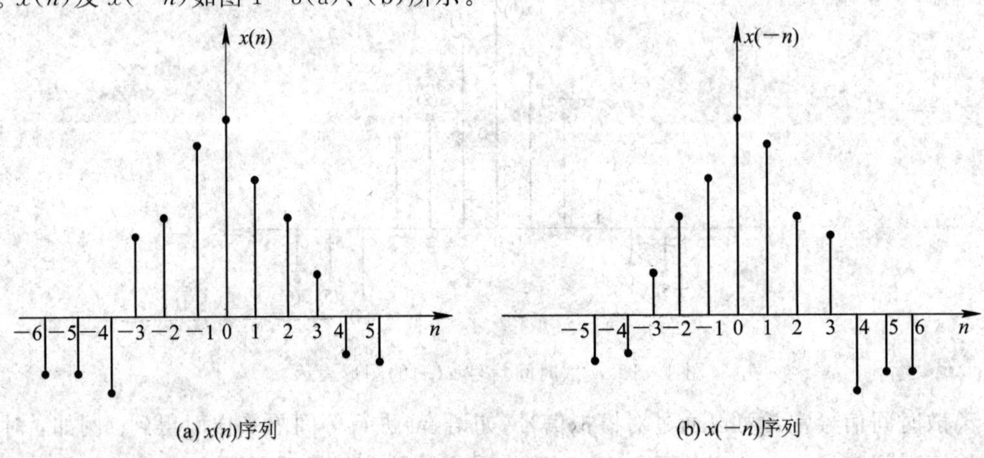

图 1-3 序列的翻褶

3. 序列的相加

和序列是同序号 n 的序列值逐项对应相加而构成的一个新序列。和序列 $z(n)$ 可表示为

$$z(n) = x(n) + y(n)$$

4. 序列的相乘

两序列相乘是指同序号 n 的序列值逐项对应相乘。乘积序列 $f(n)$ 可表示为

$$f(n) = x(n)y(n)$$

5. 序列的标乘

序列 $x(n)$的标乘是指 $x(n)$的每个序列值乘以常数 c。标乘序列 $f(n)$可表示为

$$f(n) = cx(n)$$

6. 序列的累加

设某序列为 $x(n)$，则 $x(n)$的累加序列 $y(n)$定义为

$$y(n) = \sum_{k=-\infty}^{n} x(k)$$

它表示 $y(n)$在某一个 n_0 上的值 $y(n_0)$等于在这个 n_0 上的 $x(n_0)$与 n_0 以前所有 n 上的$x(n)$之和。

7. 序列的差分

前向差分：

$$\Delta x(n)=x(n+1)-x(n)$$

后向差分：

$$\nabla x(n)=x(n)-x(n-1)$$

由此得出

$$\nabla x(n) = \Delta x(n-1)$$

1.1.2　几种常用序列

1. 单位脉冲序列 $\delta(n)$

单位脉冲序列：

$$\delta(n) = \begin{cases} 1 & n = 0 \\ 0 & n \neq 0 \end{cases} \tag{1-1}$$

这个序列只在 $n=0$ 处有一个单位值 1，其余点上皆为 0，因此也称为单位采样序列。单位采样序列如图 1-4 所示。这是最常用、最重要的一种序列，它在离散时间系统中的作用类似于连续时间系统中的单位冲激函数 $\delta(t)$。但是在连续时间系统中，$\delta(t)$是 $t=0$ 点脉宽趋于零、幅值趋于无限大、面积为 1 的信号，是极限概念的信号，并非任何现实的信号；而离散时间系统中的 $\delta(n)$完全是一个现实的序列，它的脉冲幅值是 1，是一个有限值。

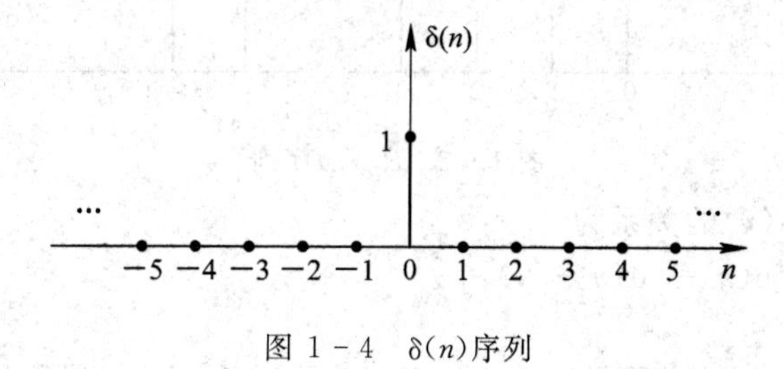

图 1-4　$\delta(n)$序列

2. 单位阶跃序列 $u(n)$

单位阶跃序列：

$$u(n) = \begin{cases} 1 & n \geqslant 0 \\ 0 & n < 0 \end{cases} \tag{1-2}$$

如图 1-5 所示。它类似于连续时间系统中的单位阶跃函数 $u(t)$。

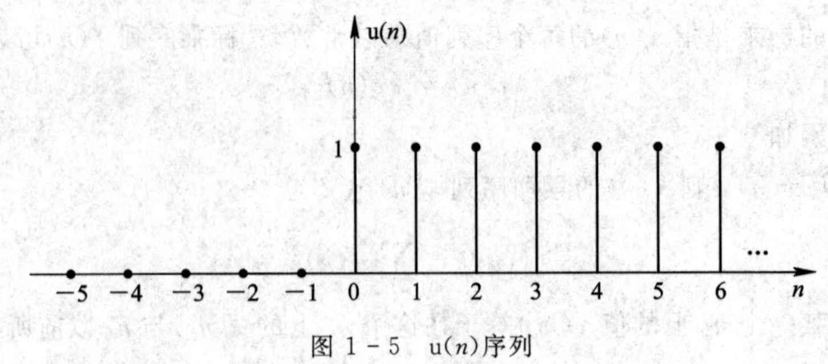

图 1-5　u(n)序列

$\delta(n)$和 $u(n)$间的关系为

$$\delta(n) = u(n) - u(n-1) \tag{1-3}$$

这就是 $u(n)$的后向差分。

而
$$u(n) = \sum_{m=0}^{\infty}\delta(n-m) = \delta(n) + \delta(n-1) + \delta(n-2) + \cdots \tag{1-4}$$

令 $n-m=k$，代入式(1-4)可得

$$u(n) = \sum_{k=-\infty}^{n}\delta(k) \tag{1-5}$$

这里用到了累加的概念。

3. 矩形序列 $R_N(n)$

矩形序列：

$$R_N(n) = \begin{cases} 1 & 0 \leqslant n \leqslant N-1 \\ 0 & \text{其他 } n \end{cases} \tag{1-6}$$

矩形序列 $R_N(n)$如图 1-6 所示。

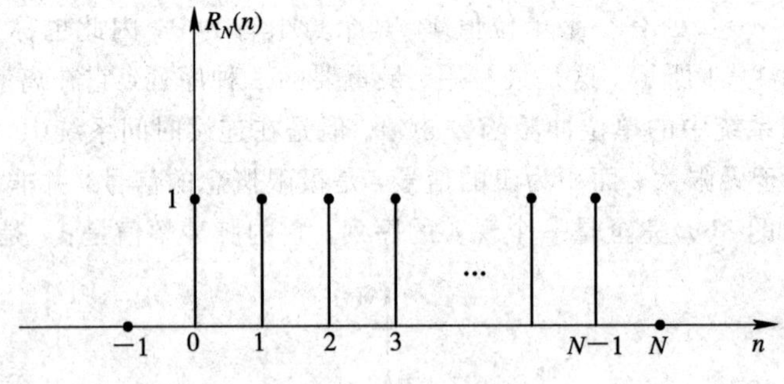

图 1-6　$R_N(n)$序列

$R_N(n)$和 $\delta(n)$、$u(n)$的关系为

$$R_N(n) = u(n) - u(n-N) \tag{1-7}$$

$$R_N(n) = \sum_{m=0}^{N-1}\delta(n-m) = \delta(n) + \delta(n-1) + \cdots + \delta[n-(N-1)] \tag{1-8}$$

4. 实指数序列

实指数序列：

$$x(n) = a^n u(n) \tag{1-9}$$

式中，a 为实数。当$|a|<1$ 时，序列是收敛的，如图 1-7(a)所示；当$|a|>1$ 时，序列是发

散的，如图 1-7(b)所示；当 a 为负数时，序列是摆动的，如图 1-7(c)所示。

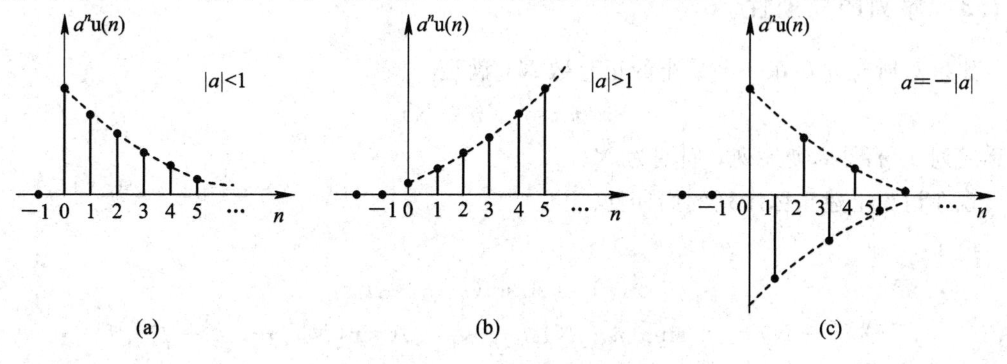

图 1-7　指数序列

5. 正弦序列

正弦序列：

$$x(n) = A\sin(n\omega_0 + \phi) \tag{1-10}$$

式中：A 为幅度；ϕ 为起始相位；ω_0 为数字域的频率，它反映了序列变化的速率。

当 $\omega_0=0.1\pi$，$\phi=0$，$A=1$ 时，$x(n)$序列如图 1-8 所示，该序列值每 20 个循环一次。

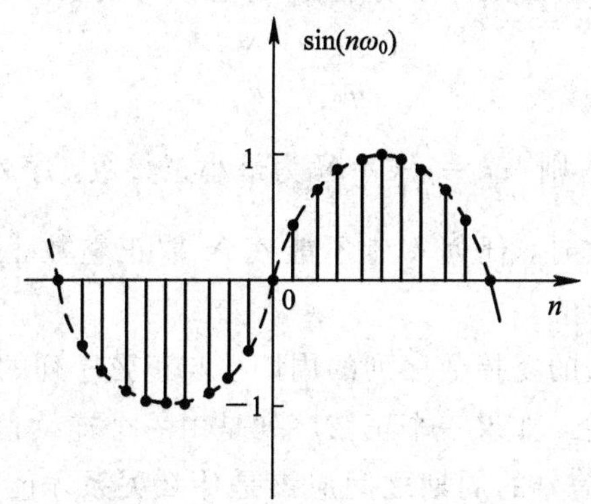

图 1-8　正弦序列($\omega_0=0.1\pi$，$\phi=0$，$A=1$)

6. 复指数序列

序列值为复数的序列称为复指数序列。复指数序列的每个值具有实部和虚部两部分。复指数序列是最常用的一种复序列：

$$x(n) = A\,e^{(\sigma+j\omega_0)n} \tag{1-11a}$$

或

$$x(n) = A\,e^{j\omega_0 n} \tag{1-11b}$$

式中，ω_0 是复正弦序列的数字域频率。

第二种表示可写成

$$x(n) = A(\cos\omega_0 n + j\sin\omega_0 n) = A\cos\omega_0 n + jA\sin\omega_0 n$$

如果用极坐标表示，则

$$x(n) = |x(n)|\,e^{j\arg[x(n)]} = Ae^{j\omega_0 n}$$

因此有

$$|x(n)| = A$$

$$\arg[x(n)] = \omega_0 n$$

1.1.3 序列的周期性

如果对所有 n 存在一个最小的正整数 N，满足

$$x(n)=x(n+N) \tag{1-12}$$

则称序列 $x(n)$是周期序列，周期为 N。

现在讨论上述正弦序列的周期性。

由于

$$x(n)=A\sin(n\omega_0+\phi)$$

则 $$x(n+N)=A\sin[(n+N)\omega_0+\phi]=A\sin(N\omega_0+n\omega_0+\phi)$$

若 $N\omega_0=2\pi k$，k 为正整数，则

$$x(n)=x(n+N)$$

这时的正弦序列就是周期序列，其周期满足 $N=2\pi k/\omega_0$（N、k 必须为整数）。下面分几种情况进行讨论：

(1) 当 $2\pi/\omega_0$ 为正整数时，周期为 $2\pi/\omega_0$，见图 1-8。

(2) 当 $2\pi/\omega_0$ 不是整数，而是一个有理数（有理数可表示成分数）时，有

$$\frac{2\pi}{\omega_0}=\frac{N}{k}$$

式中，k、N 为互素的整数，则$\frac{2\pi}{\omega_0}k=\frac{N}{k}k=N$ 为最小正整数，序列的周期为 N。

(3) 当 $2\pi/\omega_0$ 是无理数时，任何 k 皆不能使 N 取正整数。这时正弦序列不是周期性的。这和连续信号是不一样的。

同样地，指数为纯虚数的复指数序列的周期性与正弦序列的情况相同。

下面我们来进一步讨论，如果一个正弦序列是由一个连续信号采样而得到的，那么采样时间间隔 T 和连续正弦信号的周期之间应该是什么关系才能使所得到的采样序列仍然是周期序列呢？

设连续正弦信号 $x_a(t)$为

$$x_a(t)=A\sin(\Omega_0 t+\phi)$$

这一信号的频率为 f_0；角频率 $\Omega_0=2\pi f_0$，信号的周期 $T_0=1/f_0=2\pi/\Omega_0$。

对连续周期信号 $x_a(t)$进行采样，其采样时间间隔为 T，采样后的信号以 $x(n)$表示，则有

$$x(n)=x_a(t)\mid_{t=nT}=A\sin(\Omega_0 nT+\phi)$$

令 ω_0 为数字域频率，满足：

$$\omega_0=\Omega_0 T=\Omega_0\frac{1}{f_s}=2\pi\frac{f_0}{f_s}$$

式中，f_s 是采样频率。可以看出，ω_0 是一个相对频率，它是连续正弦信号的频率 f_0 对采样频率 f_s 的相对频率乘以 2π，或者说是连续正弦信号的角频率 Ω_0 对采样频率 f_s 的相对频率。用 ω_0 代替 $\Omega_0 T$，可得

$$x(n)=A\sin(n\omega_0+\phi)$$

这就是我们上面讨论的正弦序列。

下面我们来看 $2\pi/\omega_0$ 与 T 及 T_0 的关系，进而讨论上面所述正弦序列的周期性的条件。

$$\frac{2\pi}{\omega_0}=2\pi\cdot\frac{1}{\Omega_0 T}=2\pi\cdot\frac{1}{2\pi f_0 T}=\frac{1}{f_0 T}=\frac{T_0}{T}$$

这表明，若要 $2\pi/\omega_0$ 为整数，就表示连续正弦信号的周期 T_0 应为采样时间间隔 T 的整数倍；若要 $2\pi/\omega_0$ 为有理数，就表示 T_0 与 T 是互为互素的整数，且有

$$\frac{2\pi}{\omega_0}=\frac{N}{k}=\frac{T_0}{T}\tag{1-13}$$

式中，k 和 N 皆为正整数，从而有

$$NT=kT_0$$

即 N 个采样间隔应等于 k 个连续正弦信号的周期。

【例 1-1】 $x(n)=2\sin\left(\frac{5}{6}\pi n\right)$，分析其周期性。

解　该序列的数字域频率 $\omega_0=\frac{5\pi}{6}$，则 $\frac{2\pi}{\omega_0}=\frac{2\pi}{5\pi/6}=\frac{12}{5}$ 为有理数，因此，$x(n)$ 为周期序列，周期取最小正整数，其周期为

$$N=\frac{2\pi}{\omega_0}k=\frac{12}{5}k=12\quad(k\text{ 取 }5)$$

【例 1-2】 $x(n)=\mathrm{e}^{\mathrm{j}\left(2n-\frac{\pi}{2}\right)}$，分析其周期性。

解　该序列的数字域频率 $\omega_0=2$，则 $\frac{2\pi}{\omega_0}=\frac{2\pi}{2}=\pi$ 为无理数，因此，$x(n)$ 为非周期序列。

1.1.4　用单位采样序列来表示任意序列

用单位采样序列来表示任意序列对分析线性时不变系统(下面即将讨论)是很有用的。

设 $\{x(m)\}$ 是一个序列值的集合，其中的任意一个值 $x(n)$ 可以表示成单位采样序列的移位加权和，即

$$x(n)=\sum_{m=-\infty}^{\infty}x(m)\delta(n-m)\tag{1-14}$$

由于

$$\delta(n-m)=\begin{cases}1 & m=n\\0 & m\neq n\end{cases}$$

则

$$x(m)\delta(n-m)=\begin{cases}x(n) & m=n\\0 & \text{其他 } m\end{cases}$$

因此，式(1-14)成立，这种表达式提供了一种信号分析工具。

例如，图 1-9 所示的序列用式(1-14)表示为

$$x(n)=2\delta(n)+3\delta(n-1)-\delta(n-2)+\delta(n-3)$$

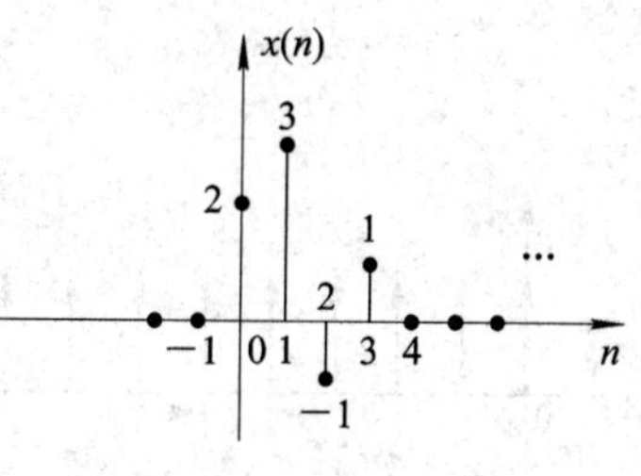

图 1-9　序列 $x(n)$

1.1.5 序列的能量

序列 $x(n)$的能量 E 定义为序列各采样样本的平方和，即

$$E=\sum_{n=-\infty}^{\infty}|x(n)|^2 \tag{1-15}$$

1.2 连续时间信号的采样

在某些合理条件的限制下，一个连续时间信号能用其采样序列来表示，而且可根据这些采样序列恢复连续时间信号。这个性质可以由奈奎斯特采样定理的基本结果得出。这一定理非常重要且有用。采样定理的最重要之处是它在连续时间信号和离散时间信号间的桥梁作用。连续时间信号的处理往往是通过对其采样得到的离散时间序列的处理来完成的，在用离散时间系统处理离散时间信号之后，当需要时，可再把离散时间信号变回连续时间信号。本节将详细讨论采样过程，包括信号采样后，信号的频谱将发生怎样的变换，信号内容会不会丢失，以及由离散时间信号恢复成连续时间信号应该具备哪些条件等。采样的这些性质对离散时间信号和系统的分析都是十分重要的，要了解这些性质，让我们首先从采样过程的分析开始。

采样器可以看成一个电子开关，它的工作原理可由图 1-10(a)来说明。设开关每隔 T 秒短暂地闭合一次，将连续时间信号接通，实现一次采样。如果开关每次闭合的时间为 τ 秒，那么采样器的输出将是一串周期为 T、宽度为 τ 的脉冲。而脉冲的幅值是在这段 τ 时间内重复的信号的幅值。如果以 $x_a(t)$代表输入的连续时间信号，如图 1-10(b)所示，以 $x_p(t)$表示采样输出信号，如图 1-10(d)所示，显然，这个过程可以看作一个脉冲调幅过

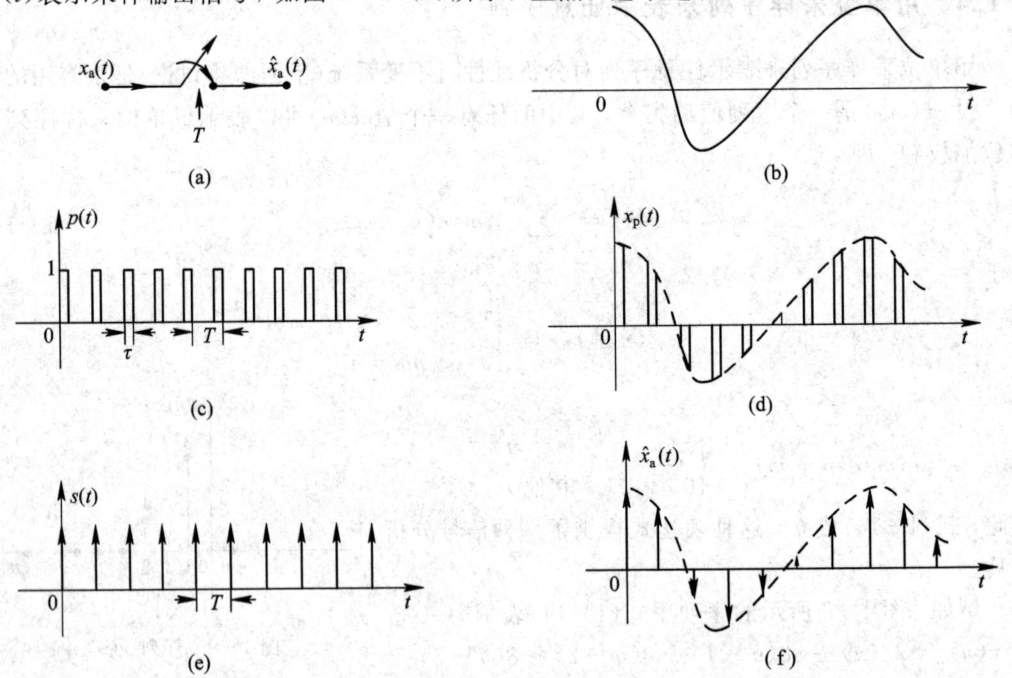

图 1-10 连续时间信号的采样过程

程，被调制的脉冲载波是一串周期为 T、宽度为 τ 的矩形脉冲信号，如图 1-10(c)所示，并以 $p(t)$表示，而调制信号就是输入的连续时间信号。因而有

$$x_{p}(t)=x_{a}(t)p(t)$$

一般开关的闭合时间都是很短的，而且 τ 越小，采样输出脉冲的幅值就能越准确地反映输入信号在离散时间点上的瞬时值。当 $\tau\ll T$ 时，采样脉冲就接近于 δ 函数。

1.2.1　理想采样

理想采样就是假设采样开关的闭合时间无限短，即 $\tau\to 0$ 的极限情况。此时，采样脉冲序列 $p(t)$变成冲激函数 $s(t)$，如图 1-10(e)所示。这个冲激函数准确地出现在采样瞬间，面积为1。采样后，输出理想采样信号的面积(即积分幅度)则准确地等于输入信号 $x_{a}(t)$在采样瞬间的幅度。理想采样过程如图 1-10(f)所示。冲激函数 $s(t)$为

$$s(t)=\sum_{n=-\infty}^{\infty}\delta(t-nT) \tag{1-16}$$

以 $\hat{x}_{a}(t)$表示理想采样的输出，以后我们都以下标 a 表示连续时间信号(或称模拟信号)，如 $x_{a}(t)$，而以顶部符号(∧)表示它的理想采样，如 $\hat{x}_{a}(t)$。这样我们就可将理想采样表示为

$$\hat{x}_{a}(t)=x_{a}(t)s(t) \tag{1-17}$$

把式(1-16)代入式(1-17)，得

$$\hat{x}_{a}(t)=\sum_{n=-\infty}^{\infty}x_{a}(t)\delta(t-nT) \tag{1-18}$$

由于 $\delta(t-nT)$只在 $t=nT$ 时不为零，因此

$$\hat{x}_{a}(t)=\sum_{n=-\infty}^{\infty}x_{a}(nT)\delta(t-nT) \tag{1-19}$$

1.2.2　理想采样信号的频谱

我们首先看看通过理想采样后信号频谱发生了什么变化。由于在连续时间信号与系统中已学过，式(1-17)表示时域相乘，则频域(傅里叶变换域)为卷积运算，所以由式(1-17)可知，若各个信号的傅里叶变换分别表示为

$$X_{a}(\mathrm{j}\Omega)=\int_{-\infty}^{\infty}x_{a}(t)\mathrm{e}^{-\mathrm{j}\Omega t}\,\mathrm{d}t \tag{1-20}$$

$$S(\mathrm{j}\Omega)=\int_{-\infty}^{\infty}s(t)\mathrm{e}^{-\mathrm{j}\Omega t}\,\mathrm{d}t \tag{1-21}$$

$$\hat{X}_{a}(\mathrm{j}\Omega)=\int_{-\infty}^{\infty}\hat{x}_{a}(t)\mathrm{e}^{-\mathrm{j}\Omega t}\,\mathrm{d}t \tag{1-22}$$

则应满足：

$$\hat{X}_{a}(\mathrm{j}\Omega)=\frac{1}{2\pi}X_{a}(\mathrm{j}\Omega)*S(\mathrm{j}\Omega) \tag{1-23}$$

现在来求 $S(\mathrm{j}\Omega)=\mathscr{F}[s(t)]$。由于 $s(t)$是以采样频率重复的冲激脉冲，因此它是一个周期函数，可表示为傅里叶级数，即

$$s(t)=\sum_{k=-\infty}^{\infty}a_{k}\mathrm{e}^{\mathrm{j}k\Omega_{s}t}$$

此级数的基频为采样频率，即

$$f_s = \frac{1}{T}, \quad \Omega_s = \frac{2\pi}{T} = 2\pi f_s$$

一般称 f_s 为频率，单位为赫兹(Hz)，Ω_s 为角频率，单位为弧度/秒，习惯上将它们统称为频率。它们的区别由符号 f 及 Ω 来识别。根据傅里叶级数的知识，系数 a_k 可以通过以下运算求得：

$$\begin{aligned} a_k &= \frac{1}{T}\int_{-T/2}^{T/2} s(t)\mathrm{e}^{-\mathrm{j}k\Omega_s t}\,\mathrm{d}t = \frac{1}{T}\int_{-T/2}^{T/2}\sum_{n=-\infty}^{\infty}\delta(t-nT)\mathrm{e}^{-\mathrm{j}k\Omega_s t}\,\mathrm{d}t \\ &= \frac{1}{T}\int_{-T/2}^{T/2}\delta(t)\mathrm{e}^{-\mathrm{j}k\Omega_s t}\,\mathrm{d}t = \frac{1}{T} \end{aligned}$$

以上结果的得出是考虑到在 $|t| \leqslant T/2$ 的积分区间内，只有一个冲激脉冲 $\delta(t)$，其他冲激 $\delta(t-nT)(n\neq 0)$ 都在积分区间之外，且利用了以下关系：

$$f(0) = \int_{-\infty}^{\infty} f(t)\delta(t)\,\mathrm{d}t$$

因而

$$s(t) = \frac{1}{T}\sum_{k=-\infty}^{\infty}\mathrm{e}^{\mathrm{j}k\Omega_s t} \tag{1-24}$$

由此得出

$$S(\mathrm{j}\Omega) = \mathscr{F}[s(t)] = \mathscr{F}\left[\frac{1}{T}\sum_{k=-\infty}^{\infty}\mathrm{e}^{\mathrm{j}k\Omega_s t}\right] = \frac{1}{T}\sum_{k=-\infty}^{\infty}\mathscr{F}[\mathrm{e}^{\mathrm{j}k\Omega_s t}]$$

由于

$$\mathscr{F}[\mathrm{e}^{\mathrm{j}k\Omega_s t}] = 2\pi\delta(\Omega - k\Omega_s) \tag{1-25}$$

所以

$$S(\mathrm{j}\Omega) = \frac{2\pi}{T}\sum_{k=-\infty}^{\infty}\delta(\Omega - k\Omega_s) = \Omega_s\sum_{k=-\infty}^{\infty}\delta(\Omega - k\Omega_s) \tag{1-26}$$

将式(1-26)代入式(1-23)可得

$$\begin{aligned} \hat{X}_a(\mathrm{j}\Omega) &= \frac{1}{2\pi}\left[\frac{2\pi}{T}\sum_{k=-\infty}^{\infty}\delta(\Omega - k\Omega_s) * X_a(\mathrm{j}\Omega)\right] \\ &= \frac{1}{T}\int_{-\infty}^{\infty} X_a(\mathrm{j}\theta)\sum_{k=-\infty}^{\infty}\delta(\Omega - k\Omega_s - \theta)\,\mathrm{d}\theta \\ &= \frac{1}{T}\sum_{k=-\infty}^{\infty}\int_{-\infty}^{\infty} X_a(\mathrm{j}\theta)\delta(\Omega - k\Omega_s - \theta)\,\mathrm{d}\theta \end{aligned}$$

根据冲激函数的性质，可得

$$\hat{X}_a(\mathrm{j}\Omega) = \frac{1}{T}\sum_{k=-\infty}^{\infty} X_a(\mathrm{j}\Omega - \mathrm{j}k\Omega_s) \tag{1-27}$$

或者

$$\hat{X}_a(\mathrm{j}\Omega) = \frac{1}{T}\sum_{k=-\infty}^{\infty} X_a\left(\mathrm{j}\Omega - \mathrm{j}k\frac{2\pi}{T}\right) \tag{1-28}$$

由此看出，一个连续时间信号经过理想采样后，其频谱将沿着频率轴以采样频率 $\Omega_s = 2\pi/T$ 为间隔而重复，这就是说频谱产生了周期性延拓，如图 1-11 所示。也就是说，理想采样信号的频谱是 $X_a(j\Omega)$的周期延拓函数，其周期为 Ω_s，而频谱的幅度则受 $1/T$ 加权。由于 T 是常数，所以除了一个常数因子外，每一个延拓的谱分量都和原频谱分量相同。因此，只要各延拓分量与原频谱分量不发生频率混叠，就有可能恢复出原信号。也就是说，如果 $x_a(t)$是限带信号，其频谱如图 1-11(a)所示，且最高频谱分量 Ω_h 不超过 $\Omega_s/2$，即

$$X_a(j\Omega) = 0 \qquad |\Omega| \geqslant \frac{\Omega_s}{2} \tag{1-29}$$

那么原信号的频谱和各次延拓分量的谱彼此不重叠，如图 1-11(c)所示。这时采用一个截止频率为 $\Omega_s/2$ 的理想低通滤波器，就可得到不失真的原信号频谱。也就是说，可以不失真地还原出原来的连续信号。

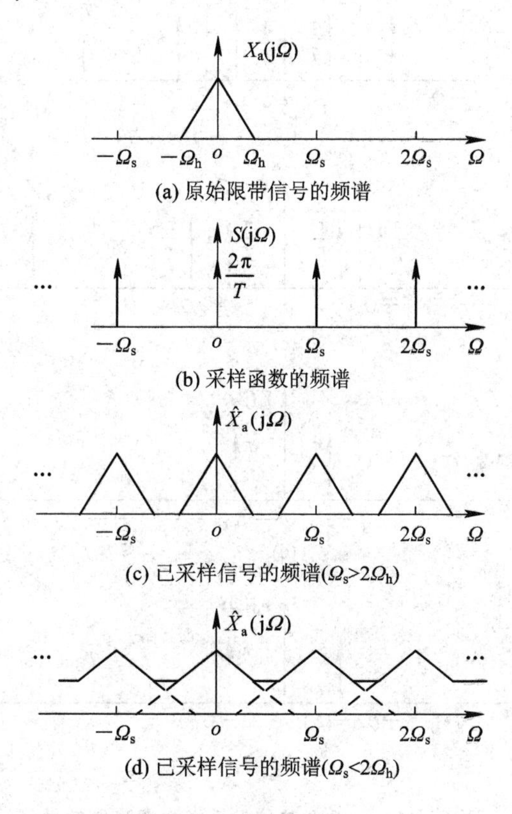

图 1-11　时域采样后频谱的周期延拓

如果信号的最高频谱 Ω_h 超过 $\Omega_s/2$，则各周期延拓分量产生频谱的交叠，称为混叠现象，如图 1-11(d)所示。由于 $X_a(j\Omega)$一般是复数，所以混叠也是复数相加。为了简明起见，在图 1-11 中我们将 $X_a(j\Omega)$作为标量来处理。

我们将采样频率之半($\Omega_s/2$)称为折叠频率，即

$$\frac{\Omega_s}{2} = \frac{\pi}{T} \tag{1-30}$$

它如同一面镜子，当信号频谱超过它时，就会被折叠回来，造成频谱的混叠。

图 1-12 说明了在简单余弦信号情况下频谱混叠的情况。图 1-12(a)给出了该余弦信号

$$x_a(t) = \cos\Omega_0 t \tag{1-31}$$

的傅里叶变换 $X_a(j\Omega)$。

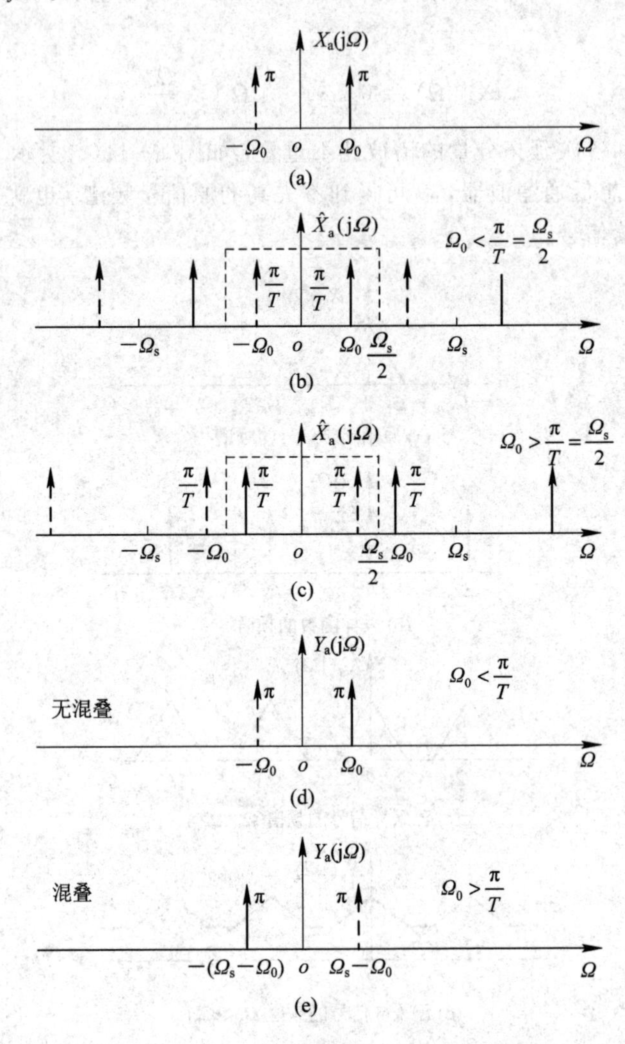

图 1-12　一个余弦信号采样中的混叠效果

图 1-12(b)是在 $\Omega_0<\Omega_s/2$ 时 $\hat{x}_a(t)$的傅里叶变换。图 1-12(c)是在 $\Omega_0>\Omega_s/2$ 时 $\hat{x}_a(t)$的傅里叶变换。图 1-12(d)和(e)则分别对应于 $\Omega_0<\Omega_s/2=\pi/T$ 和 $\Omega_0>\pi/T$ 时截止频率为 $\frac{\Omega_s}{2}$ 的低通滤波器输出的傅里叶变换。在没有混叠(见图 1-12(b)和(d))时，恢复出的输出为

$$y_a(t) = \cos\Omega_0 t \tag{1-32}$$

在有混叠时，则是

$$y_a(t) = \cos(\Omega_s - \Omega_0)t \tag{1-33}$$

这就是说，作为采样和恢复的结果，高频信号 $\cos\Omega_0 t$ 已经被当作和低频信号 $\cos(\Omega_s-\Omega_0)t$

一样的东西被冒名顶替了。这个讨论就是奈奎斯特采样定理的基础。

由此得出结论：要想采样后能够不失真地还原出原信号，采样频率必须大于信号谱的最高频率的 2 倍($\Omega_s>2\Omega_h$)，这就是奈奎斯特采样定理①，即

$$f_s > 2f_h$$

频率 Ω_h 一般称为奈奎斯特频率，而频率 $2\Omega_h$ 称为奈奎斯特率。采样频率必须大于奈奎斯特率。

在实际工作中，为了避免频谱混叠现象发生，采样频率总是选得比奈奎斯特率更大些，例如选到$(3\sim4)\Omega_h$。同时为了避免高于折叠频率的杂散频谱进入采样器造成频谱混叠，一般在采样器前加入一个保护性的前置低通滤波器(称为防混叠滤波器)，其截止频率为 $\Omega_s/2$，以便滤除掉高于 $\Omega_s/2$ 的频率分量。

采用同样的方法，可以证明(亦可将 $j\Omega=s$ 代到式(1-27)中)，理想采样后，信号的拉普拉斯变换在 S 平面上沿虚轴周期延拓。也就是说，$\hat{X}_a(s)$在 S 平面虚轴上是周期函数，即有

$$\hat{X}_a(s) = \frac{1}{T}\sum_{k=-\infty}^{\infty} X_a(s - jk\Omega_s) \tag{1-34}$$

式中：

$$X_a(s) = \int_{-\infty}^{\infty} x_a(t)e^{-st}\,dt$$

$$\hat{X}_a(s) = \int_{-\infty}^{\infty} \hat{x}_a(t)e^{-st}\,dt$$

即 $X_a(s)$、$\hat{X}_a(s)$分别是 $x_a(t)$、$\hat{x}_a(t)$的双边拉普拉斯变换。

1.2.3　采样的恢复

设连续时间信号 $x_a(t)$是带限信号，最高截止频率为 Ω_h，且最高频率小于折叠频率，如果理想采样满足奈奎斯特定理，即 $\Omega_s>2\Omega_h$，则采样后不会产生频谱混叠，由式(1-27)知

$$\hat{X}_a(j\Omega) = \frac{1}{T}X_a(j\Omega) \qquad |\Omega| < \frac{\Omega_s}{2}$$

故将 $\hat{X}_a(j\Omega)$通过一个理想低通滤波器，这个理想低通滤波器应该只让基带频谱通过，因而其截止频率应该等于折叠频率，如图 1-13 所示。

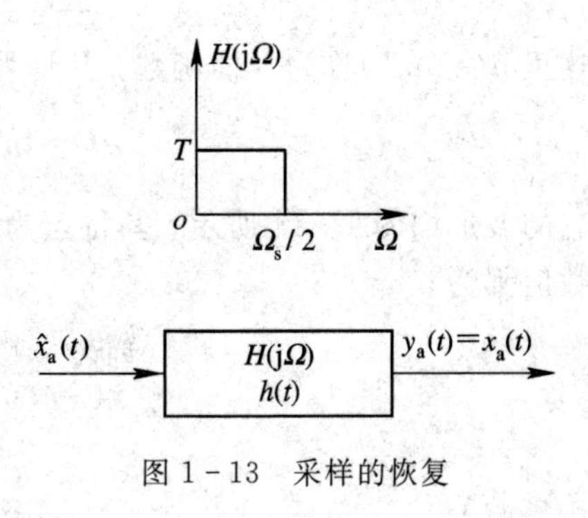

图 1-13　采样的恢复

$$H(j\Omega) = \begin{cases} T & |\Omega| < \dfrac{\Omega_s}{2} \\ 0 & |\Omega| \geqslant \dfrac{\Omega_s}{2} \end{cases}$$

① 奈奎斯特(Nyquist，1889—1976)，美国物理学家，1889 年出生于瑞典。他对信息论做出了重大贡献。1927 年，他提出了著名的 Nyquist 采样定理。

采样信号通过这个滤波器后，就可滤出原模拟信号的频谱：

$$Y_a(\mathrm{j}\Omega) = \hat{X}_a(\mathrm{j}\Omega)H(\mathrm{j}\Omega) = X_a(\mathrm{j}\Omega)$$

因此，在输出端可以得到原模拟信号：

$$y_a(t) = x_a(t)$$

理想低通滤波器虽不可实现，但是在一定精度范围内可用一个可实现的滤波器来逼近它。

1.2.4 由采样信号重构带限信号

下面讨论如何由采样值来恢复原来的模拟信号，即采样信号 $\hat{x}_a(t)$通过 $H(\mathrm{j}\Omega)$系统的响应特性。

理想低通滤波器的冲激响应为

$$\begin{aligned} h(t) &= \frac{1}{2\pi}\int_{-\infty}^{\infty} H(\mathrm{j}\Omega)\mathrm{e}^{\mathrm{j}\Omega t}\,\mathrm{d}\Omega = \frac{T}{2\pi}\int_{-\Omega_s/2}^{\Omega_s/2} \mathrm{e}^{\mathrm{j}\Omega t}\,\mathrm{d}\Omega \\ &= \frac{\sin(\Omega_s t/2)}{\Omega_s t/2} = \frac{\sin(\pi t/T)}{\pi t/T} \end{aligned}$$

由 $\hat{x}_a(t)$与 $h(t)$的卷积积分，即得理想低通滤波器的输出为

$$\begin{aligned} y_a(t) &= \int_{-\infty}^{\infty} \hat{x}_a(\tau)h(t-\tau)\,\mathrm{d}\tau \\ &= \int_{-\infty}^{\infty}\left[\sum_{n=-\infty}^{\infty} x_a(\tau)\delta(\tau - nT)\right]h(t-\tau)\,\mathrm{d}\tau \\ &= \sum_{n=-\infty}^{\infty}\int_{-\infty}^{\infty} x_a(\tau)h(t-\tau)\delta(\tau-nT)\,\mathrm{d}\tau \\ &= \sum_{n=-\infty}^{\infty} x_a(nT)h(t-nT) \end{aligned}$$

这里 $h(t-nT)$称为内插函数，其计算式为

$$h(t-nT) = \frac{\sin[\pi(t-nT)/T]}{\pi(t-nT)/T} \tag{1-35}$$

它的波形如图 1-14 所示，其特点为：在采样点 nT 上，函数值为 1；在其余采样点上，函数值都为 0。

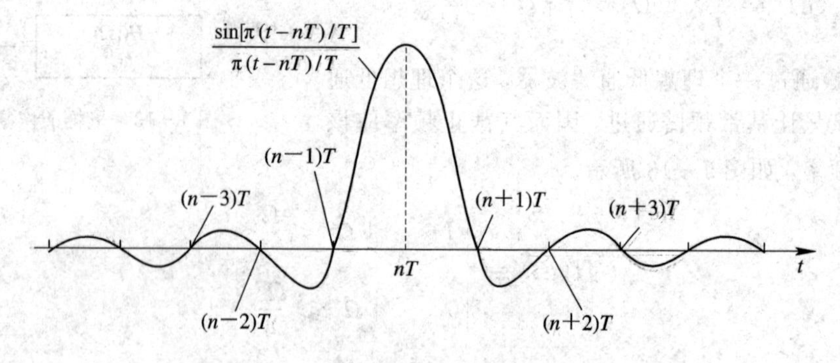

图 1-14　内插函数

由于 $y_a(t)=x_a(t)$，因此以上卷积结果也可以表示为

$$x_a(t)=\sum_{n=-\infty}^{\infty}x_a(nT)\frac{\sin[\pi(t-nT)/T]}{\pi(t-nT)/T} \tag{1-36}$$

式(1-36)称为采样内插公式，即信号的采样值$x_a(nT)$经此公式而得到连续时间信号$x_a(t)$。也就是说，$x_a(t)$等于各$x_a(nT)$乘上对应的内插函数的总和。在每一采样点上，只有该点所对应的内插函数不为零，这使得各采样点上信号值不变，而采样点之间的信号则由加权内插函数波形的延伸叠加而成，如图 1-15 所示。只要采样频率高于信号的最高频率的 2 倍，则整个连续时间信号就可以完全用它的采样值来代表，而不会丢掉任何信息。这就是奈奎斯特采样定理的意义。当然，由上面讨论可看出，采样内插公式只限于使用到限带(频带有限)信号上。

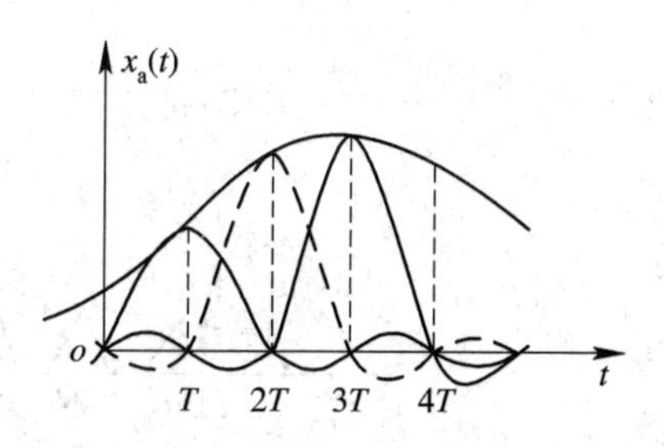

图 1-15　采样信号的恢复

1.2.5　实际采样

实际情况中，采样脉冲不是冲激函数，而是具有一定宽度 τ 的矩形周期脉冲 $p(t)$(实际采样过程如图 1-10(c)、(d)所示)，这时奈奎斯特采样定理是否仍然有效？下面我们来进行分析。

由于 $p(t)$是周期函数，因此仍可展成傅里叶级数：

$$p(t)=\sum_{k=-\infty}^{\infty}c_k e^{jk\Omega_s t} \tag{1-37}$$

同样可求出 $p(t)$的傅里叶级数 c_k(注意，$p(t)$的幅度为 1)：

$$\begin{aligned}c_k&=\frac{1}{T}\int_{-T/2}^{T/2}p(t)e^{-jk\Omega_s t}\,dt=\frac{1}{T}\int_0^{\tau}e^{-jk\Omega_s t}\,dt\\&=\frac{\tau}{T}\frac{\sin\left(\frac{k\Omega_s\tau}{2}\right)}{\frac{k\Omega_s\tau}{2}}e^{-j\frac{k\Omega_s\tau}{2}}\end{aligned} \tag{1-38}$$

如果 τ、T 一定，则随着 k 的变化，c_k 的幅度$|c_k|$将按

$$\left|\frac{\sin\left(\frac{k\Omega_s\tau}{2}\right)}{\frac{k\Omega_s\tau}{2}}\right|=\left|\frac{\sin x}{x}\right|$$

而变化，其中 $x=\frac{k\Omega_s\tau}{2}$。进行类似于式(1-27)的推导，但需注意用 c_k 代替$a_k=1/T$，而 c_k 是随k 而变化的，这样可得到实际采样时采样信号的频谱，即

$$\hat{X}_a(j\Omega)=\sum_{k=-\infty}^{\infty}c_k X_a(j\Omega-jk\Omega_s) \tag{1-39}$$

由此看出，和理想采样一样，采样信号的频谱是连续时间信号频谱的周期延拓，因此，如果满足奈奎斯特采样定理，则不会产生频谱的混叠失真。和理想采样不同的是，这里频谱分量的幅度有变化，其包络是随频率增加而逐渐下降的，如图 1-16 所示。

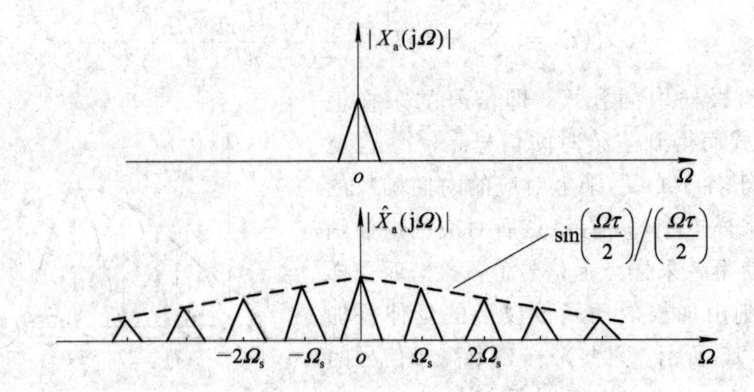

图 1-16　实际采样时采样信号频谱包络的变化

由图 1-16 可知：

$$c_k = \frac{\tau}{T}\left[e^{-j\frac{\Omega\tau}{2}}\frac{\sin\left(\frac{\Omega\tau}{2}\right)}{\frac{\Omega\tau}{2}}\right]_{\Omega=k\Omega_s}$$

由于包络的第一个零点出现在

$$\frac{\sin\left(\frac{k\Omega_s\tau}{2}\right)}{\frac{k\Omega_s\tau}{2}} = 0$$

这要求

$$\frac{k\Omega_s\tau}{2} = \frac{k}{2}\cdot\frac{2\pi}{T}\tau = \pi$$

所以

$$k = \frac{T}{\tau}$$

由于 $T \gg \tau$，因此 $\hat{X}_a(j\Omega)$包络的第一个零点出现在 k 很大的地方。

包络的变化并不影响信号的恢复，因为我们只需取系数 c_0（$c_0 = \tau/T$）的那一项（见式(1-39)），它是常数（τ、T 固定时），只是幅度有所缩减，所以只要没有频率混叠，采样内插恢复就没有失真，因而奈奎斯特采样定理仍然有效。

1.3　离散时间系统时域分析

一个离散时间系统是将输入序列变换成输出序列的一种运算。若以 $T[\cdot]$来表示这种运算，则一个离散时间系统可由图 1-17 来表示，即

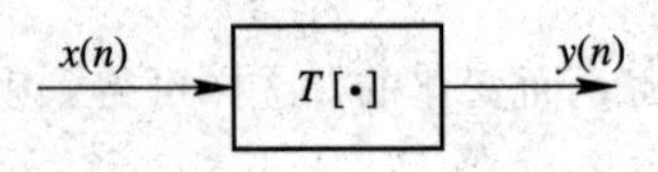

图 1-17　离散时间系统

$$y(n) = T[x(n)] \tag{1-40}$$

离散时间系统中最重要、最常用的是线性时不变系统。

1.3.1　线性系统

满足叠加原理的系统称为线性系统，即若某一输入是 N 个信号的加权和组成，则输出就是系统对这几个信号中每一个信号的响应的同样加权和组成。

如果系统在 $x_1(n)$ 和 $x_2(n)$ 单独输入时的输出分别为 $y_1(n)$ 和 $y_2(n)$，即

$$y_1(n) = T[x_1(n)]$$
$$y_2(n) = T[x_2(n)]$$

那么当且仅当式(1 - 41a)和式(1 - 41b)成立时，该系统是线性的。

$$T[x_1(n) + x_2(n)] = T[x_1(n)] + T[x_2(n)] = y_1(n) + y_2(n) \tag{1 - 41a}$$

$$T[ax(n)] = aT[x(n)] = ay(n) \tag{1 - 41b}$$

式中，a 为任意常数。上述第一个性质称为可加性，第二个性质称为齐次性或比例性。这两个性质合在一起称为叠加原理，写成

$$T[a_1x_1(n) + a_2x_2(n)] = a_1T[x_1(n)] + a_2T[x_2(n)] = a_1y_1(n) + a_2y_2(n) \tag{1 - 42}$$

式(1 - 42)对任意常数 a_1 和 a_2 都成立。该式还可推广到多个输入的叠加，即

$$T\Big[\sum_k a_kx_k(n)\Big] = \sum_k a_kT[x_k(n)] = \sum_k a_ky_k(n) \tag{1 - 43}$$

式中，$y_k(n)$ 就是系统对输入 $x_k(n)$ 的响应。

在证明一个系统是线性系统时，必须证明此系统同时满足可加性和比例性，而且信号以及任何比例常数都可以是复数。

【例 1 - 3】　判断以下系统是否为线性系统：

$$y(n) = 2x(n) + 3$$

$$y(n) = \sum_{m=-\infty}^{\infty} x(m)$$

$$y(n) = x(n)\sin\left(\frac{2\pi}{9}n + \frac{\pi}{7}\right)$$

证

$$T[a_1x_1(n)+a_2x_2(n)]=2[a_1x_1(n)+a_2x_2(n)]+3$$

$$\begin{aligned}a_1y_1(n)+a_2y_2(n)&=a_1[2x_1(n)+3]+a_2[2x_2(n)+3]\\&=2[a_1x_1(n)+a_2x_2(n)]+3a_1+3a_2\end{aligned}$$

很明显，在一般情况下，有

$$T[a_1x_1(n) + a_2x_2(n)] \neq a_1y_1(n) + a_2y_2(n)$$

所以此系统不满足叠加性，故不是线性系统。

同样可以证明，$y(n) = \sum_{m=-\infty}^{\infty} x(m)$ 和 $y(n) = x(n)\sin\left(\frac{2\pi}{9}n + \frac{\pi}{7}\right)$ 都是线性系统。

1.3.2　时不变系统

系统的运算关系 $T[\cdot]$ 在整个运算过程中不随时间(即不随序列的延迟)而变化，这种系统称为时不变系统(或称移不变系统)。这个性质可用以下关系表达：若输入 $x(n)$ 的输出为 $y(n)$，则将输入序列移动任意位后，其输出序列除了跟着移位外，数值应该保持不变，即若

$$T[x(n)] = y(n)$$

则

$$T[x(n-m)] = y(n-m) \qquad m \text{ 为任意整数} \tag{1-44}$$

满足以上关系的系统就称为时不变系统。

【例 1-4】 证明 $y(n)=x(n)\sin\left(\frac{2\pi n}{9}+\frac{\pi}{7}\right)$不是时不变系统。

证

$$T[x(n-m)]=x(n-m)\sin\left(\frac{2\pi n}{9}+\frac{\pi}{7}\right)$$

$$y(n-m)=x(n-m)\sin\left[\frac{2\pi(n-m)}{9}+\frac{\pi}{7}\right]$$

由于二者不相等，因此该系统不是时不变系统。

同时具有线性和时不变性的离散时间系统称为线性时不变(LTI)离散时间系统，简称LTI 系统。除非特殊说明，本书研究的都是 LTI 系统。

1.3.3 单位脉冲响应与系统的输入/输出关系

线性时不变系统可用它的单位脉冲响应来表征。单位脉冲响应是指输入为单位脉冲序列时系统的输出。一般用 $h(n)$表示单位脉冲响应，即

$$h(n) = T[\delta(n)]$$

有了 $h(n)$，我们就可以得到此线性时不变系统对任意输入的输出。下面讨论这个问题。

设系统输入序列为 $x(n)$，输出序列为 $y(n)$。由式(1-14)已经知道，任一序列 $x(n)$可以写成 $\delta(n)$的移位加权和，即

$$x(n) = \sum_{m=-\infty}^{\infty} x(m)\delta(n-m)$$

则系统的输出为

$$y(n) = T[x(n)] = T\left[\sum_{m=-\infty}^{\infty} x(m)\delta(n-m)\right]$$

由于系统是线性的，因此可利用叠加原理，即式(1-43)，则

$$T\left[\sum_{m=-\infty}^{\infty} x(m)\delta(n-m)\right]=\sum_{m=-\infty}^{\infty} x(m)T[\delta(n-m)]$$

又由于系统的时不变性，式(1-44)对移位的单位脉冲的响应就是单位脉冲响应的移位，即

$$T[\delta(n-m)] = h(n-m)$$

因此

$$y(n) = \sum_{m=-\infty}^{\infty} x(m)h(n-m) = x(n) * h(n) \tag{1-45}$$

如图 1-18 所示。式(1-45)称为序列 $x(n)$与 $h(n)$的离散卷积，为了同以后的圆周卷积相区别，离散卷积也称为线性卷积或直接卷积，或简称为卷积，并以“ * ”表示之。

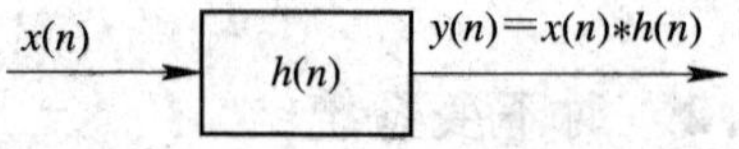

$x(n)$ → $h(n)$ → $y(n)=x(n)*h(n)$

图 1-18　线性时不变系统

由式(1-45)不难看出，卷积与两序列的先后次序无关。

证　令 $n-m=m'$，将其代入式(1-45)，然后将 m'换成 m，即得

$$y(n)=\sum_{m=-\infty}^{\infty}h(m)x(n-m)=h(n)*x(n) \tag{1-46}$$

因此

$$y(n)=x(n)*h(n)=h(n)*x(n)$$

卷积的运算过程在图形表示上可分为四步：翻褶、移位、相乘和相加，如图 1-19 所示。

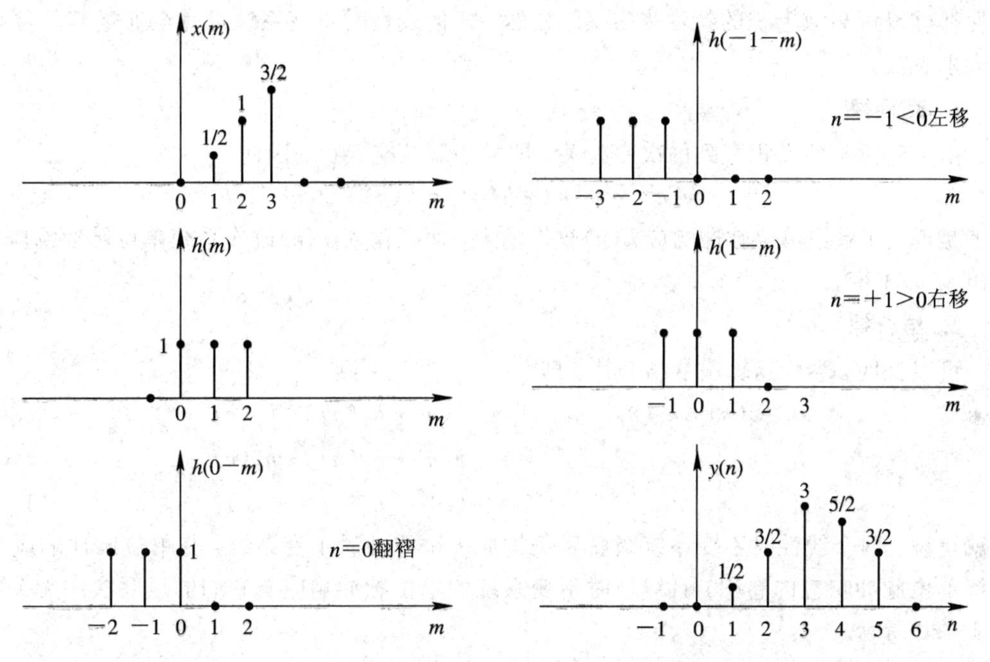

图 1-19　卷积的运算过程

(1) 翻褶：先作出 $x(m)$和 $h(m)$，将 $h(m)$以$m=0$ 的垂直轴为对称轴翻褶成 $h(-m)$。

(2) 移位：将 $h(-m)$移位 n，即得$h(n-m)$。当 n 为正整数时，右移 n 位；当 n 为负整数时，左移 n 位。

(3) 相乘：将 $h(n-m)$和 $x(m)$的相同 m 值的对应点值相乘。

(4) 相加：把以上所有对应点的乘积累加起来，即得 $y(n)$值。

依据上述方法，取 $n=\cdots，-2，-1，0，1，2，\cdots$，即可得全部 $y(n)$值。

在 MATLAB 内部提供了一个 conv 函数，用于计算两个有限长序列的线性卷积。

C=conv(A，B)用于计算两个有限长序列向量 $\boldsymbol{A}$ 和 $\boldsymbol{B}$ 的卷积。如果向量 $\boldsymbol{A}$ 和 $\boldsymbol{B}$ 的长度分别为 N 和 M，则卷积结果序列向量 $\boldsymbol{C}$ 的长度为 $N+M-1$。

图 1-19 中两个序列的卷积可直接调用 conv 函数求解，具体的卷积计算程序 juanji.m 如下：

```
%juanji.m 卷积的计算程序
xn=[0，1/2，1，3/2]；
hn=[1，1，1]；
yn=conv(xn，hn)
```

运行结果：

```
yn =[0   0.5000   1.5000   3.0000   2.5000   1.5000]
```

卷积结果与用图解方法得到的结果相同。

1.3.4 线性时不变系统的性质

因为所有的线性时不变系统都可以用式(1-45)的离散卷积来描述，所以这类系统的特性都可以用离散卷积的特性来定义。显然，任何线性时不变系统可完全通过其单位脉冲响应来表征。

1. 交换律

由于卷积与两卷积序列的次序无关，即卷积服从交换律，因此

$$y(n)=x(n)*h(n)=h(n)*x(n) \tag{1-47}$$

这就是说，如果把单位脉冲响应 $h(n)$改作输入，而把输入 $x(n)$改作系统单位脉冲响应，则输出 $y(n)$不变。

2. 结合律

可以证明，卷积运算服从结合律，即

$$\begin{aligned}x(n)*h_1(n)*h_2(n)&=[x(n)*h_1(n)]*h_2(n)\\&=[x(n)*h_2(n)]*h_1(n)\\&=x(n)*[h_1(n)*h_2(n)]\end{aligned} \tag{1-48}$$

这就是说，两个线性时不变系统级联后仍构成一个线性时不变系统，其单位脉冲响应为两系统单位脉冲响应的卷积，且线性时不变系统的单位脉冲响应与它们的级联次序无关，如图 1-20 所示。

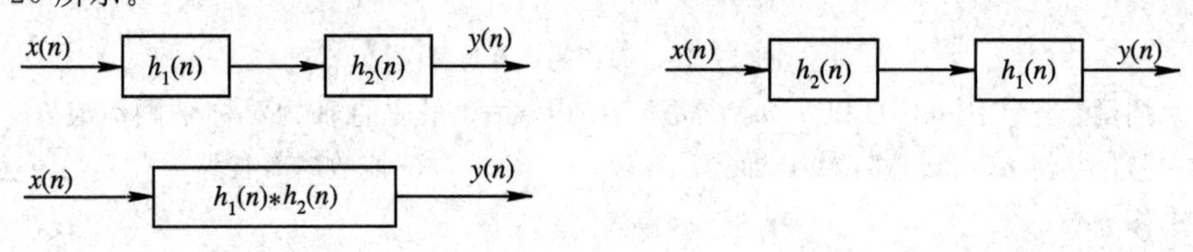

图 1-20 具有相同单位脉冲响应的三个线性时不变系统

3. 分配律

卷积也服从加法分配律：

$$x(n)*[h_1(n)+h_2(n)]=x(n)*h_1(n)+x(n)*h_2(n) \tag{1-49}$$

也就是说，两个线性时不变系统的并联，其等效系统的单位脉冲响应等于两系统各自单位脉冲响应之和，如图 1-21 所示。

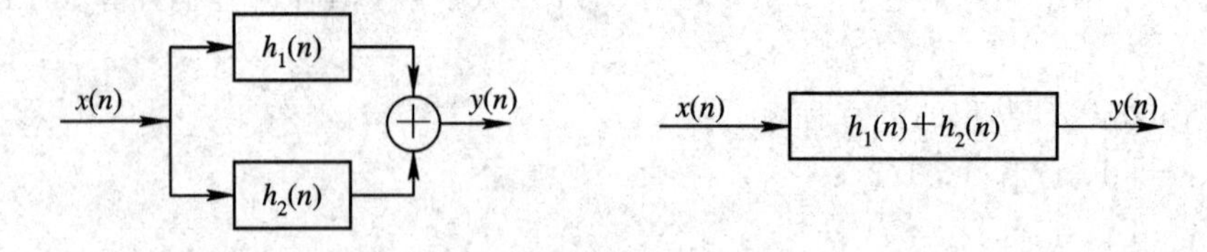

图 1-21 线性时不变系统的并联及其等效系统

以上三个性质中，交换律前面已经证明了，另外两个性质由卷积的定义可以很容易加以证明。

1.3.5　因果系统

所谓因果系统，就是指系统此时的输出 $y(n)$ 只取决于此时以及此时以前的输入，即 $x(n)$，$x(n-1)$，$x(n-2)$，…。如果系统的输出 $y(n)$ 还取决于 $x(n+1)$，$x(n+2)$，…，也即系统的输出还取决于未来的输入，这样在时间上就违背了因果关系，因而是非因果系统，即不现实的系统。

根据上述定义可以知道，$y(n)=nx(n)$ 的系统是一个因果系统，而 $y(n)=x(n+2)+ax(n)$ 的系统是非因果系统。

由式(1-46)所示的卷积公式我们可以看到，线性时不变系统是因果系统的充分必要条件是

$$h(n)=0 \qquad n<0 \tag{1-50}$$

依照此定义，我们将 $n<0$，$x(n)=0$ 的序列称为因果序列，表示这个因果序列可以作为一个因果系统的单位脉冲响应。

我们知道，许多重要的网络，如频率特性为理想矩形的理想低通滤波器以及理想微分器等都是非因果的不可实现的系统。但是数字信号处理往往是非实时的，即使是实时处理，也允许有很大的延时。这时对于某一个输出 $y(n)$ 来说，已有大量的"未来"输入 $x(n+1)$，$x(n+2)$，…记录在存储器中以备调用，因而可以接近实现这些非因果系统。也就是说，可以用具有很大延时的因果系统去逼近非因果系统。这个概念在以后讲有限长单位脉冲响应滤波器设计时经常用到，这也是数字系统优于模拟系统的特点之一。因而数字系统比模拟系统更能获得接近理想的特性。

1.3.6　稳定系统

稳定系统是指有界输入产生有界输出(BIBO)的系统。如果对于输入序列 $x(n)$，存在一个不变的正有限值 B_x，对于所有 n 值，满足

$$|x(n)| \leqslant B_x < \infty \tag{1-51}$$

则称该输入序列是有界的。稳定性要求对于每个有界输入存在一个不变的正有限值 B_y，对于所有 n 值，输出序列 $y(n)$ 满足：

$$|y(n)| \leqslant B_y < \infty \tag{1-52}$$

一个线性时不变系统是稳定系统的充分必要条件是单位脉冲响应绝对可和，即

$$S=\sum_{n=-\infty}^{\infty}|h(n)|<\infty \tag{1-53}$$

证　充分条件：若

$$S=\sum_{n=-\infty}^{\infty}|h(n)|<\infty$$

输入信号 $x(n)$ 有界，即对于所有 n 皆有 $|x(n)|\leqslant B_x$，则

$$|y(n)|=\left|\sum_{m=-\infty}^{\infty}x(m)h(n-m)\right|\leqslant\sum_{m=-\infty}^{\infty}|x(m)|\cdot|h(n-m)|$$

$$\leqslant B_x\sum_{m=-\infty}^{\infty}|h(n-m)|=B_x\sum_{k=-\infty}^{\infty}|h(k)|=B_xS<\infty$$

即输出信号 $y(n)$有界，故原条件是充分条件。

必要条件：利用反证法。已知系统稳定，假设

$$\sum_{n=-\infty}^{\infty} |h(n)| = \infty$$

我们可以找到一个有界输入：

$$x(n) = \begin{cases} \dfrac{h^*(-n)}{|h(-n)|} & h(n) \neq 0 \\ 0 & h(n) = 0 \end{cases}$$

输出 $y(n)$在 $n=0$ 这一点上的值为

$$y(0) = \sum_{m=-\infty}^{\infty} x(m)h(-m) = \sum_{m=-\infty}^{\infty} |h(-m)|$$

$$= \sum_{m=-\infty}^{\infty} |h(m)| = \infty$$

即 $y(0)$是无界的，这不符合稳定的条件，因而假设不成立。

所以，$\sum_{n=-\infty}^{\infty} |h(n)| < \infty$ 是稳定的必要条件。

要证明一个系统不稳定，只需找一个特别的有界输入，如果此时能得到一个无界的输出，那么就一定能判定这个系统是不稳定的。但是要证明一个系统是稳定的，就不能只用某一个特定的输入作用来证明，而要利用在所有有界输入下都产生有界输出的办法来证明系统的稳定性。

显然，既满足稳定条件又满足因果条件的系统，即稳定的因果系统是最主要的系统。这种线性时不变系统的单位脉冲响应应该既是因果的(单边的)，又是绝对可和的，即

$$\begin{cases} h(n) = 0 & n < 0 \\ \sum_{n=-\infty}^{\infty} |h(n)| < \infty \end{cases} \tag{1-54}$$

这种稳定因果系统既是可实现的，又是稳定工作的，因而这种系统正是一切数字系统设计的目标。

1.3.7 常系数线性差分方程

连续时间线性时不变系统的输入/输出关系常用常系数线性微分方程表示，而离散时间线性时不变系统的输入/输出关系除了用式(1-45)表示外，常用以下形式的常系数线性差分方程表示，即

$$\sum_{k=0}^{N} a_k y(n-k) = \sum_{k=0}^{M} b_k x(n-k) \tag{1-55}$$

所谓常系数，是指决定系统特征的 $a_1, a_2, \cdots, a_N$，b_1，b_2，…，b_M 都是常数。若系数中含有 n，则称为变系数线性差分方程。差分方程的阶数等于未知序列(指 $y(n)$)的变量序号的最高值与最低值之差。例如，式(1-55)即为 N 阶差分方程。

所谓线性，是指各 $y(n-k)$项以及各 $x(n-k)$项都只有一次幂且不存在它们的相乘项(这和线性微分方程是一样的)；否则就是非线性的。

离散时间系统的差分方程表示法有两个主要用途：一是从差分方程表达式比较容易直接得到系统的结构；二是便于求解系统的瞬态响应。

求解常系数差分方程可以用离散时域求解法，也可以用变换域求解法。

离散时域求解法有两种：

(1) 迭代法：此法较简单，但是只能得到数值解，不易直接得到闭合形式(公式)解。

(2) 卷积计算法：该法用于系统起始状态为零时的求解。

变换域求解法与连续时间系统的拉普拉斯变换法相似，它采用Z变换方法来求解差分方程，这在实际使用上是简单且有效的。关于卷积方法，前面已经讨论过了，只要知道系统脉冲响应就能得知任意输入时的输出响应。Z变换方法将在后面讨论。这里仅简单讨论离散时域的迭代法，并给出MATLAB函数调用求解法。

差分方程在给定的输入和给定的初始条件下，可用递推迭代的办法求系统的响应。如果输入是$\delta(n)$这一特定情况，则输出响应就是单位脉冲响应$h(n)$。例如，利用$\delta(n)$只在$n=0$处取值为1的特点，可用迭代法求出其单位脉冲响应$h(0)$，$h(1)$，…，$h(n)$，下面举例说明。

【例1-5】 常系数线性差分方程：

$$y(n)=x(n)+\frac{1}{2}y(n-1) \tag{1-56}$$

输入为

$$x(n)=\delta(n)$$

初始条件为

$$y(n)=0 \qquad n<0$$

试给出系统的实现结构并求其单位脉冲响应。

解 系统的实现结构如图1-22所示。图中⊕代表加法器，⊗代表乘法器，z^{-1}表示一阶延迟。

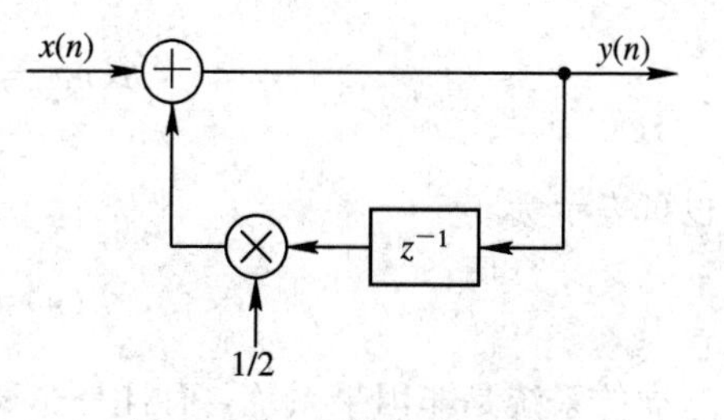

图1-22　系统的实现结构

由于初始条件已给定了$n=0$以前的输出，所以系统的输出响应只要从$n=0$开始算起。又因为输入$x(n)=\delta(n)$，所以系统的输出$y(n)$即为系统的单位脉冲响应$h(n)$。先由初始条件及输入求$h(0)$值：

$$h(0)=\frac{1}{2}h(-1)+\delta(0)=0+1=1$$

再由$h(0)$值及输入推导$h(1)$，并依次推导得$h(2)$，$h(3)$，…。因而有

$$h(1)=\frac{1}{2}h(0)+\delta(1)=\frac{1}{2}+0=\frac{1}{2}$$

$$h(2)=\frac{1}{2}h(1)+\delta(2)=\left(\frac{1}{2}\right)^2+0=\left(\frac{1}{2}\right)^2$$

$$\vdots$$

$$h(n)=\frac{1}{2}h(n-1)+\delta(n)=\left(\frac{1}{2}\right)^n+0=\left(\frac{1}{2}\right)^n$$

故系统的单位脉冲响应为

$$h(n)=\begin{cases}\left(\dfrac{1}{2}\right)^n & n\geqslant 0\\ 0 & n<0\end{cases}$$

即
$$h(n)=\left(\frac{1}{2}\right)^n u(n)$$

这样的系统相当于因果系统，而且系统是稳定的。

一个常系数线性差分方程并不一定代表因果系统，若初始条件不同，则可能得到非因果系统 。下面利用同一例子进行分析。

【例 1－6】 若系统的差分方程与例 1－5 相同，且设 $x(n)=\delta(n)$，但初始条件假设为 $y(n)=0(n>0)$，可得 $n>0$ 时 $h(n)=y(n)=0$，将式(1－56)改写为另一种递推关系：

$$y(n-1)=2[y(n)-x(n)]$$

或
$$y(n)=2[y(n+1)-x(n+1)]$$

又利用已得出的结果 $h(n)=0(n>0)$，则有

$$h(0)=2[h(1)-\delta(1)]=0$$

$$h(-1)=2[h(0)-\delta(0)]=-2=-\left(\frac{1}{2}\right)^{-1}$$

$$h(-2)=2[h(-1)-\delta(-1)]=-2^2=-\left(\frac{1}{2}\right)^{-2}$$

$$\vdots$$

$$h(n)=2h(n+1)=-\left(\frac{1}{2}\right)^n$$

所以

$$h(n)=\begin{cases}0 & n\geqslant 0\\ -\left(\dfrac{1}{2}\right)^n & n<0\end{cases}$$

也可表示为

$$h(n)=-\left(\frac{1}{2}\right)^n u(-n-1)$$

这样的系统是非因果系统，而且是非稳定的。

在 MATLAB 中已知输入和差分方程系数，可利用 filter 函数对差分方程进行数值求解。实际上该函数是利用递归型滤波器和非递归型滤波器对数据进行滤波。如果系统的初始条件为 0，则函数的调用格式为

```
y=filter(b, a, x)
```

其中：

```
b=[b0, b1, b2, …, bM]
a=[a0, a1, a2, …, aN]
```

是由式(1－55)给出的方程的系数矩阵，x 是输入序列矩阵。输出 y 与输入 x 有相同的长度。必须要确保系数 a0 不是 0。

系统对输入 x 进行滤波，如果输入为单位脉冲序列 $\delta(n)$，则输出 y 即为系统的单位脉冲响应 $h(n)$。

例 1-5 中求解系统单位脉冲响应的程序 example15.m 如下：

```
%example15.m:调用 filter 函数解差分方程 y(n)=x(n)+0.5y(n-1)
b=[1]; a=[1, -0.5];
x=[1, zeros(1, 31)];      %x(n)为单位脉冲序列，长度为 32
y=filter(b, a, x);        %计算出单位脉冲响应 h(n)
n=0:31;
stem(n, y);
xlabel('n');
ylabel('y(n)');
```

运行结果如图 1-23 所示。

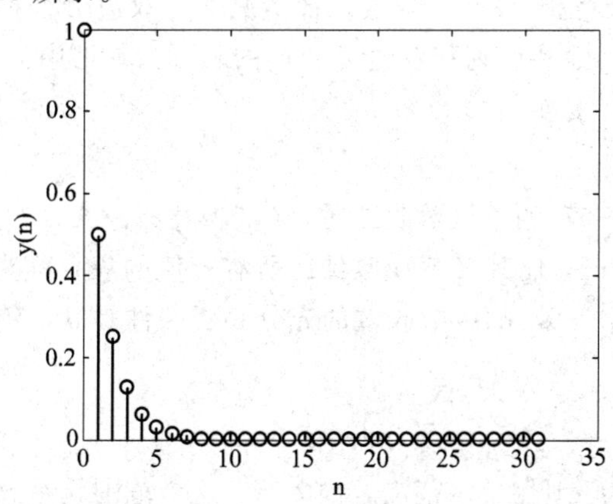

图 1-23　例 1-5 系统的单位脉冲响应

在以下的讨论中，都假设常系数线性差分方程就代表线性时不变系统，且多数代表可实现的因果系统。

从上面的例子可以看到，差分方程可以用来求离散时间系统的瞬态解。但是，为了更便于分析系统的另外一些特性，如系统的稳定性、频率响应等，就需要用到离散时间系统的 Z 变换方法。

1.4　Z　变　换

Z 变换是分析离散时间信号与系统的一种有用工具，它在离散时间信号与系统中的作用就如同拉普拉斯变换在连续时间信号与系统中的作用。Z 变换可用于求解常系数差分方程以及设计滤波器等。这里我们直接给出序列的 Z 变换表示，并研究一个序列的性质是如何与它的 Z 变换性质联系起来的。

1.4.1　Z 变换的定义及收敛域

1. Z 变换的定义

一个离散序列 $x(n)$ 的 Z 变换定义为

$$X(z) = \sum_{n=-\infty}^{\infty} x(n) z^{-n} \tag{1-57}$$

式中，z 是一个复变量，它所在的复平面称为 Z 平面。我们常用 $\mathscr{Z}[x(n)]$ 表示对序列 $x(n)$ 进行 Z 变换，也即

$$\mathscr{Z}[x(n)] = X(z) \tag{1-58}$$

这种变换也称为双边 Z 变换，与此相应的单边 Z 变换的定义如下：

$$X(z) = \sum_{n=0}^{\infty} x(n) z^{-n} \tag{1-59}$$

这种单边 Z 变换的求和极限是从 0 到无穷，因此对于因果序列，用两种 Z 变换定义计算出的结果是一样的。单边 Z 变换只有在少数几种情况下与双边 Z 变换有所区别。比如，需要考虑序列的起始条件，其他特性则和双边 Z 变换的相同。本书中如不另外说明，均用双边 Z 变换对信号进行分析和变换。

2. Z 变换的收敛域

显然，只有当式(1－57)的幂级数收敛时，Z 变换才有意义。

对任意给定序列 $x(n)$，使其 Z 变换收敛的所有 z 值的集合称为 $X(z)$ 的收敛域。

按照级数理论，式(1－57)的级数收敛的充分必要条件是满足绝对可和的条件，即要求

$$\sum_{n=-\infty}^{\infty} |x(n) z^{-n}| < \infty \tag{1-60}$$

要满足此不等式，$|z|$ 值必须在一定范围之内才行，这个范围就是收敛域。一般收敛域用环状域表示，即

$$R_{x-} < |z| < R_{x+}$$

收敛域是分别以 R_{x-} 和 R_{x+} 为半径的两个圆所围成的环状域(图 1－24 中的斜线部分)。R_{x-} 和 R_{x+} 称为收敛半径。当然，R_{x-} 可以小到零，R_{x+} 可以大到无穷大。

常用的 Z 变换是一个有理函数，用两个多项式之比表示：

$$X(z) = \frac{P(z)}{Q(z)}$$

分子多项式 $P(z)$ 的根是 $X(z)$ 的零点，分母多项式 $Q(z)$ 的根是 $X(z)$ 的极点。在极点处 Z 变换不存在，因此收敛域中没有极点，收敛域总是用极点限定其边界。

Z 平面上收敛域的位置(或者说 R_{x-} 及 R_{x+} 的大小)和序列有着密切的关系，下面分别加以讨论。

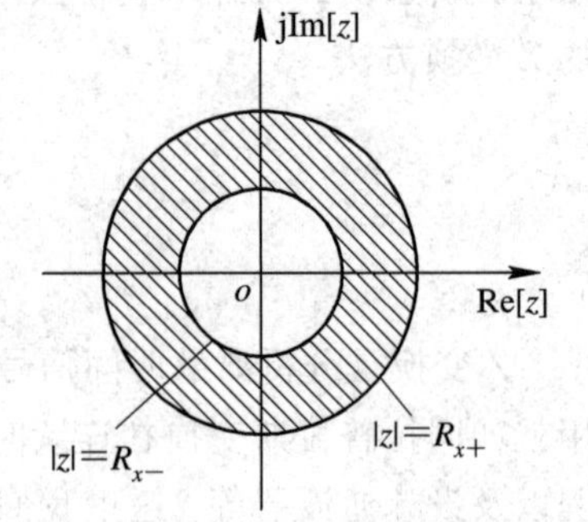

图 1－24 环形收敛域

(1) **有限长序列**：序列 $x(n)$ 只在有限区间 $n_1 \leqslant n \leqslant n_2$ 之内才具有非零的有限值，在此区间外，序列值皆为零，即

$$x(n) = 0 \qquad n < n_1, \ n > n_2$$

其 Z 变换为

$$X(z)=\sum_{n=n_1}^{n_2}x(n)z^{-n}$$

设 $x(n)$ 为有界序列，由于 $X(z)$ 是有限项级数之和，因此除 0 与 ∞ 两点是否收敛与 n_1、n_2 取值情况有关外，整个 Z 平面均收敛。如果 $n_1<0$，则收敛域不包括 ∞ 点；如果 $n_2>0$，则收敛域不包括 $z=0$ 点；如果是因果序列，则收敛域包括 ∞ 点。具体有限长序列的收敛域表示如下：

$$\begin{cases} n_1<0,\ n_2\leqslant 0\ \text{时}, & 0\leqslant|z|<\infty \\ n_1<0,\ n_2>0\ \text{时}, & 0<|z|<\infty \\ n_1\geqslant 0,\ n_2>0\ \text{时}, & 0<|z|\leqslant\infty \end{cases} \tag{1-61}$$

有时将开域 $(0,\infty)$ 称为有限 Z 平面。

【例 1-7】　$x(n)=\delta(n)$，求此序列的 Z 变换及收敛域。

解　这是 $n_1=n_2=0$ 时有限长序列的特例，由于

$$\mathscr{Z}[\delta(n)]=\sum_{n=-\infty}^{\infty}\delta(n)z^{-n}=1\qquad 0\leqslant|z|\leqslant\infty$$

所以收敛域应是整个 z 的闭平面 $(0\leqslant|z|\leqslant\infty)$，如图 1-25 所示。

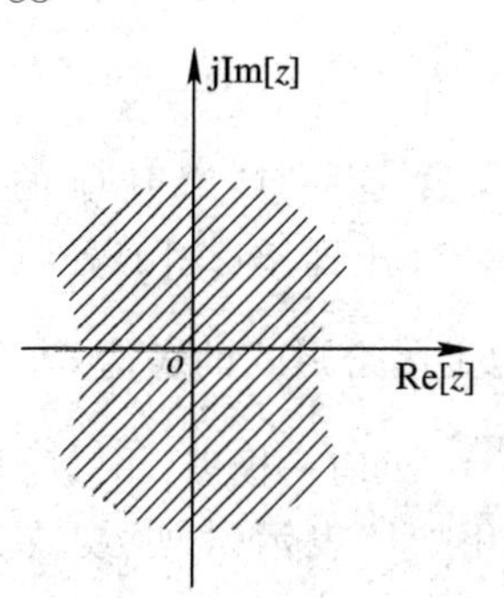

图 1-25　$\delta(n)$ 的 Z 变换的收敛域(全部 Z 平面)

【例 1-8】　求矩形序列 $x(n)=R_N(n)$ 的 Z 变换及其收敛域。

解

$$\begin{aligned} X(z)&=\sum_{n=-\infty}^{\infty}R_N(n)z^{-n}=\sum_{n=0}^{N-1}z^{-n} \\ &=1+z^{-1}+z^{-2}+\cdots+z^{-(N-1)} \end{aligned}$$

这是一个有限项几何级数之和，因此

$$X(z)=\frac{1-z^{-N}}{1-z^{-1}}\qquad 0<|z|\leqslant\infty$$

(2) **右边序列**：指 $x(n)$ 只在 $n\geqslant n_1$ 时有值，在 $n<n_1$ 时 $x(n)=0$。其 Z 变换为

$$X(z)=\sum_{n=n_1}^{\infty}x(n)z^{-n}=\sum_{n=n_1}^{-1}x(n)z^{-n}+\sum_{n=0}^{\infty}x(n)z^{-n} \tag{1-62}$$

此式右端第一项为有限长序列的 Z 变换，按上面讨论可知，它的收敛域为有限 Z 平面；而第二项是 z 的负幂级数，按照级数收敛的阿贝尔(N. Abel)定理可推知，存在一个收敛半径 R_{x-}，级数在以原点为中心、以 R_{x-} 为半径的圆外任何点都绝对收敛。因此，综合此二项，只有二项都收敛时级数才收敛。所以，如果 R_{x-} 是收敛域的最小半径，则右边序列的 Z 变换的收敛域为

$$R_{x-}<|z|<\infty$$

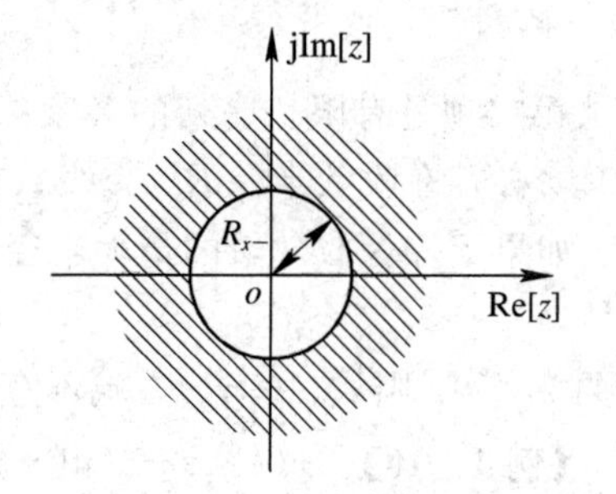

图 1-26　右边序列的 Z 变换的收敛域($n_1<0$，$|z|=\infty$ 除外)

右边序列的 Z 变换的收敛域如图 1-26 所示。

因果序列是最重要的一种右边序列，即 $n_1=0$ 的右边序列。也就是说，当 $n\geqslant 0$ 时 $x(n)$

有值，当$n<0$时$x(n)=0$，其Z变换级数中无z的正幂项，因此级数收敛域可以包括$|z|=\infty$，即

$$X(z)=\sum_{n=-\infty}^{\infty}x(n)z^{-n}\qquad R_{x-}<|z|\leqslant\infty \tag{1-63}$$

Z变换收敛域包括$|z|=\infty$是因果序列的特征。

【例1-9】 $x(n)=a^n\mathrm{u}(n)$，求其Z变换及收敛域。

解 这是一个因果序列，其Z变换为

$$\begin{aligned}X(z)&=\sum_{n=-\infty}^{\infty}a^n\mathrm{u}(n)z^{-n}=\sum_{n=0}^{\infty}a^nz^{-n}\\&=\sum_{n=0}^{\infty}(az^{-1})^n=\frac{1}{1-az^{-1}}\qquad |z|>|a|\end{aligned}$$

这是一个无穷项的等比级数求和，只有在$|az^{-1}|<1$即$|z|>|a|$处收敛，如图1-27所示，故得到以上闭合形式的表达式。由于$\frac{1}{1-az^{-1}}=\frac{z}{z-a}$，因此在$z=a$处有一极点(用“×”表示)，在$z=0$处有一个零点(用“○”表示)，收敛域为极点所在圆$|z|=|a|$的外部。

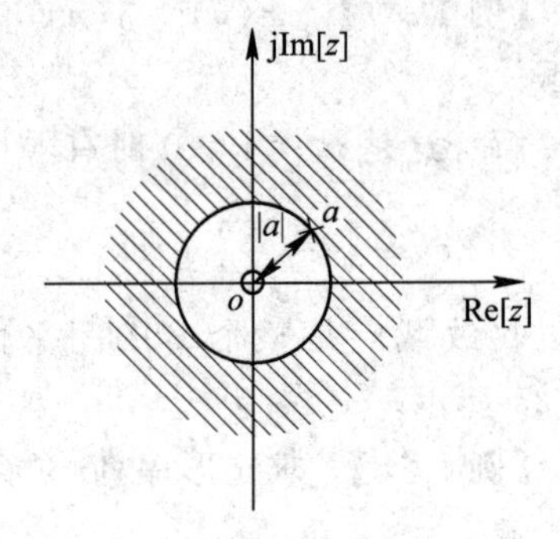

图1-27 例1-9右边序列的Z变换的收敛域

收敛域上的函数必须是解析的，因此收敛域内不允许有极点存在。所以，右边序列的Z变换如果有N个有限极点$z_1, z_2, \cdots, z_N$存在，那么收敛域一定在模值最大的这个极点所在的圆以外，也即

$$R_{x-}=\max[|z_1|, |z_2|, \cdots, |z_N|]$$

对于因果序列，∞处也不能有极点。

(3) **左边序列**：指在$n\leqslant n_2$时$x(n)$有值，而在$n>n_2$时$x(n)=0$。其Z变换为

$$\begin{aligned}X(z)&=\sum_{n=-\infty}^{n_2}x(n)z^{-n}\\&=\sum_{n=-\infty}^{0}x(n)z^{-n}+\sum_{n=1}^{n_2}x(n)z^{-n}\end{aligned} \tag{1-64}$$

等式第二项是有限长序列的Z变换，收敛域为有限Z平面；第一项是正幂级数，按阿贝尔定理，必存在收敛半径R_{x+}，级数在以原点为中心、以R_{x+}为半径的圆内任何点都绝对收敛。如果R_{x+}为收敛域的最大半径，则综合以上两项，左边序列的Z变换的收敛域为

$$0<|z|<R_{x+}$$

如果$n_2\leqslant 0$，则式(1-64)右端不存在第二项，故收敛域应包括$z=0$，即$|z|<R_{x+}$。

【例1-10】 $x(n)=-a^n\mathrm{u}(-n-1)$，求其Z变换及收敛域。

解 这是一个左边序列。其Z变换为

$$X(z)=\sum_{n=-\infty}^{\infty}-a^n\mathrm{u}(-n-1)z^{-n}=\sum_{n=-\infty}^{-1}-a^nz^{-n}=\sum_{n=1}^{\infty}-a^{-n}z^n$$

此等比级数在$|a^{-1}z|<1$，即$|z|<|a|$处收敛。因此

$$X(z)=\frac{-a^{-1}z}{1-a^{-1}z}=\frac{z}{z-a}=\frac{1}{1-az^{-1}}\qquad |z|<|a|$$

序列的 Z 变换的收敛域如图 1-28 所示。函数 $\frac{z}{z-a}=\frac{1}{1-az^{-1}}$ 在 $z=a$ 处有一极点，整个收敛域为极点所在圆以内的解析区域。

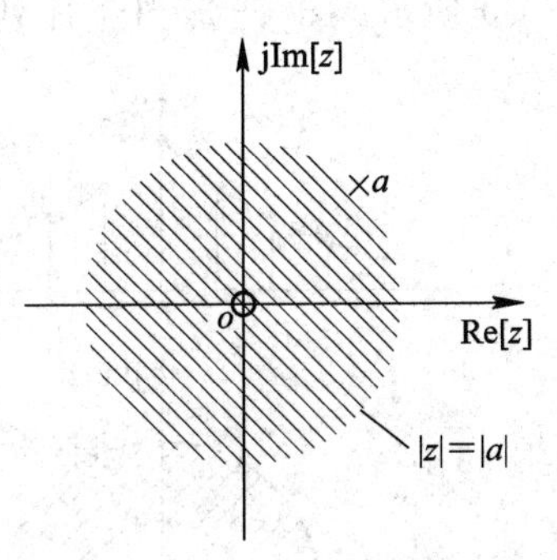

图 1-28　例 1-10 左边序列的 Z 变换的收敛域

对于左边序列，如果序列的 Z 变换有 N 个有限极点 $z_1, z_2, \cdots, z_N$ 存在，那么收敛域一定在模值为最小的这一个极点所在圆以内，这样 $X(z)$ 才能在整个圆内解析，也即

$$R_{x+}=\min[|z_1|, |z_2|, \cdots, |z_N|]$$

由以上两例可以看出，一个左边序列与一个右边序列的 Z 变换表达式是完全一样的。所以，只给出 Z 变换的闭合表达式是不够的，是不能正确得到原序列的，必须同时给出收敛域，才能唯一地确定一个序列。这就说明了研究收敛域的重要性。

(4) **双边序列**：可以看作一个右边序列和一个左边序列之和，即

$$X(z)=\sum_{n=-\infty}^{\infty}x(n)z^{-n}=\sum_{n=0}^{\infty}x(n)z^{-n}+\sum_{n=-\infty}^{-1}x(n)z^{-n}\qquad(1-65)$$

因而其收敛域应该是右边序列与左边序列的 Z 变换的收敛域的重叠部分。等式右边第一项为右边序列的 Z 变换，其收敛域为 $|z|>R_{x-}$；第二项为左边序列的 Z 变换，其收敛域为 $|z|<R_{x+}$。如果 $R_{x-}<R_{x+}$，则存在公共收敛区域，$X(z)$ 有收敛域：

$$R_{x-}<|z|<R_{x+}$$

这是一个环状区域。如果 $R_{x-}>R_{x+}$，则无公共收敛区域，$X(z)$ 无收敛域，也即在 Z 平面的任何地方都没有有界的 $X(z)$ 值，因此就不存在 Z 变换的解析式，这种 Z 变换就没有什么意义。

【例 1-11】　$x(n)=a^{|n|}$，a 为实数，求其 Z 变换及收敛域。

解　这是一个双边序列，其 Z 变换为

$$X(z)=\sum_{n=-\infty}^{\infty}x(n)z^{-n}=\sum_{n=0}^{\infty}a^{n}z^{-n}+\sum_{n=-\infty}^{-1}a^{-n}z^{-n}$$

设

$$X_1(z)=\sum_{n=0}^{\infty}a^{n}z^{-n}=\frac{1}{1-az^{-1}}\qquad |z|>|a|$$

$$X_2(z)=\sum_{n=-\infty}^{-1}a^{-n}z^{-n}=\frac{az}{1-az}\qquad |z|<\frac{1}{|a|}$$

若 $|a|<1$，则存在公共收敛域，得

$$X(z)=X_1(z)+X_2(z)=\frac{1}{1-az^{-1}}+\frac{az}{1-az}$$

$$=\frac{(1-a^2)z}{(z-a)(1-az)}\qquad |a|<|z|<\frac{1}{|a|}$$

其序列及其 Z 变换的收敛域如图 1-29 所示。

若$|a| \geqslant 1$，则无公共收敛域，因此也就不存在 Z 变换的封闭函数，这种序列如图 1-30 所示。图 1-30 中，序列两端都发散，显然这种序列是不现实的序列。

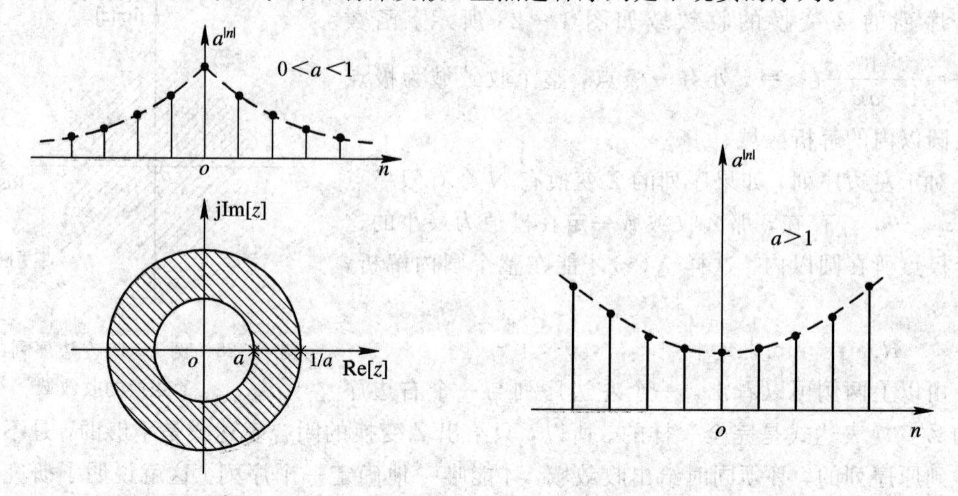

图 1-29 例 1-11 双边序列及其 Z 变换的收敛域　　图 1-30 Z 变换无收敛域的序列

表 1-1 综合了前面一些例子的变换对，以及其他一些常见的 Z 变换对。这些基本变换对在已知序列求 Z 变换，或者在给定 Z 变换求序列时都是非常有用的。

表 1-1 常见序列的 Z 变换及其收敛域

序号	序　列	Z 变 换	收 敛 域
1	$\delta(n)$	1	所有 z
2	$u(n)$	$\frac{1}{1-z^{-1}}$	$\|z\|>1$
3	$-u(-n-1)$	$\frac{1}{1-z^{-1}}$	$\|z\|<1$
4	$\delta(n-m)$	z^{-m}	全部 z，除去$\begin{cases}0(若\ m>0)\\ \infty(若\ m<0)\end{cases}$
5	$a^n u(n)$	$\frac{1}{1-az^{-1}}$	$\|z\|>\|a\|$
6	$-a^n u(-n-1)$	$\frac{1}{1-az^{-1}}$	$\|z\|<\|a\|$
7	$na^n u(n)$	$\frac{az^{-1}}{(1-az^{-1})^2}$	$\|z\|>\|a\|$
8	$-na^n u(-n-1)$	$\frac{az^{-1}}{(1-az^{-1})^2}$	$\|z\|<\|a\|$
9	$e^{-jn\omega_0} u(n)$	$\frac{1}{1-e^{-j\omega_0} z^{-1}}$	$\|z\|\geqslant 1$
10	$[\sin n\omega_0]u(n)$	$\frac{z^{-1}\sin\omega_0}{1-2z^{-1}\cos\omega_0+z^{-2}}$	$\|z\|>1$
11	$[\cos n\omega_0]u(n)$	$\frac{1-z^{-1}\cos\omega_0}{1-2z^{-1}\cos\omega_0+z^{-2}}$	$\|z\|>1$

续表

序号	序　列	Z 变　换	收　敛　域
12	$[e^{-an}\sin n\omega_0]u(n)$	$\dfrac{z^{-1}e^{-a}\sin\omega_0}{1-2z^{-1}e^{-a}\cos\omega_0+z^{-2}e^{-2a}}$	$\|z\|>e^{-a}$
13	$[e^{-an}\cos n\omega_0]u(n)$	$\dfrac{1-z^{-1}e^{-a}\cos\omega_0}{1-2z^{-1}e^{-a}\cos\omega_0+z^{-2}e^{-2a}}$	$\|z\|>e^{-a}$
14	$a^nR_N(n)$	$\dfrac{1-a^Nz^{-N}}{1-az^{-1}}$	$\|z\|>0$

1.4.2　Z 反变换

已知函数 $X(z)$ 及其收敛域，求序列的变换称为 Z 反变换，表示为

$$x(n)=\mathscr{Z}^{-1}[X(z)]$$

下面给出 Z 反变换的一般公式。

若

$$X(z)=\sum_{n=-\infty}^{\infty}x(n)z^{-n}\qquad R_{x-}<|z|<R_{x+}\tag{1-66}$$

则

$$x(n)=\frac{1}{2\pi j}\oint_c X(z)z^{n-1}\,dz\qquad c\in(R_{x-},R_{x+})\tag{1-67}$$

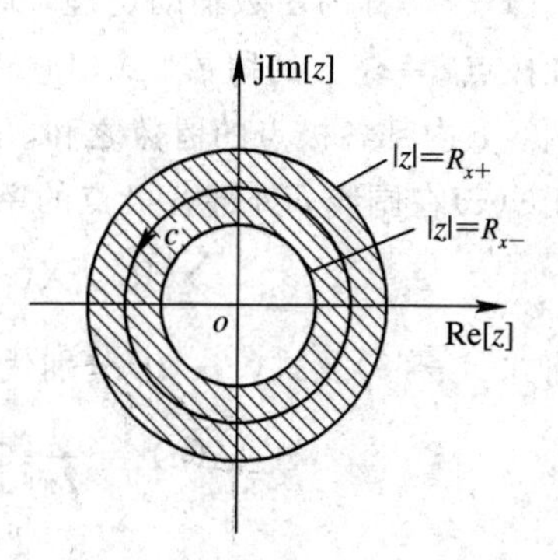

图 1-31　围线积分路径

式(1-67)所示的 Z 反变换是一个对 $X(z)z^{n-1}$ 进行的围线积分，积分路径 c 是在 $X(z)$ 的环状解析域(即收敛域)内环绕原点的一条逆时针方向的闭合单围线，如图 1-31 所示。

证

$$\frac{1}{2\pi j}\oint_c X(z)z^{n-1}\,dz=\frac{1}{2\pi j}\oint_c\Big[\sum_{m=-\infty}^{\infty}x(m)z^{-m}\Big]z^{n-1}\,dz$$
$$=\sum_{m=-\infty}^{\infty}x(m)\frac{1}{2\pi j}\oint_c z^{(n-m)-1}\,dz$$

该积分路径 c 在半径为 R 的圆上，即

$$z=Re^{j\theta}\qquad R_{x-}<R<R_{x+}$$

则

$$\frac{1}{2\pi j}\oint_c z^{k-1}\,dz=\frac{1}{2\pi j}\oint_c R^{k-1}e^{j(k-1)\theta}\,d[Re^{j\theta}]=\frac{R^k}{2\pi}\int_{-\pi}^{\pi}e^{jk\theta}\,d\theta$$
$$=\begin{cases}1 & k=0\\ 0 & k\neq 0,\ k\ 整数\end{cases}\tag{1-68}$$

式(1-68)也称为柯西积分定律。因此

$$\sum_{m=-\infty}^{\infty} x(m)\frac{1}{2\pi \mathrm{j}}\oint_c z^{n-m-1}\,\mathrm{d}z = x(n)$$

或

$$\frac{1}{2\pi \mathrm{j}}\oint_c X(z)z^{n-1}\,\mathrm{d}z = x(n)\qquad c\in(R_{x-},\ R_{x+})$$

直接计算围线积分是比较麻烦的，实际上，求Z反变换时，往往可以不必直接计算围线积分。一般求Z反变换的常用方法有三种：围线积分法(留数法)、部分分式展开法和幂级数展开法(长除法)。

1. 围线积分法(留数法)

这是求Z反变换的一种有用的分析方法。根据留数定理，若函数$F(z)=X(z)z^{n-1}$在围线c以内有K个极点z_k，而在c以外有M个极点z_m(M、k为有限值)，则有

$$\frac{1}{2\pi \mathrm{j}}\oint_c X(z)z^{n-1}\,\mathrm{d}z = \sum_k \mathrm{Res}[X(z)z^{n-1},\ z_k]\tag{1-69}$$

若$F(z)=X(z)z^{n-1}$分母阶次比分子阶次高二阶以上，则有

$$\frac{1}{2\pi \mathrm{j}}\oint_c X(z)z^{n-1}\,\mathrm{d}z = -\sum_m \mathrm{Res}[X(z)z^{n-1},\ z_m]\tag{1-70}$$

式(1-70)称为留数辅助定理。式(1-69)中，$\mathrm{Res}[X(z)z^{n-1},\ z_k]$表示函数$F(z)=X(z)z^{n-1}$在极点$z=z_k$上的留数。式(1-69)表明，函数$F(z)$沿围线$c$逆时针方向的积分等于$F(z)$在围线$c$内部各极点的留数之和。式(1-70)说明，函数$F(z)$沿围线$c$顺时针方向的积分等于$F(z)$在围线$c$外部各极点的留数之和。由式(1-69)及式(1-70)，可得

$$\sum_k \mathrm{Res}[X(z)z^{n-1},\ z_k] = -\sum_m \mathrm{Res}[X(z)z^{n-1},\ z_m]\tag{1-71}$$

将式(1-69)及式(1-70)分别代入式(1-67)，可得

$$x(n) = \frac{1}{2\pi \mathrm{j}}\oint_c X(z)z^{n-1}\,\mathrm{d}z = \sum_k \mathrm{Res}[X(z)z^{n-1},\ z_k]\tag{1-72a}$$

$$x(n) = \frac{1}{2\pi \mathrm{j}}\oint_c X(z)z^{n-1}\,\mathrm{d}z = -\sum_m \mathrm{Res}[X(z)z^{n-1},\ z_m]\tag{1-72b}$$

根据具体情况，既可以采用式(1-72a)，也可以采用式(1-72b)。例如，当n大于某一值时，函数$X(z)z^{n-1}$在围线的外部可能有多重极点，这时选c的外部极点计算留数就比较麻烦，而选c的内部极点求留数则较简单；当n小于某一值时，函数$X(z)z^{n-1}$在围线的内部可能有多重极点，这时选用c外部的极点求留数就方便得多。

现在来讨论如何求$X(z)z^{n-1}$在任一极点z_r处的留数。

设z_r是$X(z)z^{n-1}$的单一(一阶)极点，则有

$$\mathrm{Res}[X(z)z^{n-1},\ z_r] = [(z-z_r)X(z)z^{n-1}]_{z=z_r}\tag{1-73}$$

如果z_r是$X(z)z^{n-1}$的多重极点，如l阶极点，则有

$$\mathrm{Res}[X(z)z^{n-1},\ z_r] = \frac{1}{(l-1)!}\frac{\mathrm{d}^{l-1}}{\mathrm{d}z^{l-1}}[(z-z_r)^l X(z)z^{n-1}]_{z=z_r}\tag{1-74}$$

【例1-12】 已知

$$X(z) = \frac{1}{1-az^{-1}}\qquad |z|>|a|$$

求Z反变换。

解　　$$x(n)=\frac{1}{2\pi \mathrm{j}}\oint_c \frac{1}{1-az^{-1}}z^{n-1}\,\mathrm{d}z=\frac{1}{2\pi \mathrm{j}}\oint_c \frac{z^n}{z-a}\,\mathrm{d}z$$

围线 c 以内包含极点 a，如图 1-32 中粗线所示。当 $n<0$ 时，在 $z=0$ 处有一个 $-n$ 阶极点。因此

$$x(n)=\begin{cases}\mathrm{Res}\left[\dfrac{z^n}{z-a},\ a\right] & n\geqslant 0\\ \mathrm{Res}\left[\dfrac{z^n}{z-a},\ a\right]+\mathrm{Res}\left[\dfrac{z^n}{z-a},\ 0\right] & n<0\end{cases}$$

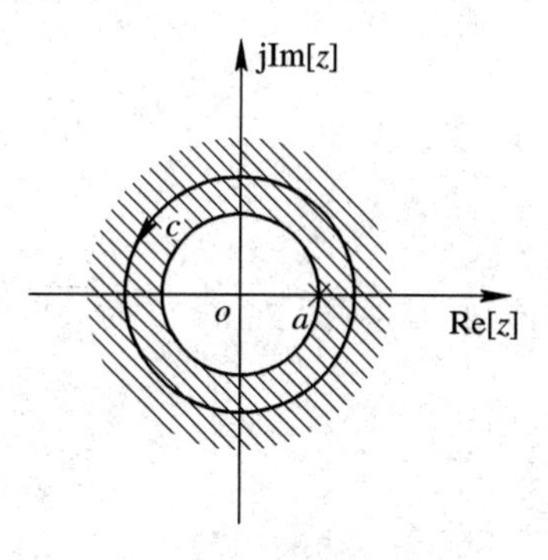

图 1-32　收敛域 $|z|>|a|$

式中，a 是单阶极点。应用公式(1-73)，则

$$\mathrm{Res}\left[\frac{z^n}{z-a},\ a\right]=z^n\Big|_{z=a}=a^n$$

在 $z=0$ 处有一个 $-n$ 阶极点($n<0$)，应用公式(1-74)，则

$$\begin{aligned}\mathrm{Res}\left[\frac{z^n}{z-a},\ 0\right]&=\frac{1}{(-n-1)!}\frac{\mathrm{d}^{-n-1}}{\mathrm{d}z^{-n-1}}\left[z^{-n}\frac{z^n}{z-a}\right]\Bigg|_{z=0}\\&=(-1)^{-n-1}(z-a)^n\big|_{z=0}=-a^n\end{aligned}$$

因此

$$x(n)=\begin{cases}a^n & n\geqslant 0\\ a^n-a^n=0 & n<0\end{cases}$$

即

$$x(n)=a^n\mathrm{u}(n)$$

这个指数因果序列是单阶极点的反变换，这个反变换是很典型的，在以下的部分分式中还要用到这个结果。

实际上，由于收敛域在函数极点以外，并且包括∞点，因此可以知道该序列一定是因果序列。用留数法计算的结果也证实了这一点。所以，在具体应用留数法时，若能从收敛域判定序列是因果的，就可以不必考虑 $n<0$ 时出现的极点了，因为它们的留数和一定总是零。

在应用留数法时，收敛域是很重要的。同一个函数 $X(z)$，若收敛域不同，则对应的序列就完全不同。例如，仍然以上面的函数为例，改变其收敛域，可以看到结果完全不同。

【例 1-13】 已知

$$X(z)=\frac{1}{1-az^{-1}}\qquad |z|<|a|$$

求 Z 反变换。

解　　$$\begin{aligned}x(n)&=\frac{1}{2\pi \mathrm{j}}\oint_c \frac{1}{1-az^{-1}}z^{n-1}\,\mathrm{d}z\\&=\frac{1}{2\pi \mathrm{j}}\oint_c \frac{z^n}{z-a}\,\mathrm{d}z\end{aligned}$$

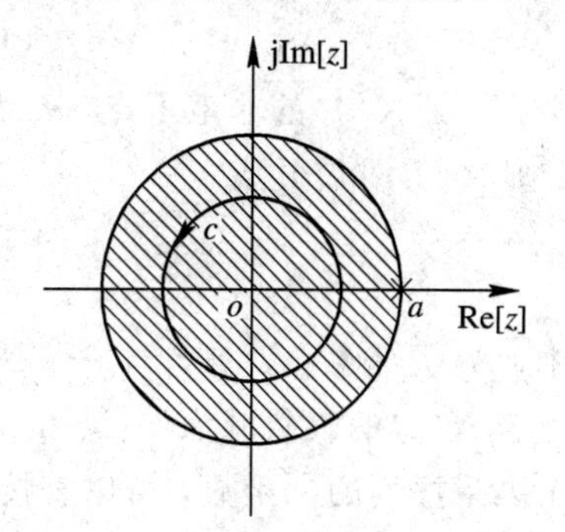

图 1-33　收敛域 $|z|<|a|$

这时由于极点 a 处在围线 c 以外(见图 1-33)，所以当 $n>0$ 时围线 c 内无极点，而当 $n<0$ 时只在 $z=0$ 处有一个 $-n$ 阶极点。因此

$$x(n)=\begin{cases}0 & n\geqslant 0\\ \text{Res}\left[\dfrac{z^n}{z-a},\ 0\right] & n<0\end{cases}$$

$$=\begin{cases}0 & n\geqslant 0\\ -a^n & n<0\end{cases}$$

即
$$x(n)=-a^n\text{u}(-n-1)$$

例 1-13 中，在 $n<0$ 时，也可用围线外极点 a 的留数来求，见式(1-72b)，则有

$$x(n)=\begin{cases}0 & n\geqslant 0\\ -\text{Res}\left[\dfrac{z^n}{z-a},\ a\right] & n<0\end{cases}$$

$$=\begin{cases}0 & n\geqslant 0\\ -a^n & n<0\end{cases}$$

即
$$x(n)=-a^n u(-n-1)$$

从收敛域在函数极点所在圆以内就能判断序列是左边序列，计算出来的结果也证实了这个结论。

2. 部分分式展开法

在实际应用中，一般 $X(z)$ 是 z 的有理分式，可表示成 $X(z)=P(z)/Q(z)$，$P(z)$ 及 $Q(z)$ 都是实系数多项式，且没有公因式。可将 $X(z)$ 展开成部分分式的形式，然后利用表 1-1 的基本 Z 变换对的公式求各简单分式的 Z 反变换(注意收敛域)，再将各个反变换相加起来，就得到所求的 $x(n)$。

为了看出如何进行部分分式展开，假设 $X(z)$ 可以表示成 z^{-1} 的多项式之比，即

$$X(z)=\frac{\sum_{i=0}^{M}b_i z^{-i}}{1+\sum_{i=1}^{N}a_i z^{-i}} \tag{1-75}$$

为了得到 $X(z)$ 的部分分式，将式(1-75)进一步展开成以下形式：

$$X(z)=\frac{b_0\prod_{k=1}^{M}(1-c_k z^{-1})}{\prod_{k=1}^{N}(1-d_k z^{-1})} \tag{1-76}$$

式中，c_k 是 $X(z)$ 的非零零点，d_k 是 $X(z)$ 的非零极点。如果 $M<N$，且所有极点都是一阶的，则 $X(z)$ 可展开成

$$X(z)=\sum_{k=1}^{N}\frac{A_k}{1-d_k z^{-1}} \tag{1-77}$$

式中，A_k 是常数，$k=1,\ 2,\ \cdots,\ N$。

若 $X(z)$ 的收敛域为 $|z|>\max[|d_k|]$，则式(1-77)的部分分式展开式中的每一项都是一个因果序列的 z 函数，可以直接利用例 1-12 的结果，得

$$x(n)=\sum_{k=1}^{N}A_k d_k^n\text{u}(n) \tag{1-78}$$

式中，系数 A_k 可利用留数定理求得

$$A_k = (1 - d_k z^{-1})X(z)\,|_{z=d_k} = (z - d_k)\frac{X(z)}{z} = \mathrm{Res}\left[\frac{X(z)}{z},\ d_k\right] \tag{1-79}$$

如果 $M \geqslant N$，且除一阶极点外，在 $z = d_i$ 处还有 s 阶极点，则 $X(z)$ 可展开成

$$X(z) = \sum_{n=0}^{M-N} B_n z^{-n} + \sum_{k=1}^{M-s} \frac{A_k}{1 - d_k z^{-1}} + \sum_{m=1}^{s} \frac{C_m}{(1 - d_i z^{-1})^m} \tag{1-80}$$

式中，B_n 可用长除法求得，A_k 可由式(1-79)求出，系数 C_m 由式(1-81a)或式(1-81b)得到。

$$C_m = \frac{1}{(-d_i)^{s-m}} \frac{1}{(s-m)!} \left\{ \frac{\mathrm{d}^{s-m}}{\mathrm{d}(z^{-1})^{s-m}} [(1 - d_i z^{-1})^s X(z)] \right\}_{z=d_i} \tag{1-81a}$$

$$C_m = \frac{1}{(s-m)!} \left\{ \frac{\mathrm{d}^{s-m}}{\mathrm{d}z^{s-m}} \left[(z - d_i)^s \frac{X(z)}{z^m} \right] \right\}_{z=d_i} \qquad m = 1, 2, \cdots, s \tag{1-81b}$$

展开式的各项被确定后，再分别求式(1-80)右边各项的 Z 反变换，则原序列就是各项的反变换序列之和。

【例 1-14】 设

$$X(z) = \frac{1}{(1 - 2z^{-1})(1 - 0.5z^{-1})} \qquad |z| > 2$$

试利用部分分式法求 Z 反变换。

解 $X(z)$ 有两个极点，即 $d_1 = 2$ 和 $d_2 = 0.5$，收敛域为 $|z| > 2$，则 $X(z)$ 的零极点如图 1-34 所示。由收敛域可知，$x(n)$ 是一个右边序列。因为极点全部是一阶的，所以 $X(z)$ 可表示为

$$X(z) = \frac{A_1}{1 - 2z^{-1}} + \frac{A_2}{1 - 0.5z^{-1}}$$

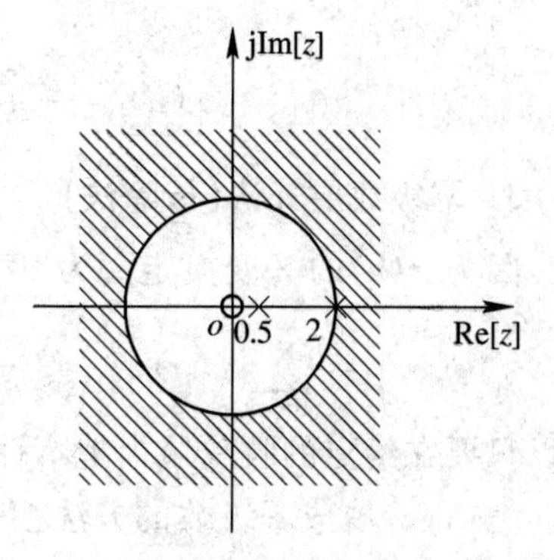

图 1-34　例 1-14 $X(z)$ 的零极点图及收敛域

用式(1-79)求得系数为

$$A_1 = [(1 - 2z^{-1})X(z)]\,|_{z=2} = \left.\frac{1}{1 - 0.5z^{-1}}\right|_{z=2} = \frac{4}{3}$$

$$A_2 = [(1 - 0.5z^{-1})X(z)]\,|_{z=0.5} = \left.\frac{1}{1 - 2z^{-1}}\right|_{z=0.5} = -\frac{1}{3}$$

因此 $X(z)$ 为

$$X(z) = \frac{4}{3} \times \frac{1}{1 - 2z^{-1}} - \frac{1}{3} \times \frac{1}{1 - 0.5z^{-1}}$$

根据表 1-1 可得

$$x(n) = \begin{cases} \dfrac{4}{3} \times 2^n - \dfrac{1}{3} \times 0.5^n & n \geqslant 0 \\ 0 & n < 0 \end{cases}$$

或表示为

$$x(n) = \left[\frac{4}{3} \times 2^n - \frac{1}{3} \times 0.5^n\right] \mathrm{u}(n)$$

这个例子是右边序列。对于左边序列和双边序列，部分分式法同样可以应用，但必须区别哪些极点对应右边序列，哪些极点对应左边序列。

【例 1-15】 求例 1-14 中给出的 $X(z)$ 所对应的全部可能序列。

解 根据图 1-34 所示的零极点图和收敛域，$X(z)$ 有三种不同的收敛域：

情况 1：$|z|>2$，如例 1-14，已经证明 $X(z)$是一个右边序列。

情况 2：$|z|<\frac{1}{2}$，$X(z)$对应一个左边序列。

情况 3：$\frac{1}{2}<|z|<2$，$X(z)$对应一个双边序列。

因为 $X(z)$的部分分式展开仅取决于 $X(z)$的代数式，所以对三种情况都是一样的。针对 $X(z)$的三种不同的收敛域，根据表 1-1 可得：

情况 1：

$$x(n)=\left[\frac{4}{3}\times 2^n-\frac{1}{3}\times 0.5^n\right]u(n)$$

情况 2：

$$x(n)=\left[-\frac{4}{3}\times 2^n+\frac{1}{3}\times 0.5^n\right]u(-n-1)$$

情况 3：

$$x(n)=-\frac{4}{3}\times 2^n u(-n-1)-\frac{1}{3}\times 0.5^n u(n)$$

3. 幂级数展开法(长除法)

因为 $x(n)$的 Z 变换定义为 z^{-1}的幂级数，即

$$X(z)=\sum_{n=-\infty}^{\infty}x(n)z^{-n}=\cdots+x(-1)z+x(0)z^0+x(1)z^{-1}+x(2)z^{-2}+\cdots$$

所以只要在给定的收敛域内把 $X(z)$展成幂级数，则级数的系数就是序列 $x(n)$。

把 $X(z)$展成幂级数的方法很多。例如，直接将 $X(z)$展开成幂级数形式；当 $X(z)$是 log、sin、cos、sinh 等函数时，可利用已知的幂级数展开式将其展成幂级数形式；当 $X(z)$是一个有理分式，分子、分母都是 z 的多项式时，可利用长除法，即用分子多项式除以分母多项式得到幂级数展开式。下面分别举例说明。

【例 1-16】 若 $X(z)$为

$$X(z)=z^2(1+z^{-1})(1-z^{-1})$$

求 Z 反变换。

解　直接将 $X(z)$展开成

$$X(z)=z^2(1+z^{-1})(1-z^{-1})=z^2-1$$

观察得

$$x(n)=\begin{cases}1 & n=-2\\ -1 & n=0\\ 0 & \text{其他}\end{cases}$$

或者写成

$$x(n)=\delta(n+2)-\delta(n)$$

【例 1-17】 若 $X(z)$为

$$X(z)=\lg(1+az^{-1})\qquad |z|>|a|$$

求 Z 反变换。

解　利用 $\lg(1+x)$，且$|x|<1$ 的幂级数展开式，可得

$$\lg(1+x)=x-\frac{1}{2}x^2+\frac{1}{3}x^3-\cdots+\frac{(-1)^{n+1}}{n}x^n\cdots$$

$$=\sum_{n=1}^{\infty}\frac{(-1)^{n+1}}{n}x^n \qquad -1<x<1$$

所以

$$X(z)=\lg(1+az^{-1})=\sum_{n=1}^{\infty}\frac{(-1)^{n+1}}{n}a^nz^{-n}=\sum_{n=1}^{\infty}x(n)z^{-n}$$

显然

$$x(n)=\begin{cases}(-1)^{n+1}\dfrac{a^n}{n} & n\geqslant 1\\ 0 & n\leqslant 0\end{cases}$$

【例 1-18】 若 $X(z)$为

$$X(z)=\frac{1}{1+az^{-1}} \qquad |z|>|a|$$

求Z反变换。

解　$X(z)$在 $z=-a$ 处有一极点，收敛域在极点所在圆以外，序列应该是因果序列，$X(z)$应展成 z 的降幂级数，所以按降幂顺次长除有

$$\begin{array}{r|l}
 & 1-az^{-1}+a^2z^{-2}+\cdots+(-a)^nz^{-n}+\cdots \\
1+az^{-1} & 1 \\
 & \underline{1+az^{-1}} \\
 & -az^{-1} \\
 & \underline{-az^{-1}-a^2z^{-2}} \\
 & a^2z^{-2} \\
 & \underline{a^2z^{-2}+a^3z^{-3}} \\
 & -a^3z^{-3} \\
 & \vdots
\end{array}$$

所以

$$X(z)=\sum_{n=0}^{\infty}(-a)^nz^{-n}$$

则

$$x(n)=(-a)^n\mathrm{u}(n)$$

【例 1-19】 若 $X(z)$为

$$X(z)=\frac{1}{1-az^{-1}} \qquad |z|<|a|$$

求Z反变换。

解　$X(z)$在 $z=a$ 处有一极点，收敛域在极点所在圆以内，序列应该是左边序列，$X(z)$ 应展成 z 的升幂级数，因此按升幂顺次长除有

$$
\begin{array}{r|l}
 & -a^{-1}z-a^{-2}z^{2}-a^{-3}z^{3}-\cdots \\
\hline
-az^{-1}+1 & 1 \\
 & 1-a^{-1}z \\
\cline{2-2}
 & a^{-1}z \\
 & a^{-1}z-a^{-2}z^{2} \\
\cline{2-2}
 & a^{-2}z^{2} \\
 & a^{-2}z^{2}-a^{-3}z^{3} \\
\cline{2-2}
 & a^{-3}z^{3} \\
 & \vdots
\end{array}
$$

故

$$X(z)=-a^{-1}z-a^{-2}z^{2}-a^{-3}z^{3}-\cdots=\sum_{n=1}^{\infty}-a^{-n}z^{n}=\sum_{n=-\infty}^{-1}-a^{n}z^{-n}$$

则

$$x(n)=-a^{n}\mathrm{u}(-n-1)$$

从上面两例可以看出，长除法既可展成升幂级数，也可展成降幂级数，这完全取决于收敛域。所以在进行长除以前，一定要先根据收敛域确定是左边序列还是右边序列，然后才能正确地决定是按升幂长除，还是按降幂长除。

如果收敛域是$|z|<R_{x+}$，则$x(n)$必然是左边序列，此时应将$X(z)$展开成z的正幂级数，为此，$X(z)$的分子、分母应按z的升幂(或z^{-1}的降幂)排列。

1.4.3 Z 变换的性质

在研究离散时间信号与系统时，Z 变换的许多性质是特别有用的。这些性质往往与 1.4.2 节讨论的 Z 反变换联系在一起，可以用来求解更复杂的 Z 反变换。在后面还将看到，这些性质也是利用变换变量z把线性常系数差分方程变换为代数方程的基础，线性常系数差分方程的解又能利用 Z 反变换来得到。本节将讨论几个最常用的性质。

1. 线性

Z 变换是一种线性变换，它满足叠加原理，即若有

$$\mathscr{Z}[x(n)]=X(z)\qquad R_{x-}<|z|<R_{x+}$$

$$\mathscr{Z}[y(n)]=Y(z)\qquad R_{y-}<|z|<R_{y+}$$

那么对于任意常数a、b；Z 变换都能满足以下等式：

$$\mathscr{Z}[ax(n)+by(n)]=aX(z)+bY(z)\qquad R_{-}<|z|<R_{+}\tag{1-82}$$

通常两序列和的 Z 变换的收敛域为两个相加序列的收敛域的公共区域：

$$R_{-}=\max(R_{x-};R_{y-}),\quad R_{+}=\min(R_{x+},R_{y+})$$

如果线性组合中某些零点与极点互相抵消，则收敛域可能扩大。

【例 1-20】 已知

$$x(n)=a^{n}\mathrm{u}(n)$$

$$y(n)=a^{n}\mathrm{u}(n-N)$$

求 $x(n)-y(n)$ 的Z变换。

解　由表1-1可知

$$X(z)=\frac{1}{1-az^{-1}}\qquad |z|>|a|$$

又

$$Y(z)=\sum_{n=N}^{\infty}a^{n}z^{-n}=\frac{a^{N}z^{-N}}{1-az^{-1}}\qquad |z|>|a|$$

利用线性性质，$x(n)-y(n)$ 的Z变换为

$$X(z)-Y(z)=\sum_{n=0}^{N-1}a^{n}z^{-n}=\frac{1-a^{N}z^{-N}}{1-az^{-1}}\qquad |z|>0$$

这时由于极点 $z=a$ 消去，因此收敛域不是 $|z|>|a|$，而扩展为 $|z|>0$。实际上，由于 $x(n)-y(n)$ 是 $n\geqslant 0$ 的有限长序列，因此收敛域是除了 $|z|=0$ 外的全部Z平面。

实际上，1.4.2节介绍部分分式展开法时已经使用了Z变换的线性叠加特性。

2. 序列的移位

$$\mathscr{Z}[x(n-m)]=z^{-m}X(z)\qquad R_{x-}<|z|<R_{x+}\tag{1-83}$$

位移 m 可以为正(右移)，也可以为负(左移)。

证

$$\mathscr{Z}[x(n-m)]=\sum_{n=-\infty}^{\infty}x(n-m)z^{-n}$$

$$=z^{-m}\sum_{k=-\infty}^{\infty}x(k)z^{-k}=z^{-m}X(z)$$

3. 乘以指数序列(z 域尺度变换)

$$\mathscr{Z}[a^{n}x(n)]=X(a^{-1}z)\qquad |a|R_{x-}<|z|<|a|R_{x+}\tag{1-84}$$

证

$$\mathscr{Z}[a^{n}x(n)]=\sum_{n=-\infty}^{\infty}a^{n}x(n)z^{-n}=\sum_{n=-\infty}^{\infty}x(n)(a^{-1}z)^{-n}$$

$$=X(a^{-1}z)\qquad R_{x-}<|a^{-1}z|<R_{x+}$$

【例1-21】

$$\mathscr{Z}[\mathrm{u}(n)]=\frac{1}{1-z^{-1}}\qquad 1<|z|\leqslant\infty$$

$$\mathscr{Z}[a^{n}\mathrm{u}(n)]=\frac{1}{1-(a^{-1}z)^{-1}}=\frac{1}{1-az^{-1}}\qquad |a|<|z|\leqslant\infty$$

4. $X(z)$ 的微分

$$\mathscr{Z}[nx(n)]=-z\frac{\mathrm{d}X(z)}{\mathrm{d}z}\qquad R_{x-}<|z|<R_{x+}\tag{1-85}$$

证

$$\frac{\mathrm{d}X(z)}{\mathrm{d}z}=\frac{\mathrm{d}}{\mathrm{d}z}\Big[\sum_{n=-\infty}^{\infty}x(n)z^{-n}\Big]\qquad R_{x-}<|z|<R_{x+}$$

交换求和与求导的次序，则得

$$\frac{\mathrm{d}X(z)}{\mathrm{d}z}=\sum_{n=-\infty}^{\infty}x(n)\frac{\mathrm{d}}{\mathrm{d}z}(z^{-n})=-z^{-1}\sum_{n=-\infty}^{\infty}nx(n)z^{-n}=-z^{-1}\mathscr{Z}[nx(n)]$$

所以

$$\mathscr{Z}[nx(n)]=-z\frac{\mathrm{d}X(z)}{\mathrm{d}z}\qquad R_{x-}<|z|<R_{x+}$$

【例 1-22】 利用 $X(z)$的微分特性求下面序列的 Z 变换。

$$x(n) = na^n \mathrm{u}(n) = n[a^n \mathrm{u}(n)] = nx_1(n)$$

解

$$X_1(z) = \mathscr{Z}[x_1(n)] = \mathscr{Z}[a^n u(n)] = \frac{1}{1-az^{-1}} \qquad |z|>|a|$$

利用微分特性有

$$X(z) = -z\frac{\mathrm{d}}{\mathrm{d}z}\left[\frac{1}{1-az^{-1}}\right] = \frac{az^{-1}}{(1-az^{-1})^2} \qquad |z|>|a|$$

5. 复序列的共轭

$$\mathscr{Z}[x^*(n)] = X^*(z^*) \qquad R_{x-}<|z|<R_{x+} \tag{1-86}$$

式中，符号“ $*$ ”表示取共轭复数。

证

$$\mathscr{Z}[x^*(n)] = \sum_{n=-\infty}^{\infty} x^*(n)z^{-n} = \sum_{n=-\infty}^{\infty}[x(n)(z^*)^{-n}]^*$$

$$= \left[\sum_{n=-\infty}^{\infty} x(n)(z^*)^{-n}\right]^* = X^*(z^*) \qquad R_{x-}<|z|<R_{x+}$$

6. 翻褶序列

$$\mathscr{Z}[x(-n)] = X\left(\frac{1}{z}\right) \qquad \frac{1}{R_{x+}}<|z|<\frac{1}{R_{x-}} \tag{1-87}$$

证

$$\mathscr{Z}[x(-n)] = \sum_{n=-\infty}^{\infty} x(-n)z^{-n} = \sum_{n=-\infty}^{\infty} x(n)z^n = \sum_{n=-\infty}^{\infty} x(n)(z^{-1})^{-n} = X\left(\frac{1}{z}\right)$$

而收敛域为

$$R_{x-}<|z^{-1}|<R_{x+}$$

故可写成

$$\frac{1}{R_{x+}}<|z|<\frac{1}{R_{x-}}$$

7. 初值定理

对于因果序列 $x(n)$，即 $x(n)=0$，$n<0$，有

$$\lim_{z\to\infty} X(z) = x(0) \tag{1-88}$$

证 由于 $x(n)$是因果序列，因此有

$$X(z) = \sum_{n=0}^{\infty} x(n)z^{-n} = x(0) + x(1)z^{-1} + x(2)z^{-2} + \cdots$$

$$\lim_{z\to\infty} X(z) = x(0)$$

8. 终值定理

设 $x(n)$为因果序列，且 $X(z)=\mathscr{Z}[x(n)]$的全部极点，除有一个一阶极点可以在 $z=1$ 处外，其余都在单位圆内，则

$$\lim_{n\to\infty} x(n) = \lim_{z\to 1}[(z-1)X(z)] \tag{1-89}$$

证 利用序列的移位性质可得

$$\mathscr{Z}[x(n+1)-x(n)] = (z-1)X(z) = \sum_{n=-\infty}^{\infty}[x(n+1)-x(n)]z^{-n}$$

再利用 $x(n)$为因果序列可得

$$(z-1)X(z) = \sum_{n=-1}^{\infty}[x(n+1)-x(n)]z^{-n} = \lim_{n\to\infty}\sum_{m=-1}^{n}[x(m+1)-x(m)]z^{-m}$$

下面分析一下$(z-1)X(z)$的收敛域。由于$X(z)$在单位圆上只有在$z=1$处可能有一阶极点，函数$(z-1)X(z)$将抵消掉这个$z=1$处的可能极点，因此$(z-1)X(z)$的收敛域将包括单位圆，即在$1\leqslant|z|\leqslant\infty$上都收敛，所以可以取$z\to1$的极限：

$$\begin{aligned}\lim_{z\to1}[(z-1)X(z)] &= \lim_{n\to\infty}\sum_{m=-1}^{n}[x(m+1)-x(m)] \\ &= \lim_{n\to\infty}\{[x(0)-0]+[x(1)-x(0)]+[x(2)-x(1)]+\cdots+ \\ &\quad [x(n+1)-x(n)]\} \\ &= \lim_{n\to\infty}[x(n+1)] = \lim_{n\to\infty}x(n)\end{aligned}$$

由于$\lim\limits_{z\to1}(z-1)X(z)$是$X(z)$在$z=1$处的留数，因此终值定理也可用留数表示，即

$$\lim_{z\to1}(z-1)X(z) = \text{Res}[X(z), 1]$$

$$x(\infty) = \text{Res}[X(z), 1] \tag{1-90}$$

9. 序列卷积(卷积定理)

若

$$y(n) = x(n) * h(n) = \sum_{m=-\infty}^{\infty}x(m)h(n-m)$$

则

$$Y(z) = \mathscr{Z}[y(n)] = X(z)H(z) \qquad \max[R_{x-}, R_{h-}] < |z| < \min[R_{x+}, R_{h+}] \tag{1-91}$$

$Y(z)$的收敛域为$X(z)$、$H(z)$收敛域的公共部分。若有极点被抵消，则收敛域扩大。

证

$$\begin{aligned}Y(z) &= \mathscr{Z}[x(n)*h(n)] = \sum_{n=-\infty}^{\infty}[x(n)*h(n)]z^{-n} \\ &= \sum_{n=-\infty}^{\infty}\sum_{m=-\infty}^{\infty}x(m)h(n-m)z^{-n} \\ &= \sum_{m=-\infty}^{\infty}x(m)\Big[\sum_{n=-\infty}^{\infty}h(n-m)z^{-n}\Big] \\ &= \sum_{m=-\infty}^{\infty}x(m)z^{-m}H(z) \\ &= X(z)H(z) \qquad \max[R_{x-}, R_{h-}] < |z| < \min[R_{x+}, R_{h+}]\end{aligned}$$

在线性时不变系统中，如果输入为$x(n)$，系统的单位脉冲响应为$h(n)$，则输出$y(n)$是$x(n)$与$h(n)$的卷积。利用卷积定理，通过求出$X(z)$和$H(z)$，然后求出乘积$X(z)H(z)$的Z反变换，从而可得$y(n)$。这个定理得到了广泛应用。

【例 1-23】 设

$$x(n) = a^n\text{u}(n)$$

$$h(n) = b^n\text{u}(n) - ab^{n-1}\text{u}(n-1)$$

求$y(n)=x(n)*h(n)$。

解

$$X(z) = \mathscr{Z}[x(n)] = \frac{z}{z-a} \qquad |z|>|a|$$

$$H(z)=\mathscr{Z}[h(n)]=\frac{z}{z-b}-\frac{a}{z-b}=\frac{z-a}{z-b}\qquad |z|>|b|$$

所以

$$Y(z)=X(z)H(z)=\frac{z}{z-b}\qquad |z|>|b|$$

其 Z 反变换为

$$\begin{aligned}y(n)&=x(n)*h(n)\\&=\mathscr{Z}^{-1}[Y(z)]=b^n\mathrm{u}(n)\end{aligned}$$

显然，在 $z=a$ 处，$X(z)$的极点被 $H(z)$的零点所抵消，如果$|b|<|a|$，则$Y(z)$的收敛域比 $X(z)$与 $H(z)$收敛域的重叠部分要大，如图 1-35 所示。

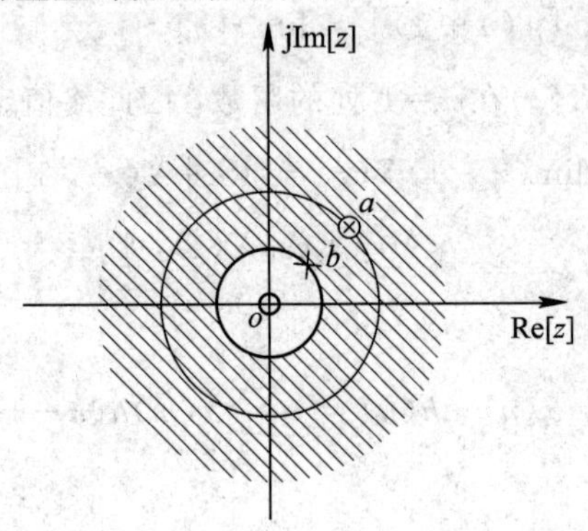

图 1-35　$Y(z)$的零极点及收敛域

10. 序列乘积(复卷积定理)

若

$$w(n)=x(n)y(n)$$

则

$$\begin{aligned}W(z)&=\mathscr{Z}[w(n)]=\mathscr{Z}[x(n)y(n)]\\&=\sum_{n=-\infty}^{\infty}x(n)y(n)z^{-n}\\&=\frac{1}{2\pi\mathrm{j}}\oint_c X(v)Y\left(\frac{z}{v}\right)v^{-1}\,\mathrm{d}v\qquad R_{x-}R_{y-}<|z|<R_{x+}R_{y+}\end{aligned}\tag{1-92}$$

式中，c 是虚拟变量 V 平面上 $X(v)$与 $Y(z/v)$的公共收敛域内环绕原点的一条逆时针旋转的单封闭围线，满足：

$$R_{x-}<|v|<R_{x+},\quad R_{y-}<\left|\frac{z}{v}\right|<R_{y+}$$

将两个不等式相乘即得 Z 平面的收敛域为

$$R_{x-}R_{y-}<|z|<R_{x+}R_{y+}\tag{1-93}$$

V 平面收敛域为

$$\max\left[R_{x-},\frac{|z|}{R_{y+}}\right]<|v|<\min\left[R_{x+},\frac{|z|}{R_{y-}}\right]\tag{1-94}$$

证
$$W(z)=\mathscr{Z}[w(n)]=\mathscr{Z}[x(n)y(n)]=\sum_{n=-\infty}^{\infty}x(n)y(n)z^{-n}$$
$$=\sum_{n=-\infty}^{\infty}\left[\frac{1}{2\pi \mathrm{j}}\oint_c X(v)v^{n-1}\,\mathrm{d}v\right]y(n)z^{-n}$$
$$=\frac{1}{2\pi \mathrm{j}}\sum_{n=-\infty}^{\infty}y(n)\left[\oint_c X(v)v^{n}\,\frac{\mathrm{d}v}{v}\right]z^{-n}$$
$$=\frac{1}{2\pi \mathrm{j}}\oint_c\left[X(v)\sum_{n=-\infty}^{\infty}y(n)\left(\frac{z}{v}\right)^{-n}\right]\frac{\mathrm{d}v}{v}$$
$$=\frac{1}{2\pi \mathrm{j}}\oint_c X(v)Y\left(\frac{z}{v}\right)v^{-1}\,\mathrm{d}v\qquad R_{x-}R_{y-}<|z|<R_{x+}R_{y+}$$

由推导过程可以看出，$X(v)$的收敛域就是$X(z)$的收敛域，$Y(z/v)$的收敛域(z/v 的区域)就是$Y(z)$的收敛域(z 的区域)，从而收敛域亦得到证明。

不难证明，由于乘积 $x(n)y(n)$的先后次序可以互调，因此 X、Y 的位置可以互换，可得下式同样成立：

$$W(z)=\mathscr{Z}[x(n)y(n)]=\frac{1}{2\pi \mathrm{j}}\oint_c Y(v)X\left(\frac{z}{v}\right)v^{-1}\,\mathrm{d}v\quad R_{x-}R_{y-}<|z|<R_{x+}R_{y+}\tag{1-95}$$

而此时围线 c 所在收敛域为

$$\max\left[R_{y-},\ \frac{|z|}{R_{x+}}\right]<|v|<\min\left[R_{y+},\ \frac{|z|}{R_{x-}}\right]$$

复卷积公式可用留数定理求解，但关键在于确定围线所在的收敛域。

$$\frac{1}{2\pi \mathrm{j}}\oint_c X(v)Y\left(\frac{z}{v}\right)v^{-1}\,\mathrm{d}v=\sum_k \mathrm{Res}\left[X(v)Y\left(\frac{z}{v}\right)v^{-1},\ d_k\right]\tag{1-96}$$

式中，$\{d_k\}$为 $X(v)Y\left(\frac{z}{v}\right)v^{-1}$在围线 c 内的全部极点。

若将 $v=\mathrm{e}^{\mathrm{j}\theta}$，$z=\mathrm{e}^{\mathrm{j}\omega}$代入式(1-92)，则可得

$$W(\mathrm{e}^{\mathrm{j}\omega})=\frac{1}{2\pi}\int_{-\pi}^{\pi}X(\mathrm{e}^{\mathrm{j}\theta})Y(\mathrm{e}^{\mathrm{j}(\omega-\theta)})\,\mathrm{d}\theta$$

显然，上式是 $X(\mathrm{e}^{\mathrm{j}\omega})$与 $Y(\mathrm{e}^{\mathrm{j}\omega})$的卷积，又称为复卷积。

【例 1-24】 设 $x(n)=\left(\frac{1}{3}\right)^n \mathrm{u}(n)$，$y(n)=\left(\frac{1}{2}\right)^n \mathrm{u}(n)$，应用复卷积定理求两序列的乘积，即 $w(n)=x(n)y(n)$。

解
$$X(z)=\mathscr{Z}[x(n)]=\mathscr{Z}\left[\left(\frac{1}{3}\right)^n \mathrm{u}(n)\right]=\frac{1}{1-\frac{1}{3}z^{-1}}=\frac{z}{z-\frac{1}{3}}\qquad |z|>\frac{1}{3}$$

$$Y(z)=\mathscr{Z}[y(n)]=\mathscr{Z}\left[\left(\frac{1}{2}\right)^n \mathrm{u}(n)\right]=\frac{1}{1-\frac{1}{2}z^{-1}}=\frac{z}{z-\frac{1}{2}}\qquad |z|>\frac{1}{2}$$

利用复卷积公式(1-92)得

$$W(z)=\mathscr{Z}[x(n)y(n)]=\frac{1}{2\pi \mathrm{j}}\oint_c\frac{v}{v-1/3}\cdot\frac{z/v}{z/v-1/2}\cdot v^{-1}\,\mathrm{d}v$$
$$=\frac{1}{2\pi \mathrm{j}}\oint_c\frac{-2z}{\left(v-\frac{1}{3}\right)(v-2z)}\,\mathrm{d}v$$

根据式(1-94)，围线 c 所在的收敛域为 $\max[1/3, 0]<|v|<\min[\infty, 2|z|]$ 或 $1/3<|v|<2|z|$。

被积函数有两个极点，$v=1/3$，$v=2z$，如图 1-36 所示。但只有极点 $v=1/3$ 在围线 c 内，而极点 $v=2z$ 在围线 c 外，利用式(1-96)可得

$$W(z)=\operatorname{Res}\left[\frac{-2z}{\left(v-\frac{1}{3}\right)(v-2z)}, \frac{1}{3}\right]$$

$$=\left(v-\frac{1}{3}\right)\frac{-2z}{\left(v-\frac{1}{3}\right)(v-2z)}\Bigg|_{v=\frac{1}{3}}$$

$$=\frac{-2z}{\frac{1}{3}-2z}=\frac{1}{1-\frac{1}{6}z^{-1}}$$

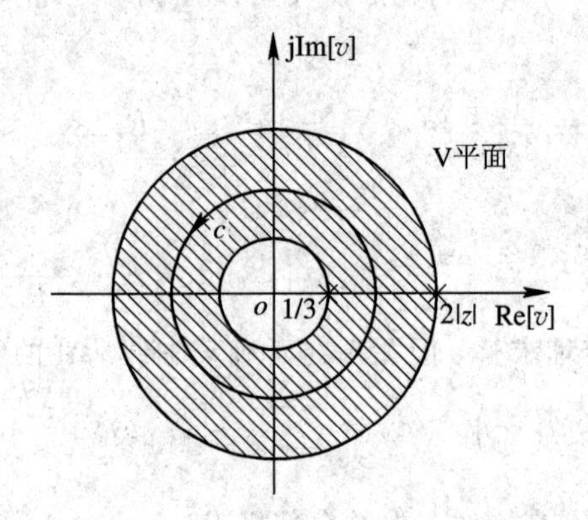

图 1-36 例 1-24 被积函数的极点及积分围线 c

由式(1-95)可得，$W(z)$ 的收敛域为 $|z|>\frac{1}{6}$，则

$$w(n)=\mathscr{Z}^{-1}[W(z)]=\left(\frac{1}{6}\right)^n \mathrm{u}(n)$$

也可以将序列直接相乘验证这个结果，即

$$w(n)=x(n)\cdot y(n)=\left(\frac{1}{3}\right)^n\cdot\left(\frac{1}{2}\right)^n \mathrm{u}(n)=\left(\frac{1}{6}\right)^n \mathrm{u}(n)$$

则

$$W(z)=\frac{1}{1-\frac{1}{6}z^{-1}} \qquad |z|>\frac{1}{6}$$

11. 帕塞伐(Parseval)定理

利用复卷积定理可以得到重要的帕塞伐定理。若有两序列 $x(n)$、$y(n)$，则有

$$X(z)=\mathscr{Z}[x(n)] \qquad R_{x-}<|z|<R_{x+}$$

$$Y(z)=\mathscr{Z}[y(n)] \qquad R_{y-}<|z|<R_{y+}$$

它们的收敛域满足以下条件：

$$R_{x-}R_{y-}<|z|=1<R_{x+}R_{y+}$$

那么

$$\sum_{n=-\infty}^{\infty} x(n) y^*(n) = \frac{1}{2\pi \mathrm{j}} \oint_c X(v) Y^*\left(\frac{1}{v^*}\right) v^{-1}\, \mathrm{d}v \tag{1-97}$$

式中，“*”表示取复共轭，积分闭合围线 c 应在 $X(v)$ 和 $Y^*\left(\frac{1}{v}\right)$ 的公共收敛域内，即

$$\max\left[R_{x-}, \frac{1}{R_{y+}}\right] < |v| < \min\left[R_{x+}, \frac{1}{R_{y-}}\right]$$

证　令

$$w(n) = x(n) y^*(n)$$

由于

$$\mathscr{Z}[y^*(n)] = Y^*(z^*)$$

利用复卷积公式可得

$$W(z) = \mathscr{Z}[w(n)] = \sum_{n=-\infty}^{\infty} x(n) y^*(n) z^{-n}$$

$$= \frac{1}{2\pi \mathrm{j}} \oint_c X(v) Y^*\left(\frac{z^*}{v^*}\right) v^{-1}\, \mathrm{d}v \qquad R_{x-} R_{y-} < |z| < R_{x+} R_{y+}$$

由于假设条件中已规定收敛域满足 $R_{x-} R_{y-} < 1 < R_{x+} R_{y+}$，因此 $|z|=1$ 在收敛域内，也就是 $W(z)$ 在单位圆上收敛，则

$$W(z)\big|_{z=1} = \frac{1}{2\pi \mathrm{j}} \oint_c X(v) Y^*\left(\frac{1}{v^*}\right) v^{-1}\, \mathrm{d}v$$

同时

$$W(z)\big|_{z=1} = \sum_{n=-\infty}^{\infty} x(n) y^*(n) z^{-n}\big|_{z=1} = \sum_{n=-\infty}^{\infty} x(n) y^*(n)$$

因此

$$\sum_{n=-\infty}^{\infty} x(n) y^*(n) = \frac{1}{2\pi \mathrm{j}} \oint_c X(v) Y^*\left(\frac{1}{v^*}\right) v^{-1}\, \mathrm{d}v$$

如果 $y(n)$ 是实序列，则上式两边共轭（*）号可取消。如果 $X(z)$、$Y(z)$ 在单位圆上都收敛，则围线 c 可取为单位圆，即

$$v = \mathrm{e}^{\mathrm{j}\omega}$$

则式(1-97)可变为

$$\sum_{n=-\infty}^{\infty} x(n) y^*(n) = \frac{1}{2\pi} \int_{-\pi}^{\pi} X(\mathrm{e}^{\mathrm{j}\omega}) Y^*(\mathrm{e}^{\mathrm{j}\omega})\, \mathrm{d}\omega \tag{1-98}$$

帕塞伐定理的一个很重要的应用是计算序列的能量。一个序列值的平方总和 $\sum_{n=-\infty}^{\infty} |x(n)|^2$ 称为序列能量，利用公式(1-98)，如果有 $y(n)=x(n)$，则

$$\sum_{n=-\infty}^{\infty} |x(n)|^2 = \frac{1}{2\pi} \int_{-\pi}^{\pi} |X(\mathrm{e}^{\mathrm{j}\omega})|^2\, \mathrm{d}\omega \tag{1-99}$$

这表明时域中求能量与频域中求能量是一致的。

Z变换的主要性质归纳于表1-2中。

表 1-2 Z 变换的主要性质

序号	序列	Z 变换	收敛域
1	$ax(n)+by(n)$	$aX(z)+bY(z)$	$\max(R_{x-},R_{y-})<\|z\|<\min[R_{x+},R_{y+}]$
2	$x(n-m)$	$z^{-m}X(z)$	$R_{x-}<\|z\|<R_{x+}$
3	$a^n x(n)$	$X(a^{-1}z)$	$\|a\|R_{x-}<\|z\|<\|a\|R_{x+}$
4	$nx(n)$	$-z\dfrac{dX(z)}{dz}$	$R_{x-}<\|z\|<R_{x+}$
5	$x^*(n)$	$X^*(z^*)$	$R_{x-}<\|z\|<R_{x+}$
6	$x(-n)$	$X(1/z)$	$\dfrac{1}{R_{x+}}<\|z\|<\dfrac{1}{R_{x-}}$
7	$x(0)=\lim\limits_{z\to\infty}X(z)$		$x(n)$为因果序列，$\|z\|>R_{x-}$
8	$\lim\limits_{n\to\infty}x(n)=\lim\limits_{z\to 1}[(z-1)X(z)]$		$x(n)$为因果序列，$(z-1)X(z)$的极点都在单位圆内
9	$x(n)*h(n)$	$X(z)H(z)$	$\max[R_{x-},R_{h-}]<\|z\|<\min[R_{x+},R_{h+}]$
10	$x(n)\cdot y(n)$	$\dfrac{1}{2\pi j}\oint_c X(v)Y\left(\dfrac{z}{v}\right)v^{-1}\,dv$	$R_{x-}R_{y-}<\|z\|<R_{x+}R_{y+}$
11	$\sum\limits_{n=-\infty}^{\infty}x(n)y^*(n)$	$\dfrac{1}{2\pi j}\oint_c X(v)Y^*\left(\dfrac{1}{v^*}\right)v^{-1}\,dv$	$R_{x-}R_{y-}<\|z\|=1<R_{x+}R_{y+}$

1.5 拉普拉斯变换、傅里叶变换与 Z 变换间的关系

在 1.2 节已经讨论了连续时间信号的理想采样。现在我们将通过理想采样把连续时间信号的拉普拉斯变换(简称拉氏变换)、傅里叶变换(简称傅氏变换)与离散信号的 Z 变换沟通起来。

1.5.1 序列的 Z 变换与拉普拉斯变换的关系

下面首先讨论序列的 Z 变换与理想采样信号的拉普拉斯变换的关系，然后讨论序列的 Z 变换与连续时间信号的拉普拉斯变换的关系。

设连续时间信号为 $x_a(t)$，理想采样后的采样信号为 $\hat{x}_a(t)$，它们的拉普拉斯变换分别为

$$X_a(s)=\int_{-\infty}^{\infty}x_a(t)e^{-st}\,dt$$

$$\hat{X}_a(s)=\int_{-\infty}^{\infty}\hat{x}_a(t)e^{-st}\,dt$$

将式(1-19)中的 $\hat{x}_a(t)$ 代入理想采样信号的拉普拉斯变换，可得

$$\begin{aligned}\hat{X}_a(s) &= \int_{-\infty}^{\infty}\sum_{n=-\infty}^{\infty}x_a(nT)\delta(t-nT)e^{-st}\,dt \\ &= \sum_{n=-\infty}^{\infty}\int_{-\infty}^{\infty}x_a(nT)\delta(t-nT)e^{-st}\,dt \\ &= \sum_{n=-\infty}^{\infty}x_a(nT)e^{-nsT}\end{aligned}\tag{1-100}$$

采样序列 $x(n)=x_a(nT)$ 的 Z 变换为

$$X(z)=\sum_{n=-\infty}^{\infty}x_a(nT)z^{-n}=\sum_{n=-\infty}^{\infty}x(n)z^{-n}$$

将其与式(1-100)对比可以看出，当 $z=e^{sT}$ 时，采样序列的 Z 变换就等于其理想采样信号的拉普拉斯变换：

$$X(z)\big|_{z=e^{sT}}=X(e^{sT})=\hat{X}_a(s)\tag{1-101}$$

这说明，从理想采样信号的拉普拉斯变换到采样序列的 Z 变换，就是由复变量 S 平面到复变量 Z 平面的映射，其映射关系为

$$\begin{cases} z=e^{sT} \\ s=\dfrac{1}{T}\ln z \end{cases}\tag{1-102}$$

这个变换称为标准变换。下面来讨论这一映射关系。将 S 平面用直角坐标表示为

$$s=\sigma+j\Omega$$

而 Z 平面用极坐标表示

$$z=re^{j\omega}$$

将它们代入式(1-102)中，得到

$$re^{j\omega}=e^{(\sigma+j\Omega)T}=e^{\sigma T}\cdot e^{j\Omega T}$$

因此

$$r=e^{\sigma T}\tag{1-103a}$$

$$\omega=\Omega T\tag{1-103b}$$

显然，z 的模 r 对应于 s 的实部 σ，z 的相角 ω 对应于 s 的虚部 Ω。

先讨论 s 的实部 σ 与 z 的模 r 的关系式(1-103a)：

$\sigma=0$ (S 平面的虚轴) $\longrightarrow$ $r=1$(Z 平面的单位圆上)

$\sigma<0$ (S 的左半平面) $\longrightarrow$ $r<1$(Z 平面的单位圆内部)

$\sigma>0$ (S 的右半平面) $\longrightarrow$ $r>1$(Z 平面的单位圆外部)

再讨论 s 的虚部 Ω 与 z 的相角 ω 的关系式(1-103b)：

$\Omega=0$(S 平面的实轴) $\longrightarrow$ $\omega=0$(Z 平面的正实轴)

Ω 由 $-\pi/T$ 增至 0 $\longrightarrow$ ω 由 $-\pi$ 增至 0

Ω 由 0 增至 π/T $\longrightarrow$ ω 由 0 增至 π

可见，Ω 由 $-\pi/T$ 增至 π/T，对应于 ω 由 $-\pi$ 经 0 增至 π，即在 Z 平面上旋转一周。综上所述，可得结论：S 平面上宽度为 $2\pi/T$ 的水平带映射到整个 Z 平面。同样，每当 Ω 增加一个采样角频率 $\Omega_s=2\pi/T$ 时，ω 相应地增加一个 2π，也即在 Z 平面上重复旋转一周，如

图 1-37 所示。因此 S 平面到 Z 平面的映射是多值映射。

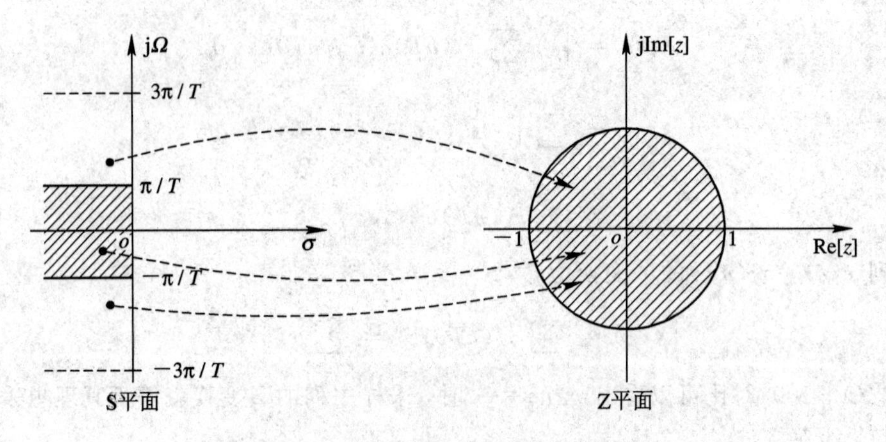

图 1-37　S 平面与 Z 平面的多值映射关系

有了 S 平面到 Z 平面的映射关系，就可以进一步通过理想采样所提供的桥梁，找到连续时间信号 $x_a(t)$本身的拉普拉斯变换 $X_a(s)$与采样序列 $x(n)$的 Z 变换 $X(z)$之间的关系。将式(1-34)重写如下：

$$\hat{X}_a(s) = \frac{1}{T}\sum_{k=-\infty}^{\infty} X_a(s - jk\Omega_s)$$

将此式代入式(1-101)，即得 $X(z)$与 $X_a(s)$的关系：

$$X(z)\big|_{z=e^{sT}} = \frac{1}{T}\sum_{k=-\infty}^{\infty} X_a(s - jk\Omega_s) = \frac{1}{T}\sum_{k=-\infty}^{\infty} X_a\left(s - j\frac{2\pi}{T}k\right) \tag{1-104}$$

1.5.2　序列的 Z 变换与连续时间信号的傅里叶变换的关系

我们再看傅里叶变换与 Z 变换的关系。傅里叶变换是拉普拉斯变换在虚轴上的特例，即 $s=j\Omega$，映射到 Z 平面上正是单位圆 $z=e^{j\Omega T}$，将这两个关系代入式(1-101)可得

$$X(z)\big|_{z=e^{j\Omega T}} = X(e^{j\Omega T}) = \hat{X}_a(j\Omega) = \frac{1}{T}\sum_{k=-\infty}^{\infty} X_a\left(j\Omega - j\frac{2\pi}{T}k\right) \tag{1-105}$$

$$X(e^{j\Omega T}) = \frac{1}{T}\sum_{k=-\infty}^{\infty} X_a\left(j\Omega - j\frac{2\pi}{T}k\right) \tag{1-106}$$

式(1-105)说明，采样序列在单位圆上的 Z 变换就等于其理想采样信号的傅里叶变换 $\hat{X}_a(j\Omega)$(频谱)。

在 1.2 节中我们已经知道，理想采样的频谱 $\hat{X}_a(j\Omega)$是连续时间信号频谱的周期延拓，这种频谱周期重复的现象体现在 Z 变换中则是：$e^{j\Omega T}$是 Ω 的周期函数，即 $e^{j\Omega T}$随 Ω 的变换而在单位圆上循环，如式(1-106)所体现的那样。

1.5.3　序列的 Z 变换与序列的傅里叶变换的关系

从式(1-103b)中我们看到，Z 平面的角变量 ω 直接对应着 S 平面的频率变量 Ω，因此 ω 具有频率的意义，称为数字频率，它与模拟域频率 Ω 的关系为

$$\omega = \Omega T = \frac{\Omega}{f_s} \tag{1-107}$$

可以看出，数字频率是模拟角频率对采样频率 f_s 的归一化值，它代表了序列值变化的速率，所以它只有相对的时间意义（相对于采样周期 T），而没有绝对的时间和频率的意义。

将式(1-107)代入式(1-105)可得

$$X(z)\big|_{z=e^{j\omega}} = X(e^{j\omega}) = \hat{X}_a(j\Omega)\big|_{\Omega=\omega/T}$$
$$= \frac{1}{T}\sum_{k=-\infty}^{\infty} X_a\left(j\,\frac{\omega-2\pi k}{T}\right) \tag{1-108}$$

可见，单位圆上的Z变换是和信号的频谱相联系的，因而常称单位圆上序列的Z变换为序列的傅里叶变换，也称为数字序列的频谱。同时式(1-108)表明：数字频谱是其被采样的连续时间信号的频谱周期延拓后再对采样频率的归一化。

由式(1-108)可知，由模拟域频率轴 Ω 乘以 $f_s=1/T$ 就可以从采样信号的频谱 $\hat{X}_a(j\Omega)$ 得到数字域频谱 $X(e^{j\omega})$。如图1-38所示，$X(e^{j\omega})$ 与 $\hat{X}_a(j\Omega)$ 相比，仅模拟频率被归一化处理。数字域频谱的重复周期为 2π，折叠角频率 π 与模拟域折叠角频率 $\Omega_s/2$ 对应。

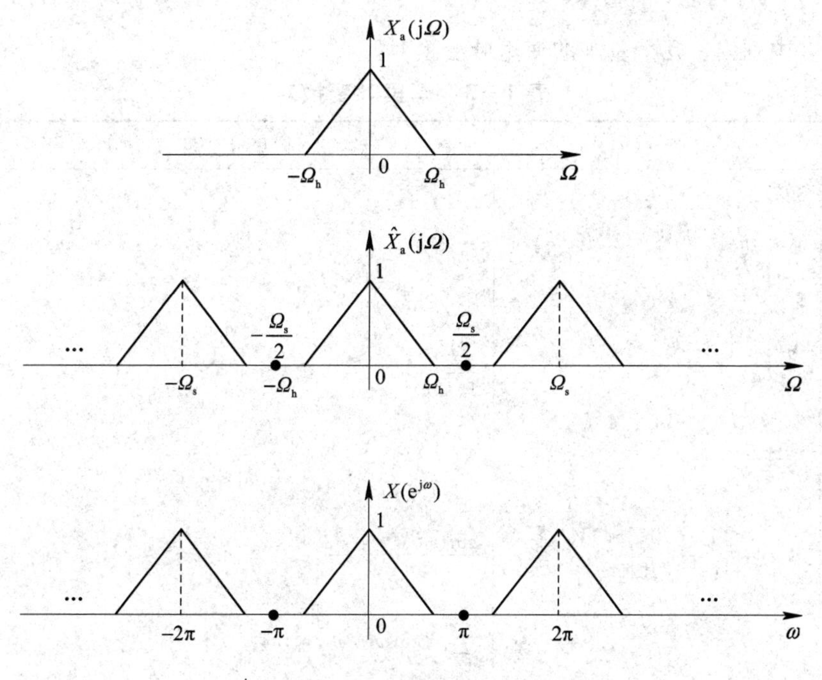

图1-38　$X_a(j\Omega)$、$\hat{X}_a(j\Omega)$ 与 $X(e^{j\omega})$ 的关系示意图（图中已令 $f_s=1/T=1$）

1.6　序列的傅里叶变换及其性质

1.6.1　序列的傅里叶变换的定义

由式(1-108)可知，单位圆上序列的Z变换即为序列的傅里叶变换，根据式(1-57)Z变换的定义，用 $e^{j\omega}$ 代替 z，从而就可以得到序列的傅里叶变换的定义为

$$\mathscr{F}[x(n)] = X(e^{j\omega}) = \sum_{n=-\infty}^{\infty} x(n)e^{-j\omega n}$$

再根据 Z 反变换的公式(1－67)，并将积分围线取在单位圆上就可得到序列的傅里叶反变换公式：

$$x(n)=\mathscr{F}^{-1}[X(e^{j\omega})]=\frac{1}{2\pi j}\oint_{|z|=1}X(z)z^{n-1}\,dz$$
$$=\frac{1}{2\pi}\int_{-\pi}^{\pi}X(e^{j\omega})e^{j\omega n}\,d\omega$$

这个公式成立的条件是 $X(z)$在单位圆上必须收敛，即序列 $x(n)$必须绝对可积。这样序列的傅里叶变换归结为

正变换：

$$\mathscr{F}[x(n)]=X(e^{j\omega})=\sum_{n=-\infty}^{\infty}x(n)e^{-j\omega n} \tag{1-109}$$

反变换：

$$\mathscr{F}^{-1}[X(e^{j\omega})]=x(n)=\frac{1}{2\pi}\int_{-\pi}^{\pi}X(e^{j\omega})e^{j\omega n}\,d\omega \tag{1-110}$$

表 1－3 中列出了几个基本的傅里叶变换对。

表 1－3　傅里叶变换对

序号	序列 $x(n)$	傅里叶变换 $X(e^{j\omega})$
1	$\delta(n)$	1
2	$\delta(n-n_0)$	$e^{-j\omega n_0}$
3	$1\quad -\infty<n<\infty$	$\sum_{k=-\infty}^{\infty}2\pi\delta(\omega+2\pi k)$
4	$a^n u(n)\quad \lvert a\rvert<1$	$\frac{1}{1-ae^{-j\omega}}$
5	$\frac{\sin\omega_c n}{\pi n}$	$X(e^{j\omega})=\begin{cases}1 & \lvert\omega\rvert<\omega_c\\ 0 & \omega_c<\lvert\omega\rvert\leqslant\pi\end{cases}$
6	$x(n)=\begin{cases}1 & 0\leqslant n\leqslant M\\ 0 & 其他\end{cases}$	$\frac{\sin[\omega(M+1)/2]}{\sin(\omega/2)}e^{-j\omega M/2}$
7	$e^{j\omega_0 n}$	$\sum_{k=-\infty}^{\infty}2\pi\delta(\omega-\omega_0+2\pi k)$
8	$\cos(\omega_0 n+\phi)$	$\pi\sum_{k=-\infty}^{\infty}[e^{j\phi}\delta(\omega-\omega_0+2\pi k)+e^{-j\phi}\delta(\omega+\omega_0+2\pi k)]$

1.6.2 序列的傅里叶变换存在的条件

式(1－109)所示的序列的傅里叶变换的定义是无限级数求和，一定存在收敛问题，若 $X(e^{j\omega})$存在，则式(1－109)应以某种方式收敛。

有两类序列满足序列的傅里叶变换存在的充分条件：一类是绝对可和的序列，满足

$$\sum_{n=-\infty}^{\infty}|x(n)|<\infty \tag{1-111}$$

第二类是能量有限的序列，满足平方可和，即

$$\sum_{n=-\infty}^{\infty} |x(n)|^2 < \infty \tag{1-112}$$

绝对可和的序列一定是能量有限的序列，但能量有限的序列未必满足绝对可和。绝对可和的序列使傅里叶变换 $X(e^{j\omega})$ 定义的无限级数均匀收敛，也就是说，若序列 $x(n)$ 绝对可和，则它的傅里叶变换一定存在且连续；能量有限的序列使傅里叶变换 $X(e^{j\omega})$ 定义的无限级数以均方误差为零的方式收敛，所以这两类序列的傅里叶变换一定存在。例如，表1-3中的序列 $x(n)=\frac{\sin\omega_c n}{\pi n}$ 不满足绝对可和的条件，但它的能量为 ω_c/π，所以其傅里叶变换存在。

1.6.3　序列的傅里叶变换的性质

序列的傅里叶变换是单位圆上的Z变换，因此它的很多重要的性质(见表1-4)皆可由Z变换的特性得到，其证明也简单。表1-4中，$x(n)$、$y(n)$ 的傅里叶变换分别用 $X(e^{j\omega})$、$Y(e^{j\omega})$ 表示。表中的多数特性都可以从表1-2中得到，以 $e^{j\omega}$ 代替 z 即可。但是表1-4中的性质11～性质18是傅里叶变换的一些对称性质，这些性质对于简化运算与求解很有帮助，在离散傅里叶变换(DFT)一章中会将这些对称性质加以扩展，对DFT的计算可起很大作用。

表1-4　序列的傅里叶变换的主要性质

序号	序　列	傅里叶变换	说　明
1	$x(n)$	$X(e^{j\omega})=X(e^{j(\omega+2\pi r)})$	$r=0, \pm1, \pm2, \cdots$，周期性
2	$ax(n)+by(n)$	$aX(e^{j\omega})+bY(e^{j\omega})$	a 和 b 是常数，线性性质
3	$x(n-m)$	$e^{-j\omega m}X(e^{j\omega})$	移位性质
4	$e^{j\omega_0 n}x(n)$	$X(e^{j(\omega-\omega_0)})$	频移性质
5	$nx(n)$	$j\frac{dX(e^{j\omega})}{d\omega}$	频域微分性质
6	$x^*(n)$	$X^*(e^{-j\omega})$	
7	$x(-n)$	$X(e^{-j\omega})$	
8	$x^*(-n)$	$X^*(e^{j\omega})$	
9	$x(n)*y(n)$	$X(e^{j\omega})Y(e^{j\omega})$	时域卷积定理
10	$x(n)\cdot y(n)$	$\frac{1}{2\pi}\int_{-\pi}^{\pi}X(e^{j\theta})Y(e^{j(\omega-\theta)})\,d\theta$	频域卷积定理
11	$\mathrm{Re}[x(n)]$	$X_e(e^{j\omega})=\frac{X(e^{j\omega})+X^*(e^{-j\omega})}{2}$	$X_e(e^{j\omega})$ 是共轭对称分量
12	$j\mathrm{Im}[x(n)]$	$X_o(e^{j\omega})=\frac{X(e^{j\omega})-X^*(e^{-j\omega})}{2}$	$X_o(e^{j\omega})$ 是共轭反对称分量
13	$x_e(n)=\frac{x(n)+x^*(-n)}{2}$	$\mathrm{Re}[X(e^{j\omega})]$(实函数)	$x_e(n)$ 是共轭对称序列

续表

序号	序　列	傅里叶变换	说　明
14	$x_o(n)=\frac{x(n)-x^*(-n)}{2}$	$\mathrm{j\,Im}[X(e^{j\omega})]$(虚函数)	$x_o(n)$是共轭反对称序列
15	$x(n)$为实序列	$X(e^{j\omega})=X^*(e^{-j\omega})$ $\mathrm{Re}[X(e^{j\omega})]=\mathrm{Re}[X(e^{-j\omega})]$ $\mathrm{Im}[X(e^{j\omega})]=-\mathrm{Im}[X(e^{-j\omega})]$ $\lvert X(e^{j\omega})\rvert=\lvert X(e^{-j\omega})\rvert$ $\arg[X(e^{j\omega})]=-\arg[X(e^{-j\omega})]$	
16	$x_e(n)=\frac{x(n)+x(-n)}{2}$　[$x(n)$为实序列] $x_o(n)=\frac{x(n)-x(-n)}{2}$　[$x(n)$为实序列]	$\mathrm{Re}[X(e^{j\omega})]$ $\mathrm{j\,Im}[X(e^{j\omega})]$	
17	$\sum_{n=-\infty}^{\infty}x(n)y^*(n)=\frac{1}{2\pi}\int_{-\pi}^{\pi}X(e^{j\omega})Y^*(e^{j\omega})\,d\omega$		帕塞伐定理
18	$\sum_{n=-\infty}^{\infty}\lvert x(n)\rvert^2=\frac{1}{2\pi}\int_{-\pi}^{\pi}\lvert X(e^{j\omega})\rvert^2\,d\omega$		

下面重点介绍序列的傅里叶变换的周期性质、频域卷积定理及傅里叶变换的共轭对称性质。

1. 序列的傅里叶变换的周期性

不难证明，序列的傅里叶变换 $X(e^{j\omega})$是周期函数，因为

$$X(e^{j(\omega+2\pi r)})=\sum_{n=-\infty}^{\infty}x(n)e^{-jn(\omega+2\pi r)}=\sum_{n=-\infty}^{\infty}x(n)e^{-jn\omega}e^{-j2\pi rn}$$
$$=\sum_{n=-\infty}^{\infty}x(n)e^{-jn\omega}=X(e^{j\omega}) \tag{1-113}$$

式(1-113)说明 $X(e^{j\omega})$是频率 ω 的周期函数，周期为 2π。式(1-109)正是周期函数的傅里叶级数展开式，而 $x(n)$正是傅里叶级数的系数。因此在对信号进行频域分析时，只分析一个周期就可以了，即只需要在 $0\leqslant\omega\leqslant2\pi$ 或 $-\pi\leqslant\omega\leqslant\pi$ 内表示出 $X(e^{j\omega})$即可。

对于时域离散信号，$\omega=0$ 指的是信号的直流分量，由于 $X(e^{j\omega})$是以 2π 为周期，因此 $\omega=0$ 和 $\omega=2\pi$ 的整数倍处都表示信号的直流分量。也就是说，信号的直流和低频分量集中在 $\omega=0$ 和 $\omega=2\pi$ 的整数倍附近。离 $\omega=0$ 和 $\omega=2\pi$ 最远的地方应该是最高频率，因此最高频率应该是 π。也就是说，信号的高频应该集中在 π 附近。

【例 1-25】 已知序列 $x(n)=R_N(n)$，求其傅里叶变换 $X(e^{j\omega})$。

解

$$X(e^{j\omega})=\sum_{n=-\infty}^{\infty}x(n)e^{-jn\omega}=\sum_{n=0}^{N-1}e^{-jn\omega}=\frac{1-e^{-j\omega N}}{1-e^{-j\omega}}$$
$$=e^{-j(N-1)\omega/2}\frac{\sin(\omega N/2)}{\sin(\omega/2)}$$

若取 $N=5$，则

$$X(e^{j\omega})=e^{-j2\omega}\frac{\sin(5\omega/2)}{\sin(\omega/2)}$$

令 $X(\omega)=\dfrac{\sin(5\omega/2)}{\sin(\omega/2)}$，则 $N=5$ 时的序列与其幅度谱 $X(\omega)$ 如图 1-39 所示。

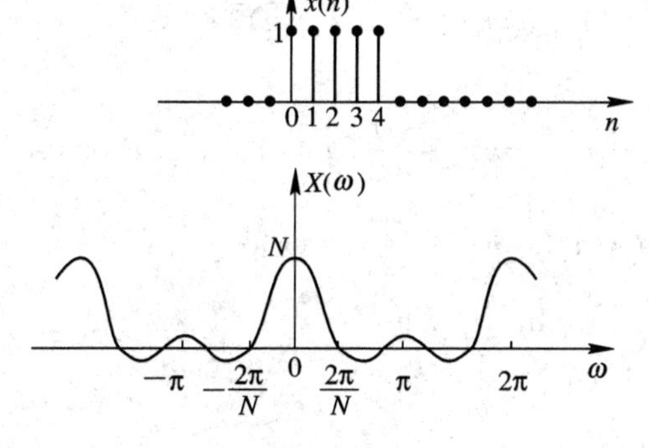

图 1-39　序列及其傅里叶变换

2. 频域卷积定理

若 $x(n)$、$y(n)$ 的傅里叶变换分别用 $X(\mathrm{e}^{\mathrm{j}\omega})$、$Y(\mathrm{e}^{\mathrm{j}\omega})$ 表示，且 $w(n)=x(n)y(n)$，则

$$W(\mathrm{e}^{\mathrm{j}\omega})=\frac{1}{2\pi}\int_{-\pi}^{\pi}X(\mathrm{e}^{\mathrm{j}\theta})Y(\mathrm{e}^{\mathrm{j}(\omega-\theta)})\,\mathrm{d}\theta \tag{1-114}$$

证明　$$W(\mathrm{e}^{\mathrm{j}\omega})=\sum_{n=-\infty}^{\infty}x(n)y(n)\mathrm{e}^{-\mathrm{j}\omega n}=\sum_{n=-\infty}^{\infty}y(n)\left[\frac{1}{2\pi}\int_{-\pi}^{\pi}X(\mathrm{e}^{\mathrm{j}\theta})\mathrm{e}^{\mathrm{j}\theta n}\,\mathrm{d}\theta\right]\mathrm{e}^{-\mathrm{j}\omega n}$$

交换积分和求和的次序，得到

$$W(\mathrm{e}^{\mathrm{j}\omega})=\frac{1}{2\pi}\int_{-\pi}^{\pi}X(\mathrm{e}^{\mathrm{j}\theta})\left[\sum_{n=-\infty}^{\infty}y(n)\mathrm{e}^{-\mathrm{j}(\omega-\theta)n}\right]\mathrm{d}\theta=\frac{1}{2\pi}\int_{-\pi}^{\pi}X(\mathrm{e}^{\mathrm{j}\theta})Y(\mathrm{e}^{\mathrm{j}(\omega-\theta)})\mathrm{d}\theta=\frac{1}{2\pi}X(\mathrm{e}^{\mathrm{j}\omega})*Y(\mathrm{e}^{\mathrm{j}\omega})$$

该定理表明，在时域两序列相乘，转换到频域服从卷积关系。此定理也称为调制定理。

3. 序列的傅里叶变换的对称性

序列的傅里叶变换的对称性是非常有用的，利用它可以简化序列的傅里叶变换的运算。下面分别介绍对称的定义及其相关性质。

序列 $x(n)$ 的共轭对称序列 $x_{\mathrm{e}}(n)$ 满足：

$$x_{\mathrm{e}}(n)=x_{\mathrm{e}}^{*}(-n) \tag{1-115}$$

序列 $x(n)$ 的共轭反对称序列 $x_{\mathrm{o}}(n)$ 满足：

$$x_{\mathrm{o}}(n)=-x_{\mathrm{o}}^{*}(-n) \tag{1-116}$$

任意一个复序列总可以分解成共轭对称序列与共轭反对称序列之和：

$$x(n)=x_{\mathrm{e}}(n)+x_{\mathrm{o}}(n) \tag{1-117}$$

对式(1-117)两边取共轭，同时利用式(1-115)、式(1-116)，可得

$$x^{*}(-n)=x_{\mathrm{e}}^{*}(-n)+x_{\mathrm{o}}^{*}(-n)=x_{\mathrm{e}}(n)-x_{\mathrm{o}}(n) \tag{1-118}$$

联立求解式(1-117)、式(1-118)，可得

$$x_{\mathrm{e}}(n)=\frac{1}{2}[x(n)+x^{*}(-n)] \tag{1-119}$$

$$x_{\mathrm{o}}(n)=\frac{1}{2}[x(n)-x^{*}(-n)] \tag{1-120}$$

式中，$x_{\mathrm{e}}(n)$ 是实部为偶对称、虚部为奇对称的序列；$x_{\mathrm{o}}(n)$ 是实部为奇对称、虚部为偶对

称的序列。

证明 若用 $x_r(n)$ 及 $x_i(n)$ 表示复序列 $x(n)$ 的实部及虚部，即

$$x(n)=\mathrm{Re}[x(n)]+\mathrm{j}\,\mathrm{Im}[x(n)]=x_r(n)+\mathrm{j}\,x_i(n)$$

则有

$$\begin{aligned}x_e(n)&=\frac{1}{2}[x(n)+x^*(-n)]=\frac{1}{2}[x_r(n)+\mathrm{j}x_i(n)+x_r(-n)-\mathrm{j}x_i(-n)]\\&=\frac{1}{2}[x_r(n)+x_r(-n)]+\frac{1}{2}\mathrm{j}[x_i(n)-x_i(-n)]\\&=\mathrm{Re}[x_e(n)]+\mathrm{j}\,\mathrm{Im}[x_e(n)]\\&=x_{er}(n)+\mathrm{j}x_{ei}(n)\end{aligned}$$

不难得到

$$x_{er}(n)=\mathrm{Re}[x_e(n)]=\mathrm{Re}[x_e(-n)]=x_{er}(-n)$$
$$x_{ei}(n)=\mathrm{Im}[x_e(n)]=-\mathrm{Im}[x_e(-n)]=-x_{ei}(-n)$$

同理可得

$$\begin{aligned}x_o(n)&=\frac{1}{2}[x(n)-x^*(-n)]=\frac{1}{2}[x_r(n)+\mathrm{j}x_i(n)-x_r(-n)+\mathrm{j}x_i(-n)]\\&=\frac{1}{2}[x_r(n)-x_r(-n)]+\frac{1}{2}\mathrm{j}[x_i(n)+x_i(-n)]\\&=\mathrm{Re}[x_o(n)]+\mathrm{j}\,\mathrm{Im}[x_o(n)]\\&=x_{or}(n)+\mathrm{j}x_{oi}(n)\end{aligned}$$

$$x_{or}(n)=\mathrm{Re}[x_o(n)]=-\mathrm{Re}[x_o(-n)]=-x_{or}(-n)$$
$$x_{oi}(n)=\mathrm{Im}[x_o(n)]=\mathrm{Im}[x_o(-n)]=x_{oi}(-n)$$

若 $x(n)$ 是实序列，则其共轭对称序列为

$$x_e(n)=\frac{1}{2}[x(n)+x(-n)]=x_e(-n) \tag{1-121}$$

式(1-121)表明，此时 $x_e(n)$ 是偶序列，所以有时也称共轭对称序列为共轭偶序列。

若 $x(n)$ 是实序列，则其共轭反对称序列为

$$x_o(n)=\frac{1}{2}[x(n)-x(-n)]=-x_o(-n) \tag{1-122}$$

式(1-122)表明，此时 $x_o(n)$ 是奇序列，所以有时也称共轭反对称序列为共轭奇序列。

如果 $x(n)$ 是实因果序列，则 $x_e(n)$、$x_o(n)$ 可进一步表示为

$$x_e(n)=\begin{cases}x(0) & n=0\\ \dfrac{1}{2}x(n) & n>0\\ \dfrac{1}{2}x(-n) & n<0\end{cases} \tag{1-123}$$

$$x_o(n)=\begin{cases}0 & n=0\\ \dfrac{1}{2}x(n) & n>0\\ -\dfrac{1}{2}x(-n) & n<0\end{cases} \tag{1-124}$$

上面关于共轭对称的有关概念是在时域定义的，在频域也有类似的共轭对称的概念。

$X(e^{j\omega})$ 的共轭对称分量 $X_e(e^{j\omega})$满足：

$$X_e(e^{j\omega}) = X_e^*(e^{-j\omega}) \tag{1-125}$$

$X(e^{j\omega})$的共轭反对称分量 $X_o(e^{j\omega})$满足：

$$X_o(e^{j\omega}) = -X_o^*(e^{-j\omega}) \tag{1-126}$$

并且 $X(e^{j\omega})$可以分解成共轭对称分量与共轭反对称分量之和：

$$X(e^{j\omega}) = X_e(e^{j\omega}) + X_o(e^{j\omega}) \tag{1-127}$$

式中：

$$X_e(e^{j\omega}) = \frac{1}{2}[X(e^{j\omega}) + X^*(e^{-j\omega})] \tag{1-128}$$

$$X_o(e^{j\omega}) = \frac{1}{2}[X(e^{j\omega}) - X^*(e^{-j\omega})] \tag{1-129}$$

同样，$X_e(e^{j\omega})$的实部为偶函数，虚部为奇函数；$X_o(e^{j\omega})$的实部为奇函数，虚部为偶函数。

下面介绍一般序列的傅里叶变换的对称性质。

若 $\mathscr{F}[x(n)]=X(e^{j\omega})$，则有如下性质：

(1)
$$\mathscr{F}[x^*(n)] = X^*(e^{-j\omega}) \tag{1-130}$$

证明
$$\mathscr{F}[x^*(n)] = \sum_{n=-\infty}^{\infty} x^*(n)e^{-j\omega n} = \left[\sum_{n=-\infty}^{\infty} x(n)e^{j\omega n}\right]^* = X^*(e^{-j\omega})$$

(2)
$$\mathscr{F}[x^*(-n)]=X^*(e^{j\omega}) \tag{1-131}$$

证明
$$\mathscr{F}[x^*(-n)] = \sum_{n=-\infty}^{\infty} x^*(-n)e^{-j\omega n} = \sum_{m=-\infty}^{\infty} x^*(m)e^{j\omega m}$$
$$= \left[\sum_{n=-\infty}^{\infty} x(n)e^{-j\omega n}\right]^* = X^*(e^{j\omega})$$

(3)
$$\mathscr{F}[x(-n)]=X(e^{-j\omega}) \tag{1-132}$$

证明
$$\mathscr{F}[x(-n)] = \sum_{n=-\infty}^{\infty} x(-n)e^{-j\omega n} = \sum_{m=-\infty}^{\infty} x(m)e^{j\omega m} = X(e^{-j\omega})$$

(4)
$$\mathscr{F}\{\mathrm{Re}[x(n)]\}=X_e(e^{j\omega}) \tag{1-133}$$

证明
$$\mathrm{Re}[x(n)] = \frac{1}{2}[x(n) + x^*(n)]$$

对上式两边进行序列的傅里叶变换，并利用式(1-130)，可得

$$\mathscr{F}\{\mathrm{Re}[x(n)]\} = \frac{1}{2}[X(e^{j\omega}) + X^*(e^{-j\omega})] = X_e(e^{j\omega})$$

(5)
$$\mathscr{F}\{\mathrm{j\,Im}[x(n)]\}=X_o(e^{j\omega}) \tag{1-134}$$

证明
$$\mathrm{j\,Im}[x(n)]=\frac{1}{2}[x(n)-x^*(n)]$$

对上式两边进行序列的傅里叶变换，并利用式(1-130)，可得

$$\mathscr{F}\{\mathrm{j\,Im}[x(n)]\} = \frac{1}{2}[X(e^{j\omega}) - X^*(e^{-j\omega})] = X_o(e^{j\omega})$$

(6)
$$\mathscr{F}[x_e(n)]=\mathrm{Re}[X(e^{j\omega})] \tag{1-135}$$

证明 $$x_e(n)=\frac{1}{2}[x(n)+x^*(-n)]$$

对上式两边进行序列的傅里叶变换，并利用式(1-131)，可得

$$\mathscr{F}[x_e(n)]=\frac{1}{2}[X(e^{j\omega})+X^*(e^{j\omega})]=\mathrm{Re}[X(e^{j\omega})]$$

(7) $$\mathscr{F}[x_o(n)]=\mathrm{j}\,\mathrm{Im}[X(e^{j\omega})] \tag{1-136}$$

证明 $$x_o(n)=\frac{1}{2}[x(n)-x^*(-n)]$$

对上式两边进行序列傅里叶变换，并利用式(1-131)，可得

$$\mathscr{F}[x_o(n)]=\frac{1}{2}[X(e^{j\omega})-X^*(e^{j\omega})]=\mathrm{j}\,\mathrm{Im}[X(e^{j\omega})]$$

由上面的性质可知，一般序列的傅里叶变换可分成共轭对称分量 $X_e(e^{j\omega})$和共轭反对称分量 $X_o(e^{j\omega})$两部分，其中共轭对称分量对应序列的实部，而共轭反对称分量对应序列的虚部。序列的傅里叶变换的实部对应序列的共轭对称部分 $x_e(n)$，而它的虚部(包括 j)对应序列的共轭反对称部分 $x_o(n)$。

如果将序列的傅里叶变换写成

$$X(e^{j\omega})=|X(e^{j\omega})|e^{\mathrm{j}\arg[X(e^{j\omega})]}$$

$$\arg[X(e^{j\omega})]=\arctan\frac{X_i(e^{j\omega})}{X_r(e^{j\omega})}$$

当 $x(n)$为实序列时，有 $x(n)=x^*(n)$，由其傅里叶变换的性质，可得

$$X(e^{j\omega})=X^*(e^{-j\omega}) \tag{1-137}$$

故有

$$|X(e^{j\omega})|=|X(e^{-j\omega})| \tag{1-138a}$$

$$\arg[X(e^{j\omega})]=-\arg[X(e^{-j\omega})] \tag{1-138b}$$

即幅频特性$|X(e^{j\omega})|$具有偶对称性质，相频特性 $\arg[X(e^{j\omega})]$具有奇对称性质。

由式(1-137)也可得

$$X_r(e^{j\omega})=X_r(e^{-j\omega}) \tag{1-139a}$$

$$X_i(e^{j\omega})=-X_i(e^{-j\omega}) \tag{1-139b}$$

即实序列的傅里叶变换的实部是偶函数，虚部为奇函数。

【例 1-26】 若序列 $h(n)$是实因果序列，其傅里叶变换的实部 $H_r(e^{j\omega})=1+\cos\omega$。求序列 $h(n)$及其傅里叶变换 $H(e^{j\omega})$。

解 利用三角函数关系得

$$H_r(e^{j\omega})=1+\cos\omega=1+\frac{1}{2}e^{j\omega}+\frac{1}{2}e^{-j\omega}$$

由序列的傅里叶变换的定义有

$$H_r(e^{j\omega})=\mathscr{F}[h_e(n)]=\sum_{n=-\infty}^{\infty}h_e(n)e^{-j\omega n}$$

比较上述两式可得

$$h_e(-1)=\frac{1}{2},\quad h_e(0)=1,\quad h_e(1)=\frac{1}{2}$$

由于 $h(n)$ 是实因果序列，因此 $h(n)=h^*(n)$，当 $n<0$ 时，$h(n)=0$。所以根据式(1-123)得出以下关系：

$$h(n)=\begin{cases}0 & n<0\\ h_e(n) & n=0\\ 2h_e(n) & n>0\end{cases}$$
$$=\begin{cases}1 & n=0\\ 1 & n=1\\ 0 & \text{其他}\end{cases}$$

故
$$H(e^{j\omega})=\mathscr{F}[h(n)]=\sum_{n=-\infty}^{\infty}h(n)e^{-j\omega n}=1+e^{-j\omega}=2e^{-j\frac{\omega}{2}}\cos\frac{\omega}{2}$$

1.7　离散时间系统的频域分析(ω 域和 z 域)

在 1.3 节中，我们对离散时间系统进行了时域分析，在 1.4 节和 1.6 节分别给出了 Z 变换和傅里叶变换的定义并讨论了它们的性质，本节将详细地利用 Z 变换和傅里叶变换来表示和分析线性时不变(LTI)系统。本节的内容是将要讨论的 LTI 系统实现(第 4 章)和 LTI 系统设计(第 5、6 章)的基础。

在 1.3 节中已经讨论过，在时域中，一个线性时不变系统完全可以由它的单位脉冲响应 $h(n)$ 来表示。对于一个给定的输入 $x(n)$，其输出 $y(n)$ 为

$$y(n)=x(n)*h(n)=\sum_{m=-\infty}^{\infty}x(m)h(n-m)$$

对等式两端取 Z 变换，得

$$Y(z)=H(z)X(z)$$

则

$$H(z)=\frac{Y(z)}{X(z)} \tag{1-140}$$

我们把 $H(z)$ 定义为线性时不变系统的系统函数，它是单位脉冲响应的 Z 变换，即

$$H(z)=\mathscr{Z}[h(n)]=\sum_{n=-\infty}^{\infty}h(n)z^{-n} \tag{1-141}$$

在单位圆($z=e^{j\omega}$)上的系统函数就是系统的频率响应 $H(e^{j\omega})$，即

$$H(e^{j\omega})=\mathscr{F}[h(n)]=\sum_{n=-\infty}^{\infty}h(n)e^{-j\omega n} \tag{1-142}$$

1.7.1　因果系统

单位脉冲响应 $h(n)$ 为因果序列的系统称为因果系统，因此由 1.4.1 节可知因果系统的系统函数 $H(z)$ 具有包括 $z=\infty$ 点的收敛域，即

$$R_{h-}<|z|\leqslant\infty \tag{1-143}$$

1.7.2　稳定系统

由 1.3 节中的讨论已知，一个线性时不变系统稳定的充分必要条件为 $h(n)$ 必须满足绝

对可和条件，即

$$\sum_{n=-\infty}^{\infty} |h(n)| < \infty$$

而Z变换的收敛域由满足 $\sum_{n=-\infty}^{\infty} |h(n)z^{-n}| < \infty$ 的那些 z 值确定，因此稳定系统的系统函数 $H(z)$ 必须在单位圆上收敛，即收敛域包括单位圆 $|z|=1$，$H(e^{j\omega})$ 存在。

1.7.3 因果稳定系统

因果稳定系统是最普遍、最重要的一种系统，它的系统函数 $H(z)$ 必须在从单位圆到∞的整个 z 域内收敛，即

$$R_{h-} < |z| \leqslant \infty \qquad R_{h-} < 1 \tag{1-144}$$

也就是说，系统函数的全部极点必须在单位圆内。

实际中系统的稳定是一个很重要的问题，系统要保持稳定，就要对系统进行稳定性测试。对于已知系统函数，判断系统稳定性的一种方法是检查它的极点是否在单位圆内，下面举例说明。

【例 1-27】 已知系统函数如下，若系统是因果的，判断系统是否稳定。

$$H(z)=\frac{0.2+0.1z^{-1}}{1-1.49z^{-1}+0.085z^{-2}+1.1709z^{-3}-0.75735z^{-4}}$$

解 求出四个极点为−0.9，0.7+0.6i，0.7−0.6i，0.99。其中，两个实数极点明显在单位圆内，两个复数极点的模为 $\sqrt{0.7^2+(\pm 0.6)^2}=0.922<1$，也在单位圆内。因系统是因果的，其收敛域应包含无穷大，故收敛域应在模为最大的极点所在的圆外，$|z|>0.99$，即收敛域包含单位圆，因此该系统是稳定的。

如果系统函数的分母的阶数较高(如3阶以上)，则通过手工计算来判断系统是否稳定不是一件简单的事情，用MATLAB函数判定则很简单。例如，对例1-27的判定程序如下：

```
b=[0.2  0.1];                                   %H(z)的分子多项式的系数矢量
a=[1  -1.49  0.085  1.1709  -0.75735];          %H(z)的分母多项式的系数矢量
[z, p, k]=tf2zp(b, a)                           %求 H(z)的零极点矢量
zplane(z, p);                                   %绘制 H(z)的零极点图
```

运行程序，则程序输出的极点如下：

```
p= -0.9000  0.7000+0.6000i  0.7000-0.6000i  0.9900
```

零极点图如图1-40所示。

由零极点图可知，系统的极点全部位于单位圆内，因此系统是稳定的。

注：例1-27的程序中，tf2zp是将系统的有理分式形式转化成零极点增益形式的函数；输出参数z表示由系统的零点构成的矢量；p表示由系统的极点构成的矢量；k表示系统的增益；zplane(z, p)用于画出以零点矢量z和极点矢量p描述的离散时间系统的零极点图。

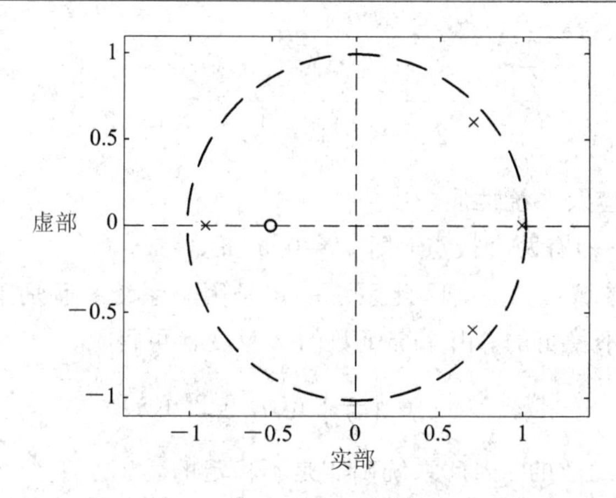

图1-40　例1-27的系统零极点图

1.7.4 系统函数和差分方程的关系

1.3节中已说明，一个线性时不变系统也可以用常系数线性差分方程来表示，其N阶常系数线性差分方程的一般形式为

$$\sum_{k=0}^{N} a_k y(n-k) = \sum_{k=0}^{M} b_k x(n-k)$$

若系统的起始状态为零，这样就可以直接对上式两端进行Z变换，利用Z变换的线性特性和移位特性可得

$$\sum_{k=0}^{N} a_k z^{-k} Y(z) = \sum_{k=0}^{M} b_k z^{-k} X(z)$$

这样就得到系统函数为

$$H(z) = \frac{Y(z)}{X(z)} = \frac{\sum\limits_{k=0}^{M} b_k z^{-k}}{\sum\limits_{k=0}^{N} a_k z^{-k}} \tag{1-145}$$

由此可以看出，系统函数的分子、分母多项式的系数分别就是差分方程的系数。式(1-145)是两个z^{-1}的多项式之比，将其分别进行因式分解，可得

$$H(z) = \left(\frac{b_0}{a_0}\right) \frac{\prod\limits_{k=1}^{M}(1-c_k z^{-1})}{\prod\limits_{k=1}^{N}(1-d_k z^{-1})} \tag{1-146}$$

式中，$z=c_k$是$H(z)$的零点，$z=d_k$是$H(z)$的极点，它们都由差分方程的系数a_k和b_k决定。因此，除了比例常数b_0/a_0以外，系统函数完全由它的全部零点、极点来确定。

但是式(1-145)(或式(1-146))并没有给定$H(z)$的收敛域，因而可代表不同的系统。这与前面我们说过的差分方程并不唯一地确定一个线性系统的单位脉冲响应是一致的。同一个系统函数，收敛域不同，所代表的系统就不同，所以必须同时给定系统的收敛域才行。而对于稳定系统，其收敛域必须包括单位圆，因而在Z平面以零极点图描述系统函数，通常都画出单位圆以便看出极点是在单位圆内还是在单位圆外。

【例1-28】　已知系统函数为

$$H(z)=\frac{-\frac{3}{2}z^{-1}}{\left(1-\frac{1}{2}z^{-1}\right)(1-2z^{-1})}=\frac{1}{1-\frac{1}{2}z^{-1}}-\frac{1}{1-2z^{-1}}\qquad 2<|z|\leqslant\infty$$

求系统的单位脉冲响应及系统性质。

解　系统函数 $H(z)$有两个极点，即 $z_1=0.5$ 和 $z_2=2$。

从收敛域看，收敛域包括∞，因此系统一定是因果系统。但是单位圆不在收敛域内，因此可以判定系统是不稳定的。由系统函数的Z反变换可得

$$h(n)=\left(\frac{1}{2}\right)^n u(n)-2^n u(n)$$

由于 $2^n u(n)$项是发散的，因此系统确实是不稳定的。

【例 1-29】　系统函数不变，但收敛域不同，即

$$H(z)=\frac{-\frac{3}{2}z^{-1}}{\left(1-\frac{1}{2}z^{-1}\right)(1-2z^{-1})}=\frac{1}{1-\frac{1}{2}z^{-1}}-\frac{1}{1-2z^{-1}}\qquad \frac{1}{2}<|z|<2$$

求系统的单位脉冲响应及系统性质。

解　收敛域包括单位圆，但不包括∞，因此系统是稳定的，但是是非因果的。由系统函数的Z反变换可得

$$h(n)=\left(\frac{1}{2}\right)^n u(n)+2^n u(-n-1)$$

由于存在 $2^n u(-n-1)$项，因此系统是非因果的。

1.7.5　有理系统函数的单位脉冲响应(IIR 和 FIR)

在1.4.2节里讨论了用部分分式展开法求Z反变换。对于一个 N 阶的系统函数，它的一般表示式(同式(1-145))为

$$H(z)=\frac{\sum_{k=0}^{M}b_k z^{-k}}{\sum_{k=0}^{N}a_k z^{-k}}$$

该系统函数是 z^{-1}的有理函数，如果它仅仅具有一阶极点，那么它通常可展开成如下形式：

$$H(z)=\sum_{r=0}^{M-N}B_r z^{-r}+\sum_{k=1}^{N}\frac{A_k}{1-d_k z^{-1}}\tag{1-147}$$

前面一个和式是通过长除法得到的，只有在 $M\geqslant N$ 时才存在。后一和式中的系数 A_k 由式(1-79)确定。如果系统是因果的，则 $H(z)$的收敛域必须在所有极点的外侧。$H(z)$对应的单位脉冲响应为

$$h(n)=\sum_{r=0}^{M-N}B_r\delta(n-r)+\sum_{k=1}^{N}A_k d_k^n u(n)\tag{1-148}$$

在线性时不变系统中，分成两类不同的系统：若系统的单位脉冲响应延伸到无穷长，则称之为无限长单位脉冲响应系统，简称为IIR系统；若系统的单位脉冲响应是一个有限长序列，则称之为有限长单位脉冲响应系统，简称为FIR系统。

由IIR系统的定义可知，若要$h(n)$为无限长序列，那么在式(1-148)中至少有一项$A_k d_k^n \mathrm{u}(n)$，即要求$H(z)$至少有一个非零极点。这时只要式(1-145)的分母多项式除a_0外至少有一个系数$a_k \neq 0$，在有限Z平面就会出现极点，那么这个系统就是IIR系统。如果除a_0外全部$a_k=0$ $(k=1, 2, \cdots, N)$，则系统就是FIR系统。这是因为前面已说过，有限长序列$h(n)$的Z变换$H(z)$在有限Z平面$0<|z|<\infty$收敛。也就是说，$H(z)$在有限Z平面不能有极点，只存在零点。这时FIR系统的系统函数$H(z)$可表示为

$$H(z)=\sum_{k=0}^{M} b_k z^{-k} \tag{1-149}$$

单位脉冲响应为

$$h(n)=\sum_{k=0}^{M} b_k \delta(n-k)=\begin{cases} b_n & 0 \leqslant n \leqslant M \\ 0 & \text{其他 } n \end{cases} \tag{1-150}$$

系统的差分方程：

$$y(n)=\sum_{k=0}^{M} b_k x(n-k) \tag{1-151}$$

从结构类型来看，IIR系统除a_0外至少有一个$a_k \neq 0$，其差分方程的表达式(设$a_0=1$)为

$$y(n)=\sum_{k=0}^{M} b_k x(n-k)-\sum_{k=1}^{N} a_k y(n-k) \tag{1-152}$$

可以看出，当$a_k \neq 0$，求$y(n)$时，需将各$y(n-k)$反馈过来，用$-a_k$加权后和各$b_k x(n-k)$相加，因而有反馈环路，这种结构称为递归型结构。也可以看出，IIR系统的输出不仅和各输入$x(n-k)$有关，还和各输出$y(n-k)$有关。

如果全部$a_k=0$ $(k=1, 2, \cdots, N)$，则没有反馈环路，这种结构称为非递归型结构。也可以看出，FIR系统的输出只和各输入$x(n-k)$有关。

IIR系统只能采用递归型结构，FIR系统多采用非递归型结构，但若用零点、极点互相抵消的办法，则也可采用含有递归型结构的电路。

由于IIR系统和FIR系统的特性和设计方法都不相同，因而它们成为数字滤波器的两大分支，我们将在第4章至第6章中对它们加以讨论。

【例1-30】 考虑一个因果系统，其输入/输出满足差分方程：

$$y(n)=0.5y(n-1)+x(n)$$

判断该系统是IIR系统还是FIR系统。

解 显然，其系统函数为

$$H(z)=\frac{1}{1-0.5z^{-1}}$$

因系统是因果系统，故其收敛域为$|z|>0.5$。该系统的单位脉冲响应为

$$h(n)=0.5^n \mathrm{u}(n)$$

因$h(n)$为无限长序列，故该系统为IIR系统。

【例1-31】 一个FIR系统的单位脉冲响应为

$$h(n)=\begin{cases} a^n & 0 \leqslant n \leqslant (N-1) \\ 0 & \text{其他 } n \end{cases}$$

求该系统的零极点和差分方程。

解 系统函数为

$$H(z)=\sum_{n=0}^{N-1}a^{n}z^{-n}=\frac{1-a^{N}z^{-N}}{1-az^{-1}} \tag{1-153}$$

其零点：

$$z_k = a\mathrm{e}^{\mathrm{j}2\pi k/N} \qquad k=0,1,\cdots,N-1$$

在 $z=a$ 处有一极点，在 $z=0$ 处，有 $N-1$ 阶极点。假设 a 是正实数，显然 $z=a$ 的极点被 $z=a$ 的零点抵消。若 $N=8$，则零极点图如图 1-41 所示。其差分方程为线性卷积，即

$$y(n)=\sum_{k=0}^{N-1}a^{k}x(n-k) \tag{1-154}$$

从式(1-153)最右边的 $H(z)$ 的表示式可得另一种形式的差分方程：

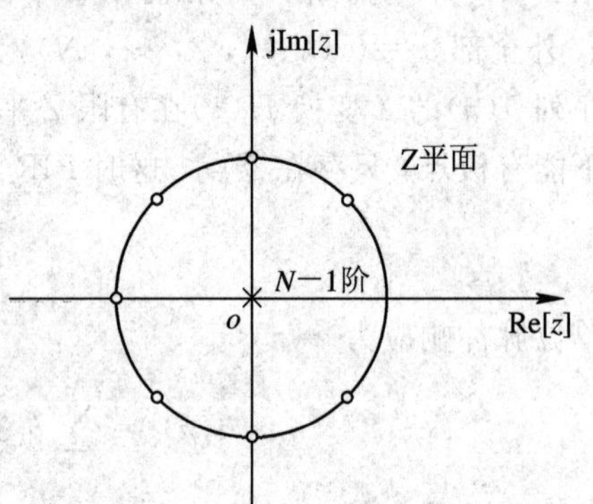

图 1-41 例 1-31 的零极点图

$$y(n)-ay(n-1)=x(n)-a^{N}x(n-N) \tag{1-155}$$

式(1-154)和式(1-155)是两种等价的差分方程，因为它们是从两个等价的系统函数 $H(z)$ 得来的。

1.7.6 系统频率响应的意义

为了研究离散线性系统对输入频谱的处理作用，有必要研究线性系统对复指数或正弦序列的稳态响应，即系统的频域表示法。

对于稳定系统，如果输入序列是一个频率为 ω 的复正弦序列：

$$x(n)=\mathrm{e}^{\mathrm{j}\omega n} \qquad -\infty<n<\infty$$

线性时不变系统的单位脉冲响应为 $h(n)$，则其输出为

$$y(n)=x(n)*h(n)=\sum_{m=-\infty}^{\infty}h(m)x(n-m)$$

$$=\sum_{m=-\infty}^{+\infty}h(m)\mathrm{e}^{\mathrm{j}\omega(n-m)}=\mathrm{e}^{\mathrm{j}\omega n}\sum_{m=-\infty}^{\infty}h(m)\mathrm{e}^{-\mathrm{j}\omega m}$$

式中：

$$\sum_{m=-\infty}^{\infty}h(m)\mathrm{e}^{-\mathrm{j}\omega m}=H(\mathrm{e}^{\mathrm{j}\omega})$$

因此

$$y(n)=\mathrm{e}^{\mathrm{j}\omega n}H(\mathrm{e}^{\mathrm{j}\omega}) \tag{1-156}$$

式(1-156)表明，当线性时不变系统的输入是频率为 ω 的复正弦序列时，输出为同频复正弦序列乘以加权函数 $H(\mathrm{e}^{\mathrm{j}\omega})$。显然，$H(\mathrm{e}^{\mathrm{j}\omega})$ 描述了复正弦序列通过线性时不变系统后，幅值和相位随频率 ω 的变化。换句话说，系统对复正弦序列的响应完全由 $H(\mathrm{e}^{\mathrm{j}\omega})$ 决定。故称 $H(\mathrm{e}^{\mathrm{j}\omega})$ 为线性时不变系统的频率响应。线性时不变系统的频率响应是其单位脉冲响应的傅里叶变换。

线性时不变系统的频率响应 $H(\mathrm{e}^{\mathrm{j}\omega})$ 是以 2π 为周期的连续周期函数，是复函数。它可以写成模和相位的形式，即

$$H(e^{j\omega}) = |H(e^{j\omega})| e^{j\arg[H(e^{j\omega})]}$$

式中，频率响应的模$|H(e^{j\omega})|$叫作振幅响应(或幅度响应)，频率响应的相位$\arg[H(e^{j\omega})]$叫作系统的相位响应。

系统的频率响应$H(e^{j\omega})$存在且连续的条件是$h(n)$绝对可和，即要求系统是稳定系统。

【例 1-32】 设输入$x(n)=A\cos(\omega_0 n+\phi)$，求输出响应。

解

$$\begin{aligned} x(n) &= A\cos(\omega_0 n+\phi) \\ &= \frac{A}{2}[e^{j(\omega_0 n+\phi)} + e^{-j(\omega_0 n+\phi)}] \\ &= \frac{A}{2}e^{j\phi}e^{j\omega_0 n} + \frac{A}{2}e^{-j\phi}e^{-j\omega_0 n} \\ &= x_1(n) + x_2(n) \end{aligned}$$

根据式(1-156)，对$x_1(n)=\frac{A}{2}e^{j\phi}e^{j\omega_0 n}$的响应为

$$y_1(n) = H(e^{j\omega_0})\frac{A}{2}e^{j\phi}e^{j\omega_0 n}$$

对$x_2(n)=\frac{A}{2}e^{-j\phi}e^{-j\omega_0 n}$的响应为

$$y_2(n) = H(e^{-j\omega_0})\frac{A}{2}e^{-j\phi}e^{-j\omega_0 n}$$

根据线性系统的叠加原理可知，系统对正弦输入$A\cos(\omega_0 n+\phi)$的响应为

$$\begin{aligned} y(n) &= y_1(n) + y_2(n) \\ &= \frac{A}{2}[H(e^{j\omega_0})e^{j\phi}e^{j\omega_0 n} + H(e^{-j\omega_0})e^{-j\phi}e^{-j\omega_0 n}] \end{aligned} \tag{1-157}$$

如果$h(n)$是实序列，则可证明$H(e^{j\omega_0})$满足共轭对称条件，即

$$H(e^{j\omega_0}) = H^*(e^{-j\omega_0})$$

因此

$$|H(e^{j\omega_0})| = |H(e^{-j\omega_0})|$$

$$\arg[H(e^{j\omega_0})] = -\arg[H(e^{-j\omega_0})]$$

将这些关系式代入式(1-157)，可得

$$\begin{aligned} y(n) &= \frac{A}{2}\{|H(e^{j\omega_0})| e^{j\arg[H(e^{j\omega_0})]}e^{j\phi}e^{j\omega_0 n} + |H(e^{-j\omega_0})| e^{-j\arg[H(e^{j\omega_0})]}e^{-j\phi}e^{-j\omega_0 n}\} \\ &= \frac{A}{2}|H(e^{j\omega_0})| [e^{j\{\omega_0 n+\phi+\arg[H(e^{j\omega_0})]\}} + e^{-j\{\omega_0 n+\phi+\arg[H(e^{j\omega_0})]\}}] \end{aligned}$$

即

$$y(n) = A|H(e^{j\omega_0})| \cos\{\omega_0 n+\phi+\arg[H(e^{j\omega_0})]\} \tag{1-158}$$

从例1-32可以看出，当系统输入为正弦序列时，输出为同频的正弦序列，其幅度受幅度响应$|H(e^{j\omega})|$加权，而输出的相位则为输入相位与系统相位响应之和。这正是线性时不变系统的基本特性。正因如此，信号和系统的频域(傅里叶变换)表示法在离散线性系统中是很有用的。

线性时不变系统在任意输入情况下，输入与输出两者的傅里叶变换间的关系可通过对卷积公式(1-45)两端取傅里叶变换，并利用表1-4中的性质9得到，即

$$\mathscr{F}[y(n)] = \mathscr{F}[x(n) * h(n)]$$

则

$$Y(e^{j\omega}) = X(e^{j\omega})H(e^{j\omega}) \tag{1-159}$$

$H(e^{j\omega})$就是式(1-142)表示的系统的频率响应。由式(1-159)得知，对于线性时不变系统，其输出序列的傅里叶变换等于输入序列的傅里叶变换与系统频率响应的乘积。

若对$Y(e^{j\omega})$取傅里叶反变换，可求得输出序列为

$$y(n) = \frac{1}{2\pi}\int_{-\pi}^{\pi} H(e^{j\omega})X(e^{j\omega})e^{j\omega n}d\omega \tag{1-160}$$

若用极坐标形式表示频率响应，则系统的输入和输出的傅里叶变换的振幅响应和相位响应间的关系可表示为

$$|Y(e^{j\omega})| = |H(e^{j\omega})| \cdot |X(e^{j\omega})| \tag{1-161}$$

$$\arg[Y(e^{j\omega})] = \arg[H(e^{j\omega})] + \arg[X(e^{j\omega})] \tag{1-162}$$

【例 1-33】 设有一系统，其输入/输出关系由以下差分方程确定：

$$y(n) - \frac{1}{2}y(n-1) = x(n) + \frac{1}{2}x(n-1)$$

设系统是因果的。

(1) 求该系统的单位脉冲响应；

(2) 由(1)的结果，求输入$x(n)=e^{j\pi n}$的响应。

解 (1) 对差分方程两端分别进行Z变换可得

$$Y(z) - \frac{1}{2}z^{-1}Y(z) = X(z) + \frac{1}{2}z^{-1}X(z)$$

系统函数：

$$H(z) = \frac{Y(z)}{X(z)} = \frac{1+\frac{1}{2}z^{-1}}{1-\frac{1}{2}z^{-1}} = \frac{2}{1-\frac{1}{2}z^{-1}} - 1$$

系统函数$H(z)$仅有一个极点，$z_1=1/2$，因为系统是因果的，所以$H(z)$的收敛域必须包含∞，故收敛域为$|z|>1/2$。该收敛域又包括单位圆，系统也是稳定的。

对系统函数$H(z)$进行Z反变换，可得单位脉冲响应为

$$h(n) = \mathscr{Z}^{-1}[H(z)] = 2\cdot\left(\frac{1}{2}\right)^n u(n) - \delta(n)$$

或

$$h(n) = \left(\frac{1}{2}\right)^n u(n) + \left(\frac{1}{2}\right)^n u(n-1) = \delta(n) + \left(\frac{1}{2}\right)^{n-1} u(n-1)$$

(2) 解法一：

系统的频率响应为

$$H(e^{j\omega}) = H(z)\big|_{z=e^{j\omega}} = \frac{1+\frac{1}{2}e^{-j\omega}}{1-\frac{1}{2}e^{-j\omega}}$$

由于系统是线性时不变且因果稳定的，因此当输入$x(n)=e^{j\pi n}$时，应用公式(1-156)，可得输出响应为

$$y(n)=x(n)H(\mathrm{e}^{\mathrm{j}\pi})=\mathrm{e}^{\mathrm{j}\pi n}\cdot\frac{1+\frac{1}{2}\mathrm{e}^{-\mathrm{j}\pi}}{1-\frac{1}{2}\mathrm{e}^{-\mathrm{j}\pi}}=\frac{1}{3}\mathrm{e}^{\mathrm{j}\pi n}$$

解法二：

$$\begin{aligned}y(n)=x(n)*h(n)&=\sum_{m=-\infty}^{\infty}h(m)\mathrm{e}^{\mathrm{j}\pi(n-m)}=\mathrm{e}^{\mathrm{j}\pi n}\sum_{m=-\infty}^{\infty}h(m)\mathrm{e}^{-\mathrm{j}\pi m}\\&=\mathrm{e}^{\mathrm{j}\pi n}H(\mathrm{e}^{\mathrm{j}\pi})=\mathrm{e}^{\mathrm{j}\pi n}\cdot\frac{1+\frac{1}{2}\mathrm{e}^{-\mathrm{j}\pi}}{1-\frac{1}{2}\mathrm{e}^{-\mathrm{j}\pi}}=\frac{1}{3}\mathrm{e}^{\mathrm{j}\pi n}\end{aligned}$$

1.7.7　频率响应的几何确定法

观察式(1-146)可以发现，一个 N 阶的系统函数 $H(z)$完全可以用它在Z平面上的零极点确定。由于 $H(z)$在单位圆上的Z变换即是系统的频率响应，因此系统的频率响应也完全可以由 $H(z)$的零极点确定。频率响应的几何确定法实际上就是利用 $H(z)$在Z平面上的零极点，采用几何方法直观、定性地求出系统的频率响应。式(1-146)已表示出 $H(z)$的因式分解，即用零极点表示为

$$H(z)=\left(\frac{b_0}{a_0}\right)\frac{\prod_{k=1}^{M}(1-c_kz^{-1})}{\prod_{k=1}^{N}(1-d_kz^{-1})}=\left(\frac{b_0}{a_0}\right)z^{N-M}\frac{\prod_{k=1}^{M}(z-c_k)}{\prod_{k=1}^{N}(z-d_k)}\tag{1-163}$$

假设 $M=N$，这时代入 $z=\mathrm{e}^{\mathrm{j}\omega}$，即得系统的频率响应为

$$H(\mathrm{e}^{\mathrm{j}\omega})=\left(\frac{b_0}{a_0}\right)\frac{\prod_{k=1}^{N}(\mathrm{e}^{\mathrm{j}\omega}-c_k)}{\prod_{k=1}^{N}(\mathrm{e}^{\mathrm{j}\omega}-d_k)}\tag{1-164}$$

在Z平面上，$\mathrm{e}^{\mathrm{j}\omega}-c_k$ 可以用一个由零点 c_k 指向单位圆上 $\mathrm{e}^{\mathrm{j}\omega}$点的向量 $\boldsymbol{C}_k$ 来表示：

$$\boldsymbol{C}_k=\mathrm{e}^{\mathrm{j}\omega}-c_k$$

同样，$\mathrm{e}^{\mathrm{j}\omega}-d_k$ 可以由极点 d_k 指向单位圆上 $\mathrm{e}^{\mathrm{j}\omega}$点的向量 $\boldsymbol{D}_k$ 来表示：

$$\boldsymbol{D}_k=\mathrm{e}^{\mathrm{j}\omega}-d_k$$

因此

$$H(\mathrm{e}^{\mathrm{j}\omega})=\left(\frac{b_0}{a_0}\right)\frac{\prod_{k=1}^{N}\boldsymbol{C}_k}{\prod_{k=1}^{N}\boldsymbol{D}_k}\tag{1-165}$$

以极坐标表示有

$$\begin{aligned}\boldsymbol{C}_k&=C_k\mathrm{e}^{\mathrm{j}\alpha_k}\\\boldsymbol{D}_k&=D_k\mathrm{e}^{\mathrm{j}\beta_k}\\H(\mathrm{e}^{\mathrm{j}\omega})&=|H(\mathrm{e}^{\mathrm{j}\omega})|\mathrm{e}^{\mathrm{j}\varphi(\omega)}\end{aligned}$$

就得到

$$|H(e^{j\omega})| = \left(\frac{b_0}{a_0}\right) \frac{\prod_{k=1}^{N} C_k}{\prod_{k=1}^{N} D_k} \tag{1-166}$$

$$\varphi(\omega) = \sum_{k=1}^{N} \alpha_k - \sum_{k=1}^{N} \beta_k \tag{1-167}$$

这样频率响应的幅度函数就等于各零点至 $e^{j\omega}$ 点的向量的长度之积除以各极点至 $e^{j\omega}$ 点的向量的长度之积，再乘以常数 b_0/a_0。而频率响应的相位函数等于各零点至 $e^{j\omega}$ 点的向量的相角之和减去各极点至 $e^{j\omega}$ 点的向量的相角之和。当频率 ω 由 0 到 2π 时，这些向量的终端点沿单位圆逆时针方向旋转一圈，从而可以估算出整个系统的频率响应。例如，图 1-42 表示了具有两个极点、一个零点的系统以及它的频率响应，这个频率响应不难用几何确定法加以验证。

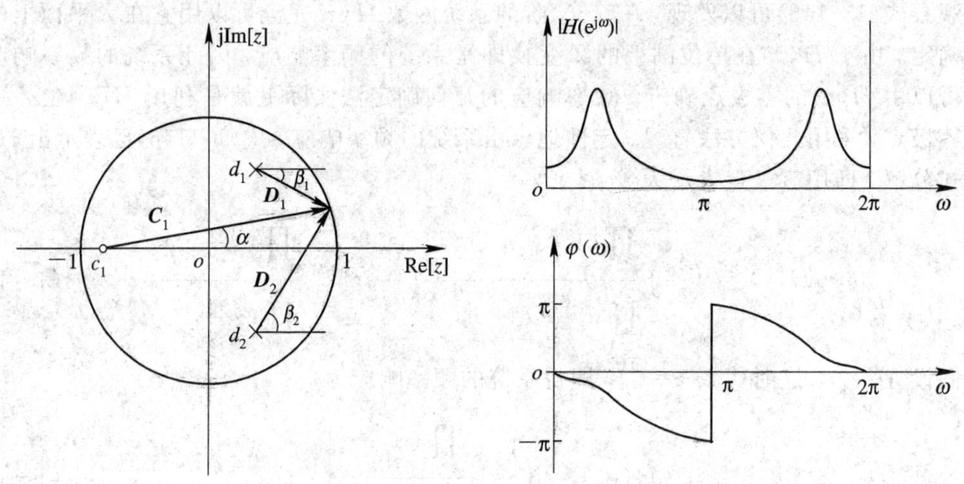

图 1-42 频率响应的几何确定法

由式(1-166)和式(1-167)我们更容易看出零极点位置对系统的频率响应的影响。从式(1-166)中可看到，当 $e^{j\omega}$ 在某个极点 d_k 附近时，向量 $\boldsymbol{D}_k$ 最短，D_k 出现极小值，因而频率响应在此处附近可能出现峰值，同时极点 d_k 越靠近单位圆，D_k 的极小值越小，频率响应出现的峰值将越尖锐。当极点 d_k 处在单位圆上时，D_k 的极小值为零，在 d_k 所在点的频率响应将出现∞。当极点处在单位圆上或单位圆外时，系统不稳定。

零点的影响则相反，由式(1-166)可以看到，$e^{j\omega}$ 越接近某零点 c_k，频率响应越低，因此在零点附近，频率响应将出现谷点；零点越接近单位圆，谷点越接近零。当零点处在单位圆上时，谷点为零，即在零点所在频率上出现传输零点。零点可在单位圆外，不受稳定性的约束。

利用这种直观的几何确定法，适当地控制极点、零点的分布，就能改变数字滤波器的频率响应特性，达到预期的要求。因此，几何确定法是具有实际意义和使用价值的。

【例 1-34】 设一个因果系统的差分方程为

$$y(n) = x(n) + ay(n-1) \qquad |a| < 1,\ a \text{ 为实数}$$

求系统的频率响应。

解　将差分方程两端取 Z 变换，可求得

$$H(z)=\frac{Y(z)}{X(z)}=\frac{1}{1-az^{-1}}\qquad |z|>|a|$$

单位脉冲响应为

$$h(n)=a^n\mathrm{u}(n)$$

该系统的频率响应为

$$H(e^{j\omega})=H(z)\big|_{z=e^{j\omega}}=\frac{1}{1-ae^{-j\omega}}$$

$$=\frac{1}{(1-a\cos\omega)+ja\sin\omega}$$

幅度响应为

$$|H(e^{j\omega})|=(1+a^2-2a\cos\omega)^{-1/2}$$

相位响应为

$$\varphi(\omega)=\arg[H(e^{j\omega})]=-\arctan\left(\frac{a\sin\omega}{1-a\cos\omega}\right)$$

在图 1-43 中，画出了 $h(n)$、$|H(e^{j\omega})|$ 和 $\arg[H(e^{j\omega})]$。若要系统稳定，要求极点在单位圆内，即要求实数 a 满足 $|a|<1$。此时，若 $0<a<1$，则系统呈低通特性；若 $-1<a<0$，则系统呈高通特性。

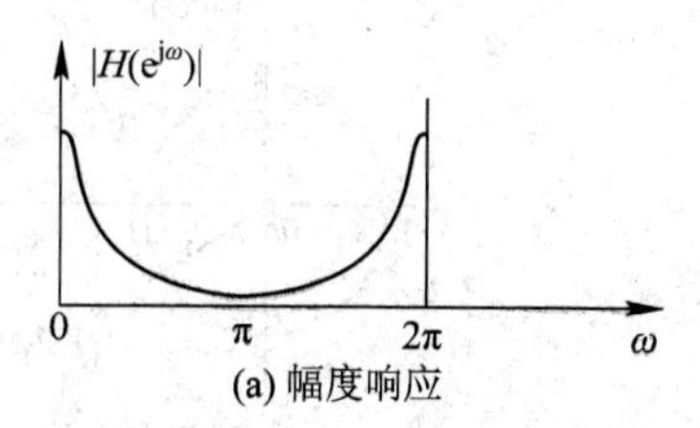

(a) 幅度响应

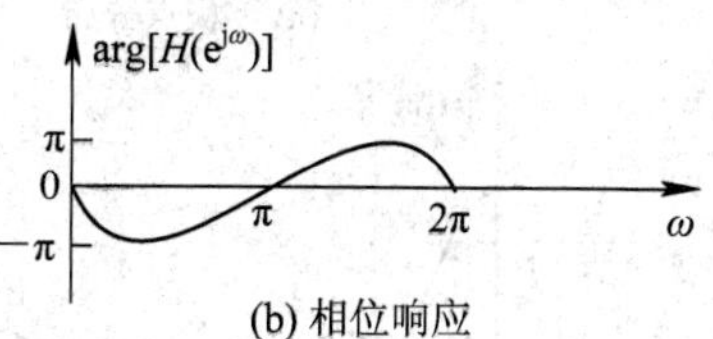

(b) 相位响应

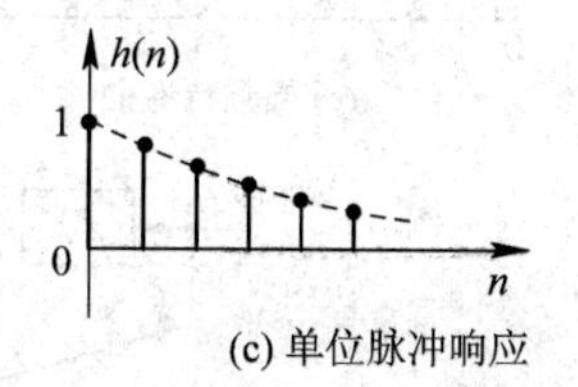

(c) 单位脉冲响应

图 1-43　一阶离散系统的各种特性

由 $h(n)$ 可看出，此系统的单位脉冲响应是无限长序列。

【例 1-35】　设系统的差分方程为

$$y(n)=x(n)+x(n-1)+x(n-2)+\cdots+x(n-M+1)=\sum_{k=0}^{M-1}x(n-k)$$

这是 $M-1$ 个单元延时及 M 个抽头相加所组成的电路，通常称之为横向滤波器。试求其频率响应。

解　令 $x(n)=\delta(n)$，将所给的差分方程两端取 Z 变换，可得系统函数为

$$H(z)=\sum_{k=0}^{M-1}z^{-k}=\frac{1-z^{-M}}{1-z^{-1}}=\frac{z^M-1}{z^{M-1}(z-1)}\qquad |z|>0$$

$H(z)$ 的零点满足 $z^M-1=0$，即

$$z_i=e^{j\frac{2\pi}{M}i}\qquad i=0,1,2,\cdots,M-1$$

这些零点等间隔地分布在单位圆上，其第一个零点为 $z_0=1$ $(i=0)$，它正好和单极点 $z_p=1$ 相抵消，所以整个系统函数有 $M-1$ 个零点 $z_i=e^{j\frac{2\pi}{M}i}$ $(i=1,2,\cdots,M-1)$，而在 $z=0$ 处有 $M-1$ 阶极点。

当输入 $x(n)=\delta(n)$ 时，系统只延时 $M-1$ 位就不存在了，故单位脉冲响应 $h(n)$ 只有 M 个值，即

$$h(n)=\begin{cases}1 & 0\leqslant n\leqslant M-1\\ 0 & \text{其他 } n\end{cases}$$

图 1-44 示出了 $M=6$ 时的零极点分布、单位脉冲响应、幅频特性曲线、相频特性曲线以及结构图。频率响应的幅度在 $\omega=0$ 处为峰值，而在 $H(z)$ 的零点的频率处，频率响应

的幅度为零。可以用零极点向量图来解释此响应。由 $h(n)$ 可看出，其单位脉冲响应是有限长序列。

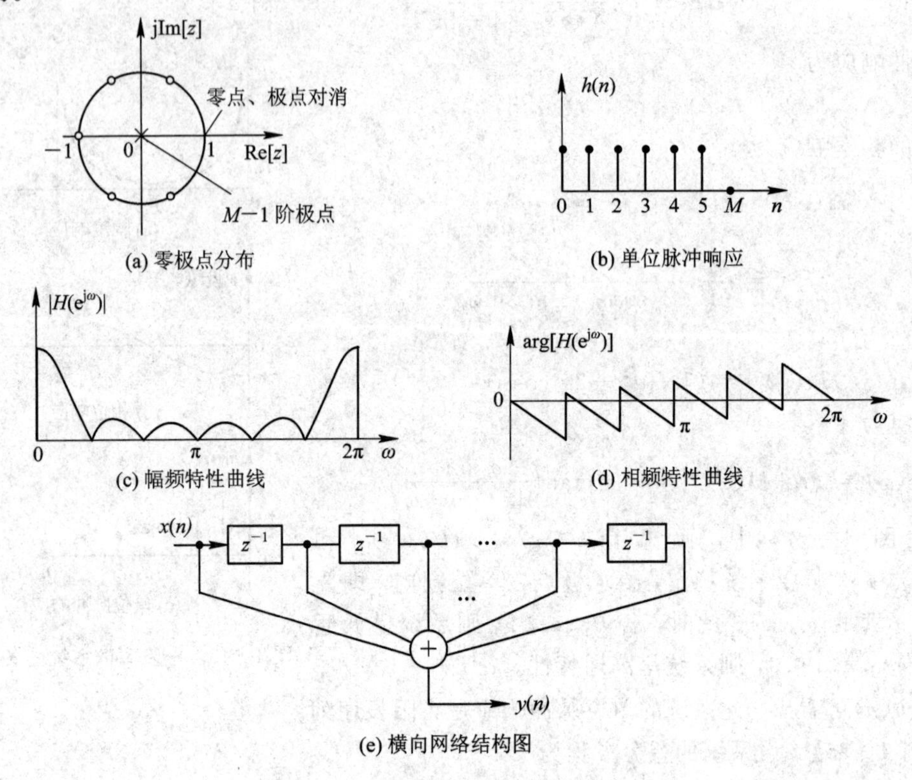

图 1-44　横向滤波器的结构与特性

若系统的零极点较多，则手工不易画出较准确的幅频特性曲线和相频特性曲线，不容易找到准确的峰值、谷值频率。

下面通过举例来说明用 MATLAB 计算零极点及绘制频率响应曲线的方法。

【例 1-36】 已知系统函数 $H(z)=1-z^{-N}$，试用 MATLAB 绘出 8 阶系统函数的零极点图、幅频特性曲线和相频特性曲线。

解　求解本例的程序如下：

```
%文件名：ep12.m；
b=[1 0 0 0 0 0 0 0 -1]；             %H(z)的分子多项式系数矢量
a=1；                                 %H(z)的分母多项式系数矢量
subplot(1, 3, 1)；
zplane(b, a)；                         %绘制 H(z)的零极点图
[H, w]=freqz(b, a)；                   %计算系统的频率响应
subplot(1, 3, 2)；
plot(w/pi, abs(H))；                   %绘制幅频特性曲线
axis([0, 1, 0, 2.5])；
xlabel('\omega/pi')；
ylabel('|H(e^j^\omega)|')；
subplot(1, 3, 3)；
```

```
plot(w/pi, angle(H));                    %绘制相频特性曲线
xlabel('\omega/pi');
ylabel('\phi(\omega)');
```

运行上面的程序，绘出的8阶离散时间系统的零极点图、幅频特性曲线、相频特性曲线如图1-45所示。

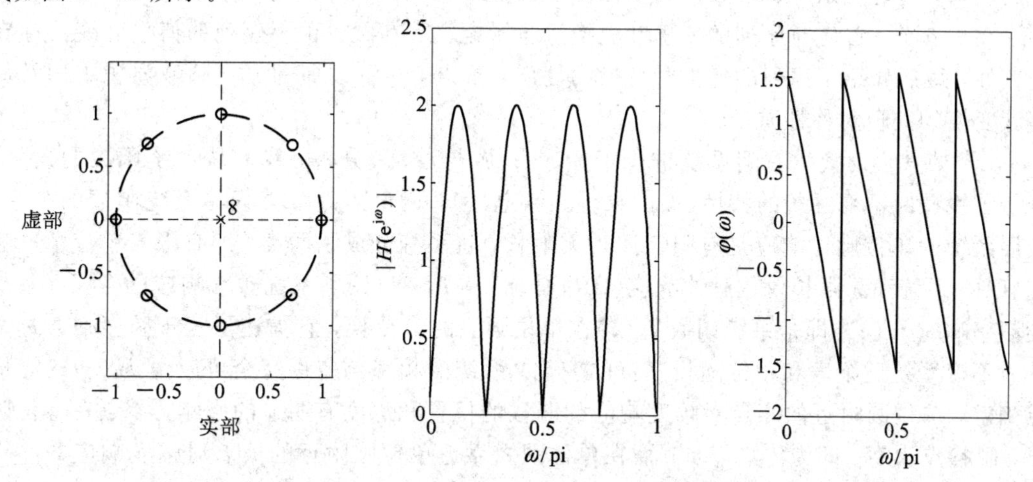

图1-45　例1-36离散时间系统的零极点图和幅频特性曲线、相频特性曲线

说明　例1-36的程序中，freqz、zplane为MATLAB的内部函数；[H, w]=freqz(b, a)用于计算离散时间系统的复频率响应；矢量a和b分别为系统函数的分母与分子的系数矢量；输出矢量w为数字域角频率；H为相应的频率响应；zplane(b, a)画出以矢量b和a描述的离散时间系统的零极点图。

本章小结

本章首先介绍了离散时间信号——序列的表示、运算及几种常用序列，讨论了正弦信号的周期性。其次，在1.2节讨论了连续时间信号的采样。当一个连续时间信号经过理想采样后，其理想采样信号的频谱将以采样频率$\Omega_s=2\pi/T$为间隔而重复。也就是说，频谱产生了周期延拓。为了使采样后信号能够不失真地还原出原信号，采样频率必须大于信号谱的最高频率的2倍($\Omega_s>2\Omega_h$)，这就是奈奎斯特采样定理。这时，整个连续时间信号可以用其采样信号唯一表示。

在1.3节，我们对离散时间系统进行了时域分析。从时域角度，分析了系统的线性特性、时不变性、因果性和稳定性。对于线性时不变系统，其输出是输入与系统单位脉冲响应的卷积。然后讨论了卷积的性质及求卷积的方法。最后，讨论了由差分方程描述的离散时间系统。

在1.4节，首先介绍了Z变换的定义及Z变换的零极点、收敛域的概念，讨论了序列的性质与Z变换的收敛域之间的关系，尤其是Z变换的极点，它决定了收敛域的界限。接着给出了Z反变换的公式，介绍了Z反变换的三种常用方法：围线积分法、部分分式展开法和幂级数展开法(长除法)。最后讨论了Z变换的主要性质。

1.5节讨论了拉普拉斯变换、傅里叶变换与Z变换的关系。对于连续信号，我们采用

拉普拉斯变换和傅里叶变换，傅里叶变换是虚轴上的拉普拉斯变换，反映了信号的频谱。对于离散时间信号(序列)，相应地有Z变换及序列的傅里叶变换，序列的傅里叶变换是单位圆上的Z变换，反映的是序列的频谱(数字频谱)。理想采样是一个有用的数学抽象，它建立了连续信号的拉普拉斯变换、傅里叶变换与采样后序列的Z变换以及序列的傅里叶变换的关系，这些关系反映了频谱周期延拓及奈奎斯特采样定理等的基本概念。

在1.6节，首先对序列的傅里叶变换进行了定义，其次讨论了序列的傅里叶变换存在的条件，最后介绍了序列的傅里叶变换的性质，重点介绍了周期性质、频域卷积定理及傅里叶变换的共轭对称性质。

1.7节我们对离散时间系统进行了频域(z域与ω域)分析。我们从系统函数的角度，分析了线性时不变系统的特性(如因果性、稳定性)，讨论了差分方程与系统函数的关系。按照系统的单位脉冲响应是有限长还是无限长，将系统分成了两类，即有限长单位脉冲响应(FIR)系统和无限长单位脉冲响应(IIR)系统。最后，讨论了系统频率响应的意义。系统的频率响应$H(e^{j\omega})$即是系统函数$H(z)$在单位圆上的Z变换，它描述了复正弦序列通过线性时不变系统后幅度和相位随频率ω的变化。系统的频率响应也完全可以由$H(z)$的零极点确定。单位圆附近的零点对幅度响应的凹谷的位置和深度有明显的影响，零点在单位圆上，则谷点为零，即为传输零点；而在单位圆内靠近单位圆附近的极点对幅度响应的凸峰的位置和深度则有明显的影响。频率响应的几何确定法实际上就是利用$H(z)$在Z平面上的零极点，采用几何方法直观、定性地求出系统的频率响应。

习题与上机练习

1.1 序列$x(n)$如图T1-1所示，请用各延迟单位脉冲序列的幅值加权和表示。

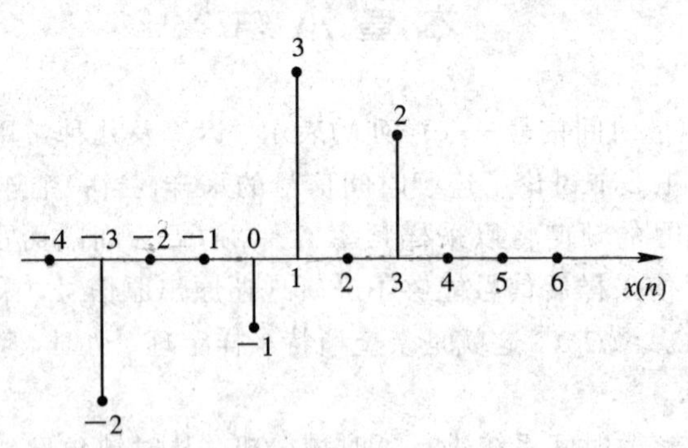

图 T1-1

1.2 已知两序列如下：

(1) $x(n)=\{1, 2, 1, 3\}$，$y(n)=\{2, 1, 2\}$；

(2) $x(n)=\{1, 2, 2, 3\}$，$y(n)=\{1, 1, 1\}$。

分别求两序列的和、差与积。

1.3 判断下列每个序列是否是周期性的，若是周期性的，试确定其周期。

(1) $x(n)=A\cos\left(\frac{3\pi}{7}n-\frac{\pi}{8}\right)$；

(2) $x(n)=A\sin\left(\frac{13}{3}\pi n\right)$；

(3) $x(n)=e^{j\left(\frac{\pi}{6}-n\right)}$；

(4) $x(n)=\cos\frac{n\pi}{12}+\sin\frac{n\pi}{18}$。

1.4　已知人的脑电波的频率范围是0～45 Hz，对其进行数字处理可使用的最大采样周期是多少？

1.5　一频谱从直流到100 Hz的连续时间信号延续2分钟，为了进行计算机处理，需将此信号转换为离散形式，试求最小的理想采样点数。

1.6　对四个连续时间信号采样，其采样间隔分别取为1，2，4，8 ms。根据采样定理，分别求对应于这四个采样间隔的四个连续时间信号的带限频率。如果上述四个采样间隔只对一个带限频率的连续时间信号采样，则此信号的最高频率应该是多少？

1.7　对一个带限为$f\leqslant 3$ kHz的连续时间信号采样构成一离散时间信号，为了保证从此离散时间信号中能恢复出原信号，每秒钟理论上的最小采样数为多少？如将此离散时间信号恢复为原信号，则所用的增益为1、延迟为0的理想低通滤波器的截止频率应该为多少？

1.8　设一连续时间信号频谱包括直流、1 kHz、2 kHz和3 kHz等频率分量，它们的幅度分别为0.5、1、0.5、0.25，相位频谱为零。设对该连续时间信号进行采样的采样率为10 kHz，画出经过采样后的离散时间信号频谱(包括从直流到30 kHz的所有频率分量)。

1.9　有限频带信号$f(t)$的最高频率为100 Hz，若对下列信号进行时域采样，求最小采样频率f_s。

(1) $f(3t)$；　　　　(2) $f^2(t)$；

(3) $f(t)*f(2t)$；　　　　(4) $f(t)+f^2(t)$。

1.10　有限频带信号$f(t)=5+2\cos(2\pi f_1 t)+\cos(4\pi f_1 t)$，式中，$f_1=1$ kHz。用$f_s=5$ kHz的冲激函数$\delta_T(t)$进行取样。

(1) 画出$f(t)$及采样信号$f_s(t)$在频率区间(−10 kHz，10 kHz)的频谱图。

(2) 若由$f_s(t)$恢复原信号，理想低通滤波器的截止频率f_c应如何选择？

1.11　有限频带信号$f(t)=5+2\cos(2\pi f_1 t)+\cos(4\pi f_1 t)$，式中，$f_1=1$ kHz。用$f_s=1600$ Hz的冲激函数$\delta_T(t)$进行取样。

(1) 画出$f(t)$及采样信号$f_s(t)$在频率区间(−2 kHz，2 kHz)的频谱图。

(2) 若将采样信号$f_s(t)$输入到截止频率$f_c=800$ Hz、幅度为T的理想低通滤波器，即其频率响应为

$$H(j\Omega)=H(j2\pi f)=\begin{cases}T & |f|\leqslant 800\text{ Hz}\\0 & |f|>800\text{ Hz}\end{cases}$$

画出滤波器的输出信号的频谱，并求出输出信号$y(t)$。

1.12　有一连续正弦信号$x(t)=\cos(2\pi ft+\varphi)$，其中$f=20$ Hz，$\varphi=\pi/6$。

(1) 求其周期T_0；

(2) 在$t=nT$时刻对其采样，$T=0.02$ s，写出采样序列$x(n)$的表达式；

(3) 求$x(n)$的周期N。

1.13 对三个正弦信号 $x_{a1}(t)=\cos 2\pi t$，$x_{a2}(t)=-\cos 6\pi t$，$x_{a3}(t)=\cos 10\pi t$ 进行理想采样，采样频率 $\Omega_s=8\pi$。试求三个采样输出序列，比较这三个结果，画出 $x_{a1}(t)$、$x_{a2}(t)$、$x_{a3}(t)$的波形及采样点位置并解释频谱混叠现象。

1.14 一个理想采样系统如图 T1-2 所示，采样频率 $\Omega_s=8\pi$ rad/s，采样后经理想低通$H(j\Omega)$还原。$H(j\Omega)$为

$$H(j\Omega)=\begin{cases}\dfrac{1}{4} & |\Omega|<4\pi \quad \text{rad/s} \\ 0 & |\Omega|\geqslant 4\pi \quad \text{rad/s}\end{cases}$$

若系统输入 $x_{a1}(t)=\cos 2\pi t$，$x_{a2}(t)=\cos 5\pi t$，则输出信号 $y_{a1}(t)$、$y_{a2}(t)$有没有失真？为什么失真？

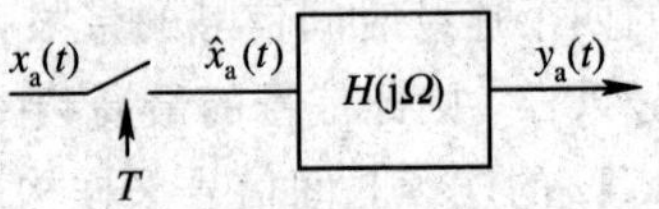

图 T1-2

1.15 序列：

$$x(n)=\cos\left(\frac{\pi}{4}n\right) \qquad -\infty<n<\infty$$

通过采样模拟信号 $x_a(t)=\cos(\Omega_0 t)(-\infty<t<\infty)$而得到，采样频率 $f_s=1000$ Hz。有哪两种可能的 Ω_0 值以同样的采样频率能得到该序列 $x(n)$？

1.16 用采样周期 T 对连续时间信号 $x_a(t)=\cos(4000\pi t)$采样得到一离散时间信号 $x(n)=\cos\left(\frac{\pi}{3}n\right)$。

(1) 确定 T，使它与已知信息相符。

(2) 在(1)中你选取的 T 唯一吗？若是，解释为什么；若不是，请给出另一种选取方法，使 T 与已知信息相符。

1.17 已知系统的输入信号 $x(n)$和单位脉冲响应 $h(n)$，试求系统的输出信号 $y(n)$。

(1) $x(n)=R_4(n)$，$h(n)=R_5(n)$；

(2) $x(n)=\delta(n)-\delta(n-1)$，$h(n)=\delta(n)+2\delta(n-1)+2\delta(n-2)+\delta(n-3)$；

(3) $x(n)=\delta(n-3)$，$h(n)=0.5^n R_4(n)$；

(4) $x(n)=u(n-4)$，$h(n)=R_4(n)-\delta(n-4)-\delta(n-5)$。

1.18 对图 T1-3 中的每一对序列，利用离散卷积求单位脉冲响应为 $h(n)$的线性时不变系统对输入 $x(n)$的响应。

1.19 已知线性时不变系统的单位脉冲响应为

$$h(n)=\begin{cases}1 & 0\leqslant n\leqslant 6 \\ 0 & \text{其他}\end{cases}$$

输入序列为

$$x(n)=\begin{cases}a & 0\leqslant n\leqslant 4 \\ 0 & \text{其他}\end{cases}$$

试求系统的输出 $y(n)$。

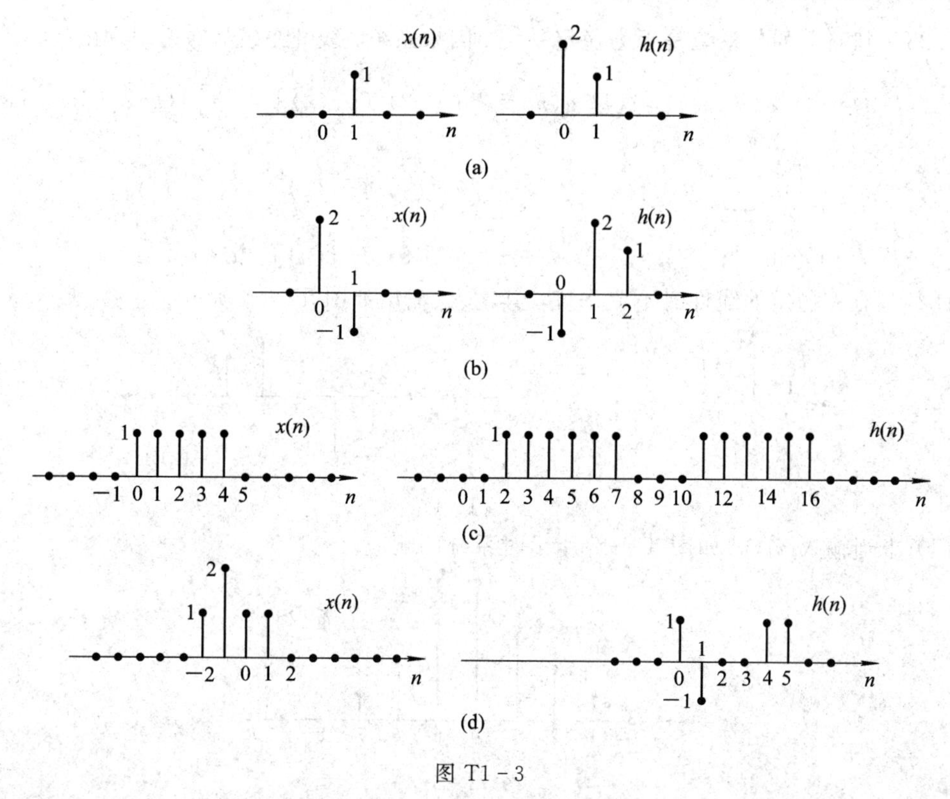

图 T1-3

1.20　设线性时不变系统的单位脉冲响应 $h(n)$和输入 $x(n)$分别有以下两种情况，分别求输出 $y(n)$。

(1) $h(n)=u(n)$，$x(n)=\delta(n)+2\delta(n-1)+\delta(n-2)$；

(2) $h(n)=\alpha^n u(n)$，$0<\alpha<1$，$x(n)=\beta^n u(n)$，$0<\beta<1$，$\beta\neq\alpha$。

1.21　已知：

$$h(n)=\begin{cases}a^n & 0\leqslant n<N\\ 0 & \text{其他}\end{cases}$$

$$x(n)=\begin{cases}\beta^{n-n_0} & n_0\leqslant n\\ 0 & n<n_0\end{cases}$$

试求 $y(n)=x(n)*h(n)$。

1.22　若 $h(n)$与 $x(n)$都是有限长序列，那么响应 $y(n)$也必然是有限长序列。具体来说，若 $h(n)$与 $x(n)$的非零区间分别是 $N_0\leqslant n\leqslant N_1$ 与 $N_2\leqslant n\leqslant N_3$，则 $y(n)$必然对应着某个非零区间 $N_4\leqslant n\leqslant N_5$，试用 N_0、N_1、N_2、N_3表示 N_4、N_5。

1.23　已知 $h(n)=a^{-n}u(-n-1)(0<a<1)$，通过直接计算卷积和的办法，试确定单位脉冲响应为 $h(n)$的线性时不变系统的阶跃响应。

1.24　判断下列系统的线性和时不变性。

(1) $y(n)=2x(n)+3$；

(2) $y(n)=x(n)\cdot\sin\left(\frac{2}{7}\pi n+\frac{\pi}{6}\right)$；

(3) $y(n)=|x(n)|^2$；

(4) $y(n)=\sum_{m=-\infty}^{+\infty}x(m)$。

1.25 判断下列各系统是否为稳定系统、因果系统、线性系统，并说明理由。

(1) $T[x(n)]=g(n)x(n)$，这里 $g(n)$有界； (2) $T[x(n)]=\sum_{k=n_0}^{n}x(k)$；

(3) $T[x(n)]=\sum_{k=n-n_0}^{n+n_0}x(k)$； (4) $T[x(n)]=x(n-n_0)$；

(5) $T[x(n)]=\mathrm{e}^{x(n)}$； (6) $T[x(n)]=ax(n)+b$。

1.26 有一稳定的线性时不变系统，其输入/输出如图 T1-4 所示。

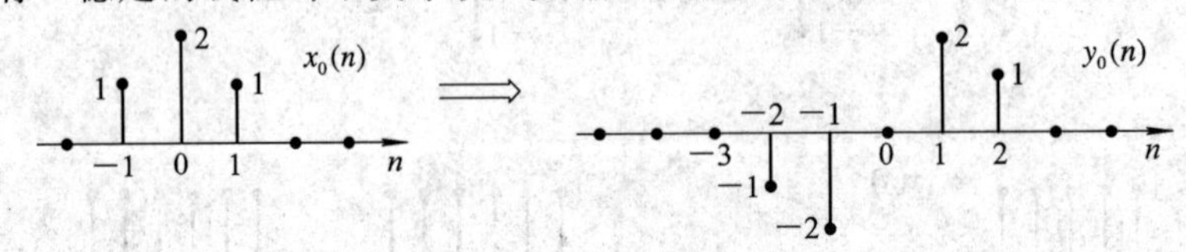

图 T1-4

(1) 求当输入 $x_1(n)$如图 T1-5 所示时系统的响应。

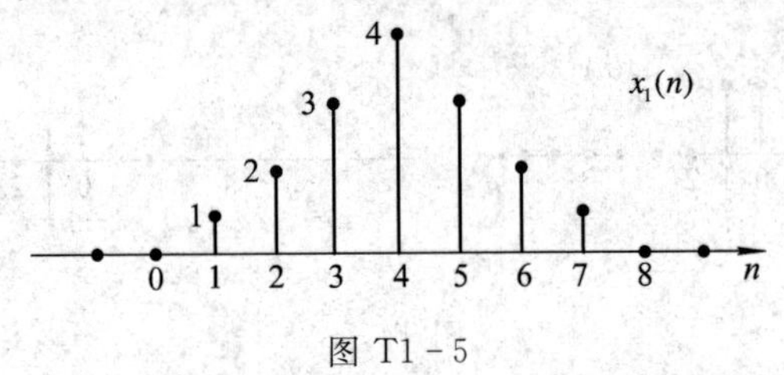

图 T1-5

(2) 求系统的单位脉冲响应 $h(n)$。

1.27 已知图 T1-6 中的系统是时不变的，当系统输入分别是 $x_1(n)$、$x_2(n)$和 $x_3(n)$时，系统响应分别为 $y_1(n)$、$y_2(n)$和 $y_3(n)$。

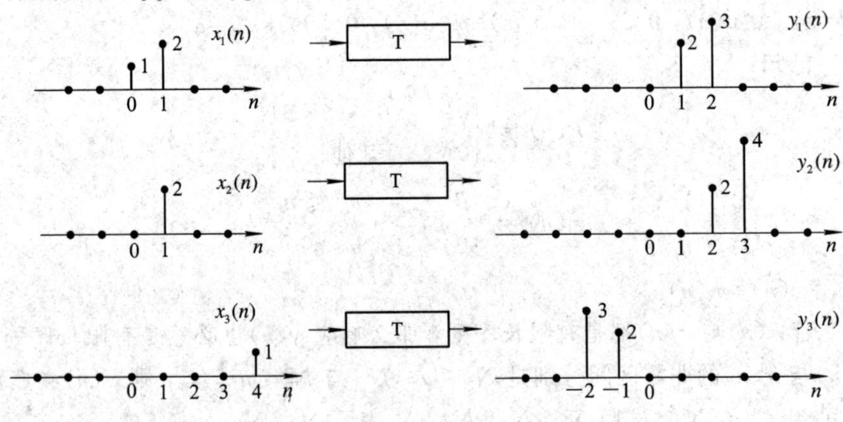

图 T1-6

(1) 确定系统是否是线性的。

(2) 如果系统 T 的输入 $x(n)$是 $\delta(n)$，则系统响应 $y(n)$是什么？

1.28 已知图 T1-7 中的系统 L 是线性的，图中示出了 3 个输出信号 $y_1(n)$、$y_2(n)$和 $y_3(n)$，分别是对输入信号 $x_1(n)$、$x_2(n)$和 $x_3(n)$的响应。

(1) 确定系统 L 是否是时不变的。

(2) 如果系统 L 的输入 $x(n)$是 $\delta(n)$，则系统响应 $y(n)$是什么？

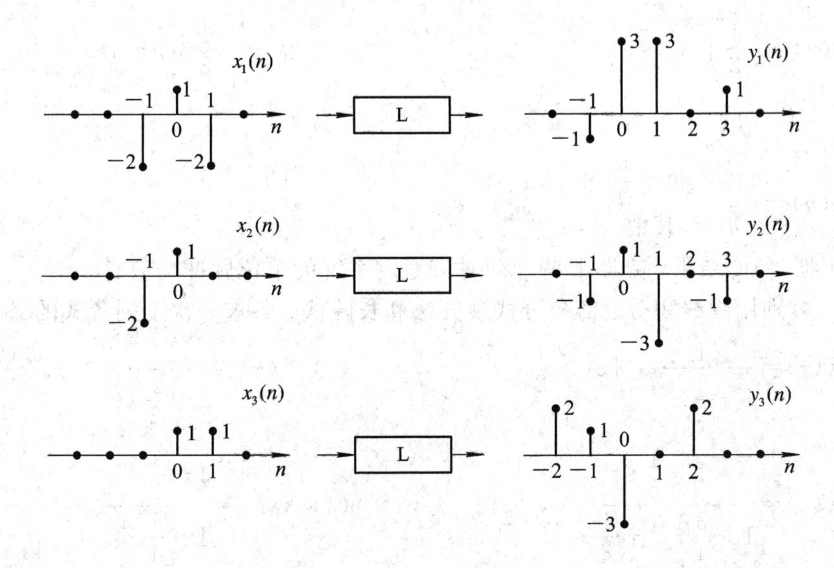

图 T1-7

1.29　已知某一线性时不变系统在输入 $x(n)=-\delta(n)+\delta(n-1)$时的输出响应为

$$y(n)=\delta(n)+\delta(n-1)-\delta(n-2)-\delta(n-3)$$

(1) 求系统对输入序列 $x_2(n)=\delta(n)-\delta(n-5)$的输出响应。

(2) 求这个线性时不变系统的单位脉冲响应 $h(n)$。

1.30　讨论一个输入为 $x(n)$和输出为 $y(n)$的系统，系统的输入/输出关系由下列两个性质确定：① $y(n)-ay(n-1)=x(n)$；② $y(0)=1$。

(1) 判断该系统是否为时不变的；

(2) 判断该系统是否为线性的；

(3) 假设差分方程保持不变，但规定 $y(0)$值为零，(1)和(2)的答案是否改变？

1.31　列出图 T1-8 所示系统的差分方程，并按初始条件 $y(n)=0(n<0)$，求输入为 $x(n)=u(n)$时的输出响应 $y(n)$。

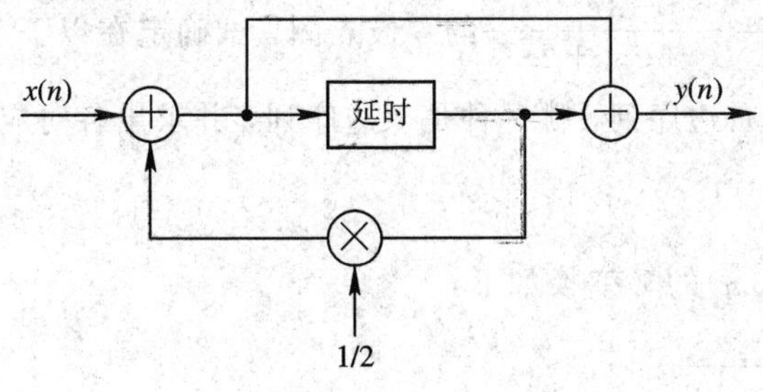

图 T1-8

1.32　具有输入 $x(n)$、输出 $v(n)$的线性时不变系统由如下差分方程描述：

$$v(n)=x(n)+\alpha x(n-1)$$

这个系统与另一个输入为 $v(n)$、输出为 $y(n)$且由如下差分方程描述的系统级联：

$$y(n)=\frac{1}{7}y(n-1)+v(n)$$

α 取什么值会保证 $y(n)=x(n)$？

1.33　(a) 对下列序列，画出其 Z 变换的零极点图，并指出其收敛域。

(1) $\delta(n)+\left(\frac{1}{2}\right)^{n}u(n)$；

(2) $\delta(n)-\frac{1}{8}\delta(n-3)$；

(3) $\left(\frac{1}{3}\right)^{-n}u(n)$；

(4) $\left(\frac{1}{2}\right)^{|n|}$；

(5) $h(n)=\begin{cases}1 & 0\leqslant n<8\\ 0 & 其他\end{cases}$。

(b) 根据(a)的结果，判断哪些序列对应稳定系统的单位脉冲响应。

1.34 分别用围线积分、部分分式展开法和长除法，各求一次下列各式的Z反变换。

(1) $X(z)=\dfrac{1}{1+\frac{1}{2}z^{-1}}$，$|z|>\frac{1}{2}$；

(2) $X(z)=\dfrac{1}{1+\frac{1}{2}z^{-1}}$，$|z|<\frac{1}{2}$；

(3) $X(z)=\dfrac{1-\frac{1}{2}z^{-1}}{1+\frac{3}{4}z^{-1}+\frac{1}{8}z^{-2}}$，$|z|>\frac{1}{2}$；

(4) $X(z)=\dfrac{1-\frac{1}{2}z^{-1}}{1-\frac{1}{4}z^{-2}}$，$|z|>\frac{1}{2}$。

1.35 下面给出四种变换表达式，哪几种可能是对应着因果性系统或序列？为什么？

(1) $\dfrac{(1-z^{-1})^{2}}{1-\frac{1}{2}z^{-1}}$；

(2) $\dfrac{(z-1)^{2}}{z-\frac{1}{2}}$；

(3) $\dfrac{\left(z-\frac{1}{4}\right)^{5}}{\left(z-\frac{1}{2}\right)^{6}}$；

(4) $\dfrac{\left(z-\frac{1}{4}\right)^{6}}{\left(z-\frac{1}{2}\right)^{5}}$。

1.36 写出Z变换

$$X(z)=\frac{3}{1-\frac{1}{2}z^{-1}}+\frac{2}{1-2z^{-1}}$$

对应的各种可能的序列表达式。

1.37 画出 $X(z)=\dfrac{-3z^{-1}}{2-5z^{-1}+2z^{-2}}$ 的零极点图，试确定在以下三种收敛域下，哪一种是左边序列，哪一种是右边序列，哪一种是双边序列，并求出各对应序列。

(1) $|z|>2$；　(2) $|z|<\frac{1}{2}$；　(3) $\frac{1}{2}<|z|<2$。

1.38 已知序列 $x(n)$ 的Z变换如下：

(1) $X(z)=\dfrac{1}{(1-az^{-1})^{2}}$，$|z|>a$；

(2) $X(z)=\dfrac{az^{-1}}{(1-az^{-1})^{2}}$，$|z|>a$。

求原序列。

1.39 已知序列 $x(n)$ 的Z变换为

$$X(z)=e^{z}+e^{1/z}\qquad z\neq 0$$

试求序列 $x(n)$。

1.40 已知 $a^{n}u(n)$ 的Z变换是

$$X(z)=\frac{1}{1-az^{-1}}\qquad |z|>a$$

(1) 求 $n^2a^n\mathrm{u}(n)$的 Z 变换。

(2) 求 $a^{-n}\mathrm{u}(-n)$的 Z 变换。

1.41　序列 $x(n)$的自相关序列定义为 $c(n)=\sum_{k=-\infty}^{+\infty}x(k)x(n+k)$。试以 $x(n)$的 Z 变换表示 $c(n)$的 Z 变换。

1.42　用 $x(n)$的 Z 变换求 $y(n)=\sum_{k=-\infty}^{n}x(k)$ 的 Z 变换。

1.43　求序列

$$x(n)=\begin{cases}a^{n/10} & n=0,10,20,\cdots\\ 0 & \text{其他}\end{cases}$$

的 Z 变换，这里$|a|<1$。

1.44　以下为因果序列的 Z 变换，求序列的初值 $x(0)$和终值 $x(\infty)$。

(1) $X(z)=\dfrac{1+2z^{-1}}{1-0.7z^{-1}-0.3z^{-2}}$；

(2) $X(z)=\dfrac{z^{-1}}{1-1.5z^{-1}+0.5z^{-2}}$。

1.45　应用初值定理求一个因果序列 $x(n)$在 $n=1$ 点的值，且求当

$$X(z)=\frac{2+6z^{-1}}{4-2z^{-2}+13z^{-3}}$$

时 $x(1)$的值。

1.46　设 $x(n)$是一个左边序列，且 $n>0$ 时 $x(n)=0$。如果

$$X(z)=\frac{3z^{-1}+2z^{-2}}{3-z^{-1}+z^{-2}}$$

求 $x(0)$。

1.47　研究一个线性时不变系统，其单位脉冲响应 $h(n)$和输入 $x(n)$分别为

$$h(n)=\begin{cases}a^n & n\geqslant 0\\ 0 & n<0\end{cases}$$

$$x(n)=\begin{cases}1 & 0\leqslant n\leqslant N-1\\ 0 & \text{其他}\end{cases}$$

(1) 直接计算 $x(n)$和 $h(n)$的离散卷积，求输出 $y(n)$。

(2) 把输入和单位脉冲响应的 Z 变换相乘，计算乘积的 Z 反变换，求输出响应 $y(n)$。

1.48　求以下序列 $x(n)$的频谱 $X(\mathrm{e}^{\mathrm{j}\omega})$：

(1) $\delta(n)$；　　(2) $\delta(n-n_0)$；

(3) $\mathrm{e}^{-an}\mathrm{u}(n)$；　　(4) $\mathrm{e}^{-(a+\mathrm{j}\omega_0)n}\mathrm{u}(n)$；

(5) $\mathrm{e}^{-an}\cos(\omega_0 n)\mathrm{u}(n)$；　　(6) $\mathrm{e}^{-an}\sin(\omega_0 n)\mathrm{u}(n)$；

(7) $R_N(n)$。

1.49　已知序列 $x(n)$的 Z 变换为

$$X(z)=\frac{z}{z-\frac{1}{2}} \qquad |z|>\frac{1}{2}$$

求 $x(n)$的傅里叶变换 $X(e^{j\omega})$。

1.50 一个序列 $x(n)$的 Z 变换为 $X(z)$，其零极点图显示在图 T1－9 中。

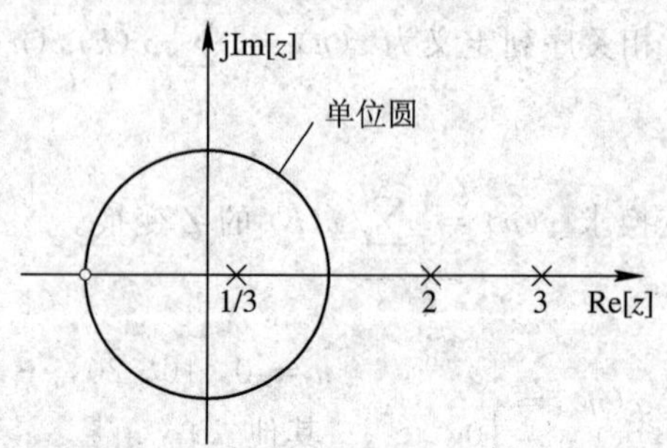

图 T1－9

(1) 如果已知序列的傅里叶变换收敛，确定 $X(z)$的收敛域。对于此情形，确定序列是右边序列、左边序列或双边序列。

(2) 如果不知道 $x(n)$的傅里叶变换收敛，但知道序列是双边序列，对于图 T1－9 的零极点图有多少种可能的序列。对于每种可能性，指出其收敛域。

1.51 设序列 $x(n)$的傅里叶变换为 $X(e^{j\omega})$，试证明

$$\sum_{n=-\infty}^{+\infty} x(n)x^{*}(n)=\frac{1}{2\pi}\int_{-\pi}^{\pi} X(e^{j\omega})X^{*}(e^{j\omega})\,d\omega$$

1.52 已知 $x_a(t)$的傅里叶变换如图 T1－10 所示，对 $x_a(t)$进行等间隔采样得到 $x(n)$，采样周期为 0.25 ms，试画出 $x(n)$的傅里叶变换 $X(e^{j\omega})$的图形。

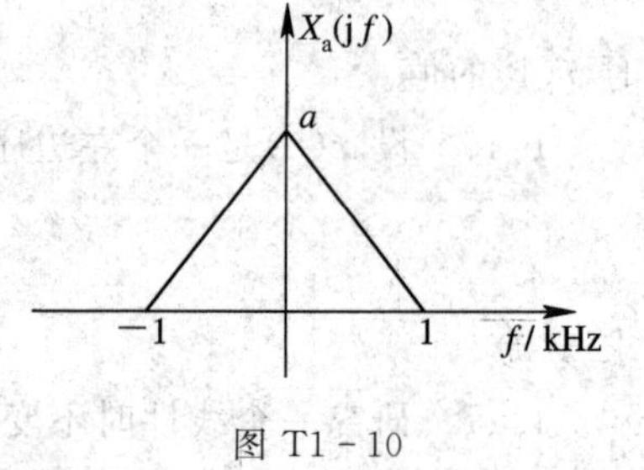

图 T1－10

1.53 已知 $x_a(t)=2\cos(2\pi f_0 t)$，式中 $f_0=100$ Hz，以采样频率 $f_s=400$ Hz 对 $x_a(t)$进行采样，得到采样信号 $\hat{x}_a(t)$和时域离散信号 $x(n)$。

(1) 写出 $x_a(t)$的傅里叶变换表示式 $X_a(j\Omega)$。

(2) 写出 $\hat{x}_a(t)$和 $x(n)$的表达式。

(3) 分别求出 $\hat{x}_a(t)$的傅里叶变换和 $x(n)$序列的傅里叶变换。

1.54 采用下列采样间隔对模拟信号 $x_a(t)=\sin(1000\pi t)$采样，在每种情况下画出所得离散时间信号的频谱。

(1) $T=0.1$ ms；

(2) $T=1$ ms；

(3) $T=0.01$ s。

1.55 设 $X(e^{j\omega})$是如图 T1－11 所示的 $x(n)$信号的傅里叶变换，不必求出 $X(e^{j\omega})$，试完成下列计算：

(1) $X(e^{j0})$； (2) $X(e^{j\pi})$； (3) $\int_{-\pi}^{\pi} X(e^{j\omega})\,d\omega$；

(4) $\int_{-\pi}^{\pi} |X(e^{j\omega})|^2 d\omega$；　　(5) $\int_{-\pi}^{\pi} \left|\frac{dX(e^{j\omega})}{d\omega}\right|^2 d\omega$；

(6) 确定并画出傅里叶变换为 $Re(X(e^{j\omega}))$ 的时间序列 $x_e(n)$。

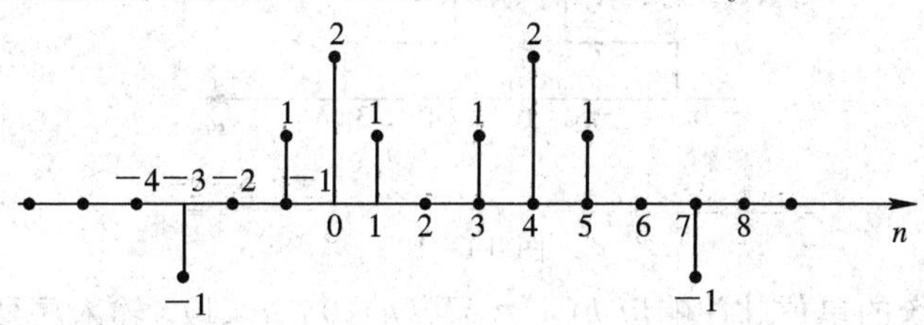

图 T1-11

1.56　求 $X(e^{j\omega})=\cos^2\omega$ 序列的傅里叶反变换，即求 $x(n)$。

1.57　证明：(1) $x(n)$是实偶函数，则对应的傅里叶变换 $X(e^{j\omega})$是实偶函数。

(2) $x(n)$是实奇函数，则对应的傅里叶变换 $X(e^{j\omega})$是纯虚数，且是 ω 的奇函数。

1.58　假设 $x(n)$是实数序列，其傅里叶变换用 $X(e^{j\omega})$表示。又知 $y(n)$的傅里叶变换为

$$Y(e^{j\omega}) = \frac{1}{2}[X(e^{j\omega/2}) + X(e^{-j\omega/2})]$$

试求 $Y(e^{j\omega})$的傅里叶反变换，即求 $y(n)$。

1.59　设 $x(n)=R_4(n)$。

(1) 画出 $x(-n)$的波形；

(2) 计算 $x(n)$的共轭对称序列 $x_e(n)$，并画出 $x_e(n)$的波形；

(3) 计算共轭反对称序列 $x_o(n)$，并画出 $x_o(n)$的波形；

(4) 令 $x_1(n)=x_e(n)+x_o(n)$，将 $x_1(n)$和 $x(n)$进行比较，你能得出什么结论？

1.60　已知 $x(n)=a^n u(n)(0<a<1)$，分别求出其偶函数 $x_e(n)$和奇函数 $x_o(n)$的傅里叶变换。

1.61　若序列 $h(n)$是实因果序列，其傅里叶变换的实部如下：

$$H_r(e^{j\omega}) = 1 + \cos\omega$$

求序列 $h(n)$及其傅里叶变换 $H(e^{j\omega})$。

1.62　若序列 $h(n)$是因果序列，其傅里叶变换的实部如下：

$$H_r(e^{j\omega}) = \frac{1 - a\cos\omega}{1 + a^2 - 2a\cos\omega} \qquad |a|<1$$

求序列 $h(n)$及其傅里叶变换 $H(e^{j\omega})$。

1.63　若序列 $h(n)$是因果序列，$h(0)=1$，其傅里叶变换的虚部为

$$H_i(e^{j\omega}) = \frac{-a\sin\omega}{1 + a^2 - 2a\cos\omega} \qquad |a|<1$$

求序列 $h(n)$及其傅里叶变换 $H(e^{j\omega})$。

1.64　若序列 $h(n)$是实因果序列，$h(0)=1$，其傅里叶变换的虚部为

$$H_i(e^{j\omega}) = -\sin\omega$$

求序列 $h(n)$及其傅里叶变换 $H(e^{j\omega})$。

1.65　求如图 T1-12 所示的 $H(e^{j\omega})$的傅里叶反变换。

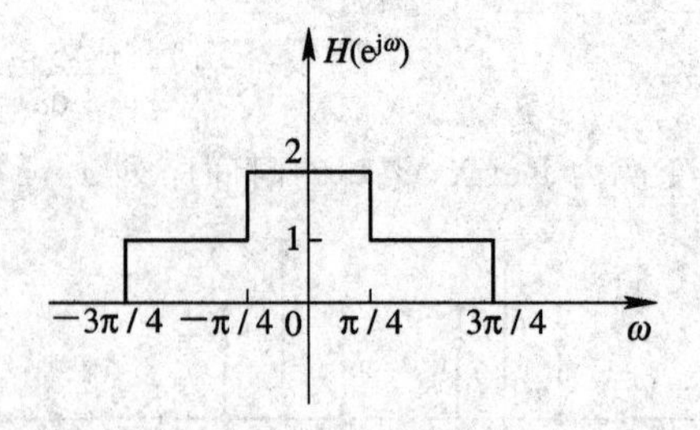

图 T1-12

1.66　已知系统的单位脉冲响应 $h(n)=a^n\mathrm{u}(n)(0<a<1)$，输入序列为

$$x(n)=\delta(n)+2\delta(n-2)$$

(1) 求系统的输出序列 $y(n)$。

(2) 分别求 $x(n)$、$h(n)$和 $y(n)$的傅里叶变换。

1.67　已知某线性时不变因果系统在输入 $x(n)=\left(\frac{1}{2}\right)^n\mathrm{u}(n)$时的零状态响应为

$$y(n)=\left[3\left(\frac{1}{2}\right)^n+2\left(\frac{1}{3}\right)^n\right]\mathrm{u}(n)$$

求该系统的系统函数 $H(z)$，并画出它的模拟框图。

1.68　一种用以滤除噪声的简单数据处理方法是移动平均。当接收到输入数据 $x(n)$后，就将本次输入数据与其前 3 次的输入数据(共 4 个数据)进行平均。求该数据处理系统的频率响应。

1.69　描述某线性时不变离散时间系统的差分方程为

$$y(n)+\frac{1}{4}y(n-1)-\frac{1}{8}y(n-2)=x(n)-2x(n-1)$$

设输入连续信号的角频率为 Ω，取样周期为 T；已知 $\Omega T=\pi/6$，输入取样序列 $x(n)=2\sin(n\Omega T)$。试求该系统的稳态响应 $y(n)$。

1.70　研究一个满足下列差分方程的线性时不变系统，设系统不限定为因果、稳定系统。利用方程的零极点图，试求系统的单位脉冲响应的三种可能的选择方案。

$$y(n-1)-\frac{5}{2}y(n)+y(n+1)=x(n)$$

1.71　对图 T1-13 所示的系统，当输入 $x(n)=\delta(n)$时，求输出 $y(n)$。其中 $H(\mathrm{e}^{\mathrm{j}\omega})$是一个理想低通滤波器，即

$$H(\mathrm{e}^{\mathrm{j}\omega})=\begin{cases}1 & |\omega|\leqslant\frac{\pi}{2}\\ 0 & \frac{\pi}{2}<|\omega|\leqslant\pi\end{cases}$$

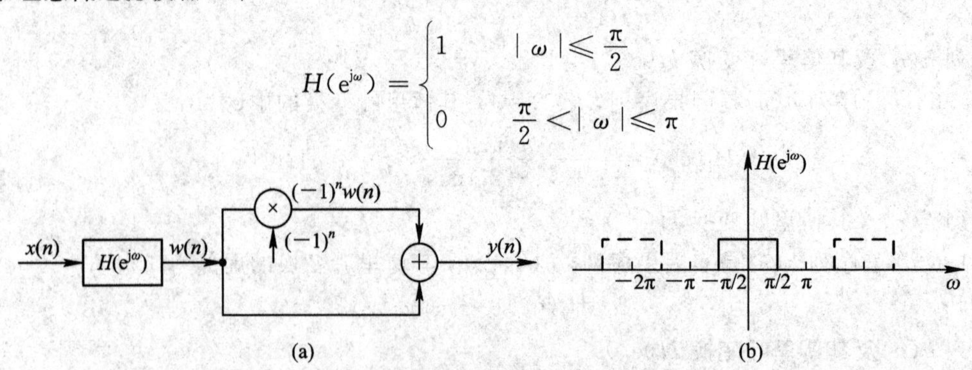

图 T1-13

1.72　图 T1-14 是一个一阶稳定因果系统的结构。试列出系统的差分方程、系统函数以及在以下参数情况下的零极点图、单位脉冲响应和频响曲线。

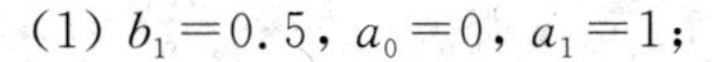
(1) $b_1=0.5$，$a_0=0$，$a_1=1$；

(2) $b_1=0.5$，$a_0=1$，$a_1=0$；

(3) $b_1=0.5$，$a_0=0.5$，$a_1=1$；

(4) $b_1=0.5$，$a_0=-0.5$，$a_1=1$。

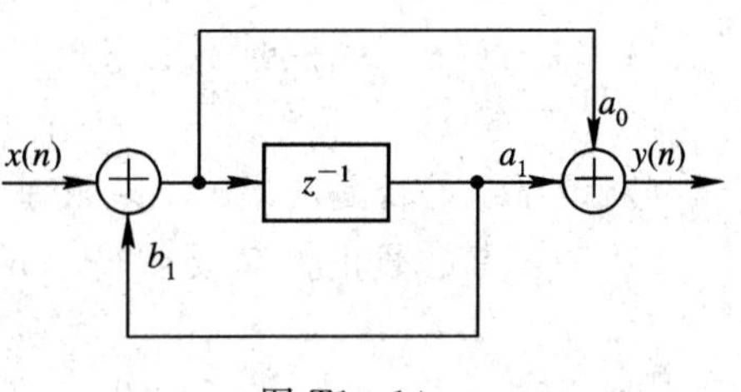

图 T1-14

1.73　试求出图 T1-15 所示谐振器的差分方程、系统函数 $H_1(z)$、零极点图、单位脉冲响应以及频率响应。试问该系统是 IIR 还是 FIR 系统？是递归型结构还是非递归型结构？

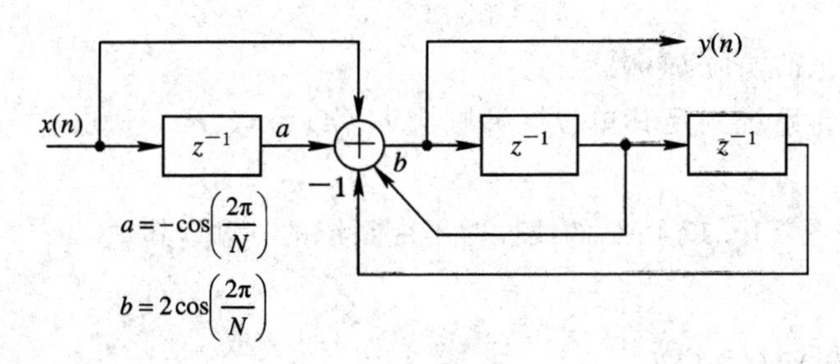

图 T1-15

1.74　一个线性时不变系统的单位脉冲响应是

$$h(n)=\left(\frac{1}{3}\right)^n \mathrm{u}(n)$$

试求这个系统对复指数 $x(n)=\exp(\mathrm{j}n\pi/4)$ 的响应。

1.75　若系统的差分方程为 $y(n)=x(n)+x(n-4)$。

(1) 计算频率响应并画出幅频特性曲线；

(2) 计算系统对以下输入的响应：

$$x(n)=\cos\left(\frac{\pi}{2}n\right)+\cos\left(\frac{\pi}{4}n\right)\qquad -\infty<n<\infty$$

(3) 利用(1)的幅频特性解释得到的结论。

1.76　求出下面系统的频率响应，并画出它们的幅频特性曲线。

(1) $y(n)=\frac{1}{2}[x(n)+x(n-1)]$；　　(2) $y(n)=\frac{1}{2}[x(n)-x(n-1)]$；

(3) $y(n)=\frac{1}{2}[x(n+1)+x(n-1)]$；　　(4) $y(n)=\frac{1}{2}[x(n+1)-x(n-1)]$。

1.77　一线性时不变系统，其输入/输出关系由如下方程给出：

$$y(n)=x(n)+2x(n-1)+x(n-2)$$

(1) 求系统的单位脉冲响应 $h(n)$。

(2) 这个系统是稳定的吗？

(3) 求系统的频率响应 $H(\mathrm{e}^{\mathrm{j}\omega})$，并用三角恒等式对 $H(\mathrm{e}^{\mathrm{j}\omega})$ 求得一个简单的表示式。

(4) 画出幅频特性曲线和相频特性曲线。

(5) 现在考虑一个新的系统，其频率响应是 $H_1(e^{j\omega})=H(e^{j(\omega+\pi)})$，求 $h_1(n)$。

1.78 考虑一线性时不变系统，其频率响应为

$$H(e^{j\omega}) = e^{-j\omega/2} \qquad |\omega|<\pi$$

试判断该系统是否是因果的，说明理由。

1.79 考虑截止频率 $\omega_c<3\pi/4$ 的高通滤波器，如图 T1-16 所示。

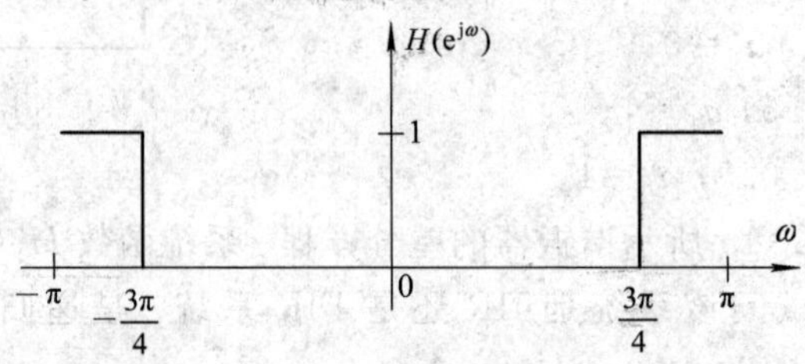

图 T1-16

(1) 求其单位脉冲响应 $h(n)$。

(2) 定义一个新系统满足其单位脉冲响应 $h_1(n)=h(2n)$，画出这个系统的频率响应 $H_1(e^{j\omega})$的示意图。

1.80 考虑如图 T1-17 所示的线性时不变系统的互联，其中

$$h_1(n) = \delta(n-1), \quad H_2(e^{j\omega}) = \begin{cases} 1 & |\omega| \leqslant \dfrac{\pi}{2} \\ 0 & \dfrac{\pi}{2} < |\omega| \leqslant \pi \end{cases}$$

求这个系统的频率响应和单位脉冲响应。

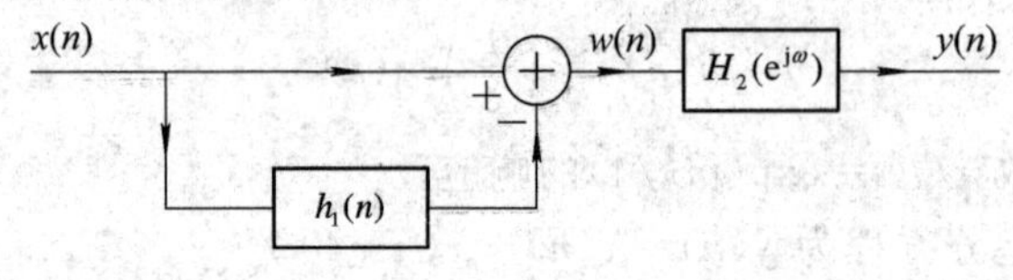

图 T1-17

1.81 考虑如图 T1-18 所示的线性时不变系统的互联。

(1) 用 $H_1(e^{j\omega})$、$H_2(e^{j\omega})$、$H_3(e^{j\omega})$和 $H_4(e^{j\omega})$表示整个系统的频率响应。

(2) 如果 $h_1(n)=\delta(n)+2\delta(n-2)+\delta(n-4)$，$h_2(n)=h_3(n)=(0.2)^n u(n)$，$h_4(n)=\delta(n-2)$，求出整个系统的频率响应。

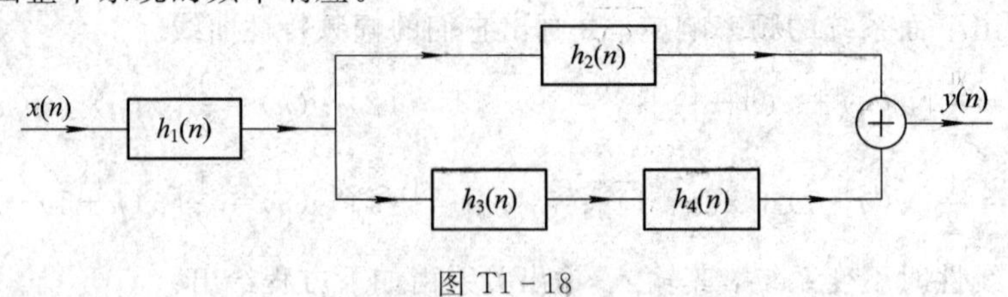

图 T1-18

1.82 考虑一因果线性时不变系统：

$$H(z) = \frac{1-a^{-1}z^{-1}}{1-az^{-1}}$$

这里 a 是实数。

(1) 写出该系统关于输入/输出的差分方程。

(2) a 值在什么范围系统是稳定的？

(3) 当 $a=1/2$ 时，画出系统的零极点图，并将收敛域涂上阴影线。

(4) 求系统的单位脉冲响应。

(5) 证明该系统是全通系统，即频率响应幅度为一常数，同时给出该常数值。

1.83　对下列各系统求 $H(e^{j\omega})$，并画出它的幅频特性曲线和相频特性曲线（可编程完成）。

(1) $y(n)=\sum_{m=0}^{6}x(n-m)$；

(2) $y(n)=x(n)+2x(n-1)+x(n-2)-0.5y(n-1)-0.25y(n-2)$；

(3) $y(n)=2x(n)+x(n-1)-0.25y(n-1)+0.25y(n-2)$；

(4) $y(n)=x(n)+x(n-2)-0.81y(n-2)$；

(5) $y(n)=x(n)-\sum_{l=1}^{5}0.5^{l}y(n-l)$。

1.84　已知两个有限长序列：

$$x(n)=\delta(n)+2\delta(n-1)+3\delta(n-2)+4\delta(n-3)+5\delta(n-4)$$

$$h(n)=\delta(n)+2\delta(n-1)+\delta(n-2)+2\delta(n-3)$$

试编写一个计算两个序列的线性卷积 $x(n)*h(n)$ 的通用程序。

1.85　假设系统函数为

$$H(z)=\frac{z^2+5z-50}{2z^4-2.98z^3+0.17z^2+2.3418z-1.5147}$$

(1) 试用 MATLAB 语言编程，根据极点分布判断系统是否稳定。

(2) 利用输入单位阶跃序列 $u(n)$ 检查系统是否稳定。

1.86　一个 LTI 离散时间系统的输入/输出差分方程为

$$y(n)-1.6y(n-1)+1.28y(n-2)=0.5x(n)+0.1x(n-1)$$

(1) 编程求此系统的单位脉冲响应序列，并画出其波形。

(2) 若输入序列 $x(n)=\delta(n)+2\delta(n-1)+3\delta(n-2)+4\delta(n-3)+5\delta(n-4)$，编程求此系统的输出序列 $y(n)$，并画出其波形。

(3) 编程得到系统的幅度响应和相位响应，并画图。

(4) 编程得到系统的零极点分布图，分析系统的因果性和稳定性。

第2章　离散傅里叶变换(DFT)

2.1　引　　言

在第1章中讨论了序列的傅里叶变换和Z变换。由于数字计算机只能计算有限长离散序列，因此有限长序列在数字信号处理中就显得很重要。当然，可以用Z变换和傅里叶变换来研究它，但是这两种变换无法直接利用计算机进行数值计算。针对序列“有限长”这一特点，可以导出一种更有用的变换：离散傅里叶变换(Discrete Fourier Transform，DFT)。

作为有限长序列的一种傅里叶表示法，离散傅里叶变换除了在理论上相当重要之外，由于存在有效的快速算法——快速离散傅里叶变换，因而在各种数字信号处理的算法中起着核心作用。

有限长序列的离散傅里叶变换(DFT)和周期序列的离散傅里叶级数(DFS)本质上是一样的。为了讨论离散傅里叶级数与离散傅里叶变换，我们首先来回顾并讨论傅里叶变换的几种可能形式，如图2-1所示。

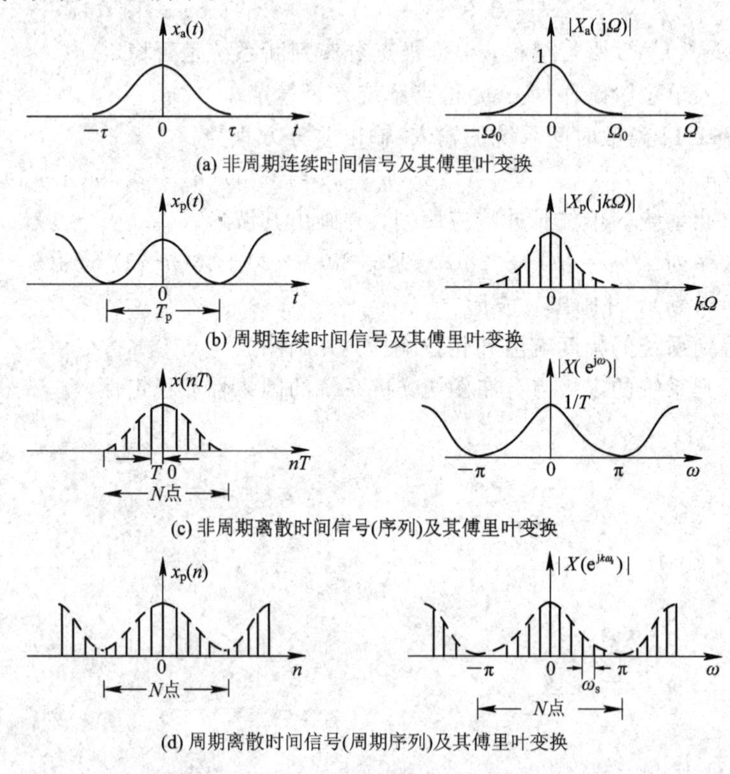

图2-1　各种形式的傅里叶变换

1. 非周期连续时间信号的傅里叶变换

非周期连续时间信号 $x_a(t)$的傅里叶变换 $X_a(j\Omega)$可以表示为

$$X_a(j\Omega)=\int_{-\infty}^{+\infty}x_a(t)e^{-j\Omega t}dt \tag{2-1}$$

其反变换：

$$x_a(t)=\frac{1}{2\pi}\int_{-\infty}^{+\infty}X_a(j\Omega)e^{j\Omega t}d\Omega \tag{2-2}$$

一个非周期连续时间信号 $x_a(t)$的傅里叶变换，其频谱 $X_a(j\Omega)$是一个连续的非周期函数，即时域的连续函数对应频域的非周期的频谱，时域的非周期函数对应频域的连续的频谱。这一变换对的示意图如图2-1(a)所示。该变换关系与第1章"连续时间信号的采样"中涉及的非周期连续时间信号 $x_a(t)$的情况相同。

2. 周期连续时间信号的傅里叶变换

一个周期连续时间信号 $x_p(t)$，其周期为 T_p，该信号可展成傅里叶级数，其傅里叶级数的系数为 $X_p(jk\Omega)$，即 $x_p(t)$的傅里叶变换或频谱 $X_p(jk\Omega)$是由各次谐波分量组成的，并且是离散频率的非周期函数。$X_p(jk\Omega)$的表达式为

$$X_p(jk\Omega)=\frac{1}{T_p}\int_{-T_p/2}^{T_p/2}x_p(t)e^{-jk\Omega t}dt \tag{2-3}$$

其反变换：

$$x_p(t)=\sum_{k=-\infty}^{\infty}X_p(jk\Omega)e^{jk\Omega t} \tag{2-4}$$

$x_p(t)$和 $X_p(jk\Omega)$的示意图如图2-1(b)所示。其中，离散频谱相邻两谱线之间的角频率间隔 $\Omega=2\pi F=2\pi/T_p$，k 为谐波序号。由图2-1(b)可知，时域的连续函数对应频域的非周期频谱，时域的周期函数对应频域的离散频谱。

3. 非周期离散时间信号的傅里叶变换

在第1章里讨论了一个非周期连续时间信号 $x_a(t)$经过等间隔采样的信号 $x(nT)$，即离散时间信号——序列 $x(n)$，其傅里叶变换 $X(e^{j\omega})$是以 2π 为周期的连续函数，幅频特性如图2-1(c)所示。这里的 ω 是数字频率，它和模拟角频率 Ω 的关系为 $\omega=\Omega T$。若幅频特性的频率轴用 Ω 表示，则周期为 $\Omega_s=2\pi/T$。重写序列的傅里叶变换(DTFT)对如下：

正变换：

$$X(e^{j\omega})=\sum_{n=-\infty}^{\infty}x(n)e^{-j\omega n} \tag{2-5}$$

反变换：

$$x(n)=\frac{1}{2\pi}\int_{-\pi}^{\pi}X(e^{j\omega})e^{j\omega n}d\omega \tag{2-6}$$

由图2-1(c)可知，时域离散函数对应频域的周期频谱，时域的非周期函数对应频域的连续频谱。

4. 周期离散时间信号的傅里叶变换

比较图2-1(a)、(b)和(c)可发现以下规律：如果信号频域是离散的，则该信号在时域就表现为周期性的时间函数；相反，在时域上是离散的，则该信号在频域必然表现为周期

性的频率函数。不难设想，一个离散周期序列，它一定具有既是周期又是离散的频谱，这样第四种傅里叶变换对实际上是周期的离散时间信号与周期的离散频率信号间的变换对，其幅频特性如图 2-1(d)所示。这就是我们将要在 2.2 节分析的离散傅里叶级数变换对。

总结以上四种傅里叶变换对的形式，可以得出一般的规律：一个域的离散对应另一个域的周期延拓，一个域的连续必定对应另一个域的非周期。表 2-1 对这四种傅里叶变换形式的特点作了简要归纳。

表 2-1 四种傅里叶变换形式的归纳

时间函数	频率函数
连续和非周期	非周期和连续
连续和周期	非周期和离散
离散和非周期	周期和连续
离散和周期	周期和离散

下面我们先从周期序列的离散傅里叶级数开始讨论，然后讨论可作为周期函数的一个周期的有限长序列的离散傅里叶变换。

2.2 周期序列的离散傅里叶级数(DFS)

设 $\tilde{x}(n)$是一个周期为 N 的周期序列，即

$$\tilde{x}(n)=\tilde{x}(n+rN)\qquad r\text{为任意整数}$$

周期序列不是绝对可和的，所以不能用 Z 变换表示，因为在任何 z 值下，其 Z 变换都不收敛，也就是

$$\sum_{n=-\infty}^{\infty}|\tilde{x}(n)||z^{-n}|=\infty$$

但是，正如周期的连续时间信号可以用傅里叶级数表示一样，周期序列也可以用离散傅里叶级数来表示，该级数相当于具有谐波关系的复指数序列(正弦序列)之和。也就是说，复指数序列的频率是周期序列 $\tilde{x}(n)$的基频$(2\pi/N)$的整数倍。这些复指数序列 $e_k(n)$的形式为

$$e_k(n)=\mathrm{e}^{\mathrm{j}\left(\frac{2\pi}{N}\right)kn}=e_{k+rN}(n)\tag{2-7}$$

式中，k、r 为整数。

由式(2-7)可见，复指数序列 $e_k(n)$对 k 呈现周期性，周期也为 N。也就是说，离散傅里叶级数的谐波成分只有 N 个独立量，这是和连续傅里叶级数的不同之处(后者有无穷多个谐波成分)，因而对离散傅里叶级数，只能取 $k=0\sim N-1$ 的 N 个独立谐波分量，否则就会产生二义性。因而 $\tilde{x}(n)$可展成如下离散傅里叶级数，即

$$\tilde{x}(n)=\frac{1}{N}\sum_{k=0}^{N-1}\tilde{X}(k)\mathrm{e}^{\mathrm{j}\frac{2\pi}{N}kn}\tag{2-8}$$

式中，求和号前所乘的系数 $1/N$ 是习惯上已经采用的常数，$\tilde{X}(k)$是 k 次谐波的系数。

下面我们来求解系数 $\tilde{X}(k)$，这要利用复正弦序列的正交特性，即

$$\frac{1}{N}\sum_{n=0}^{N-1}e^{j\frac{2\pi}{N}rn}=\frac{1}{N}\frac{1-e^{j\frac{2\pi}{N}rN}}{1-e^{j\frac{2\pi}{N}r}}=\begin{cases}1 & r=mN,\ m\text{ 为整数}\\ 0 & \text{其他 } r\end{cases} \tag{2-9}$$

将式(2-8)两端同乘以 $e^{-j\frac{2\pi}{N}rn}$，然后在 $n=0\sim N-1$ 的一个周期内求和，则得到

$$\begin{aligned}\sum_{n=0}^{N-1}\tilde{x}(n)e^{-j\frac{2\pi}{N}rn}&=\frac{1}{N}\sum_{n=0}^{N-1}\sum_{k=0}^{N-1}\tilde{X}(k)e^{j\frac{2\pi}{N}(k-r)n}\\&=\sum_{k=0}^{N-1}\tilde{X}(k)\left[\frac{1}{N}\sum_{n=0}^{N-1}e^{j\frac{2\pi}{N}(k-r)n}\right]\\&=\tilde{X}(r)\end{aligned}$$

把 r 换成 k 可得

$$\tilde{X}(k)=\sum_{n=0}^{N-1}\tilde{x}(n)e^{-j\frac{2\pi}{N}kn} \tag{2-10}$$

这就是求 $k=0\sim N-1$ 的 N 个谐波系数 $\tilde{X}(k)$ 的公式。同时可以看出，$\tilde{X}(k)$ 也是一个以 N 为周期的周期序列，即

$$\tilde{X}(k+mN)=\sum_{n=0}^{N-1}\tilde{x}(n)e^{-j\frac{2\pi}{N}(k+mN)n}=\sum_{n=0}^{N-1}\tilde{x}(n)e^{-j\frac{2\pi}{N}kn}=\tilde{X}(k)$$

这和离散傅里叶级数只有 N 个不同的系数 $\tilde{X}(k)$ 的说法是一致的。可以看出，时域周期序列 $\tilde{x}(n)$ 的离散傅里叶级数在频域(即其系数 $\tilde{X}(k)$)也是一个周期序列。因而 $\tilde{X}(k)$ 与 $\tilde{x}(n)$ 是频域与时域的一个周期序列对，式(2-8)与式(2-10)可看作一对相互表达周期序列的离散傅里叶级数(DFS)对。

为了表示方便，常常利用复数量 W_N 来写这两个式子。W_N 定义为

$$W_N=e^{-j\frac{2\pi}{N}} \tag{2-11}$$

使用 W_N，式(2-10)及式(2-8)可表示为

$$\tilde{X}(k)=\mathrm{DFS}[\tilde{x}(n)]=\sum_{n=0}^{N-1}\tilde{x}(n)e^{-j\frac{2\pi}{N}nk}=\sum_{n=0}^{N-1}\tilde{x}(n)W_N^{nk} \tag{2-12}$$

$$\tilde{x}(n)=\mathrm{IDFS}[\tilde{X}(k)]=\frac{1}{N}\sum_{k=0}^{N-1}\tilde{X}(k)e^{j\frac{2\pi}{N}nk}=\frac{1}{N}\sum_{k=0}^{N-1}\tilde{X}(k)W_N^{-nk} \tag{2-13}$$

式中，DFS[·]表示离散傅里叶级数正变换，IDFS[·]表示离散傅里叶级数反变换。

从上面可以看出，只要知道周期序列一个周期的内容，其他的内容也就知道了。所以，这种无限长序列实际上只有一个周期中的 N 个序列值有信息。因而，周期序列和有限长序列有着本质的联系。

【例 2-1】 设 $\tilde{x}(n)$ 为周期脉冲串：

$$\tilde{x}(n)=\sum_{r=-\infty}^{\infty}\delta(n+rN) \tag{2-14}$$

因为对于 $0\leqslant n\leqslant N-1$，$\tilde{x}(n)=\delta(n)$，所以利用式(2-12)求出 $\tilde{x}(n)$ 的 DFS 系数为

$$\tilde{X}(k)=\sum_{n=0}^{N-1}\tilde{x}(n)W_N^{nk}=\sum_{n=0}^{N-1}\delta(n)W_N^{nk}=1 \tag{2-15}$$

在这种情况下，对于所有的 k 值，$\widetilde{X}(k)$均相同。于是，将式(2－15)代入式(2－13)可以得出

$$\widetilde{x}(n)=\sum_{r=-\infty}^{\infty}\delta(n+rN)=\frac{1}{N}\sum_{k=0}^{N-1}W_N^{-nk}=\frac{1}{N}\sum_{k=0}^{N-1}\mathrm{e}^{\mathrm{j}\frac{2\pi}{N}nk} \tag{2-16}$$

这就是式(2－9)所示的正交特性，只是在形式上稍有不同。

【例 2－2】 已知周期序列 $\widetilde{x}(n)$如图 2－2 所示，其周期 $N=10$，试求解它的傅里叶级数系数 $\widetilde{X}(k)$。

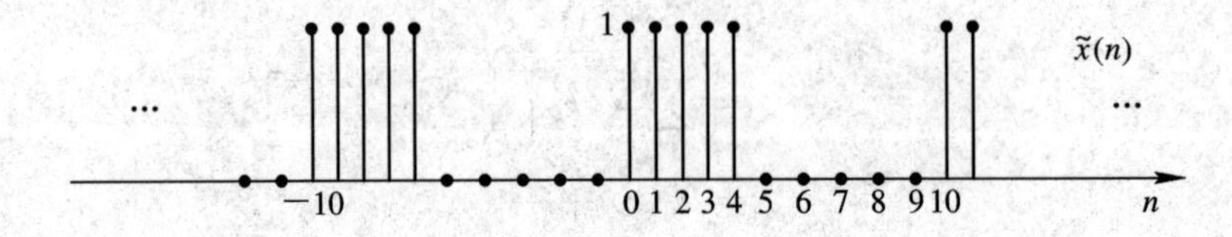

图 2－2 例 2－2 的周期序列 $\widetilde{x}(n)$(周期 $N=10$)

由式(2－12)可得

$$\widetilde{X}(k)=\sum_{n=0}^{10-1}\widetilde{x}(n)W_{10}^{nk}=\sum_{n=0}^{4}\mathrm{e}^{-\mathrm{j}\frac{2\pi}{10}nk} \tag{2-17}$$

这个有限求和有闭合形式：

$$\widetilde{X}(k)=\frac{1-W_{10}^{5k}}{1-W_{10}^{k}}=\mathrm{e}^{-\mathrm{j}\frac{4\pi k}{10}}\frac{\sin(5\pi k/10)}{\sin(\pi k/10)} \tag{2-18}$$

图 2－3 所示为周期序列 $\widetilde{X}(k)$的幅值示意图。

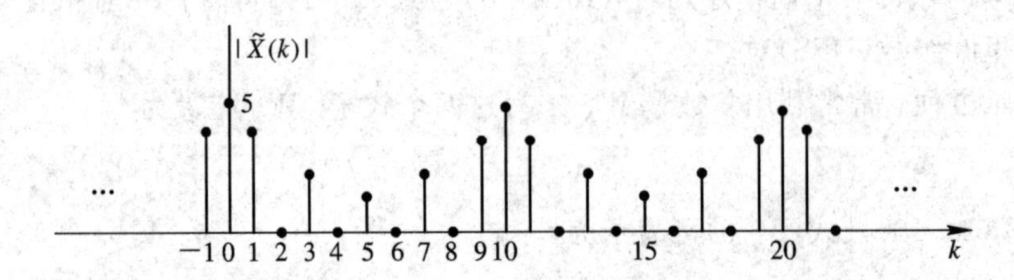

图 2－3 图 2－2 所示序列的傅里叶级数系数 $\widetilde{X}(k)$的幅值

式(2－12)中的周期序列 $\widetilde{X}(k)$可看成是对 $\widetilde{x}(n)$的第一个周期 $x(n)$作 Z 变换，然后将 Z 变换在 Z 平面单位圆上按等间隔角 $2\pi/N$ 采样而得到的。令

$$x(n)=\widetilde{x}(n)\cdot R_N(n)=\begin{cases}\widetilde{x}(n) & 0\leqslant n\leqslant N-1\\ 0 & \text{其他 } n\end{cases}$$

通常称 $x(n)$为 $\widetilde{x}(n)$的主值区序列，则 $x(n)$的 Z 变换为

$$X(z)=\sum_{n=-\infty}^{\infty}x(n)z^{-n}=\sum_{n=0}^{N-1}\widetilde{x}(n)z^{-n} \tag{2-19}$$

把式(2－19)与式(2－12)比较可知

$$\widetilde{X}(k)=X(z)\big|_{z=W_N^{-k}=\mathrm{e}^{\mathrm{j}\left(\frac{2\pi}{N}\right)k}} \tag{2-20}$$

可以看出，当 $0\leqslant k\leqslant N-1$ 时，$\widetilde{X}(k)$是对 $X(z)$在 Z 平面单位圆上的 N 点等间隔采样，在此区间之外随着 k 的变化，$\widetilde{X}(k)$的值呈周期变化。图 2－4 画出了这些特点。

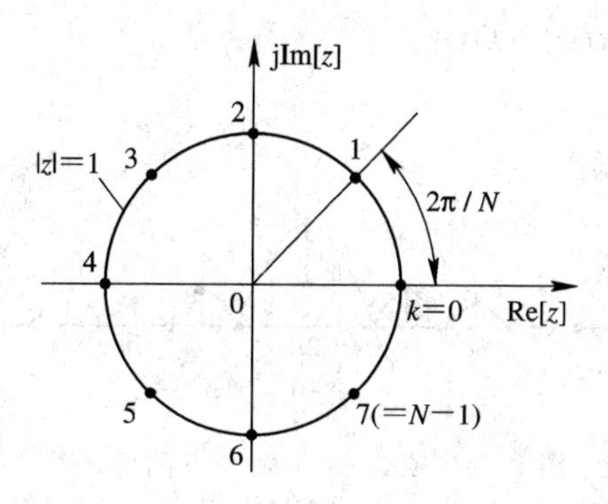

图 2-4　为了得到周期序列 $\widetilde{X}(k)$，对 $X(z)$ 在 Z 平面单位圆上采样的各采样点

由于单位圆上的 Z 变换即为序列的傅里叶变换，所以周期序列 $\widetilde{X}(k)$ 也可以解释为 $\tilde{x}(n)$ 的一个周期 $x(n)$ 的傅里叶变换的等间隔采样。因为

$$X(e^{j\omega}) = \sum_{n=0}^{N-1} x(n) e^{-j\omega n} = \sum_{n=0}^{N-1} \tilde{x}(n) e^{-j\omega n} \tag{2-21}$$

比较式(2-21)和式(2-12)，可以看出

$$\widetilde{X}(k) = X(e^{j\omega}) \big|_{\omega=2\pi k/N} \tag{2-22}$$

这相当于以 $2\pi/N$ 的频率间隔对傅里叶变换进行采样。

【例 2-3】　为了举例说明傅里叶级数系数 $\widetilde{X}(k)$ 和周期信号 $\tilde{x}(n)$ 的一个周期的傅里叶变换之间的关系，我们再次研究图 2-2 所示的序列 $\tilde{x}(n)$。在序列 $\tilde{x}(n)$ 的一个周期中：

$$x(n) = \begin{cases} 1 & 0 \leqslant n \leqslant 4 \\ 0 & \text{其他} \end{cases} \tag{2-23}$$

则 $\tilde{x}(n)$ 的一个周期的傅里叶变换是

$$X(e^{j\omega}) = \sum_{n=0}^{4} e^{-j\omega n} = \frac{1 - e^{-j5\omega}}{1 - e^{-j\omega}} = e^{-j2\omega} \frac{\sin(5\omega/2)}{\sin(\omega/2)} \tag{2-24}$$

可以证明，若将 $\omega = 2\pi k/10$ 代入式(2-24)，即

$$\widetilde{X}(k) = X(e^{j\omega}) \big|_{\omega=2\pi k/10} = e^{-j\frac{4\pi k}{10}} \frac{\sin(5\pi k/10)}{\sin(\pi k/10)}$$

结果与式(2-18)一致。图 2-5 概略画出了 $X(e^{j\omega})$ 的幅值。

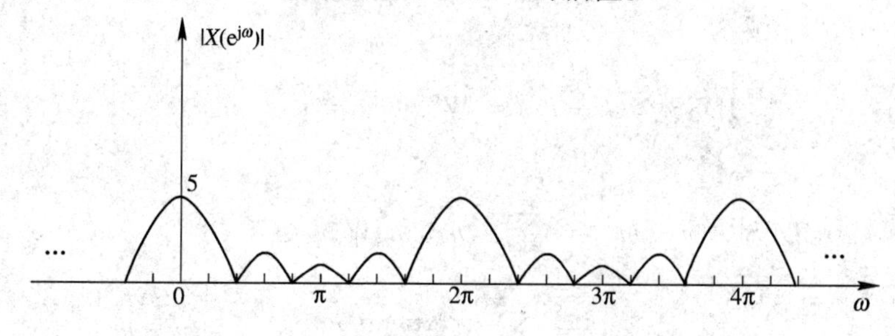

图 2-5　对图 2-2 所示序列的一个周期作傅里叶变换的幅值

图 2-6 表明，图 2-3 中的序列分别对应于图 2-5 中的采样值表明，一个周期序列的 DFS 系数等于主值区序列的傅里叶变换的采样。

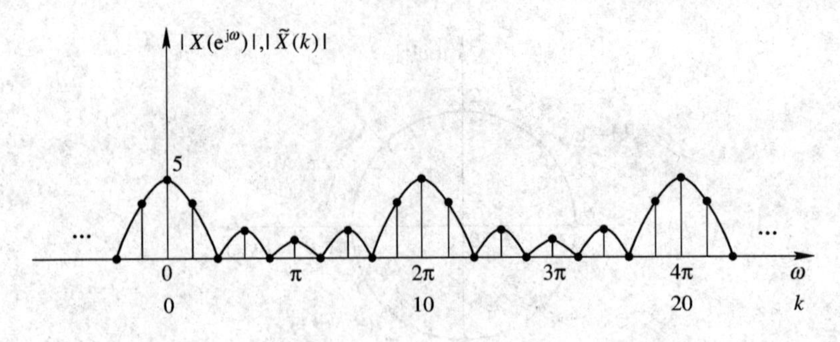

图 2-6　图 2-3 和图 2-5 的重叠图

2.3　离散傅里叶级数(DFS)的性质

由于可以用采样 Z 变换来解释 DFS，因此它的许多性质与 Z 变换的性质非常相似。但是，由于 $\widetilde{x}(n)$和 $\widetilde{X}(k)$两者都具有周期性，因此它与 Z 变换的性质还有一些重要差别。此外，DFS 在时域和频域之间具有严格的对偶关系，这是序列的 Z 变换表示所不具有的。

设 $\widetilde{x}_1(n)$和 $\widetilde{x}_2(n)$皆是周期为 N 的周期序列，它们各自的 DFS 分别如下：

$$\widetilde{X}_1(k) = \mathrm{DFS}[\widetilde{x}_1(n)]$$

$$\widetilde{X}_2(k) = \mathrm{DFS}[\widetilde{x}_2(n)]$$

2.3.1　线性

$$\mathrm{DFS}[a\widetilde{x}_1(n) + b\widetilde{x}_2(n)] = a\widetilde{X}_1(k) + b\widetilde{X}_2(k) \tag{2-25}$$

式中，a 和 b 为任意常数，所得到的频域序列也是周期序列，周期为 N。这一性质可由 DFS 的定义直接证明，留给读者自己去做。

2.3.2　序列的移位

$$\mathrm{DFS}[\widetilde{x}(n+m)] = W_N^{-mk}\widetilde{X}(k) = e^{j\frac{2\pi}{N}mk}\widetilde{X}(k) \tag{2-26}$$

$$\mathrm{DFS}[W_N^{nl}\widetilde{x}(n)] = \widetilde{X}(k+l) \tag{2-27a}$$

或

$$\mathrm{IDFS}[\widetilde{X}(k+l)] = W_N^{nl}\widetilde{x}(n) = e^{-j\frac{2\pi}{N}nl}\widetilde{x}(n) \tag{2-27b}$$

证明

$$\begin{aligned}\mathrm{DFS}[\widetilde{x}(n+m)] &= \sum_{n=0}^{N-1}\widetilde{x}(n+m)W_N^{nk} \\ &= \sum_{i=m}^{N-1+m}\widetilde{x}(i)W_N^{ki}W_N^{-mk} \qquad i = n+m\end{aligned}$$

由于 $\widetilde{x}(i)$及 W_N^{ki} 都是以 N 为周期的周期函数，因此

$$\mathrm{DFS}[\widetilde{x}(n+m)] = W_N^{-mk}\sum_{i=0}^{N-1}\widetilde{x}(i)W_N^{ki} = W_N^{-mk}\widetilde{X}(k)$$

由于 $\tilde{x}(n)$与 $\widetilde{X}(k)$具有对称的特点，因此可以用相似的方法证明式(2-27a)：

$$\mathrm{DFS}[W_N^{nl}\tilde{x}(n)] = \sum_{n=0}^{N-1} W_N^{nl}\tilde{x}(n)W_N^{kn} = \sum_{n=0}^{N-1}\tilde{x}(n)W_N^{(l+k)n} = \widetilde{X}(k+l)$$

2.3.3 周期卷积

如果

$$\widetilde{Y}(k) = \widetilde{X}_1(k)\widetilde{X}_2(k)$$

则

$$\tilde{y}(n) = \mathrm{IDFS}[\widetilde{Y}(k)] = \sum_{m=0}^{N-1}\tilde{x}_1(m)\tilde{x}_2(n-m)$$

或

$$\tilde{y}(n) = \sum_{m=0}^{N-1}\tilde{x}_2(m)\tilde{x}_1(n-m) \tag{2-28}$$

证明

$$\tilde{y}(n) = \mathrm{IDFS}[\widetilde{X}_1(k)\widetilde{X}_2(k)] = \frac{1}{N}\sum_{k=0}^{N-1}\widetilde{X}_1(k)\widetilde{X}_2(k)W_N^{-kn}$$

将

$$\widetilde{X}_1(k) = \sum_{m=0}^{N-1}\tilde{x}_1(m)W_N^{mk}$$

代入后得

$$\begin{aligned}\tilde{y}(n) &= \frac{1}{N}\sum_{k=0}^{N-1}\sum_{m=0}^{N-1}\tilde{x}_1(m)\widetilde{X}_2(k)W_N^{-(n-m)k} \\ &= \sum_{m=0}^{N-1}\tilde{x}_1(m)\left[\frac{1}{N}\sum_{k=0}^{N-1}\widetilde{X}_2(k)W_N^{-(n-m)k}\right] \\ &= \sum_{m=0}^{N-1}\tilde{x}_1(m)\tilde{x}_2(n-m)\end{aligned}$$

将变量进行简单换元，即可得等价的表示式：

$$\tilde{y}(n) = \sum_{m=0}^{N-1}\tilde{x}_2(m)\tilde{x}_1(n-m)$$

式(2-28)是一个卷积公式，但是它与非周期序列的线性卷积不同。首先，$\tilde{x}_1(m)$和 $\tilde{x}_2(n-m)$(或 $\tilde{x}_2(m)$和 $\tilde{x}_1(n-m)$)都是变量 m 的周期序列，周期为 N，故乘积也是周期为 N 的周期序列；其次，求和只在一个周期上进行，即 $m=0, 1, \cdots, N-1$，所以称为周期卷积。

周期卷积的过程可以用图 2-7 来说明，这是一个 $N=7$ 的周期卷积。每一个周期里 $\tilde{x}_1(n)$有一个宽度为 4 的矩形脉冲，$\tilde{x}_2(n)$有一个宽度为 3 的矩形脉冲，图中画出了 $n=0, 1, 2$ 时的 $\tilde{x}_2(n-m)$。在周期卷积过程中，当一个周期的某一序列值移出计算区间时，相邻的同一位置为序列值就移入计算区间。运算在 $m=0, 1, \cdots, N-1$ 区间内进行，即在一个周期内将 $\tilde{x}_2(n-m)$与 $\tilde{x}_1(m)$逐点相乘后求和，先计算出 $n=0, 1, \cdots, N-1$ 的结果，然后将所得结果进行周期延拓，就得到所求的整个周期序列 $\tilde{y}(n)$。

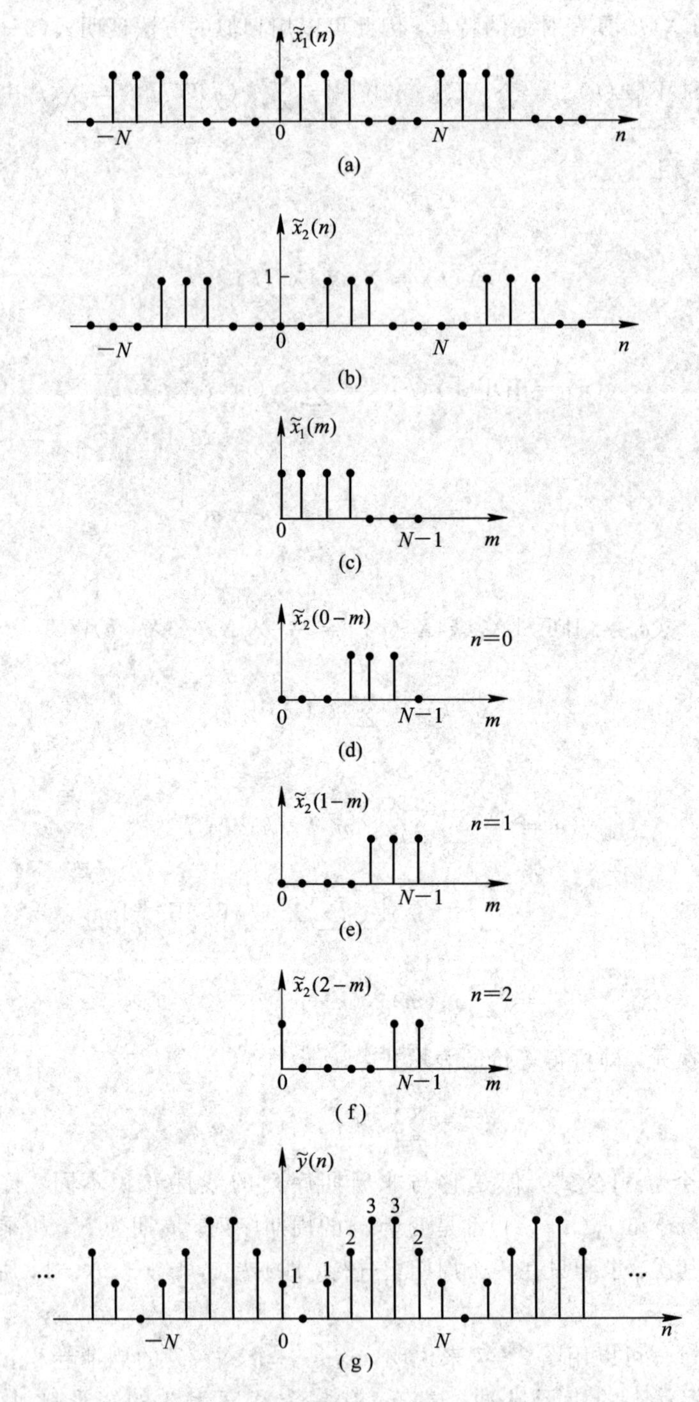

图 2-7　两个周期序列($N=7$)的周期卷积

由于 DFS 和 IDFS 变换的对称性，可以证明(请读者自己证明)时域周期序列的乘积对应着频域周期序列的周期卷积，即如果

$$\tilde{y}(n)=\tilde{x}_1(n)\tilde{x}_2(n)$$

则

$$\widetilde{Y}(k)=\text{DFS}[\tilde{y}(n)]=\sum_{n=0}^{N-1}\tilde{y}(n)W_N^{nk}=\frac{1}{N}\sum_{l=0}^{N-1}\widetilde{X}_1(l)\widetilde{X}_2(k-l)$$

$$=\frac{1}{N}\sum_{l=0}^{N-1}\widetilde{X}_2(l)\widetilde{X}_1(k-l) \tag{2-29}$$

2.4　有限长序列的离散傅里叶变换(DFT)

2.4.1　DFT 的定义

2.2 节我们讨论的周期序列实际上只有有限个序列值有意义，因而它和有限长序列有着本质的联系。本节将根据周期序列和有限长序列之间的关系，由周期序列的离散傅里叶级数表示式推导得到有限长序列的离散频域表示，即离散傅里叶变换(DFT)。

设 $x(n)$为有限长序列，长度为 N，即 $x(n)$只在 $n=0, 1, \cdots, N-1$ 点上有值，在其他 n 上，$x(n)=0$。

为了引用周期序列的概念，我们把它看成周期为 N 的周期序列 $\tilde{x}(n)$的一个周期，而把 $\tilde{x}(n)$看成 $x(n)$的以 N 为周期的周期延拓，即表示成：

$$x(n)=\begin{cases}\tilde{x}(n) & 0\leqslant n\leqslant N-1\\ 0 & \text{其他 } n\end{cases} \tag{2-30}$$

$$\tilde{x}(n)=\sum_{r=-\infty}^{\infty}x(n+rN) \tag{2-31}$$

这个关系可以用图 2-8 来表明。通常把 $\tilde{x}(n)$的第一个周期 $n=0, 1, \cdots, N-1$ 定义为主值区间，故 $x(n)$是 $\tilde{x}(n)$的主值序列，即主值区间上的序列，而称 $\tilde{x}(n)$为 $x(n)$的周期延拓。对不同的 r 值，$x(n+rN)$之间彼此并不重叠，故式(2-31)可写成：

$$\tilde{x}(n)=x(n \bmod N)=x((n))_N \tag{2-32}$$

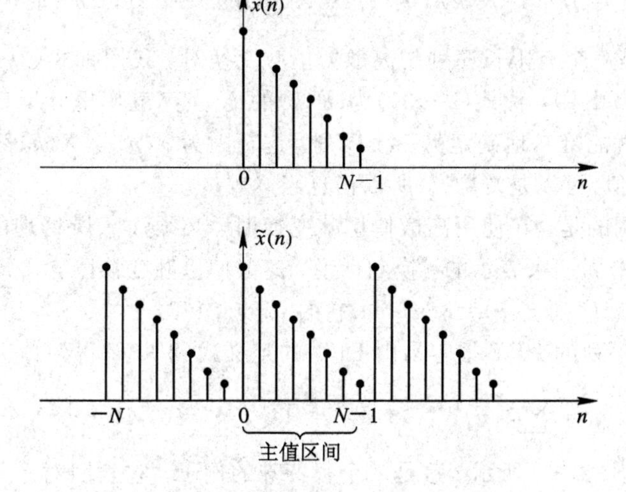

图 2-8　有限长序列及其周期延拓

用$((n))_N$表示 n mod N，其数学上就表示 n 对 N 取余数，或称 n 对 N 取模值。令

$$n = n_1 + mN \qquad 0 \leqslant n_1 \leqslant N-1,\ m\ \text{为整数}$$

则 n_1 为 n 对 N 的余数。

例如，$\tilde{x}(n)$是周期为 $N=9$ 的序列，则有：

$$\tilde{x}(8) = x((8))_9 = x(8)$$

$$\tilde{x}(13) = x((13))_9 = x(4)$$

$$\tilde{x}(22) = x((22))_9 = x(4)$$

$$\tilde{x}(-1) = x((-1))_9 = x(8)$$

利用前面的矩形序列 $R_N(n)$，式(2-30)可写成

$$x(n) = \tilde{x}(n)R_N(n) \tag{2-33}$$

同理，频域的周期序列 $\widetilde{X}(k)$也可看成对有限长序列 $X(k)$的周期延拓，而有限长序列 $X(k)$可看成周期序列 $\widetilde{X}(k)$的主值序列，即

$$\widetilde{X}(k) = X((k))_N \tag{2-34}$$

$$X(k) = \widetilde{X}(k)R_N(k) \tag{2-35}$$

我们再看表达 DFS 与 IDFS 的式(2-12)和式(2-13)：

$$\widetilde{X}(k) = \text{DFS}[\tilde{x}(n)] = \sum_{n=0}^{N-1}\tilde{x}(n)W_N^{nk}$$

$$\tilde{x}(n) = \text{IDFS}[\widetilde{X}(k)] = \frac{1}{N}\sum_{k=0}^{N-1}\widetilde{X}(k)W_N^{-nk}$$

这两个公式的求和都只限定在 $n=0, 1, \cdots, N-1$ 和 $k=0, 1, \cdots, N-1$ 的主值区间进行，它们完全适用于主值序列$x(n)$与 $X(k)$，因而我们可以得到有限长序列的离散傅里叶变换的定义：

$$X(k) = \text{DFT}[x(n)] = \sum_{n=0}^{N-1}x(n)W_N^{nk} \qquad 0 \leqslant k \leqslant N-1 \tag{2-36}$$

$$x(n) = \text{IDFT}[X(k)] = \frac{1}{N}\sum_{k=0}^{N-1}X(k)W_N^{-nk} \qquad 0 \leqslant n \leqslant N-1 \tag{2-37}$$

$x(n)$和 $X(k)$是一个有限长序列的离散傅里叶变换对。我们称式(2-36)为 $x(n)$的 N 点离散傅里叶变换(DFT)，称式(2-37)为 $X(k)$的 N 点离散傅里叶反变换(IDFT)。已知其中的一个序列，就能唯一地确定另一个序列。这是因为 $x(n)$与 $X(k)$都是点数为 N 的序列，都有 N 个独立值(可以是复数)，所以信息当然等量。

此外，值得强调的是，在使用离散傅里叶变换时，必须注意所处理的有限长序列都是作为周期序列的一个周期来表示的。换句话说，离散傅里叶变换隐含着周期性。

【例 2-4】 已知序列 $x(n)=\delta(n)$，求它的 N 点 DFT。

解 单位脉冲序列的 DFT 很容易由 DFT 的定义式(2-36)得到：

$$X(k) = \sum_{n=0}^{N-1}\delta(n)W_N^{nk} = W_N^0 = 1 \qquad k = 0, 1, \cdots, N-1$$

$\delta(n)$的 $X(k)$如图 2-9 所示。这是一个很特殊的例子，它表明对序列 $\delta(n)$来说，不论对它进行多少点 DFT，所得结果都是一个离散矩形序列。

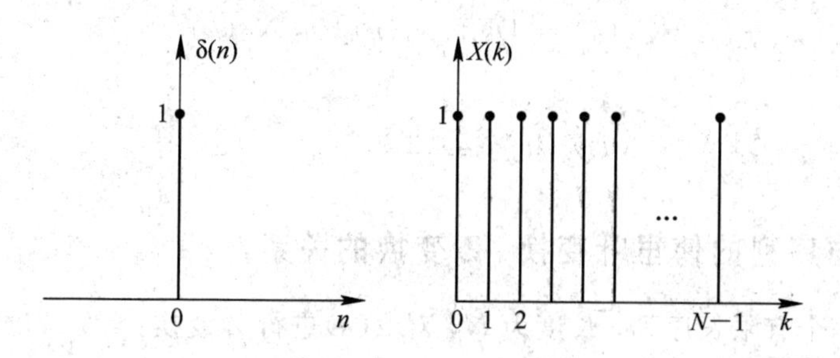

图 2-9　序列 δ(n)及其离散傅里叶变换

【例 2-5】 已知 $x(n)=\cos(n\pi/6)$ 是一个长度 $N=12$ 的有限长序列，求它的 N 点 DFT。

解　由 DFT 的定义式(2-36)可得

$$X(k)=\sum_{n=0}^{11}\cos\frac{n\pi}{6}W_{12}^{nk}=\sum_{n=0}^{11}\frac{1}{2}(\mathrm{e}^{\mathrm{j}\frac{n\pi}{6}}+\mathrm{e}^{-\mathrm{j}\frac{n\pi}{6}})\mathrm{e}^{-\mathrm{j}\frac{2\pi}{12}nk}$$

$$=\frac{1}{2}\left(\sum_{n=0}^{11}\mathrm{e}^{-\mathrm{j}\frac{2\pi}{12}n(k-1)}+\sum_{n=0}^{11}\mathrm{e}^{-\mathrm{j}\frac{2\pi}{12}n(k+1)}\right)$$

利用复正弦序列的正交特性(见式(2-9))，再考虑到 k 的取值区间，可得

$$X(k)=\begin{cases}6 & k=1,\ 11\\ 0 & \text{其他 } k,\ k\in[0,\ 11]\end{cases}$$

有限长序列 $x(n)$ 及其 N 点 DFT 如图 2-10 所示。

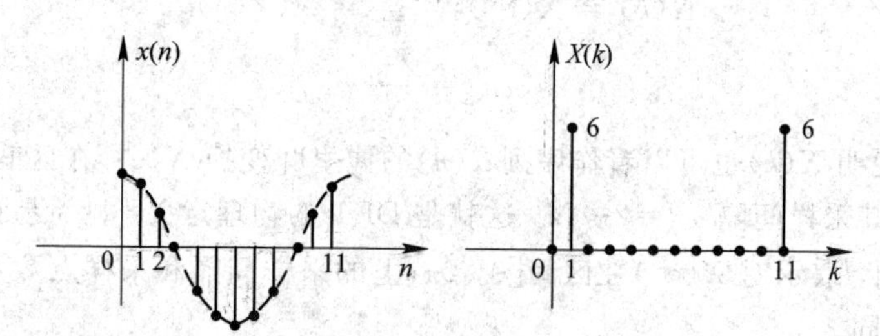

图 2-10　有限长序列及其 DFT

【例 2-6】 已知：

$$X(k)=\begin{cases}3 & k=0\\ 1 & 1\leqslant k\leqslant 9\end{cases}$$

求其 10 点 IDFT。

解　$X(k)$ 可以表示为

$$X(k)=1+2\delta(k)\qquad 0\leqslant k\leqslant 9$$

写成这种形式后，就可以很容易确定其离散傅里叶反变换。由于一个单位脉冲序列的 DFT 为常数：

$$x_1(n)=\delta(n)$$
$$X_1(k)=\mathrm{DFT}[x_1(n)]=1$$

同样，一个常数的 IDFT 是一个单位脉冲序列：

$$x_2(n)=1$$

$$X_2(k) = \mathrm{DFT}[x_2(n)] = N\delta(k)$$

所以

$$x(n) = \frac{1}{5} + \delta(n)$$

2.4.2 DFT与序列的傅里叶变换、Z变换的关系

若 $x(n)$ 是一个有限长序列，长度为 N，对 $x(n)$ 进行Z变换：

$$X(z) = \sum_{n=0}^{N-1} x(n) z^{-n}$$

比较Z变换与DFT，我们看到，当 $z=W_N^{-k}$ 时，有

$$X(z)\big|_{z=W_N^{-k}} = \sum_{n=0}^{N-1} x(n) W_N^{nk} = \mathrm{DFT}[x(n)]$$

即

$$X(k) = X(z)\big|_{z=W_N^{-k}} \tag{2-38}$$

$z=W_N^{-k}=\mathrm{e}^{\mathrm{j}\left(\frac{2\pi}{N}\right)k}$ 表明 W_N^{-k} 是Z平面单位圆上辐角 $\omega=\dfrac{2\pi}{N}k$ 的点，也即将Z平面单位圆 N 等分后的第 k 点，所以 $X(k)$ 也就是对 $X(z)$ 在Z平面单位圆上的 N 点等间隔采样，如图2-11所示。此外，由于序列的傅里叶变换 $X(\mathrm{e}^{\mathrm{j}\omega})$ 即是单位圆上的Z变换，根据式(2-38)，DFT与序列的傅里叶变换的关系为

$$X(k) = X(\mathrm{e}^{\mathrm{j}\omega})\big|_{\omega=\frac{2\pi}{N}k} = X(\mathrm{e}^{\mathrm{j}k\omega_N}) \tag{2-39}$$

$$\omega_N = \frac{2\pi}{N} \tag{2-40}$$

式(2-39)说明 $X(k)$ 也可以看作序列 $x(n)$ 的傅里叶变换 $X(\mathrm{e}^{\mathrm{j}\omega})$ 在区间[0, 2π]上的 N 点等间隔采样，其采样间隔 $\omega_N=2\pi/N$，这就是DFT的物理意义。显而易见，DFT的变换区间长度 N 不同，表示对 $X(\mathrm{e}^{\mathrm{j}\omega})$ 在区间[0, 2π]上的采样间隔和采样点数不同，所以DFT的变换结果也不同。

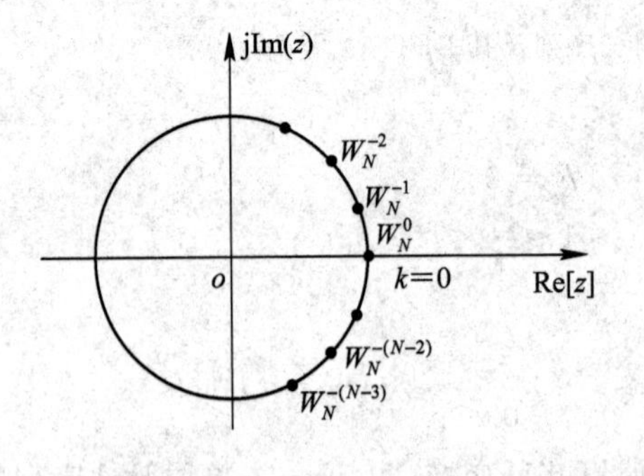

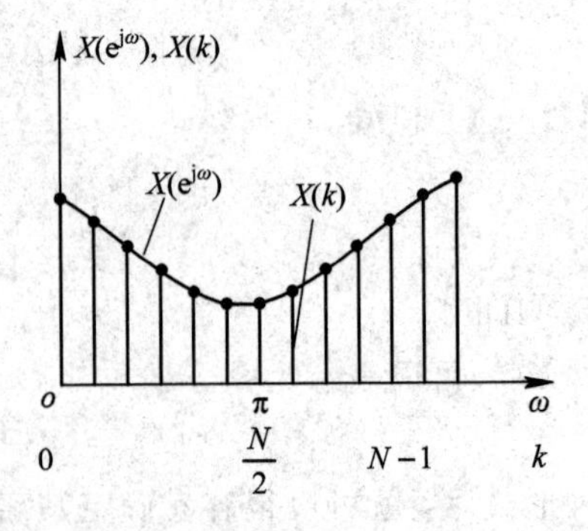

图2-11　DFT与序列的傅里叶变换、Z变换的关系

【例2-7】 有限长序列 $x(n)$ 为

$$x(n) = \begin{cases} 1 & 0 \leqslant n \leqslant 4 \\ 0 & \text{其余 } n \end{cases}$$

求其 $N=5$ 点离散傅里叶变换 $X(k)$。

解　序列 $x(n)$如图 2-12(a)所示。在确定 DFT 时，我们可以将 $x(n)$看作一个长度 $N\geqslant 5$ 的任意有限长序列。首先我们以 $N=5$ 为周期将 $x(n)$延拓成周期序列 $\tilde{x}(n)$，如图 2-12(b)所示，$\tilde{x}(n)$的 DFS 与 $x(n)$的 DFT 相对应。因为图 2-12(b)中的序列在区间 $0\leqslant n\leqslant N-1$ 上为常数值，所以可以得出

$$\widetilde{X}(k)=\sum_{n=0}^{N-1}\mathrm{e}^{-\mathrm{j}(2\pi k/N)n}=\frac{1-\mathrm{e}^{-\mathrm{j}2\pi k}}{1-\mathrm{e}^{-\mathrm{j}(2\pi k/N)}}=\begin{cases}N & k=0,\pm N,\pm 2N,\cdots\\0 & \text{其他}\end{cases}\tag{2-41}$$

也就是说，只有在 $k=0$ 和 $k=N$ 的整数倍处才有非零的 DFS 系数 $\widetilde{X}(k)$值。这些 DFS 系数如图 2-12(c)所示。为了说明傅里叶级数 $\widetilde{X}(k)$与 $x(n)$的频谱 $X(\mathrm{e}^{\mathrm{j}\omega})$间的关系，在图 2-12(c)中也画出了傅里叶变换的幅值 $|X(\mathrm{e}^{\mathrm{j}\omega})|$。显然，$\widetilde{X}(k)$就是 $X(\mathrm{e}^{\mathrm{j}\omega})$在频率 $\omega_k=2\pi k/N$ 处的样本序列。按照式(2-35)，$x(n)$的 DFT 对应于取 $\widetilde{X}(k)$的一个周期而得到的有限长序列 $X(k)$。这样，$x(n)$的 5 点 DFT 如图 2-12(d)所示。

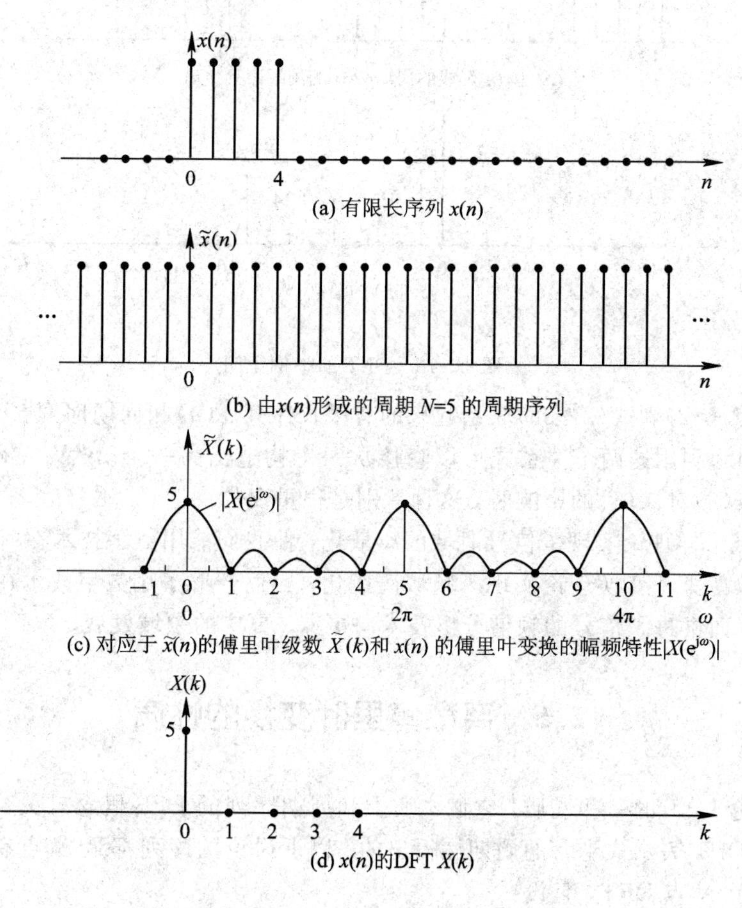

图 2-12　DFT 的举例说明

当然，我们也可以利用式(2-36)直接计算 $X(k)$：

$$\begin{aligned}X(k)&=\sum_{n=0}^{5-1}x(n)\mathrm{e}^{-\mathrm{j}\frac{2\pi}{5}nk}\qquad k=0,1,2,3,4\\&=\frac{1-\mathrm{e}^{-\mathrm{j}2\pi k}}{1-\mathrm{e}^{-\mathrm{j}\frac{2\pi}{5}k}}=\begin{cases}5 & k=0\\0 & k=1,2,3,4\end{cases}\end{aligned}$$

如果我们考虑将 $x(n)$ 换成长度 $N=10$ 的序列，则基本的周期序列如图 2-13(b)所示，它正是例 2-2 中所用的周期序列。因此，$\widetilde{X}(k)$ 正如在图 2-3 和图 2-6 中所示的那样。图 2-13(c)所示的 10 点 DFT $X(k)$ 是 $\widetilde{X}(k)$ 的一个周期。

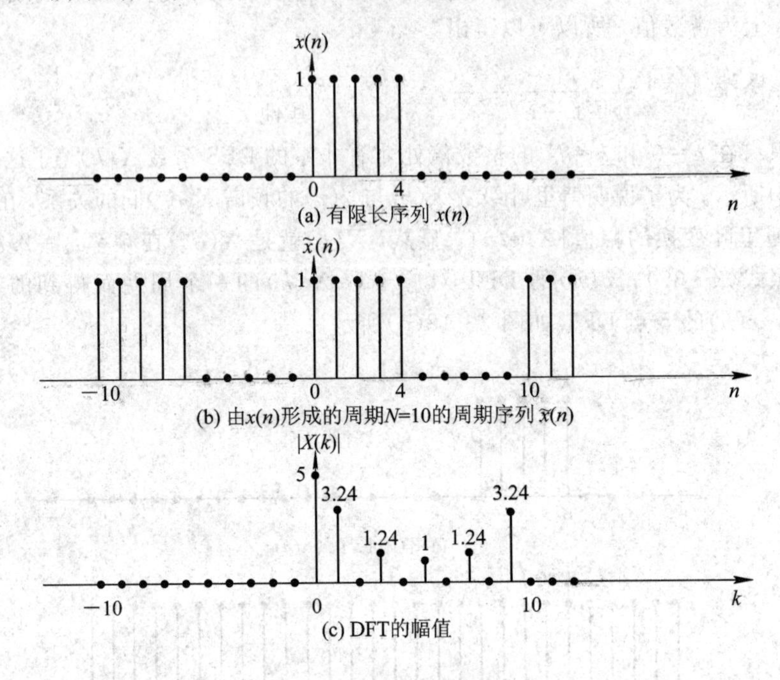

图 2-13 DFT 的举例说明

通过式(2-32)和式(2-33)联系起来的有限长序列 $x(n)$ 和周期序列 $\tilde{x}(n)$ 之间的差别似乎很小，因为利用这两个关系式可以直接从一个构造出另一个。然而在研究 DFT 的性质以及改变 $x(n)$ 对 $X(k)$ 的影响时，这种差别是很重要的。

信号时域采样理论实现了信号时域的离散化，使我们能用数字技术在时域对信号进行处理。而离散傅里叶变换理论实现了频域离散化，因而开辟了用数字技术在频域处理信号的新途径，从而推进了信号的频谱分析技术向更深、更广的领域发展。

2.5 离散傅里叶变换的性质

本节讨论 DFT 的一些性质，它们本质上和周期序列的 DFS 概念有关，而且是由有限长序列及其 DFT 表示式隐含的周期性得出的。以下讨论的序列都是 N 点有限长序列，用 DFT[·]表示 N 点 DFT，且设：

$$\mathrm{DFT}[x_1(n)] = X_1(k)$$

$$\mathrm{DFT}[x_2(n)] = X_2(k)$$

2.5.1 线性

$$\mathrm{DFT}[ax_1(n) + bx_2(n)] = aX_1(k) + bX_2(k) \tag{2-42}$$

式中，a、b 为任意常数。该式可根据 DFT 的定义证明。

2.5.2　圆周移位

1. 定义

一个长度为 N 的有限长序列 $x(n)$ 的圆周移位定义为

$$y(n)=x((n+m))_N R_N(n) \tag{2-43}$$

我们可以这样来理解式(2-43)所表达的圆周移位的含义。首先，将 $x(n)$ 以 N 为周期进行周期延拓得到周期序列 $\tilde{x}(n)=x((n))_N$，再将 $\tilde{x}(n)$ 加以移位：

$$x((n+m))_N=\tilde{x}(n+m) \tag{2-44}$$

然后，对移位的周期序列 $\tilde{x}(n+m)$ 取主值区间($n=0, 1, \cdots, N-1$)上的序列值，即 $x((n+m))_N R_N(n)$。所以，一个有限长序列 $x(n)$ 的圆周移位序列 $y(n)$ 仍然是一个长度为 N 的有限长序列，这一过程可用图 2-14(a)、(b)、(c)、(d)来表达。

从图 2-14(a)～(d)中可以看出，由于是周期序列的移位，因此当我们只观察 $0\leqslant n\leqslant N-1$ 这一主值区间时，某一采样从该区间的一端移出，与其相同值的采样又从该区间的另一端循环移进。因而，可以想象 $x(n)$ 排列在一个 N 等分的圆周上，序列 $x(n)$ 的圆周移位就相当于 $x(n)$ 在此圆周上旋转，如图 2-14(e)、(f)、(g)所示，因而称为圆周移位。当将 $x(n)$ 向左圆周移位时，此圆顺时针旋转；当将 $x(n)$ 向右圆周移位时，此圆逆时针旋转。此外，如果围绕圆周观察几圈，那么看到的就是周期序列 $\tilde{x}(n)$。

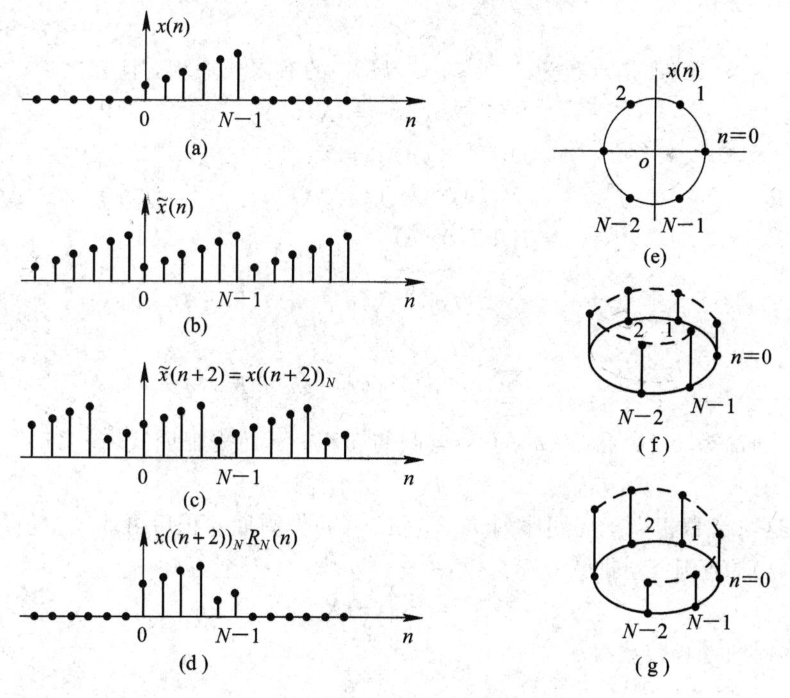

图 2-14　圆周移位过程示意图

2. 时域圆周移位定理

设 $x(n)$ 是长度为 N 的有限长序列，$y(n)$ 为 $x(n)$ 的圆周移位，即

$$y(n)=x((n+m))_N R_N(n)$$

则圆周移位后的 DFT 为

$$Y(k)=\mathrm{DFT}[y(n)]=\mathrm{DFT}[x((n+m))_N R_N(n)]=W_N^{-mk}X(k) \tag{2-45}$$

证明　利用周期序列的移位性质加以证明。

$$\mathrm{DFS}[x((n+m))_N]=\mathrm{DFS}[\tilde{x}(n+m)]=W_N^{-mk}\tilde{X}(k)$$

再利用 DFS 和 DFT 的关系：

$$\begin{aligned}\mathrm{DFT}[x((n+m))_N R_N(n)]&=\mathrm{DFT}[\tilde{x}(n+m)R_N(n)]\\&=W_N^{-mk}\tilde{X}(k)R_N(k)\\&=W_N^{-mk}X(k)\end{aligned}$$

这表明，有限长序列的圆周移位在离散频域中引入了一个和频率成正比的线性相移 $W_N^{-km}=\mathrm{e}^{\left(\mathrm{j}\frac{2\pi}{N}k\right)m}$，而对频谱的幅度没有影响。

3. 频域圆周移位定理

对于频域有限长序列 $X(k)$，也可将其看成分布在一个 N 等分的圆周上，所以对于 $X(k)$的圆周移位，利用频域与时域的对偶关系，可以证明以下性质：

若　　$$X(k)=\mathrm{DFT}[x(n)]$$

则　　$$\mathrm{IDFT}[X((k+l))_N R_N(k)]=W_N^{nl}x(n)=\mathrm{e}^{-\mathrm{j}\frac{2\pi}{N}nl}x(n) \tag{2-46}$$

这就是调制特性。它说明，时域序列的调制等效于频域的圆周移位。

2.5.3　圆周卷积

设 $x_1(n)$和 $x_2(n)$都是点数为 $N(0\leqslant n\leqslant N-1)$的有限长序列，且有

$$\mathrm{DFT}[x_1(n)]=X_1(k)$$

$$\mathrm{DFT}[x_2(n)]=X_2(k)$$

若　　$$Y(k)=X_1(k)X_2(k)$$

则

$$\begin{aligned}y(n)&=\mathrm{IDFT}[Y(k)]\\&=\sum_{m=0}^{N-1}x_1(m)x_2((n-m))_N R_N(n)\\&=\sum_{m=0}^{N-1}x_2(m)x_1((n-m))_N R_N(n)\end{aligned} \tag{2-47}$$

一般称式(2-47)为 $x_1(n)$和 $x_2(n)$的 N 点圆周卷积。下面先证明式(2-47)，再说明其计算方法。

证明　这个卷积相当于周期序列 $\tilde{x}_1(n)$和 $\tilde{x}_2(n)$作周期卷积后再取其主值序列。

先将 $Y(k)$周期延拓，即

$$\tilde{Y}(k)=\tilde{X}_1(k)\tilde{X}_2(k)$$

根据 DFS 的周期卷积公式得

$$\tilde{y}(n)=\sum_{m=0}^{N-1}\tilde{x}_1(m)\tilde{x}_2(n-m)=\sum_{m=0}^{N-1}x_1((m))_N x_2((n-m))_N$$

由于 $0\leqslant m\leqslant N-1$ 为主值区间，$x_1((m))_N=x_1(m)$，因此

$$y(n)=\tilde{y}(n)R_N(n)=\sum_{m=0}^{N-1}x_1(m)x_2((n-m))_N R_N(n)$$

将 $\tilde{y}(n)$的表达式经过简单换元，也可证明：

$$y(n)=\sum_{m=0}^{N-1}x_2(m)x_1((n-m))_NR_N(n)$$

卷积过程可以用图 2-15 来表示。圆周卷积过程中，m 为求和变量，n 为参变量。先将 $x_2(m)$ 周期化，形成 $x_2((m))_N$，再反转形成 $x_2((-m))_N$，取主值序列则得到 $x_2((-m))_NR_N(m)$，通常称之为 $x_2(m)$ 的圆周反转。对 $x_2(m)$ 的圆周反转序列圆周右移 n，形成 $x_2((n-m))_NR_N(m)$，当 $n=0,1,2,\cdots,N-1$ 时，分别将 $x_1(m)$ 与 $x_2((n-m))_NR_N(m)$ 相乘，并在 $m=0,1,\cdots,N-1$ 区间内求和，便得到圆周卷积 $y(n)$。

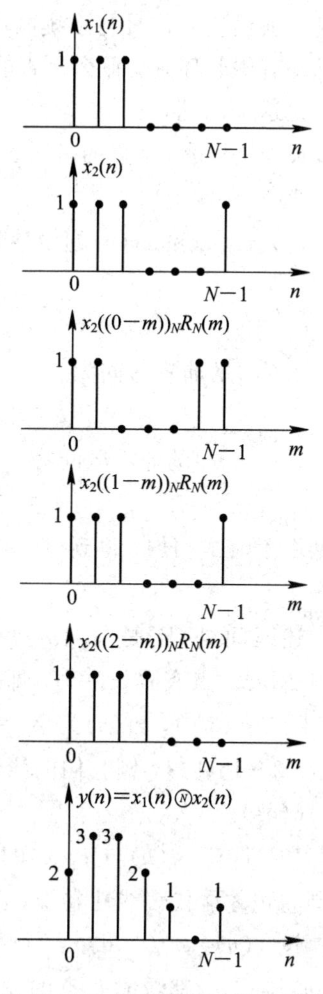

图 2-15　圆周卷积过程示意图

可以看出，它和周期卷积过程是一样的，只不过这里要取主值序列。特别要注意，两个长度小于等于 N 的序列的 N 点圆周卷积长度仍为 N，这与一般的线性卷积不同。圆周卷积用符号Ⓝ来表示。圆圈内的 N 表示所做的是 N 点圆周卷积。

$$\begin{aligned}y(n)&=x_1(n)\,Ⓝ\,x_2(n)\\&=\sum_{m=0}^{N-1}x_1(m)x_2((n-m))_NR_N(n)\end{aligned}$$

或

$$\begin{aligned}y(n)&=x_2(n)\,Ⓝ\,x_1(n)\\&=\sum_{m=0}^{N-1}x_2(m)x_1((n-m))_NR_N(n)\end{aligned}$$

利用时域与频域的对称性，可以证明频域圆周卷积定理(请读者自己证明)：

若　$$y(n)=x_1(n)x_2(n)$$

$x_1(n)$、$x_2(n)$皆为 N 点有限长序列，则

$$\begin{aligned}Y(k)&=\mathrm{DFT}[y(n)]\\&=\frac{1}{N}\sum_{l=0}^{N-1}X_1(l)X_2((k-l))_NR_N(k)\\&=\frac{1}{N}\sum_{l=0}^{N-1}X_2(l)X_1((k-l))_NR_N(k)\\&=\frac{1}{N}X_1(k)\,Ⓝ\,X_2(k)\end{aligned}\tag{2-48}$$

即时域序列相乘，乘积的 DFT 等于各个 DFT 的圆周卷积再乘以 $1/N$。

2.5.4　有限长序列的线性卷积与圆周卷积

时域圆周卷积在频域上相当于两序列的 DFT 的乘积，而计算 DFT 可以采用它的快速算法——快速傅里叶变换(FFT)(见第 3 章)，因此圆周卷积与线性卷积相比，计算速度可以大大加快。但是实际问题大多总是要求解线性卷积。例如，信号通过线性时不变系统，

其输出就是输入信号与系统的单位脉冲响应的线性卷积，如果信号以及系统的单位脉冲响应都是有限长序列，那么是否能用圆周卷积运算来代替线性卷积运算而不失真呢？下面就来讨论这个问题。

设 $x_1(n)$是 N_1 点的有限长序列($0\leqslant n\leqslant N_1-1$)，$x_2(n)$是 N_2 点的有限长序列($0\leqslant n\leqslant N_2-1$)。

(1) $x_1(n)$和 $x_2(n)$的线性卷积：

$$y_1(n)=x_1(n)*x_2(n)=\sum_{m=-\infty}^{\infty}x_1(m)x_2(n-m)=\sum_{m=0}^{N_1-1}x_1(m)x_2(n-m) \tag{2-49}$$

$x_1(m)$的非零区间为

$$0\leqslant m\leqslant N_1-1$$

$x_2(n-m)$的非零区间为

$$0\leqslant n-m\leqslant N_2-1$$

将两个不等式相加，得到

$$0\leqslant n\leqslant N_1+N_2-2$$

在上述区间外，不是 $x_1(m)=0$ 就是 $x_2(n-m)=0$，因而 $y_1(n)=0$，所以 $y_1(n)$是 N_1+N_2-1 点有限长序列，即线性卷积的长度等于参与卷积的两序列的长度之和减 1。例如，图 2-16 中，$x_1(n)$为 $N_1=4$ 的矩形序列(见图 2-16(a))，$x_2(n)$为 $N_2=5$ 的矩形序列(见图 2-16(b))，则它们的线性卷积 $y_1(n)$为 $N=N_1+N_2-1=8$ 点的有限长序列(见图 2-16(c))。

(2) 计算 $x_1(n)$与 $x_2(n)$的圆周卷积。先假设进行 L 点的圆周卷积，再讨论 L 取何值时圆周卷积才能代表线性卷积。

设 $y(n)=x_1(n)\text{Ⓛ}x_2(n)$是两序列的 L 点圆周卷积，$L\geqslant\max[N_1, N_2]$，这就要将 $x_1(n)$与$x_2(n)$都看成 L 点的序列。在这 L 个序列值中，$x_1(n)$只有前 N_1 个是非零值，后 $L-N_1$ 个均为补充的零值。同样，$x_2(n)$只有前 N_2 个是非零值，后 $L-N_2$ 个均为补充的零值，则

$$\begin{aligned}y(n)&=x_1(n)\text{Ⓛ}x_2(n)\\&=\sum_{m=0}^{L-1}x_1(m)x_2((n-m))_LR_L(n)\end{aligned} \tag{2-50}$$

为了分析其圆周卷积，我们先将序列 $x_1(n)$与$x_2(n)$以 L 为周期进行周期延拓：

$$\tilde{x}_1(n)=x_1((n))_L=\sum_{k=-\infty}^{\infty}x_1(n+kL)$$

$$\tilde{x}_2(n)=x_2((n))_L=\sum_{r=-\infty}^{\infty}x_2(n+rL)$$

它们的周期卷积序列为

$$\begin{aligned}\tilde{y}(n)&=\sum_{m=0}^{L-1}\tilde{x}_1(m)\tilde{x}_2(n-m)=\sum_{m=0}^{L-1}x_1(m)\sum_{r=-\infty}^{\infty}x_2(n+rL-m)\\&=\sum_{r=-\infty}^{\infty}\sum_{m=0}^{L-1}x_1(m)x_2(n+rL-m)=\sum_{r=-\infty}^{\infty}y_1(n+rL)\end{aligned} \tag{2-51}$$

式中，$y_1(n)$就是式(2-49)的线性卷积。因此，式(2-51)表明：$\tilde{x}_1(n)$与$\tilde{x}_2(n)$的周期卷积是$x_1(n)$与$x_2(n)$线性卷积的周期延拓，周期为L。

前面已经分析了$y_1(n)$具有N_1+N_2-1个非零值。因此可以看到，如果周期卷积的周期$L<N_1+N_2-1$，那么$y_1(n)$的周期延拓就必然有一部分非零序列值要交叠起来，从而出现混叠现象。只有在$L\geqslant N_1+N_2-1$时，才没有混叠现象。这时，在$y_1(n)$的周期延拓$\tilde{y}_1(n)$中，每一个周期L内，前N_1+N_2-1个序列值正好是$y_1(n)$的全部非零序列值，而剩下的$L-(N_1+N_2-1)$个点上的序列值则是补充的零值。

圆周卷积正是周期卷积取主值序列：

$$y(n)=x_1(n)\,Ⓛ\,x_2(n)=\tilde{y}(n)R_L(n)$$

因此

$$y(n)=\Big[\sum_{r=-\infty}^{\infty}y_1(n+rL)\Big]R_L(n) \qquad (2-52)$$

所以要使圆周卷积等于线性卷积而不产生混叠的必要条件为

$$L\geqslant N_1+N_2-1 \qquad (2-53)$$

满足此条件后就有

$$y(n)=y_1(n)$$

即

$$x_1(n)\,Ⓛ\,x_2(n)=x_1(n)*x_2(n)$$

图 2-16(d)、(e)、(f)反映了式(2-52)的圆周卷积与线性卷积的关系。在图 2-16(d)中，$L=6$，小于$N_1+N_2-1=8$，这时产生混叠现象，其圆周卷积不等于线性卷积；而在图 2-16(e)、(f)中，$L=8$和$L=10$，这时圆周卷积结果与线性卷积相同，所得$y(n)$的前 8 点序列值正好代表线性卷积结果。所以只要$L\geqslant N_1+N_2-1$，圆周卷积结果就能完全代表线性卷积。

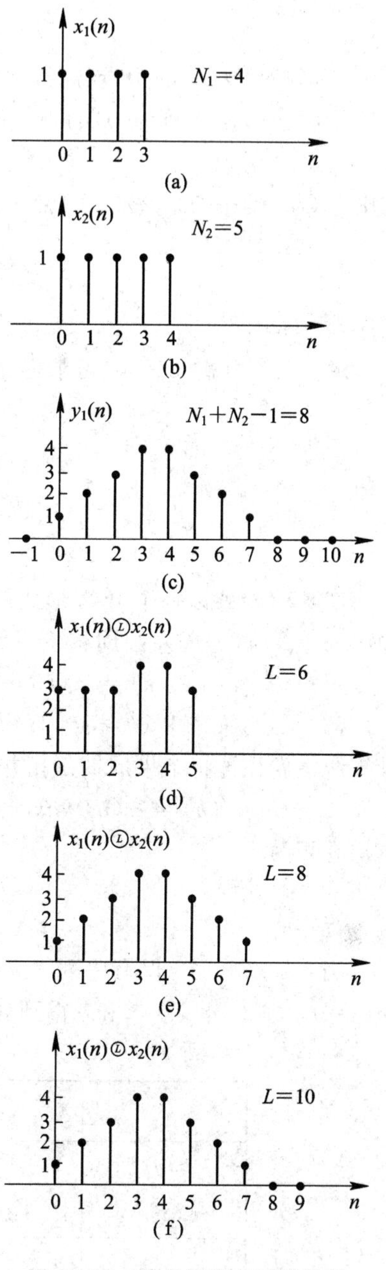

图 2-16　线性卷积与圆周卷积

利用 MATLAB 函数 conv 可直接计算线性卷积，通过编程可验证圆周卷积与线性卷积的关系，具体程序见第 8 章 8.5 节。

【例 2-8】　一个有限长序列为

$$x(n)=\delta(n)+2\delta(n-5)$$

(1) 计算序列$x(n)$的 10 点离散傅里叶变换。

(2) 若序列$y(n)$的 DFT 为

$$Y(k)=\mathrm{e}^{\mathrm{j}2k\frac{2\pi}{10}}X(k)$$

式中，$X(k)$是$x(n)$的10点离散傅里叶变换，求序列$y(n)$。

(3) 若10点序列$y(n)$的10点离散傅里叶变换是

$$Y(k)=X(k)W(k)$$

式中，$X(k)$是序列$x(n)$的10点DFT，$W(k)$是序列$w(n)$的10点DFT。$w(n)$为

$$w(n)=\begin{cases}1 & 0\leqslant n\leqslant 6\\ 0 & 其他\end{cases}$$

求序列$y(n)$。

解　(1) 由式(2-36)可求得$x(n)$的10点DFT：

$$\begin{aligned}X(k)&=\sum_{n=0}^{N-1}x(n)W_N^{nk}=\sum_{n=0}^{10-1}[\delta(n)+2\delta(n-5)]W_{10}^{nk}\\&=1+2W_{10}^{5k}=1+2\mathrm{e}^{-\mathrm{j}\frac{2\pi}{10}5k}\\&=1+2(-1)^k\quad 0\leqslant k\leqslant 9\end{aligned}$$

(2) $X(k)$乘以一个W_N^{km}形式的复指数相当于$x(n)$圆周移位m点。根据式(2-45)，本题中$m=2$，$x(n)$向左圆周移位了2点，就有

$$y(n)=x((n+2))_{10}R_{10}(n)=2\delta(n-3)+\delta(n-8)$$

(3) $X(k)$乘以$W(k)$相当于$x(n)$与$w(n)$进行圆周卷积。为了进行圆周卷积，可以先计算线性卷积再将结果周期延拓并取主值序列。$x(n)$与$w(n)$的线性卷积为

$$z(n)=x(n)*w(n)=\{1,1,1,1,1,3,3,2,2,2,2,2\}$$

圆周卷积为

$$y(n)=\Big[\sum_{r=-\infty}^{\infty}z(n+10r)\Big]R_{10}(n)$$

当$0\leqslant n\leqslant 9$时，仅有序列$z(n)$和$z(n+10)$有非零值，用表列出$z(n)$和$z(n+10)$的值，对$n=0,1,2,\cdots,9$求和，得到如表2-2所示的结果。

表2-2　$z(n)$、$z(n+10)$和$y(n)$

n	0	1	2	3	4	5	6	7	8	9	10	11
$z(n)$	1	1	1	1	1	3	3	2	2	2	2	2
$z(n+10)$	2	2	0	0	0	0	0	0	0	0	0	0
$y(n)$	3	3	1	1	1	3	3	2	2	2	—	—

所以10点圆周卷积为

$$y(n)=\{3,3,1,1,1,3,3,2,2,2\}$$

2.5.5　共轭对称性

设$x^*(n)$为$x(n)$的共轭复序列，则

$$\begin{aligned}\mathrm{DFT}[x^*(n)]&=X^*((-k))_NR_N(k)=X^*((N-k))_NR_N(k)\\&=X^*(N-k)\qquad 0\leqslant k\leqslant N-1\end{aligned}\tag{2-54}$$

且
$$X(N)=X(0)$$

证明

$$\begin{aligned}\mathrm{DFT}[x^*(n)]&=\sum_{n=0}^{N-1}x^*(n)W_N^{nk}R_N(k)=\left[\sum_{n=0}^{N-1}x(n)W_N^{-nk}\right]^*R_N(k)\\&=X^*((-k))_NR_N(k)=\left[\sum_{n=0}^{N-1}x(n)W_N^{(N-k)n}\right]^*R_N(k)\\&=X^*((N-k))_NR_N(k)=X^*(N-k)\qquad 0\leqslant k\leqslant N-1\end{aligned}$$

这里利用了

$$W_N^{nN}=\mathrm{e}^{-\mathrm{j}\frac{2\pi}{N}nN}=\mathrm{e}^{-\mathrm{j}2\pi n}=1$$

因为 $X(k)$具有隐含周期性，所以有 $X(N)=X(0)$。

用同样的方法可以证明：

$$\mathrm{DFT}[x^*((-n))_NR_N(n)]=\mathrm{DFT}[x^*((N-n))_NR_N(n)]=X^*(k)$$

也即

$$\mathrm{DFT}[x^*(N-n)]=X^*(k)\tag{2-55}$$

在第 1 章 1.6.3 节表 1-4 中列出了序列的傅里叶变换的一些对称性质，且定义了共轭对称序列与共轭反对称序列的概念。其中，对称性是指关于坐标原点的纵坐标的对称性。DFT 也有类似的对称性，但在 DFT 中，涉及的序列 $x(n)$及其离散傅里叶变换 $X(k)$均为有限长序列，且定义区间为 $0\sim N-1$，所以，这里的对称性是指关于 $N/2$ 点的对称性。

设有限长序列 $x(n)$的长度为 N 点，则它的圆周共轭对称分量 $x_{\mathrm{ep}}(n)$和圆周共轭反对称分量 $x_{\mathrm{op}}(n)$分别定义为

$$x_{\mathrm{ep}}(n)=\frac{1}{2}[x(n)+x^*(N-n)]\tag{2-56}$$

$$x_{\mathrm{op}}(n)=\frac{1}{2}[x(n)-x^*(N-n)]\tag{2-57}$$

则两者满足：

$$x_{\mathrm{ep}}(n)=x_{\mathrm{ep}}^*(N-n)\qquad 0\leqslant n\leqslant N-1\tag{2-58}$$

$$x_{\mathrm{op}}(n)=-x_{\mathrm{op}}^*(N-n)\qquad 0\leqslant n\leqslant N-1\tag{2-59}$$

如同任何实函数都可以分解成偶对称分量和奇对称分量一样，任何有限长序列 $x(n)$都可以表示成其圆周共轭对称分量 $x_{\mathrm{ep}}(n)$和圆周共轭反对称分量 $x_{\mathrm{op}}(n)$之和，即

$$x(n)=x_{\mathrm{ep}}(n)+x_{\mathrm{op}}(n)\qquad 0\leqslant n\leqslant N-1\tag{2-60}$$

由式(2-56)及式(2-57)，并利用式(2-54)及式(2-55)，可得圆周共轭对称分量及圆周共轭反对称分量的 DFT 分别为

$$\mathrm{DFT}[x_{\mathrm{ep}}(n)]=\mathrm{Re}[X(k)]\tag{2-61}$$

$$\mathrm{DFT}[x_{\mathrm{op}}(n)]=\mathrm{j\,Im}[X(k)]\tag{2-62}$$

证明

$$\begin{aligned}\mathrm{DFT}[x_{\mathrm{ep}}(n)]&=\mathrm{DFT}\left\{\frac{1}{2}[x(n)+x^*(N-n)]\right\}\\&=\frac{1}{2}\mathrm{DFT}[x(n)]+\frac{1}{2}\mathrm{DFT}[x^*(N-n)]\end{aligned}$$

利用式(2-55)，可得

$$\mathrm{DFT}[x_{\mathrm{ep}}(n)]=\frac{1}{2}[X(k)+X^{*}(k)]=\mathrm{Re}[X(k)]$$

则式(2-61)得证。同理可证式(2-62)。

下面我们再来讨论序列实部与虚部的DFT。

若用 $x_{\mathrm{r}}(n)$ 及 $x_{\mathrm{i}}(n)$ 分别表示有限长序列 $x(n)$ 的实部及虚部，即

$$x(n)=x_{\mathrm{r}}(n)+\mathrm{j}x_{\mathrm{i}}(n) \tag{2-63}$$

式中：

$$x_{\mathrm{r}}(n)=\mathrm{Re}[x(n)]=\frac{1}{2}[x(n)+x^{*}(n)]$$

$$\mathrm{j}x_{\mathrm{i}}(n)=\mathrm{j}\ \mathrm{Im}[x(n)]=\frac{1}{2}[x(n)-x^{*}(n)]$$

则有

$$\mathrm{DFT}[x_{\mathrm{r}}(n)]=X_{\mathrm{ep}}(k)=\frac{1}{2}[X(k)+X^{*}(N-k)] \tag{2-64}$$

$$\mathrm{DFT}[\mathrm{j}x_{\mathrm{i}}(n)]=X_{\mathrm{op}}(k)=\frac{1}{2}[X(k)-X^{*}(N-k)] \tag{2-65}$$

式中，$X_{\mathrm{ep}}(k)$ 为 $X(k)$ 的圆周共轭对称分量且 $X_{\mathrm{ep}}(k)=X_{\mathrm{ep}}^{*}(N-k)$，$X_{\mathrm{op}}(k)$ 为 $X(k)$ 的圆周共轭反对称分量且 $X_{\mathrm{op}}(k)=-X_{\mathrm{op}}^{*}(N-k)$。

证明
$$\mathrm{DFT}[x_{\mathrm{r}}(n)]=\frac{1}{2}\{\mathrm{DFT}[x(n)]+\mathrm{DFT}[x^{*}(n)]\}$$

利用式(2-54)，有

$$\mathrm{DFT}[x_{\mathrm{r}}(n)]=\frac{1}{2}[X(k)+X^{*}(N-k)]=X_{\mathrm{ep}}(k)$$

这说明复序列实部的DFT等于序列DFT的圆周共轭对称分量。同理可证式(2-65)。式(2-65)说明复序列虚部乘以j的DFT等于序列DFT的圆周共轭反对称分量。

此外，根据上述共轭对称特性可以证明有限长实序列DFT的共轭对称特性。

若 $x(n)$ 是实序列，这时 $x(n)=x^{*}(n)$，两边进行离散傅里叶变换并利用式(2-54)，有

$$X(k)=X^{*}((N-k))_{N}R_{N}(k)=X^{*}(N-k) \tag{2-66}$$

由式(2-66)可看出，$X(k)$ 只有圆周共轭对称分量。

若 $x(n)$ 是纯虚序列，则显然 $X(k)$ 只有圆周共轭反对称分量，即满足

$$X(k)=-X^{*}((N-k))_{N}R_{N}(k)=-X^{*}(N-k) \tag{2-67}$$

上述两种情况，不论哪一种，只要知道一半数目的 $X(k)$ 就可以了，另一半可利用对称性求得，这些性质在计算DFT时可以节约运算，提高效率。

2.5.6 DFT形式下的帕塞伐定理

DFT形式下的帕塞伐定理如下：

$$\sum_{n=0}^{N-1}x(n)y^{*}(n)=\frac{1}{N}\sum_{k=0}^{N-1}X(k)Y^{*}(k) \tag{2-68}$$

证明

$$\sum_{n=0}^{N-1}x(n)y^*(n)=\sum_{n=0}^{N-1}x(n)\left[\frac{1}{N}\sum_{k=0}^{N-1}Y(k)W_N^{-kn}\right]^*$$

$$=\frac{1}{N}\sum_{k=0}^{N-1}Y^*(k)\sum_{n=0}^{N-1}x(n)W_N^{kn}=\frac{1}{N}\sum_{n=0}^{N-1}X(k)Y^*(k)$$

如果令 $y(n)=x(n)$，则式(2-68)变成

$$\sum_{n=0}^{N-1}x(n)x^*(n)=\frac{1}{N}\sum_{k=0}^{N-1}X(k)X^*(k)$$

即

$$\sum_{n=0}^{N-1}|x(n)|^2=\frac{1}{N}\sum_{k=0}^{N-1}|X(k)|^2 \tag{2-69}$$

这表明一个序列在时域计算的能量与在频域计算的能量是相等的。

表 2-3 中列出了 DFT 的性质，以供参考。

表 2-3　DFT 的性质(序列长皆为 N 点)

序号	序　　列	离散傅立叶变换(DFT)
1	$ax_1(n)+bx_2(n)$	$aX_1(k)+bX_2(k)$
2	$x((n+m))_N R_N(n)$	$W_N^{-mk}X(k)$
3	$W_N^{nl}x(n)$	$X((k+l))_N R_N(k)$
4	$x_1(n)\,\text{Ⓝ}\,x_2(n)=\sum_{m=0}^{N-1}x_1(m)x_2((n-m))_N R_N(n)$	$X_1(k)X_2(k)$
5	$x_1(n)x_2(n)$	$\frac{1}{N}\sum_{l=0}^{N-1}X_1(l)X_2((k-l))_N R_N(k)$
6	$x^*(n)$	$X^*(N-k)$
7	$x^*(N-n)$	$X^*(k)$
8	$x_{ep}(n)=\frac{1}{2}[x(n)+x^*(N-n)]$	$\mathrm{Re}[X(k)]$
9	$x_{op}(n)=\frac{1}{2}[x(n)-x^*(N-n)]$	$\mathrm{j\,Im}[X(k)]$
10	$\mathrm{Re}[x(n)]=\frac{1}{2}[x(n)+x^*(n)]$	$X_{ep}(k)=\frac{1}{2}[X(k)+X^*(N-k)]$
11	$\mathrm{j\,Im}[x(n)]=\frac{1}{2}[x(n)-x^*(n)]$	$X_{op}(k)=\frac{1}{2}[X(k)-X^*(N-k)]$
12	$x(n)$是任意实序列	$X(k)=X^*(N-k)$
13	$\sum_{n=0}^{N-1}x(n)y^*(n)=\frac{1}{N}\sum_{k=0}^{N-1}X(k)Y^*(k)$	DFT 形式下的帕塞伐定理
14	$\sum_{n=0}^{N-1}\mid x(n)\mid^2=\frac{1}{N}\sum_{k=0}^{N-1}\mid X(k)\mid^2$	

2.6　频域采样理论

在 2.4 节中，我们看到采用 DFT 后实现了频域的采样。那么，是否任意一个频率特性(例如，滤波器中最常遇到的理想低通特性)都能用频域采样的办法去逼近呢？其限制条件

是什么？频域采样后会带来什么样的误差？在什么条件下才能消除误差？采样后所能获得的频率特性是怎样的？这些基本概念正是在这里要讨论的问题。

首先，考虑一个任意的绝对可和的非周期序列 $x(n)$，它的 Z 变换为

$$X(z)=\sum_{n=-\infty}^{\infty}x(n)z^{-n}$$

由于绝对可和，所以其傅里叶变换存在且连续，故 Z 变换收敛域包括单位圆。如果我们对 $X(z)$ 在单位圆上进行 N 点等距采样：

$$X(k)=X(z)\mid_{z=W_N^{-k}}=\sum_{n=-\infty}^{\infty}x(n)W_N^{nk}\qquad k=0,1,\cdots,N-1 \tag{2-70}$$

问题在于，这样采样以后是否仍能不失真地恢复出原序列 $x(n)$。也就是说，频率采样后从 $X(k)$ 的反变换中所获得的有限长序列，即 $x_N(n)=\text{IDFT}[X(k)]$，能不能代表原序列 $x(n)$？为此，我们先来分析 $X(k)$ 的周期延拓序列 $\widetilde{X}(k)$ 的离散傅里叶级数的反变换，令其为 $\widetilde{x}_N(n)$，即

$$\widetilde{x}_N(n)=\text{IDFS}[\widetilde{X}(k)]=\frac{1}{N}\sum_{k=0}^{N-1}\widetilde{X}(k)W_N^{-nk}=\frac{1}{N}\sum_{k=0}^{N-1}X(k)W_N^{-nk}$$

将式(2－70)代入上式，可得

$$\widetilde{x}_N(n)=\frac{1}{N}\sum_{k=0}^{N-1}\Big[\sum_{m=-\infty}^{\infty}x(m)W_N^{mk}\Big]W_N^{-nk}=\sum_{m=-\infty}^{\infty}x(m)\Big[\frac{1}{N}\sum_{k=0}^{N-1}W_N^{(m-n)k}\Big]$$

由于

$$\frac{1}{N}\sum_{k=0}^{N-1}W_N^{(m-n)k}=\begin{cases}1 & m=n+rN,\ r\text{ 为任意整数}\\ 0 & \text{其他 } m\end{cases}$$

所以

$$\widetilde{x}_N(n)=\sum_{r=-\infty}^{\infty}x(n+rN) \tag{2-71}$$

这说明由 $\widetilde{X}(k)$ 得到的周期序列 $\widetilde{x}_N(n)$ 是原非周期序列 $x(n)$ 的周期延拓，其时域周期为频域采样点数 N。在第 1 章 1.2 节中已经知道，时域采样会造成频域的周期延拓，这里又看到一个对称的特性，即频域采样同样会造成时域的周期延拓。

(1) 如果 $x(n)$ 是有限长序列，点数为 M，则当频域采样不够密，即 $N<M$ 时，$x(n)$ 以 N 为周期进行延拓，就会造成混叠。这时，从 $\widetilde{x}_N(n)$ 就不能不失真地恢复出原信号 $x(n)$。因此，对于 M 点的有限长序列，当 $n<0$ 或 $n>m$ 时，有

$$x(n)=0$$

频域采样不失真的条件是频域采样点数 N 要大于或等于时域采样点数 M（时域序列长度），即满足

$$N\geqslant M \tag{2-72}$$

此时可得到

$$x_N(n)=\widetilde{x}_N(n)R_N(n)=\sum_{r=-\infty}^{\infty}x(n+rN)R_N(n)=x(n)\qquad N\geqslant M \tag{2-73}$$

也就是说，点数为 N（或小于 N）的有限长序列，可以利用它的 Z 变换在单位圆上的 N 个等间隔点上的采样值精确地表示。

(2) 如果 $x(n)$ 不是有限长序列（即无限长序列），则时域周期延拓后，必然造成混叠现

象，因而一定会产生误差。n 越大，信号衰减得越快，或频域采样越密(即采样点数 N 越大)，则误差越小，即 $x_N(n)$ 越接近 $x(n)$。

既然 N 个频域采样 $X(k)$ 能不失真地代表 N 点有限长序列 $x(n)$，那么这 N 个采样值 $X(k)$ 也一定能够完全地表达整个 $X(z)$ 及频率响应 $X(\mathrm{e}^{\mathrm{j}\omega})$。讨论如下：

$$X(z) = \sum_{n=0}^{N-1} x(n) z^{-n}$$

由于

$$x(n) = \frac{1}{N}\sum_{k=0}^{N-1} X(k) W_N^{-nk}$$

将它代入 $X(z)$ 的表达式中，得到

$$\begin{aligned} X(z) &= \sum_{n=0}^{N-1}\left[\frac{1}{N}\sum_{k=0}^{N-1} X(k) W_N^{-nk}\right] z^{-n} = \frac{1}{N}\sum_{k=0}^{N-1} X(k)\left[\sum_{n=0}^{N-1} W_N^{-nk} z^{-n}\right] \\ &= \frac{1}{N}\sum_{k=0}^{N-1} X(k)\,\frac{1 - W_N^{-Nk} z^{-N}}{1 - W_N^{-k} z^{-1}} \end{aligned}$$

又由于 $W_N^{-Nk}=1$，因此

$$X(z) = \frac{1 - z^{-N}}{N}\sum_{k=0}^{N-1}\frac{X(k)}{1 - W_N^{-k} z^{-1}} \tag{2-74}$$

这就是用 N 个频率采样 $X(k)$ 来表示 $X(z)$ 的内插公式。它可以表示为

$$X(z) = \sum_{k=0}^{N-1} X(k)\Phi_k(z) \tag{2-75}$$

式中：

$$\Phi_k(z) = \frac{1}{N}\,\frac{1 - z^{-N}}{1 - W_N^{-k} z^{-1}} \tag{2-76}$$

称为内插函数。令其分子为零，得

$$z = \mathrm{e}^{\mathrm{j}\frac{2\pi}{N}r} \qquad r = 0, 1, \cdots, k, \cdots, N-1$$

即内插函数在单位圆的 N 等分点上(即采样点上)有 N 个零点。而分母为零，则有 $z=W_N^{-k}=\mathrm{e}^{\mathrm{j}\frac{2\pi}{N}k}$ 的一个极点，它将和第 k 个零点相抵消。因而，内插函数 $\Phi_k(z)$ 只在本身采样点 $r=k$ 处不为零，在其他 $N-1$ 个采样点 $r(r=0, 1, \cdots, N-1$，但 $r\neq k)$ 上都是零点(有 $N-1$ 个零点)，而它在 $z=0$ 处还有 $N-1$ 阶极点，如图 2-17 所示。

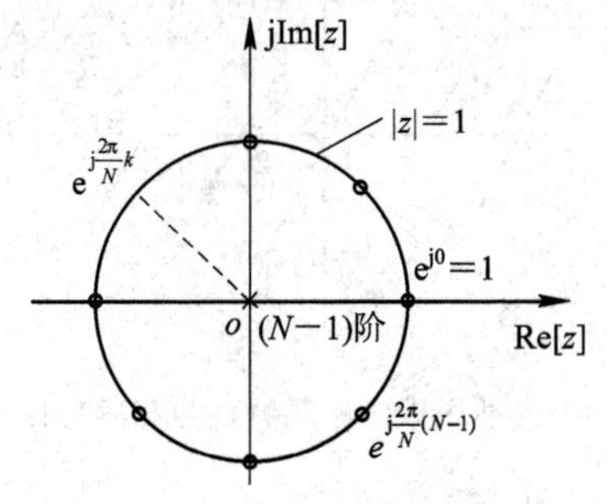

图 2-17　插值函数的零极点

现在来讨论频率响应，即求单位圆上 $z=\mathrm{e}^{\mathrm{j}\omega}$ 的 Z 变换。由式(2-75)可得

$$X(e^{j\omega}) = \sum_{k=0}^{N-1} X(k)\Phi_k(e^{j\omega}) \tag{2-77}$$

而

$$\Phi_k(e^{j\omega}) = \frac{1}{N}\frac{1-e^{-j\omega N}}{1-e^{-j\left(\omega-k\frac{2\pi}{N}\right)}} = \frac{1}{N}\frac{\sin\left(\frac{\omega N}{2}\right)}{\sin\left(\frac{\omega-\frac{2\pi}{N}k}{2}\right)} e^{-j\left(\frac{N-1}{2}\omega+\frac{k\pi}{N}\right)}$$

$$= \frac{1}{N}\frac{\sin\left[N\left(\frac{\omega}{2}-\frac{\pi}{N}k\right)\right]}{\sin\left(\frac{\omega}{2}-\frac{\pi}{N}k\right)} e^{j\frac{k\pi}{N}(N-1)} e^{-j\frac{N-1}{2}\omega} \tag{2-78}$$

可将 $\Phi_k(e^{j\omega})$表示成更方便的形式：

$$\Phi_k(e^{j\omega}) = \Phi\left(\omega - k\frac{2\pi}{N}\right) \tag{2-79}$$

式中：

$$\Phi(\omega) = \frac{1}{N}\frac{\sin(\omega N/2)}{\sin(\omega/2)} e^{-j\left(\frac{N-1}{2}\right)\omega} \tag{2-80}$$

这样式(2-77)又可改写为

$$X(e^{j\omega}) = \sum_{k=0}^{N-1} X(k)\Phi\left(\omega - \frac{2\pi}{N}k\right) \tag{2-81}$$

频域内插函数 $\Phi(\omega)$的幅频特性及相频特性如图 2-18 所示。其中，相位是线性相移加上一个 π 的整数倍的相移，由于 $\Phi(\omega)$每隔 $2\pi/N$ 的整数倍相位翻转($\Phi(\omega)$由正变负或由负变正)，因而每隔 $2\pi/N$ 的整数倍相位要加上 π。

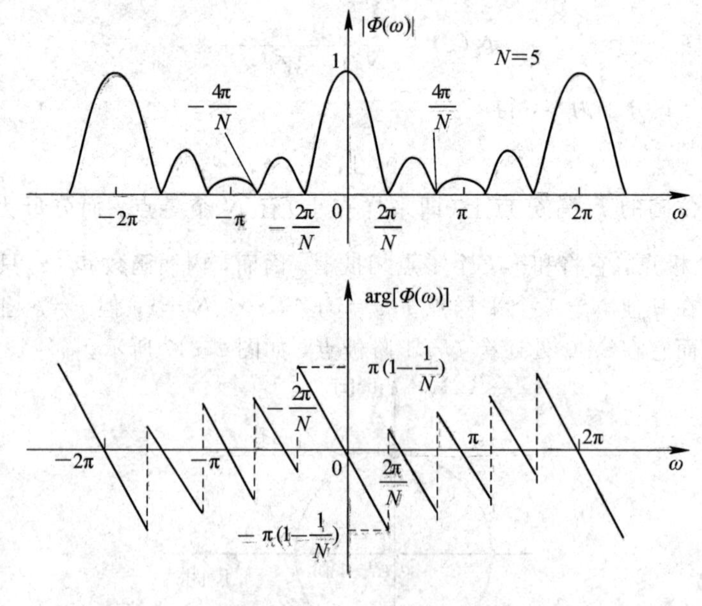

图 2-18　内插函数的幅频特性与相频特性($N=5$)

当变量 $\omega=0$ 时，$\Phi(\omega)=1$，当 $\omega=i\frac{2\pi}{N}(i=1, 2, \cdots, N-1)$时，$\Phi(\omega)=0$。因而可知，

$\Phi\left(\omega-k\dfrac{2\pi}{N}\right)$满足以下关系：

$$\Phi\left(\omega-k\frac{2\pi}{N}\right)=\begin{cases}1 & \omega=k\dfrac{2\pi}{N}=\omega_k\\[2ex] 0 & \omega=i\dfrac{2\pi}{N}=\omega_i,\ i\neq k\end{cases}\tag{2-82}$$

也就是说，函数 $\Phi\left(\omega-k\dfrac{2\pi}{N}\right)$在本采样点$\left(\omega_k=k\dfrac{2\pi}{N}\right)$上，$\Phi\left(\omega_k-k\dfrac{2\pi}{N}\right)=1$，而在其他采样点$\left(\omega_i=i\dfrac{2\pi}{N},\ i\neq k\right)$上，函数 $\Phi\left(\omega_i-k\dfrac{2\pi}{N}\right)=0$。整个 $X(e^{j\omega})$是由 N 个 $\Phi\left(\omega-k\dfrac{2\pi}{N}\right)$函数分别乘上 $X(k)$后求和得到的。所以很明显，在每个采样点上，$X(e^{j\omega})$就精确地等于 $X(k)$(因为其他点的内插函数在这一点上的值为零，没有影响)，即

$$X(e^{j\omega})\big|_{\omega=\frac{2\pi}{N}k}=X(k)\qquad k=0,1,\cdots,N-1\tag{2-83}$$

请注意，一般来说，这里的 $X(e^{j\omega})$和 $X(k)$都是复数。

各采样点之间的 $X(e^{j\omega})$值由各采样点的加权内插函数 $X(k)\Phi\left(\omega-\dfrac{2\pi}{N}k\right)$在所求 ω 点上的值叠加而得到。

在以后的章节中，我们将会看到，频率采样理论为 FIR 数字滤波器的结构设计以及 FIR 数字滤波器系统函数的逼近提供了又一个有力的工具。

本章小结

本章首先在 2.1 节简要介绍了傅里叶变换的几种可能的形式。接着在 2.2 节和 2.3 节给出了周期序列的傅里叶变换即离散傅里叶级数(DFS)的定义，并介绍了 DFS 的性质。在 2.4 节给出了有限长序列的离散傅里叶变换(DFT)的定义、DFT 与 DFS 之间的内在联系，讨论了 DFT 与序列的傅里叶变换、Z 变换的关系。2.5 节详细介绍了离散傅里叶变换的性质，如线性、圆周移位、圆周卷积、帕塞伐定理、共轭对称性以及有限长序列的线性卷积与圆周卷积之间的关系等。2.6 节介绍了频域采样理论，即用频域采样的办法逼近任意一个频率特性有何限制条件，会出现什么误差以及如何消除误差等，并推导了用 N 个采样值 $X(k)$表达整个 $X(z)$及频率响应 $X(e^{j\omega})$的插值公式。

习题与上机练习

2.1　图 T2-1 所示序列 $\tilde{x}_1(n)$是周期为 4 的序列，确定傅里叶级数的系数 $\widetilde{X}_1(k)$。

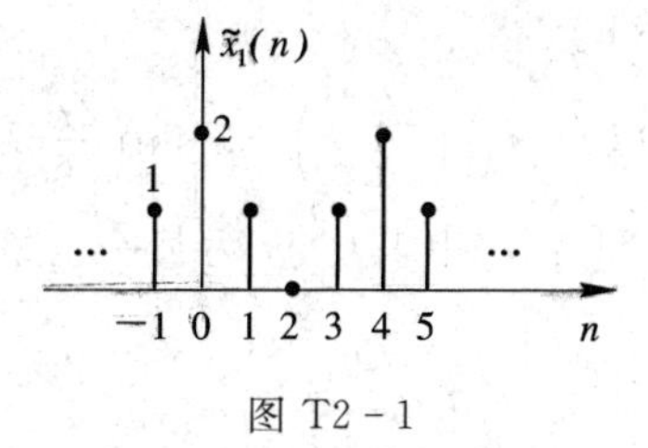

图 T2-1

2.2 求下列序列的 DFT。

(1) $\{1, 1, -1, -1\}$；

(2) $\{1, j, -1, -j\}$；

(3) $x(n)=c^n(0\leqslant n\leqslant N-1)$；

(4) $x(n)=\sin(2\pi n/N)R_N(n)$；

(5) $x(n)=\delta(n)$；

(6) $x(n)=\delta(n-n_0)\quad(0<n_0<N)$。

2.3 用封闭形式表达以下有限长序列的 DFT$[x(n)]$。

(1) $x(n)=e^{j\omega_0 n}R_N(n)$；

(2) $x(n)=\cos(\omega_0 n)R_N(n)$；

(3) $x(n)=\sin(\omega_0 n)R_N(n)$；

(4) $x(n)=nR_N(n)$。

2.4 已知序列

$$x(n)=\begin{cases}a^n & 6\leqslant n\leqslant 9\\ 0 & 其他\ n\end{cases}$$

求其 10 点和 20 点离散傅里叶变换。

2.5 若已知 DFT$[x(n)]=X(k)$，求：

(1) $\text{DFT}\left[x(n)\cos\left(\dfrac{2\pi}{N}mn\right)\right]\ (0<m<N)$；

(2) $\text{DFT}\left[x(n)\sin\left(\dfrac{2\pi}{N}mn\right)\right]\ (0<m<N)$。

2.6 已知序列 $x(n)=4\delta(n)+3\delta(n-1)+2\delta(n-2)+\delta(n-3)$，$X(k)$是 $x(n)$的 6 点 DFT。

(1) 若有限长序列 $y(n)$的 6 点 DFT 是 $Y(k)=W_6^{4k}X(k)$，求 $y(n)$。

(2) 若有限长序列 $w(n)$的 6 点 DFT 等于 $X(k)$的实部，$W(k)=\text{Re}\{X(k)\}$，求 $w(n)$。

(3) 若有限长序列 $q(n)$的 3 点 DFT 满足 $Q(k)=X(2k)\ (k=0, 1, 2)$，求 $q(n)$。

2.7 序列

$$x(n)=2\delta(n)+\delta(n-1)+\delta(n-3)$$

计算 $x(n)$的 5 点 DFT，然后对得到的序列求平方，即

$$Y(k)=X^2(k)$$

求 $Y(k)$的 5 点 IDFT。

2.8 求 $x(n)$的 N 点 DFT。

$$x(n)=(-1)^n\qquad n=0, 1, \cdots, N-1, N\ 为偶数$$

2.9 求 $X(k)$的 16 点 IDFT。

$$X(k)=\cos\left(\frac{2\pi}{16}3k\right)+3j\sin\left(\frac{2\pi}{16}5k\right)$$

2.10 已知 $X(k)$，求 IDFT$[X(k)]$(其中 m 为某一正整数，$0<m<N/2$)。

(1) $X(k)=\begin{cases}\dfrac{N}{2}e^{j\theta} & k=m \\ \dfrac{N}{2}e^{-j\theta} & k=N-m \\ 0 & \text{其他 } k\end{cases}$；

(2) $X(k)=\begin{cases}-\dfrac{N}{2}je^{j\theta} & k=m \\ \dfrac{N}{2}je^{-j\theta} & k=N-m \\ 0 & \text{其他 } k\end{cases}$。

2.11　已知有限长复序列 $f(n)$ 是由两个有限长实序列 $x(n)$、$y(n)$ 组成的，$f(n)=x(n)+jy(n)$，且 $\text{DFT}[f(n)]=F(k)$，求 $X(k)$、$Y(k)$ 以及 $x(n)$、$y(n)$。

(1) $F(k)=\dfrac{1-a^N}{1-aW_N^k}+j\,\dfrac{1-b^N}{1-bW_N^k}$；

(2) $F(k)=1+jN$。

2.12　已知 $X(k)$，求其 10 点 IDFT。

$$X(k)=\begin{cases}3 & k=0 \\ 1 & 1\leqslant k\leqslant 9\end{cases}$$

2.13　若 $X(k)$ 是序列 $x(n)$ 的 10 点 DFT，$x(n)=\delta(n-1)+2\delta(n-4)-\delta(n-7)$，若 $y(n)$ 的 10 点 DFT 为 $Y(k)=2X(k)\cos\left(\dfrac{6\pi k}{N}\right)$，求 $y(n)$。

2.14　求 $Y(k)=|X(k)|^2$ 的 IDFT，其中 $X(k)$ 是序列 $x(n)=u(n)-u(n-6)$ 的 10 点 DFT。

2.15　若 $x_1(n)$ 和 $x_2(n)$ 都是长度为 N 点的序列，$X_1(k)$ 和 $X_2(k)$ 分别是两个序列的 N 点 DFT。试证明：

$$\sum_{n=0}^{N-1}x_1(n)x_2^*(n)=\frac{1}{N}\sum_{k=0}^{N-1}X_1(k)X_2^*(k)$$

2.16　图 T2-2 所示为 5 点序列 $x(n)$。

(1) 计算 $x(n)$ 与 $x(n)$ 的线性卷积。

(2) 计算 $x(n)$ 与 $x(n)$ 的 5 点圆周卷积。

(3) 计算 $x(n)$ 和 $x(n)$ 的 10 点圆周卷积。

(4) 为了使 N 点的 $x(n)$ 与 $x(n)$ 圆周卷积可以表示其线性卷积，最小的 N 值为多少？

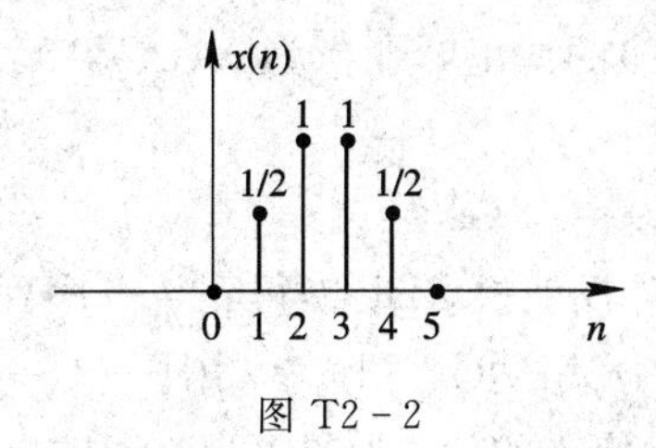

图 T2-2

2.17　已知：

$$x_1(n) = x_2(n) = \begin{cases} 1 & 0 \leqslant n \leqslant N-1 \\ 0 & \text{其他} \end{cases}$$

计算 $x_1(n)$、$x_2(n)$的 N 点圆周卷积。

2.18 已知：

$$x(n) = \delta(n) + 2\delta(n-1) + 3\delta(n-2) + 3\delta(n-3)$$
$$h(n) = \delta(n) - \delta(n-1) + \delta(n-2)$$

计算序列 $x(n)$和 $h(n)$的 4 点圆周卷积。

2.19 $x_1(n)$是长度为 N 点的序列，$X_1(k)$是其序列的 N 点 DFT。试证明：

$$\sum_{n=0}^{N-1} |x_1(n)|^2 = \frac{1}{N}\sum_{k=0}^{N-1} |X_1(k)|^2$$

2.20 序列 $x(n)=\delta(n)+2\delta(n-2)+\delta(n-3)$。

(1) 求 $x(n)$的 4 点 DFT。

(2) 若 $y(n)$是 $x(n)$与它本身的 4 点圆周卷积，求 $y(n)$及其 4 点 DFT。

(3) $h(n)=\delta(n)+\delta(n-1)+2\delta(n-3)$，求 $x(n)$与 $h(n)$的 4 点圆周卷积。

2.21 长度为 N 的序列 $x(n)$的 N 点离散傅里叶变换为 $X(k)$。

(1) 证明：若 $x(n)$为奇对称，即 $x(n)=-x(N-1-n)$，则 $X(0)=0$。

(2) 证明：若 $x(n)$为偶对称，且 N 为偶数，即 $x(n)=x(N-1-n)$，则 $X(N/2)=0$。

2.22 序列 $x(n)=(1/2)^n u(n)$的傅里叶变换为 $X(e^{j\omega})$，已知一有限长序列 $y(n)$除了 $0\leqslant n\leqslant 9$ 外均有 $y(n)=0$，其 10 点离散傅里叶变换等于 $X(e^{j\omega})$在其主周期内等间隔的 10 点取样值。试求 $y(n)$。

2.23 已知序列 $x(n)=a^n u(n)(0<a<1)$，今对其 Z 变换 $X(z)$在单位圆上 N 等分采样，采样值为

$$X(k) = X(z)\big|_{z=W_N^{-k}}$$

求有限长序列 IDFT[$X(k)$]。

2.24 令 $x(n)$表示 Z 变换为 $X(z)$的无限时宽序列，而 $x_1(n)$表示长度为 N 的有限时宽序列，其 N 点离散傅里叶变换用 $X_1(k)$表示。如果 $X(z)$和 $X_1(k)$有如下关系：

$$X_1(k) = X(z)\big|_{z=W_N^{-k}} \qquad k = 0, 1, 2, \cdots, N-1$$

式中，$W_N=e^{-j\frac{2\pi}{N}}$。试求 $x(n)$和 $x_1(n)$之间的关系。

2.25 已知 $x(n)$是一个 6 点的离散时间序列：

$$x(n) = \delta(n) + 2\delta(n-2) + 2\delta(n-3) + b\delta(n-4) + \delta(n-5)$$

其中，$x(4)$的值 b 未知。令 $x(n)$的傅里叶变换为 $X(e^{j\omega})$，$X_1(k)$表示 $X(e^{j\omega})$在每隔 $\pi/2$ 处的样本，即

$$X_1(k) = X(e^{j\omega})\big|_{\omega=2\pi k/4} \qquad 0 \leqslant k \leqslant 3$$

由 $X_1(k)$的 4 点离散傅里叶反变换(IDFT)得到 4 点序列 $x_1(n)$，且

$$x_1(n) = 4\delta(n) + \delta(n-1) + 2\delta(n-2) + 2\delta(n-3)$$

根据 $x_1(n)$的值，能否唯一地确定 b 的值？如果可以，请求出 b 的值。

2.26 已知 $x(n)$是一个 5 点的离散时间序列，$x(n)=2\delta(n)-\delta(n-1)+c\delta(n-3)+\delta(n-4)$，其中 $x(3)$的值 c 未知。设 $X_1(k)=X(k)e^{j2\pi 3k/5}$，式中 $X(k)$是 $x(n)$的 5 点 DFT。

$x_1(n)$是 $X_1(k)$的 IDFT，且 $x_1(n)=2\delta(n)+\delta(n-1)+2\delta(n-2)-\delta(n-3)$。求 c 值。

2.27　若 $x(n)$是长度为 4 点的有限长序列，其 4 点的 DFT 是 $X(k)$。用 $X(k)$表示以下序列的 4 点 DFT：

(1) $x(n)+\delta(n)$；　　(2) $x((3-n))_4$；　　(3) $\frac{1}{2}[x(n)+x^*((-n))_4]$。

2.28　已知 $x(n)$是长为 N 的有限长序列，$X(k)=\text{DFT}[x(n)]$，现将长度扩大为原来的 r 倍，得长度为 rN 的有限长序列 $y(n)$：

$$y(n)=\begin{cases}x(n) & 0\leqslant n\leqslant N-1\\ 0 & N\leqslant n\leqslant rN-1\end{cases}$$

试求 DFT$[y(n)]$与 $X(k)$的关系。

2.29　已知 $x(n)$是长度为 N 的有限长序列，$X(k)=\text{DFT}[x(n)]$，现将 $x(n)$的每 2 点之间补进 $r-1$ 个零值，得到一个长为 rN 的有限长序列 $y(n)$：

$$y(n)=\begin{cases}x(n/r) & n=ir,\ i=0,\ 1,\ \cdots,\ N-1\\ 0 & \text{其他 } n\end{cases}$$

试求 DFT$[y(n)]$与 $X(k)$的关系。

2.30　已知序列 $x(n)=2\sin(0.48\pi n)+\cos(0.52\pi n)(0\leqslant n\leqslant 100)$。试编程绘制 $x(n)$及它的离散傅里叶变换$|X(k)|$的图形。

2.31　已知两个有限长序列：

$$x(n)=\delta(n)+2\delta(n-1)+3\delta(n-2)+4\delta(n-3)+5\delta(n-4)$$
$$h(n)=\delta(n)+2\delta(n-1)+\delta(n-2)+2\delta(n-3)$$

(1) 编制一个计算两个序列线性卷积的通用程序，计算 $x(n)*h(n)$。

(2) 编制一个计算圆周卷积的通用程序，计算下述四种情况下两个序列 $x(n)$与 $h(n)$的圆周卷积：

- $x(n)⑤h(n)$；
- $x(n)⑥h(n)$；
- $x(n)⑨h(n)$；
- $x(n)⑩h(n)$。

(3) 上机调试并打印或记录运行结果。

(4) 将运行结果与预先笔算的结果进行比较，验证其正确性。

第 3 章　快速傅里叶变换(FFT)

3.1　引　　言

快速傅里叶变换(FFT)并不是一种新的变换，而是离散傅里叶变换(DFT)的一种快速算法。

由于有限长序列在其频域也可离散化为有限长序列(DFT)，因此离散傅里叶变换(DFT)在数字信号处理中是非常有用的。例如，在信号的频谱分析和系统的分析、设计及实现中都会用到 DFT 的计算。但是，在相当长的时间里，由于 DFT 的计算量太大，即使采用计算机也很难对问题进行实时处理，所以它并没有得到真正的运用。直到 1965 年首次发现了 DFT 运算的一种快速算法以后，情况才发生了根本的变化。人们开始认识到 DFT 运算的一些内在规律，从而很快地发展和完善了一套高速有效的运算方法，这就是现在人们普遍称为快速傅里叶变换(FFT)的算法。FFT 使 DFT 的运算大大简化，运算时间一般可缩短一两个数量级，从而使 DFT 在实际运算中真正得到了广泛的应用。

3.2　直接计算 DFT 的运算量问题及改善途径

3.2.1　直接计算 DFT 的运算量问题

设 $x(n)$为 N 点有限长序列，其 DFT 为

$$X(k)=\sum_{n=0}^{N-1}x(n)W_N^{nk}\qquad k=0,1,\cdots,N-1\tag{3-1}$$

反变换(IDFT)为

$$x(n)=\frac{1}{N}\sum_{k=0}^{N-1}X(k)W_N^{-nk}\qquad n=0,1,\cdots,N-1\tag{3-2}$$

二者的差别只在于 W_N 的指数符号不同，以及差一个常数乘因子 $1/N$，所以 IDFT 与 DFT 具有相同的运算工作量。下面我们只讨论 DFT 的运算量。

一般来说，$x(n)$和 W_N^{nk} 都是复数，$X(k)$也是复数，因此每计算一个 $X(k)$值，需要 N 次复数乘法和 $N-1$ 次复数加法，而 $X(k)$共有 N 个点(k 从 0 取到 $N-1$)，所以完成整个 DFT 运算总共需要 N^2 次复数乘法及 $N(N-1)$次复数加法。在这些运算中，乘法运算要比加法运算复杂，需要的运算时间也多一些。因为复数运算实际上是由实数运算来完成的，所以 DFT 运算式可写成

$$X(k)=\sum_{n=0}^{N-1}x(n)W_N^{nk}=\sum_{n=0}^{N-1}\{\mathrm{Re}[x(n)]+\mathrm{jIm}[x(n)]\}\{\mathrm{Re}[W_N^{nk}]+\mathrm{jIm}[W_N^{nk}]\}$$

$$=\sum_{n=0}^{N-1}\{\mathrm{Re}[x(n)]\mathrm{Re}[W_N^{nk}]-\mathrm{Im}[x(n)]\mathrm{Im}[W_N^{nk}]+$$

$$\mathrm{j}(\mathrm{Re}[x(n)]\mathrm{Im}[W_N^{nk}]+\mathrm{Im}[x(n)]\mathrm{Re}[W_N^{nk}])\}\tag{3-3}$$

由此可见，一次复数乘法需进行四次实数乘法和二次实数加法，一次复数加法需进行二次实数加法，因而每运算一个$X(k)$需进行$4N$次实数乘法和$2N+2(N-1)=2(2N-1)$次实数加法。所以，整个DFT运算总共需进行$4N^2$次实数乘法和$2N(2N-1)$次实数加法。

当然，上述统计与实际需要的运算次数稍有出入，因为某些W_N^{nk}可能是1或j，就不必相乘了。例如，$W_N^0=1$，$W_N^{N/2}=-1$，$W_N^{N/4}=-\mathrm{j}$等就不需要进行乘法运算。但是为了便于和其他运算方法作比较，一般都不考虑这些特殊情况，而是把W_N^{nk}都看成复数。当N很大时，这种特例的影响很小。

从上面的统计可以看到，直接计算DFT，乘法次数和加法次数都与N^2成正比，当N很大时，运算量将非常大。

【例3-1】 根据式(3-1)，对一幅$N\times N$点的二维图像进行DFT变换，如用每秒可做10万次复数乘法的计算机，当$N=1024$时，需要多少时间(不考虑加法运算时间)?

解 直接计算DFT所需复乘次数为$(N^2)^2\approx10^{12}$次，因此用每秒可做10万次复数乘法的计算机，需要近3000小时。

这对实时性很强的信号处理来说，需提高计算速度，而这样对计算速度的要求就太高了。另外，只能通过改进对DFT的计算方法来大大减少运算次数。

3.2.2 改善途径

能否减少运算量，从而缩短计算时间呢？仔细观察DFT的运算就可看出，利用系数W_N^{nk}的以下固有特性，就可减少运算量。

(1) W_N^{nk}的对称性：

$$(W_N^{nk})^*=W_N^{-nk}$$

(2) W_N^{nk}的周期性：

$$W_N^{nk}=W_N^{(n+N)k}=W_N^{n(k+N)}$$

(3) W_N^{nk}的可约性：

$$W_N^{nk}=W_{mN}^{nmk},\quad W_N^{nk}=W_{N/m}^{nk/m}$$

另外：

$$W_N^{n(N-k)}=W_N^{(N-n)k}=W_N^{-nk},\quad W_N^{N/2}=-1,\quad W_N^{k+N/2}=-W_N^k$$

利用这些特性，可使DFT运算中的有些项合并，并能使DFT分解为更少点数的DFT运算。而前面已经说到，DFT的运算量是与N^2成正比的，所以N越小越有利，因而小点数序列的DFT比大点数序列的DFT的运算量要小。

快速傅里叶变换算法正是基于这样的基本思想而发展起来的。它的算法形式有很多种，但基本上可以分成两大类，即时间抽取(Decimation-in-Time，DIT)法和频率抽取

(Decimation-in-Frequency，DIF)法。

3.3　按时间抽取(DIT)的基-2 FFT算法

为了提高运算速度，将DFT的计算逐次分解成较小点数的DFT。如果算法是通过逐次分解时间序列 $x(n)$ 得到的，这种算法称为时间抽取法。下面分几个部分进行讨论。

3.3.1　算法原理

设序列 $x(n)$ 的长度为 N，且满足 $N=2^M$，M 为正整数。按 n 的奇偶把 $x(n)$ 分解为两个 $N/2$ 点的子序列：

$$\begin{cases} x(2r)=x_1(r) \\ x(2r+1)=x_2(r) \end{cases} \quad r=0,1,\cdots,\frac{N}{2}-1 \tag{3-4}$$

则可将DFT化为

$$\begin{aligned} X(k) &= \mathrm{DFT}[x(n)]=\sum_{n=0}^{N-1}x(n)W_N^{nk}=\sum_{\substack{n=0\\ n\text{为偶数}}}^{N-1}x(n)W_N^{nk}+\sum_{\substack{n=0\\ n\text{为奇数}}}^{N-1}x(n)W_N^{nk} \\ &= \sum_{r=0}^{\frac{N}{2}-1}x(2r)W_N^{2rk}+\sum_{r=0}^{\frac{N}{2}-1}x(2r+1)W_N^{(2r+1)k} \\ &= \sum_{r=0}^{\frac{N}{2}-1}x_1(r)(W_N^2)^{rk}+W_N^k\sum_{r=0}^{\frac{N}{2}-1}x_2(r)(W_N^2)^{rk} \end{aligned}$$

由于 $W_N^2=\mathrm{e}^{-\mathrm{j}\frac{2\pi}{N}2}=\mathrm{e}^{-\mathrm{j}2\pi/\left(\frac{N}{2}\right)}=W_{N/2}$，因此上式可表示成

$$\begin{aligned} X(k) &= \sum_{r=0}^{\frac{N}{2}-1}x_1(r)W_{N/2}^{rk}+W_N^k\sum_{r=0}^{\frac{N}{2}-1}x_2(r)W_{N/2}^{rk} \\ &= X_1(k)+W_N^kX_2(k) \end{aligned} \tag{3-5}$$

式中，$X_1(k)$ 与 $X_2(k)$ 分别是 $x_1(r)$ 及 $x_2(r)$ 的 $N/2$ 点DFT：

$$X_1(k)=\sum_{r=0}^{\frac{N}{2}-1}x_1(r)W_{N/2}^{rk}=\sum_{r=0}^{\frac{N}{2}-1}x(2r)W_{N/2}^{rk} \tag{3-6}$$

$$X_2(k)=\sum_{r=0}^{\frac{N}{2}-1}x_2(r)W_{N/2}^{rk}=\sum_{r=0}^{\frac{N}{2}-1}x(2r+1)W_{N/2}^{rk} \tag{3-7}$$

由此我们可以看到，一个 N 点DFT已分解成两个 $N/2$ 点的DFT。这两个 $N/2$ 点的DFT再按照式(3-5)组合成一个 N 点DFT。这里应该看到 $X_1(k)$、$X_2(k)$ 只有 $N/2$ 个点，即 $k=0,1,\cdots,N/2-1$，而 $X(k)$ 却有 N 个点，即 $k=0,1,\cdots,N-1$，故用式(3-5)计算得到的只是 $X(k)$ 的前一半的结果，要用 $X_1(k)$、$X_2(k)$ 来表达全部的 $X(k)$ 值，还必须应用系数的周期性，即

$$W_{N/2}^{r\left(k+\frac{N}{2}\right)}=W_{N/2}^{rk}$$

这样可得到

$$X_1\left(\frac{N}{2}+k\right)=\sum_{r=0}^{\frac{N}{2}-1}x_1(r)W_{N/2}^{r\left(\frac{N}{2}+k\right)}=\sum_{r=0}^{\frac{N}{2}-1}x_1(r)W_{N/2}^{rk}=X_1(k) \tag{3-8}$$

同理可得

$$X_2\left(\frac{N}{2}+k\right)=X_2(k) \tag{3-9}$$

式(3-8)、式(3-9)说明了后半部分 k 值($N/2\leqslant k\leqslant N-1$)所对应的 $X_1(k)$、$X_2(k)$分别等于前半部分 k 值($0\leqslant k\leqslant N/2-1$)所对应的 $X_1(k)$、$X_2(k)$。

再考虑到 W_N^k 的以下性质：

$$W_N^{\frac{N}{2}+k}=W_N^{N/2}W_N^k=-W_N^k \tag{3-10}$$

把式(3-8)～式(3-10)代入式(3-5)，就可将 $X(k)$表达为前后两部分：

$$X(k)=X_1(k)+W_N^kX_2(k)\qquad k=0,1,\cdots,\frac{N}{2}-1 \tag{3-11}$$

$$\begin{aligned}X\left(k+\frac{N}{2}\right)&=X_1\left(k+\frac{N}{2}\right)+W_N^{k+\frac{N}{2}}X_2\left(k+\frac{N}{2}\right)\\&=X_1(k)-W_N^kX_2(k)\qquad k=0,1,\cdots,\frac{N}{2}-1\end{aligned} \tag{3-12}$$

式(3-11)计算 $X(k)$的前一半值，式(3-12)计算 $X(k)$的后一半值。因此，只要求出 $0\sim N/2-1$ 区间的所有 $X_1(k)$和 $X_2(k)$值，即可求出 $0\sim N-1$ 区间的所有 $X(k)$值，显然减少了运算量。式(3-11)和式(3-12)的运算可以用图 3-1 所示的蝶形信号流图(又称蝶形运算单元，简称蝶形)表示。图中，左侧 $X_1(k)$、$X_2(k)$为输入，右侧为输出。可以看出，每个蝶形运算单元需要一次复数乘法 $X_2(k)W_N^k$ 和两次复数加(减)法。

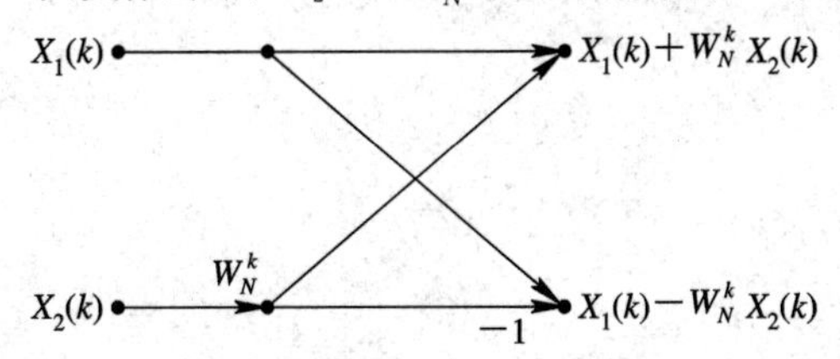

图 3-1　采用时间抽取法的蝶形信号流图

采用这种表示法，可将上面讨论的分解过程表示于图 3-2 中。

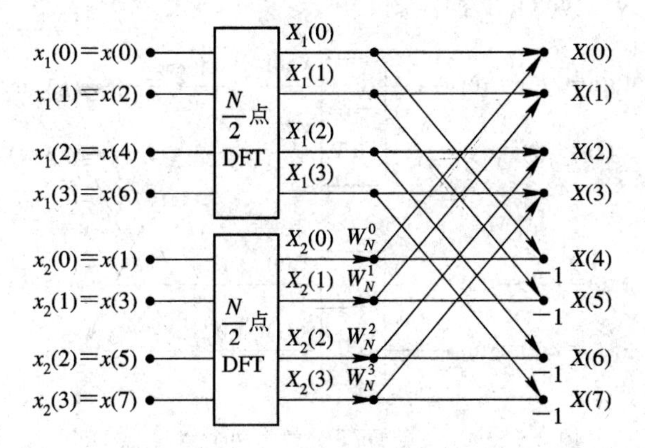

图 3-2　采用时间抽取法将一个 N 点 DFT 分解为两个 $N/2$ 点 DFT($N=8$)

图 3-2 表示 $N=2^3=8$ 的情况，其中输出值 $X(0)\sim X(3)$是由式(3-11)算出的，而输出值 $X(4)\sim X(7)$是由式(3-12)算出的。

一个 N 点 DFT 分解为两个 $N/2$ 点 DFT，每一个 $N/2$ 点 DFT 只需$(N/2)^2=N^2/4$ 次复数乘法和$(N/2)(N/2-1)$次复数加法。两个 $N/2$ 点 DFT 共需 $2\times(N/2)^2=N^2/2$ 次复数乘法和 $N(N/2-1)$次复数加法。此外，把两个 $N/2$ 点 DFT 合成为 N 点 DFT 时，有 $N/2$ 个蝶形运算单元，还需要 $N/2$ 次复数乘法及 $2\times N/2=N$ 次复数加法。因而通过第一步分解后，总共需要$(N^2/2)+(N/2)=N(N+1)/2\approx N^2/2$ 次复数乘法和 $N(N/2-1)+N=N^2/2$ 次复数加法。由此可见，分解后的运算工作量差不多节省了一半。

既然这样分解是有效的，由于 $N=2^M$，因而 $N/2$ 仍是偶数，可以进一步把每个 $N/2$ 点的子序列再按其奇偶部分分解为两个 $N/4$ 点的子序列。

$$\begin{cases} x_1(2l)=x_3(l) \\ x_1(2l+1)=x_4(l) \end{cases} \qquad l=0,1,\cdots,\frac{N}{4}-1 \tag{3-13}$$

$$\begin{aligned} X_1(k) &= \sum_{l=0}^{\frac{N}{4}-1} x_1(2l)W_{N/2}^{2lk} + \sum_{l=0}^{\frac{N}{4}-1} x_1(2l+1)W_{N/2}^{(2l+1)k} \\ &= \sum_{l=0}^{\frac{N}{4}-1} x_3(l)W_{N/4}^{lk} + W_{N/2}^{k}\sum_{l=0}^{\frac{N}{4}-1} x_4(l)W_{N/4}^{lk} \\ &= X_3(k)+W_{N/2}^{k}X_4(k) \qquad k=0,1,\cdots,\frac{N}{4}-1 \end{aligned}$$

且

$$X_1\left(\frac{N}{4}+k\right)=X_3(k)-W_{N/2}^{k}X_4(k) \qquad k=0,1,\cdots,\frac{N}{4}-1$$

式中：

$$X_3(k)=\sum_{l=0}^{\frac{N}{4}-1} x_3(l)W_{N/4}^{lk} \tag{3-14}$$

$$X_4(k)=\sum_{l=0}^{\frac{N}{4}-1} x_4(l)W_{N/4}^{lk} \tag{3-15}$$

图 3-3 给出了 $N=8$ 时将一个 $N/2$ 点 DFT 分解成两个 $N/4$ 点 DFT，由这两个 $N/4$ 点 DFT 组合成一个 $N/2$ 点 DFT 的流图。

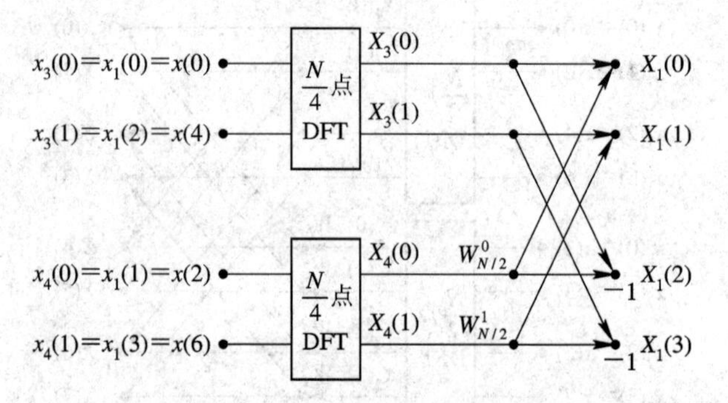

图 3-3 $N/2$ 点 DFT 分解为两个 $N/4$ 点 DFT

$X_2(k)$也可进行同样的分解：

$$\begin{cases} X_2(k) = X_5(k) + W_{N/2}^k X_6(k) \\ X_2\left(\frac{N}{4}+k\right) = X_5(k) - W_{N/2}^k X_6(k) \end{cases} \qquad k = 0, 1, \cdots, \frac{N}{4}-1$$

式中：

$$X_5(k) = \sum_{l=0}^{\frac{N}{4}-1} x_5(l) W_{N/4}^{lk} = \sum_{l=0}^{\frac{N}{4}-1} x_2(2l) W_{N/4}^{lk} \tag{3-16}$$

$$X_6(k) = \sum_{l=0}^{\frac{N}{4}-1} x_6(l) W_{N/4}^{lk} = \sum_{l=0}^{\frac{N}{4}-1} x_2(2l+1) W_{N/4}^{lk} \tag{3-17}$$

将系数统一为 $W_{N/2}^k = W_N^{2k}$，则一个 $N=8$ 点 DFT 就可分解为四个 $N/4=2$ 点 DFT，这样可得图 3-4 所示的流图。

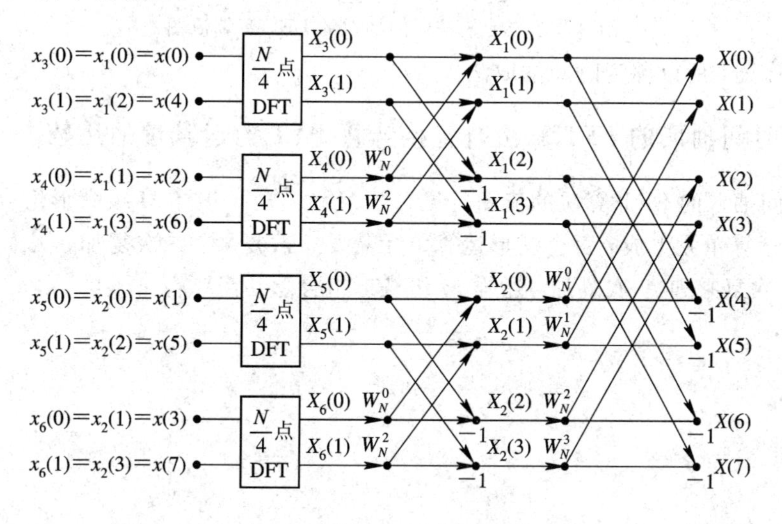

图 3-4　一个 $N=8$ 点 DFT 分解为四个 $N/4$ 点 DFT

根据上面的分析可知，利用四个 $N/4$ 点的 DFT 及两级蝶形组合运算来计算 N 点 DFT，比只进行一次分解蝶形组合的方式的计算量又减少了大约一半。

最后，剩下的是 2 点 DFT。对于此例，$N=8$，就是四个 $N/4=2$ 点 DFT，其输出为 $X_3(k)$、$X_4(k)$、$X_5(k)$、$X_6(k)$($k=0, 1$)，这由式(3-14)～式(3-17)四个式子可以计算出来。例如，由式(3-14)可得

$$\begin{aligned} X_3(0) &= x_3(0) + W_2^0 x_3(1) = x(0) + W_2^0 x(4) \\ &= x(0) + W_N^0 x(4) \\ X_3(1) &= x_3(0) + W_2^1 x_3(1) = x(0) + W_2^1 x(4) \\ &= x(0) - W_N^0 x(4) \end{aligned}$$

式中，$W_2^1 = e^{-j\frac{2\pi}{2}\times 1} = e^{-j\pi} = -1 = -W_N^0$，故上式不需要乘法。类似地，可求出 $X_4(k)$、$X_5(k)$、$X_6(k)$。

一个按时间抽取的 8 点 DFT 流图如图 3-5 所示。

这种方法的每一步分解都按输入序列在时间上的次序属于偶数还是属于奇数分解为两

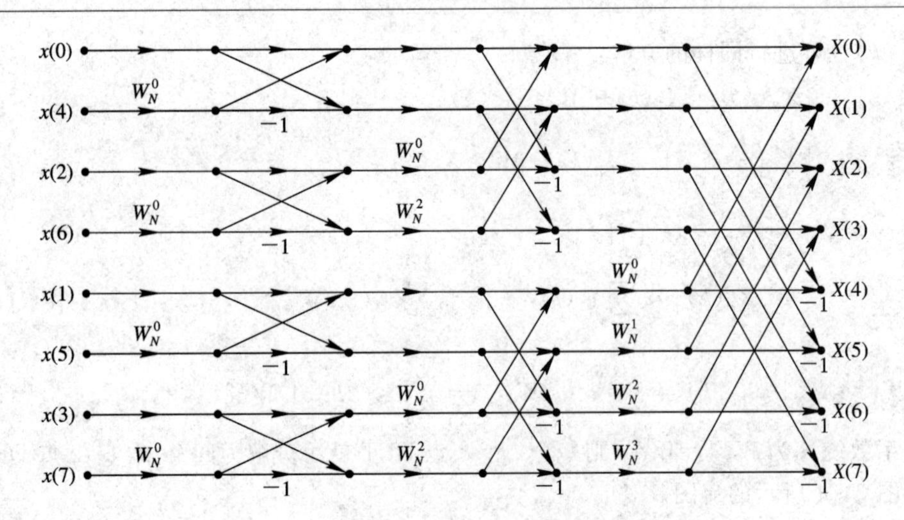

图 3-5　$N=8$ 按时间抽取的 DFT 运算流图

个更短的子序列，所以称为时间抽取法。

3.3.2　按时间抽取的 FFT 算法与直接计算 DFT 的运算量的比较

由按时间抽取的 FFT 算法的流图可见，当 $N=2^M$ 时，共有 M 级蝶形组合，每级都由 $N/2$ 个蝶形运算单元组成，每个蝶形运算单元需要一次复乘、二次复加，因而每级蝶形组合都需 $N/2$ 次复乘和 N 次复加，这样 M 级蝶形组合总共需要：

复乘数：

$$m_{\mathrm{F}}=\frac{N}{2}M=\frac{N}{2}\ \mathrm{lb}N \tag{3-18}$$

复加数：

$$a_{\mathrm{F}}=NM=N\ \mathrm{lb}N \tag{3-19}$$

式中，数学符号 $\mathrm{lb}=\log_2$。

实际计算量与以上数字稍有不同，因为 $W_N^0=1$，$W_N^{N/2}=-1$，$W_N^{N/4}=-\mathrm{j}$，这几个系数都不进行乘法运算，但是这些情况在直接计算 DFT 的过程中是存在的。此外，当 N 较大时，这些特例相对而言很少。所以，为了统一作比较，下面都不考虑这些特例。

由于计算机上乘法运算所需的时间比加法运算所需的时间多得多，因此以乘法为例，直接计算 DFT 的复数乘法次数是 N^2，计算 FFT 的复数乘法次数是 $(N/2)\ \mathrm{lb}N$。直接计算 DFT 与 FFT 的计算量之比为

$$\frac{N^2}{\frac{N}{2}M}=\frac{N^2}{\frac{N}{2}\ \mathrm{lb}N}=\frac{2N}{\mathrm{lb}N} \tag{3-20}$$

当 $N=2048$ 时，这一比值为 372.4，即直接计算 DFT 的运算量是计算 FFT 的运算量的 372.4 倍。当点数 N 较大时，FFT 的优点更为明显。

【例 3-2】 用 FFT 算法处理一幅 $N\times N$ 点的二维图像，如用每秒可做 10 万次复数乘法的计算机，当 $N=1024$ 时，需要多少时间(不考虑加法运算时间)？

解 当 $N=1024$ 点时，FFT 算法处理一幅二维图像所需复数乘法为 $\frac{N^2}{2}\ \mathrm{lb}N^2\approx10^7$ 次，仅

为直接计算DFT所需时间的十万分之一，即原需要3000小时，现在只需要2分钟。

3.3.3　按时间抽取的FFT算法的特点及DIT-FFT程序框图

为了得出任意 $N=2^M$ 点的按时间抽取的基-2 FFT信号流图，我们来研究这种时间抽取法在运算方式上的特点。

1. 原位运算(同址运算)

由图3-5可以看出，这种运算是很有规律的，其每级(每列)都是由 $N/2$ 个蝶形运算单元构成的，每一个蝶形运算单元完成下述基本迭代运算：

$$X_m(k) = X_{m-1}(k) + X_{m-1}(j)W_N^r \tag{3-21a}$$

$$X_m(j) = X_{m-1}(k) - X_{m-1}(j)W_N^r \tag{3-21b}$$

式中，m 表示第 m 列迭代，k、j 为数据所在行数。式(3-21)的蝶形运算单元如图3-6所示，由一次复乘和两次复加(减)组成。

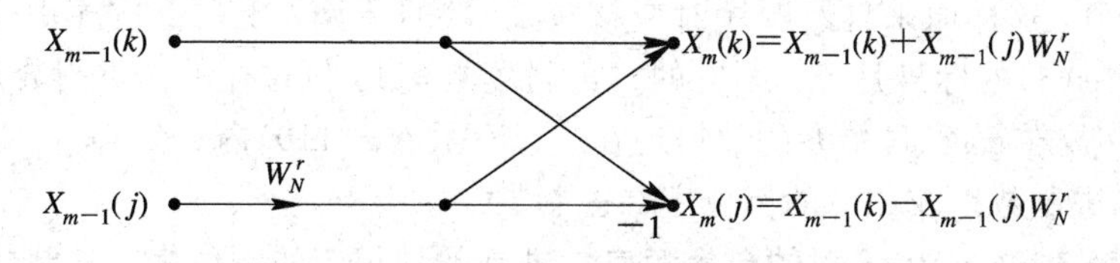

图3-6　蝶形运算单元

由图3-5所示的流图可以看出，某一列的任何两个节点 k 和 j 的节点变量进行蝶形运算后，得到结果为下一列 k、j 两节点的节点变量，而和其他节点变量无关，因而可以采用原位运算，即将某一列的 N 个数据送到存储器后，经蝶形运算，其结果为下一列数据，它们以蝶形运算单元为单位仍存储在这同一组存储器中，直到最后输出，中间无须其他存储器，也就是蝶形运算单元的两个输出值仍放回蝶形运算单元的两个输入所在的存储器中。每列的 $N/2$ 个蝶形运算全部完成后，再开始下一列的蝶形运算。这样存储器数据只需 N 个存储单元。下一级的运算仍采用这种原位方式，只不过进入蝶形运算单元的组合关系有所不同。这种原位运算结构可以节省存储单元，降低设备成本。

2. 倒位序规律

观察图3-5的同址计算结构，发现当运算完成后，FFT的输出 $X(k)$ 按正常顺序排列在存储单元中，即按 $X(0)$，$X(1)$，…，$X(7)$ 的顺序排列，但是这时输入 $x(n)$ 不是按自然顺序存储的，而是按 $x(0)$，$x(4)$，…，$x(7)$ 的顺序存入存储单元，看起来好像是混乱无序的，实际上是有规律的，我们称之为倒位序。

造成倒位序的原因是输入 $x(n)$ 按标号 n 的奇偶不断分组。如果 n 用二进制数表示为 $(n_2n_1n_0)_2$(当 $N=8=2^3$ 时，二进制数为三位)，则第一次分组时，由图3-2可看出，n 为偶数(相当于 n 的二进制数的最低位 $n_0=0$)，在上半部分，n 为奇数(相当于 n 的二进制数的最低位 $n_0=1$)，在下半部分。下一次则根据次低位 n_1 为"0"或是"1"来分奇偶(而不管原来的子序列是奇序列还是偶序列)，如此继续分下去，直到最后 N 个长度为1的子序列。图3-7所示的树状图描述了这种分成偶数子序列和奇数子序列的过程。

一般实际运算中，总是先按自然顺序将输入序列存入存储单元，为了得到倒位序的排列，我们通过变址运算来完成。

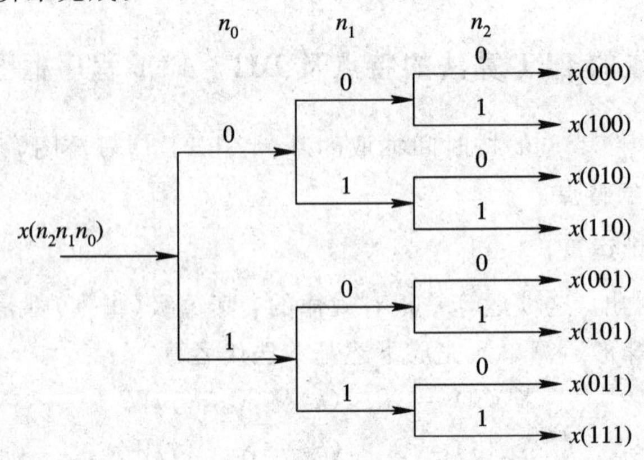

图 3-7　倒位序的形成

如果输入序列的自然顺序 I 用二进制数(如 $n_2n_1n_0$)表示，则其倒位序 J 对应的二进制数就是($n_0n_1n_2$)，这样原来自然顺序时应该放 $x(I)$ 的单元，现在倒位序后应放 $x(J)$。例如，$N=8$ 时，$x(3)$的标号是 $I=3$，它的二进制数是 011，倒位序的二进制数是 110，即 $J=6$，所以原来存放在 $x(011)$单元的数据现在应该存放在$x(110)$内。表 3-1 列出了 $N=8$ 时的自然顺序二进制数以及相应的倒位序二进制数。

表 3-1　$N=8$ 时的自然顺序二进制数和相应的倒位序二进制数

自然顺序(I)	二进制数	倒位序二进制数	倒位序(J)
0	000	000	0
1	001	100	4
2	010	010	2
3	011	110	6
4	100	001	1
5	101	101	5
6	110	011	3
7	111	111	7

由表 3-1 可见，自然顺序 I 增加 1，则在顺序数的二进制数最低位加 1，向左进位，而倒序数 J 则是在二进制数最高位加 1，逢 2 向右进位。例如，在 000 最高位加 1，则得 100，再在 100 最高位加 1，向右进位，则得 010。因 100 最高位为 1，所以最高位加 1 要向次高位进位，其实质是将最高位变为 0，再在次高位加 1。用这种算法，可以从当前任一倒序值求得下一个倒序值。

对于 $N=2^M$，M 位二进制数最高位的权值为 $N/2$，且从左向右二进制位的权值依次为 $N/4$，$N/8$，…，2，1。因此，最高位加 1 相当于十进制运算 $J+N/2$。如果最高位是 0 ($J<N/2$)，则直接由 $J+N/2$ 得下一个倒序值；如果最高位是 1($J\geqslant N/2$)，则要将最高位变为 0($J\Leftarrow J-N/2$)，次高位加 1($J+N/4$)。但次高位加 1 时，同样要判断次高位是 0 还是 1。如果为 0($J<N/4$)，则直接加 1($J\Leftarrow J+N/4$)；否则，将次高位变为 0($J\Leftarrow J-N/4$)，再判断下一位；以此类推，直到完成最高位加 1，逢 2 向右进位的运算。

把按自然顺序存放在存储单元中的数据，换成 FFT 原位运算流图所要求的倒位序的变址处理如图 3-8 所示。当 $I=J$ 时，不必调换，当 $I\neq J$ 时，必须将原来存放数据 $x(I)$的存储单元内调入数据 $x(J)$，而将存放 $x(J)$的存储单元内调入 $x(I)$。为了避免把已调换过的数据再次调换，保证只调换一次(否则又回到原状)，我们只需看 J 是否比 I 小。若 J 比 I 小，则意味着此 $x(I)$在前边已和 $x(J)$互相调换过，不必再调换了；只有当 $J>I$ 时，才将原存放 $x(I)$及存放 $x(J)$的存储单元内的内容互换。这样就得到输入所需的倒位序列的顺序。可以看出，其结果与图 3-5 的要求是一致的。

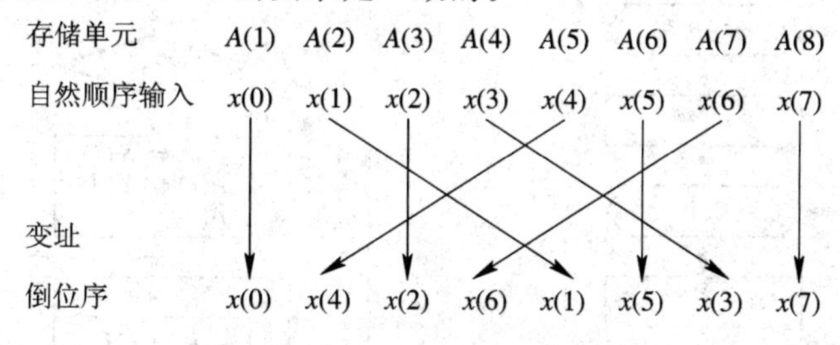

图 3-8　$N=8$ 倒位序的变址处理

3. 蝶形运算单元两节点间的“距离”

以图 3-5 所示的 8 点 FFT 为例，其输入是倒位序的，输出是自然顺序的。其第一级(第一列)每个蝶形运算单元的两节点间的“距离”为 1，第二级每个蝶形运算单元的两节点间的“距离”为 2，第三级每个蝶形运算单元的两节点间的“距离”为 4。由此类推，对 $N=2^M$ 点 FFT，当输入为倒位序，输出为正常顺序时，其第 m 级运算，每个蝶形运算单元的两节点间的“距离”为 2^{m-1}。

4. W_N^r 的确定

由于对第 m 级运算，一个 FFT 蝶形运算单元的两节点间的“距离”为 2^{m-1}，因而式(3-21)可写成

$$X_m(k)=X_{m-1}(k)+X_{m-1}(k+2^{m-1})W_N^r \tag{3-22a}$$

$$X_m(k+2^{m-1})=X_{m-1}(k)-X_{m-1}(k+2^{m-1})W_N^r \tag{3-22b}$$

为了完成上述运算，还必须知道系数 W_N^r 的变换规律。仔细观察图 3-5 的流图可以发现 r 的变换规律是：

(1) 把式(3-22)中蝶形运算单元的两节点中的第一个节点标号值(即 k 值)表示成 M 位(注意 $N=2^M$)二进制数；

(2) 把此二进制数乘上 2^{M-m}，即将此 M 位二进制数左移 $M-m$ 位(注意 m 是指第 m 级运算)，把右边空出的位置补零，此数即为所求 r 的二进制数。

从图 3-5 中可看出，W_N^r 因子最后一列有 $N/2$ 种，顺序为 W_N^0，W_N^1，…，$W_N^{\frac{N}{2}-1}$，其余可类推。

5. DIT-FFT 程序框图

总结上述运算规律，便可采用下述运算方法：先从输入端(第一级)开始，逐级进行，共进行 M 级运算。在进行 m 级运算时，依次求出 2^{m-1} 个不同的系数 W_N^r，每求出一个系数，就计算完它对应的所有 2^{M-m} 个蝶形运算。这样，我们可用三重循环程序实现 DIT-FFT 运算，程序框图如图 3-9 所示。图 3-9 中的倒序运算程序框图见图 3-10。

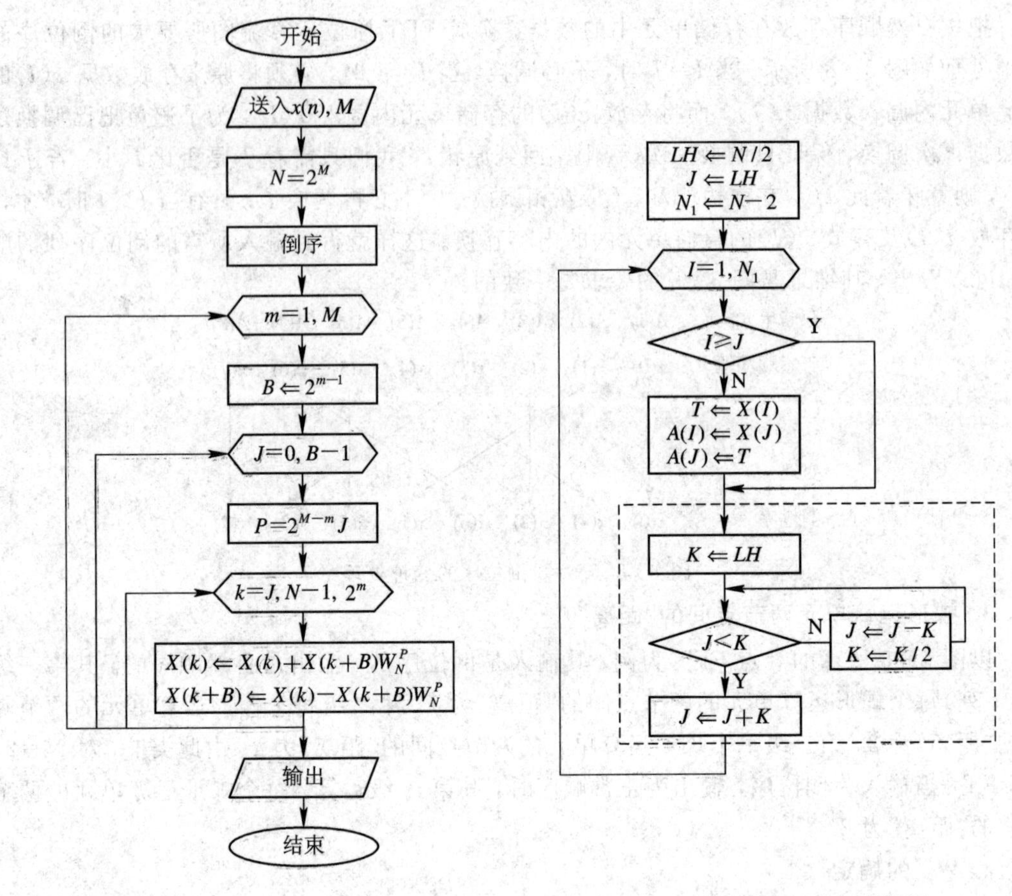

图 3-9 DIT-FFT 运算程序框图　　　　图 3-10 倒序运算程序框图

3.3.4 按时间抽取的 FFT 算法的其他形式流图

显然，对于任何流图，只要保持各节点所连的支路及传输系数不变，则不论节点位置怎么排列所得流图总是等效的，所得最后结果都是 $x(n)$的 DFT 的正确结果，只是数据的提取和存放的次序不同而已。这样就可得到按时间抽取的 FFT 算法的若干其他形式流图。

将图 3-5 中和 $x(4)$水平相连的所有节点与和 $x(1)$水平相连的所有节点位置对调，再将和 $x(6)$水平相连的所有节点与和 $x(3)$水平相连的所有节点对调，其余诸节点保持不变，可得图 3-11 所示的流图。图 3-11 与图 3-5 的蝶形运算单元相同，运算量也一样，不同点是：

(1) 数据存放的方式不同。图 3-5 中，输入是倒位序，输出是自然顺序；图 3-11 中，输入是自然顺序，输出是倒位序。

(2) 取用系数的顺序不同。图 3-5 的最后一列按 W_N^0，W_N^1，W_N^2，W_N^3 的顺序取用系数，且其前一列所用系数是后一列所用系数中具有偶数幂的那些系数(如 W_N^0，W_N^2，…)；图 3-11 的最后一列按 W_N^0，W_N^2，W_N^1，W_N^3 的顺序取用系数，且其前一列所用系数是后一列所用系数的前一半，这种流图就是最初由库利和图基给出的时间抽取法。

经过简单变换，也可得输入与输出都按自然顺序排列的流图以及其他各种形式的流图，在此不一一列举。

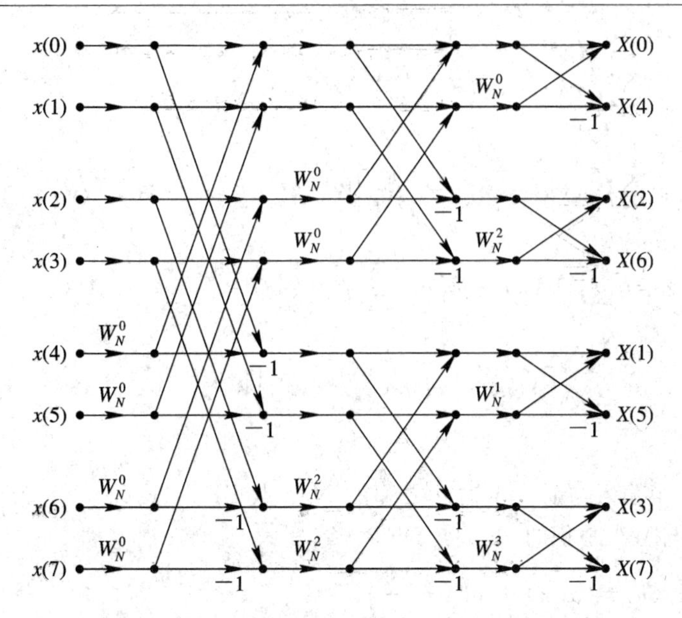

图 3-11　按时间抽取、输入为自然顺序、输出为倒位序的 FFT 流图

3.4　按频率抽取(DIF)的基-2 FFT 算法

$N=2^M$ 情况下的另外一种普遍使用的 FFT 结构是按频率抽取(DIF)的 FFT 算法。这种运算把输出序列 $X(k)$(也是 N 点序列)按其顺序的奇偶分解为越来越短的序列。

3.4.1　算法原理

仍设序列点数 $N=2^M$，M 为正整数。在把输出 $X(k)$ 按 k 的奇偶分组之前，先把输入序列按前一半、后一半分开(不是按偶数、奇数分开)，把 N 点 DFT 写成两部分：

$$
\begin{aligned}
X(k) &= \sum_{n=0}^{N-1} x(n)W_N^{nk} = \sum_{n=0}^{\frac{N}{2}-1} x(n)W_N^{nk} + \sum_{n=\frac{N}{2}}^{N-1} x(n)W_N^{nk} \\
&= \sum_{n=0}^{\frac{N}{2}-1} x(n)W_N^{nk} + \sum_{n=0}^{\frac{N}{2}-1} x\left(n+\frac{N}{2}\right)W_N^{\left(n+\frac{N}{2}\right)k} \\
&= \sum_{n=0}^{\frac{N}{2}-1} \left[x(n) + x\left(n+\frac{N}{2}\right)W_N^{Nk/2}\right]W_N^{nk} \qquad k=0,1,\cdots,N-1
\end{aligned}
$$

式中用的是 W_N^{nk}，而不是 $W_{N/2}^{nk}$，因而这并不是 $N/2$ 点 DFT。由于 $W_N^{N/2}=-1$，因此 $W_N^{Nk/2}=(-1)^k$，可得

$$
X(k) = \sum_{n=0}^{\frac{N}{2}-1} \left[x(n) + (-1)^k x\left(n+\frac{N}{2}\right)\right]W_N^{nk} \qquad k=0,1,\cdots,N-1 \tag{3-23}
$$

当 k 为偶数时，$(-1)^k=1$；k 为奇数时，$(-1)^k=-1$。因此，按 k 的奇偶可将 $X(k)$ 分为两部分：

$$X(2r)=\sum_{n=0}^{\frac{N}{2}-1}\left[x(n)+x\left(n+\frac{N}{2}\right)\right]W_N^{2nr}$$

$$=\sum_{n=0}^{\frac{N}{2}-1}\left[x(n)+x\left(n+\frac{N}{2}\right)\right]W_{N/2}^{nr}\qquad r=0,1,\cdots,\frac{N}{2}-1 \tag{3-24}$$

$$X(2r+1)=\sum_{n=0}^{\frac{N}{2}-1}\left[x(n)-x\left(n+\frac{N}{2}\right)\right]W_N^{n(2r+1)}$$

$$=\sum_{n=0}^{\frac{N}{2}-1}\left\{\left[x(n)-x\left(n+\frac{N}{2}\right)\right]W_N^n\right\}W_{N/2}^{nr}\qquad r=0,1,\cdots,\frac{N}{2}-1 \tag{3-25}$$

式(3-24)为前一半输入与后一半输入之和的 $N/2$ 点 DFT，式(3-25)为前一半输入与后一半输入之差再与 W_N^n 之积的 $N/2$ 点 DFT。令

$$\begin{cases}x_1(n)=x(n)+x\left(n+\frac{N}{2}\right)\\ x_2(n)=\left[x(n)-x\left(n+\frac{N}{2}\right)\right]W_N^n\end{cases}\qquad n=0,1,\cdots,\frac{N}{2}-1 \tag{3-26}$$

则有

$$\begin{cases}X(2r)=\sum_{n=0}^{\frac{N}{2}-1}x_1(n)W_{N/2}^{nr}\\ X(2r+1)=\sum_{n=0}^{\frac{N}{2}-1}x_2(n)W_{N/2}^{nr}\end{cases}\qquad r=0,1,\cdots,\frac{N}{2}-1 \tag{3-27}$$

式(3-26)所表示的运算关系可以用图 3-12 所示的蝶形运算单元表示。

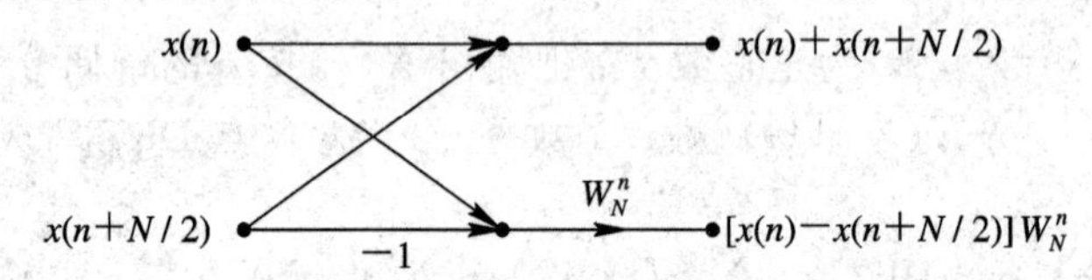

图 3-12　采用频率抽取法的蝶形运算单元

这样我们就把一个 N 点 DFT 按 k 的奇偶分解为两个 $N/2$ 点的 DFT 了。当 $N=8$ 时，上述分解过程如图 3-13 所示。

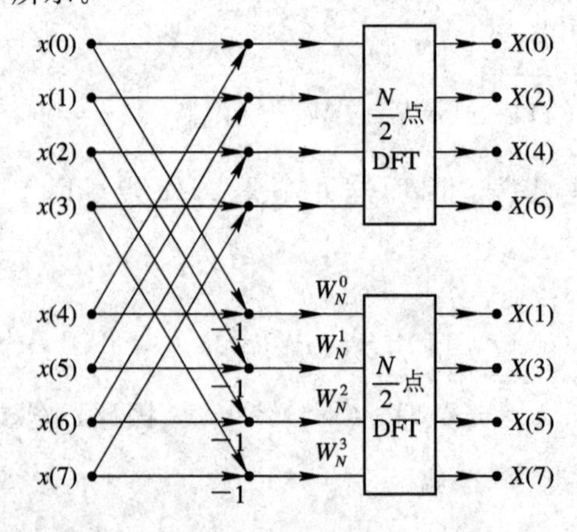

图 3-13　采用频率抽取法的第一次分解($N=8$)

与时间抽取法的推导过程一样，由于 $N=2^M$，$N/2$ 仍是一个偶数，因而可以将每个 $N/2$ 点 DFT 的输出再分解为偶数组与奇数组，这样就将 $N/2$ 点 DFT 进一步分解为两个 $N/4$ 点 DFT。这两个 $N/4$ 点 DFT 的输入也是先将 $N/2$ 点 DFT 的输入上下对半分开后通过蝶形运算单元而形成的。图 3 - 14 示出了这一步分解的过程。

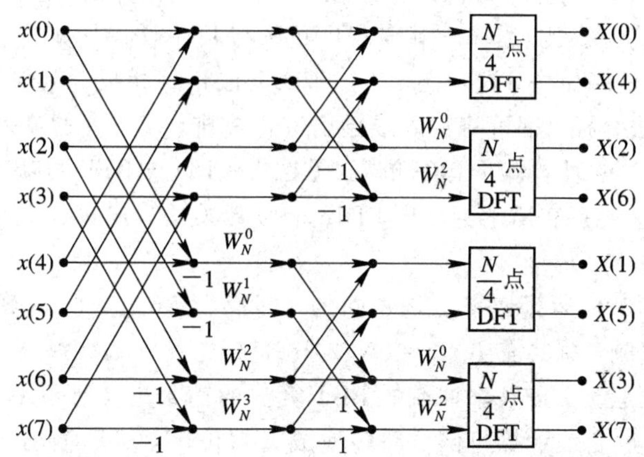

图 3 - 14　采用频率抽取法的第二次分解($N=8$)

这样的分解可以一直进行到第 M 次($N=2^M$)，第 M 次实际上是做两点 DFT，它只有加减运算。然而，为了有统一的运算结构，仍然用一个系数为 W_N^0 的蝶形运算单元来表示，这 $N/2$ 个两点 DFT 的 N 个输出就是 $x(n)$的 N 点 DFT 的结果 $X(k)$。图 3 - 15 表示一个 $N=8$ 的完整的按频率抽取的基- 2 FFT 运算结构。

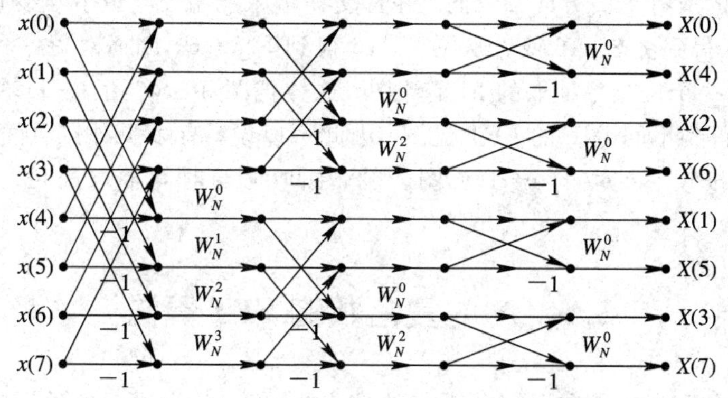

图 3 - 15　采用频率抽取法的 FFT($N=8$)信号流图

3.4.2　频率抽取法的运算特点

频率抽取法的运算特点与时间抽取法的基本相同。从图 3 - 15 中可以看出，它也是通过$(N/2)M$ 个蝶形运算单元完成的。每一个蝶形运算单元完成下述基本迭代运算：

$$X_m(k)=X_{m-1}(k)+X_{m-1}(j)$$

$$X_m(j)=[X_{m-1}(k)-X_{m-1}(j)]W_N^r$$

式中，m 表示 m 列迭代，k、j 为数据所在行数。上式的蝶形运算单元如图 3 - 16 所示，也需要一次复乘和两次复加。

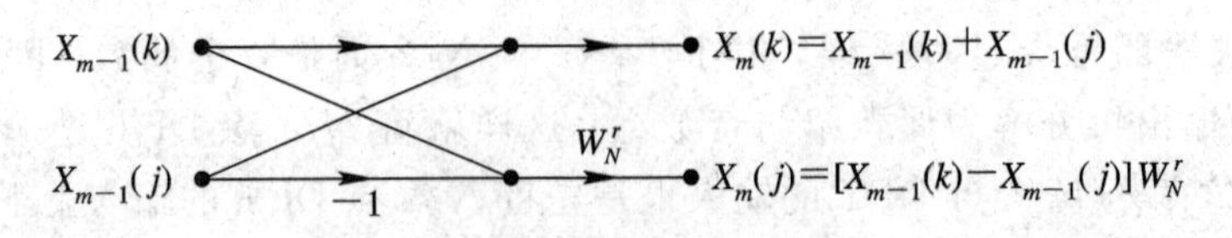

图 3-16　采用频率抽取法的蝶形运算单元

将图 3-15 与图 3-5 比较，初看起来，DIF 法与 DIT 法的区别是：图 3-15 的 DIF 输入是自然顺序，输出是倒位序，这与图 3-5 的 DIT 法正好相反。但这不是实质性的区别，因为 DIF 法与 DIT 法一样，都可将输入或输出进行重排，使二者的输入或输出顺序变成自然顺序或倒位序。DIF 的基本蝶形运算单元(见图 3-16)与 DIT 的基本蝶形运算单元(见图 3-6)有所不同，这才是实质上的不同，DIF 的复数乘法只出现在减法之后，DIT 则先作复乘再作加减法。

但是，DIF 与 DIT 就运算量来说是相同的，即都有 M 级(列)运算，每级运算需 $N/2$ 个蝶形运算单元来完成，总共需要 $m_F=(N/2)\text{lb}N$ 次复乘与 $a_F=N\ \text{lb}N$ 次复加，DIF 法与 DIT 法都可进行原位运算。按频率抽取的 FFT 算法的输入是自然顺序，输出是倒位序。因此运算完毕后，要通过变址计算将倒位序转换成自然位序，然后输出。其转换方法与时间抽取法相同。

由时间抽取法与频率抽取法的基本蝶形运算单元(见图 3-6 与图 3-16)可看出，如果将 DIT 的基本蝶形运算单元加以转置，就得到 DIF 的基本蝶形运算单元；反过来，将 DIF 的基本蝶形运算单元加以转置，就得到 DIT 的基本蝶形运算单元，因而 DIT 法与 DIF 法的基本蝶形运算单元是互为转置的。按照转置定理，两个流图的输入/输出特性必然相同。转置就是将流图的所有支路方向都反向，并且交换输入与输出，但节点变量值不交换，这样即可从图 3-6 得到图 3-16 或者从图 3-16 得到图 3-6，因而对每一种按时间抽取的 FFT 流图都存在一个按频率抽取的 FFT 流图。这样把图 3-5、图 3-11 所示的流图分别加以转置，就可得到不同 DIF 的 FFT 流图。因此可以说，有多少种按时间抽取的 FFT 流图就存在多少种按频率抽取的 FFT 流图。频率抽取法与时间抽取法是两种等价的 FFT 运算。

3.5　N 为复合数的 FFT 算法

上面讨论的是序列的点数 N 为 2 的幂次(即 $N=2^M$)情况下，按时间抽取和按频率抽取的基-2 FFT 算法的基本原理。这种基-2 FFT 算法在实际中使用得最多，因为它的程序简单，效率高，使用方便。但实际上无法保证总是处理长度为 2 的整数幂次的序列。若不满足 $N=2^M$，可将 $x(n)$ 增补一些零值点，以使 N 增长到最邻近的一个 2^M 数值。有限长序列补零之后，并不影响其频谱 $X(e^{j\omega})$，只不过其频谱的抽样点数增加了，所造成的结果是增加了计算量而已。但是，有时计算量增加太多，浪费较大。例如，$x(n)$ 的点数 $N=300$，则必须补到 $N=2^9=512$，要补 212 个零值点，因而人们才研究 $N\neq 2^M$ 时的 FFT 算法。

若 N 是一个复合数，即它可以分解成一些因子的乘积，则可以用 FFT 的一般算法，即混合基 FFT 算法，如库利-图基(Cooley-Tukey)算法，而基-2 算法只是这种一般算法的特例。这里我们不作详细介绍，感兴趣的读者可参考文献[1]。

总之，不管采用什么方法，计算 DFT 的高效算法是把计算长度为 N 的序列的 DFT 逐次分解成计算长度较短的序列的 DFT。这是很多高效算法的标准方法和基本原理。

3.6　线性调频 Z 变换(Chirp-Z 变换)算法

前面已讲过，采用 FFT 算法可以很快算出全部 DFT 值，也就是算出有限长序列 $x(n)$ 的 Z 变换 $X(z)$ 在 Z 平面单位圆上 N 个等间隔采样点 z_k 处的采样值。

实际上，人们常常只对信号的某一频段感兴趣，也就是只需要计算单位圆上某一段的频谱值。例如，对窄带信号就是这样，希望在窄带频带内频率的采样能够非常密集，分辨率要高，带外则不予考虑；如果用 DFT 方法，则需增加频域采样点数，增加了窄带之外不需要的计算量。此外，有时也对非单位圆上的采样感兴趣。例如，在语音信号处理中，常常需要知道其 Z 变换的极点所在频率，如果极点位置离单位圆较远，如图 3-17(a)上图所示，则其单位圆上的频谱就很平滑，如图 3-17(a)下图所示，这时很难从中识别出极点所在的频率；要是采样不是沿单位圆而是沿一条接近这些极点的弧线进行，如图 3-17(b)上图所示，则所得的结果将会在极点所在频率上出现明显的尖峰，如图 3-17(b)下图所示，这样极点频率的测定就要准确得多。再有，人们还会考虑当 N 是大素数时，不能加以分解，此时该如何有效计算这种序列的 DFT。螺线采样就是一种适应于这些需要的变换，并且可以采用 FFT 来计算。这种变换称为线性调频 Z 变换(Chirp-Z 变换，CZT)，它是在更为一般的情况下由 $x(n)$ 求 $X(z_k)$ 的快速变换算法。

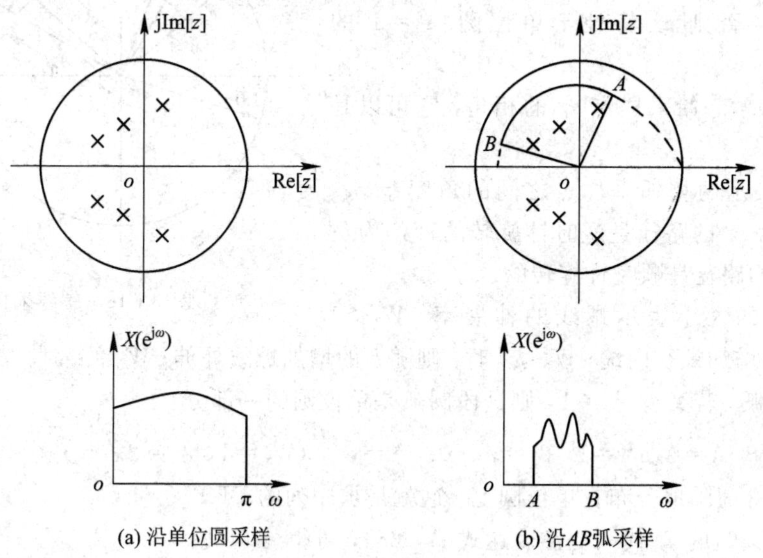

图 3-17　单位圆与非单位圆采样

3.6.1　基本原理

已知 $x(n)(0\leqslant n\leqslant N-1)$ 是有限长序列，其 Z 变换为

$$X(z)=\sum_{n=0}^{N-1}x(n)z^{-n} \tag{3-28}$$

为适应 z 可以沿 Z 平面更一般的路径取值，故沿 Z 平面上的一段螺线作等分角的采样，z

的这些采样点 z_k 为

$$z_k = AW^{-k} \qquad k = 0, 1, \cdots, M-1 \tag{3-29}$$

式中，M 为所要分析的复频率的点数，即采样点的总数，不一定等于 N；A 和 W 都是任意复数，可表示为

$$A = A_0 e^{j\theta_0} \tag{3-30}$$

$$W = W_0 e^{-j\phi_0} \tag{3-31}$$

将式(3-30)与式(3-31)代入式(3-29)，可得

$$z_k = A_0 e^{j\theta_0} W_0^{-k} e^{jk\phi_0} = A_0 W_0^{-k} e^{j(\theta_0 + k\phi_0)} \tag{3-32}$$

因此有

$$\begin{aligned} z_0 &= A_0 e^{j\theta_0} \\ z_1 &= A_0 W_0^{-1} e^{j(\theta_0+\phi_0)} \\ &\vdots \\ z_k &= A_0 W_0^{-k} e^{j(\theta_0+k\phi_0)} \\ &\vdots \\ z_{M-1} &= A_0 W_0^{-(M-1)} e^{j[\theta_0+(M-1)\phi_0]} \end{aligned}$$

采样点在 Z 平面上所沿的周线如图 3-18 所示。由以上讨论和图 3-18 可以看出：

(1) A_0 表示起始采样点 z_0 的矢量半径长度。通常 $A_0 \leqslant 1$，否则 z_0 将处于单位圆 $|z|=1$ 的外部。

(2) θ_0 表示起始采样点 z_0 的相角，它可以是正值或负值。

(3) ϕ_0 表示两相邻采样点之间的角度差。ϕ_0 为正时，表示 z_k 的路径是逆时针旋转的；ϕ_0 为负时，表示 z_k 的路径是顺时针旋转的。

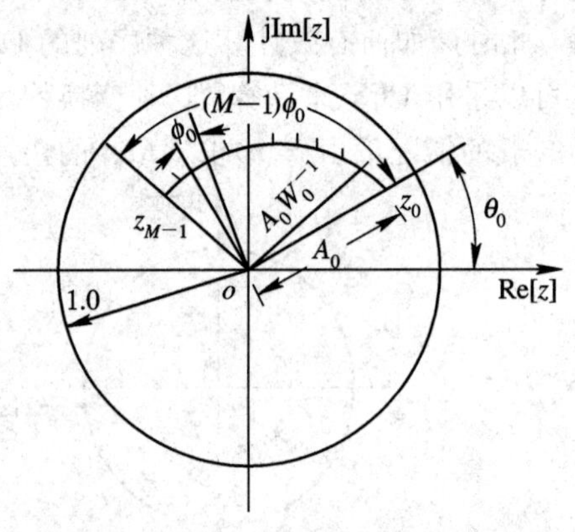

图 3-18　螺线采样

(4) W_0 的大小表示螺线的伸展率。$W_0>1$ 时，随着 k 的增加螺线内缩；$W_0<1$ 时，则随 k 的增加螺线外伸；$W_0=1$ 时，表示是半径为 A_0 的一段圆弧，若又有 $A_0=1$，则这段圆弧是单位圆的一部分。

当 $M=N$，$A=A_0 e^{j\theta_0}=1$，$W=W_0 \cdot e^{-j\phi_0}=e^{-j\frac{2\pi}{N}}$ $(W_0=1, \phi_0=2\pi/N)$ 这一特殊情况时，各 z_k 就均匀等间隔地分布在单位圆上，这就是求序列的 DFT。

将式(3-29)的 z_k 代入变换表达式(3-28)，可得

$$X(z_k) = \sum_{n=0}^{N-1} x(n) z_k^{-n} = \sum_{n=0}^{N-1} x(n) A^{-n} W^{nk} \qquad 0 \leqslant k \leqslant M-1 \tag{3-33}$$

直接计算这一公式，与直接计算 DFT 相似，总共算出 M 个采样点，需要 NM 次复数乘法与 $(N-1)M$ 次复数加法。当 N、M 很大时，这个量很大，这就限制了运算速度。但是，下面我们将看到，通过一定的变换，以上运算可以转换为卷积形式，从而可以采用 FFT 算法，这样就可以大大提高运算速度。

nk 可以用以下表达式来替换：

$$nk = \frac{1}{2}[n^2 + k^2 - (k-n)^2] \tag{3-34}$$

将式(3-34)代入式(3-33)，可得

$$\begin{aligned} X(z_k) &= \sum_{n=0}^{N-1} x(n) A^{-n} W^{\frac{n^2}{2}} W^{-\frac{(k-n)^2}{2}} W^{\frac{k^2}{2}} \\ &= W^{\frac{k^2}{2}} \sum_{n=0}^{N-1} [x(n) A^{-n} W^{\frac{n^2}{2}}] W^{-\frac{(k-n)^2}{2}} \end{aligned} \tag{3-35}$$

如果定义

$$g(n) = x(n) A^{-n} W^{\frac{n^2}{2}} \qquad n = 0, 1, \cdots, N-1 \tag{3-36}$$

$$h(n) = W^{-\frac{n^2}{2}} \tag{3-37}$$

则它们的卷积为

$$\begin{aligned} g(k) * h(k) &= \sum_{n=0}^{N-1} g(n) h(k-n) \\ &= \sum_{n=0}^{N-1} [x(n) A^{-n} W^{\frac{n^2}{2}}] W^{-\frac{(k-n)^2}{2}} \end{aligned} \tag{3-38}$$

式中，$k=0, 1, \cdots, M-1$。式(3-38)正好是式(3-35)的一部分，因此式(3-35)又可以用卷积的形式表示为

$$X(z_k) = W^{\frac{k^2}{2}} \cdot [g(k) * h(k)] \qquad k = 0, 1, \cdots, M-1 \tag{3-39}$$

由式(3-39)可看出，如果我们对信号按式(3-36)先进行一次加权处理，加权系数为 $A^{-n} W^{\frac{n^2}{2}}$，然后通过一个单位脉冲响应为 $h(n)$ 的线性系统，即求 $g(n)$ 与 $h(n)$ 的线性卷积，最后对该系统的前 M 点输出再做一次加权，这样就得到了全部 M 点螺线采样值 $X(z_n)$ $(n=0, 1, \cdots, M-1)$。这个过程可以用图 3-19 表示。从图 3-19 中我们可以看到，运算的主要部分是由线性系统来完成的。系统的单位脉冲响应 $h(n)=W^{-\frac{n^2}{2}}$ 可以想象为频率随时间(n)呈线性增长的复指数序列。在雷达系统中，这种信号称为线性调频信号(Chirp Signal)，这里的变换称为线性调频 Z 变换。

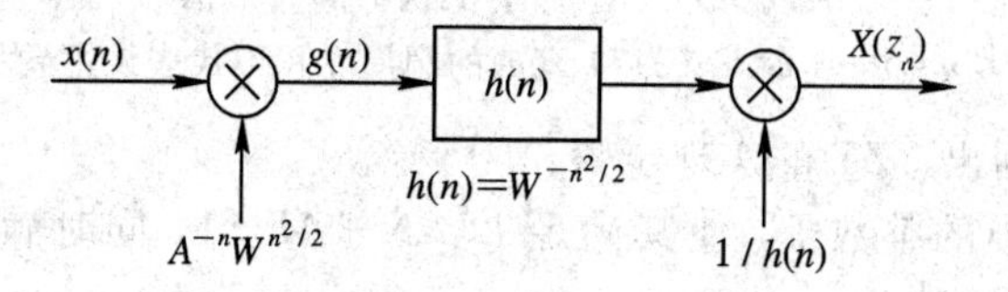

图 3-19　Chirp-Z 变换的线性系统表示

3.6.2　Chirp-Z 变换(CZT)的实现步骤

由式(3-37)可看出，线性系统 $h(n)$ 是非因果的，当 n 的取值为 $0, 1, \cdots, N-1$，k 的取值为 $0, 1, \cdots, M-1$ 时，$h(n)$ 在 $n=-(N-1), \cdots, M-1$ 处取值。也就是说，$h(n)$ 是一个有限长序列，点数为 $N+M-1$，见图 3-20(a)。输入信号 $g(n)$ 也是有限长序列，点数为 N。$g(n) * h(n)$ 的点数为 $2N+M-2$，因而用圆周卷积代替线性卷积且不产生混叠失真的

条件是圆周卷积的点数应大于或等于 $2N+M-2$。但是，由于我们只需要前 M 个值 $X(z_k)$（$k=0, 1, \cdots, M-1$），对以后的其他值是否有混叠失真并不感兴趣，因此可将圆周卷积的点数缩减到最小为 $N+M-1$。当然，为了进行基 - 2 FFT 运算，圆周卷积的点数应取为 $L\geqslant N+M-1$，同时满足 $L=2^m$。这样可将 $h(n)$ 先补零值点，补到点数等于 L，也就是从 $n=M$ 开始补 $L-(N+M-1)$ 个零值点，补到 $n=L-N$ 处，或补 $L-(N+M-1)$ 个任意序列值，然后将此序列以 L 为周期进行周期延拓，再取主值序列，从而得到进行圆周卷积的一个序列，如图 3 - 20(b)所示。进行圆周卷积的另一个序列只需要将 $g(n)$ 补上零值点，使之成为 L 点序列即可，如图 3 - 20(c)所示。

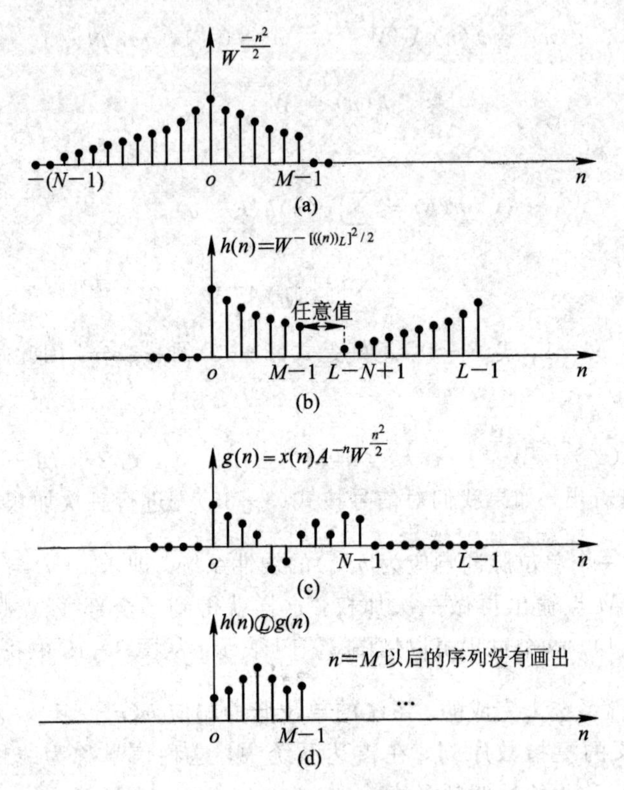

图 3 - 20　Chirp-Z 变换的圆周卷积

（$M\leqslant n\leqslant L-1$ 时，$h(n)$ 和 $g(n)$ 的圆周卷积不代表线性卷积）

这样，我们可以列出 CZT 的实现步骤：

(1) 选择一个最小的整数 L，使其满足 $L\geqslant N+M-1$，同时满足 $L=2^m$，以便采用基 - 2 FFT 算法。

(2) 将 $g(n)=x(n)A^{-n}W^{\frac{n^2}{2}}$（见图 3 - 20(c)）补上零值点，变为 L 点序列，因而有

$$g(n)=\begin{cases}A^{-n}W^{\frac{n^2}{2}}x(n) & 0\leqslant n\leqslant N-1\\ 0 & N\leqslant n\leqslant L-1\end{cases}\tag{3-40}$$

利用 FFT 法求此序列的 L 点 DFT：

$$G(r)=\sum_{n=0}^{N-1}g(n)e^{-j\frac{2\pi}{L}rn}\qquad 0\leqslant r\leqslant L-1\tag{3-41}$$

(3) 形成 L 点序列 $h(n)$。如上所述，在 $n=0\sim M-1$ 段，$h(n)=W^{-\frac{n^2}{2}}$，在 $n=M\sim L-N$段，$h(n)$为任意值(一般为零)，在 $n=L-N+1\sim L-1$ 段，$h(n)$为 $W^{-\frac{n^2}{2}}$ 的周期延拓序列 $W^{-\frac{(L-n)^2}{2}}$，即有

$$h(n)=\begin{cases} W^{-\frac{n^2}{2}} & 0\leqslant n\leqslant M-1 \\ 0(\text{或任意值}) & M\leqslant n\leqslant L-N \\ W^{-\frac{(L-n)^2}{2}} & L-N+1\leqslant n\leqslant L-1 \end{cases} \tag{3-42}$$

此 $h(n)$见图 3-20(b)。实际上它就是图 3-20(a)的序列 $W^{-\frac{n^2}{2}}$以 L 为周期的周期延拓序列的主值序列。

对式(3-42)定义的 $h(n)$序列，用 FFT 法求其 L 点 DFT：

$$H(r)=\sum_{n=0}^{L-1}h(n)\mathrm{e}^{-\mathrm{j}\frac{2\pi}{L}rn}\qquad 0\leqslant r\leqslant L-1 \tag{3-43}$$

(4) 将 $H(r)$和 $G(r)$相乘，得 $Q(r)=H(r)G(r)$，$Q(r)$为 L 点频域离散序列。

(5) 用 FFT 法求 $Q(r)$的 L 点 IDFT，得 $h(n)$和 $g(n)$的圆周卷积：

$$h(n)\ \text{Ⓛ}\ g(n)=q(n)=\frac{1}{L}\sum_{r=0}^{L-1}H(r)G(r)\mathrm{e}^{\mathrm{j}\frac{2\pi}{L}rn} \tag{3-44}$$

式中，前 M 个值等于$h(n)$和 $g(n)$的线性卷积结果 $h(n)*g(n)$；$n\geqslant M$ 的值没有意义，不必去求。$g(n)*h(n)$为 $g(n)$与 $h(n)$的圆周卷积的前 M 个值，见图 3-20(d)。

(6) 求 $X(z_k)$：

$$X(z_k)=W^{\frac{k^2}{2}}q(k)\qquad 0\leqslant k\leqslant M-1 \tag{3-45}$$

3.6.3　运算量的估计

CZT 求 $X(z_k)$的算法比直接求 $X(z_k)$的算法有效得多。CZT 所需的乘法如下：

(1) 形成 L 点序列 $g(n)=(A^{-n}W^{\frac{n^2}{2}})x(n)$，但只有其中 N 点序列值，需要 N 次复乘，而系数 $A^{-n}W^{\frac{n^2}{2}}$可事先准备好，不必在实时分析时计算。

(2) 形成 L 点序列 $h(n)$。由于它是由 $W^{-\frac{n^2}{2}}$在$-(N-1)\leqslant n\leqslant M-1$ 时的序列值构成的，而 $W^{-\frac{n^2}{2}}$是偶对称序列，因此如果设 $N>M$，则只需要求得 $0\leqslant n\leqslant M-1$ 段的 N 点序列值即可。$h(n)$也可事先准备好，不必实时分析时计算，因此，可不用考虑其计算量。同时，$h(n)$的L 点 FFT 即 $H(r)$也可预先计算好。

(3) 计算 $G(r)$、$q(n)$，需要二次 L 点 FFT(或 IFFT)，共需要 $L\ \mathrm{lb}L$ 次复乘。

(4) 计算 $Q(r)=G(r)H(r)$，需要 L 次复乘。

(5) 计算 $X(z_k)=W^{\frac{k^2}{2}}q(k)(0\leqslant k\leqslant M-1)$，需要 M 次复乘。

综上所述，CZT 总的复数乘法次数为

$$m_c = L\,\mathrm{lb}L + N + M + L \tag{3-46}$$

前面说过，直接计算式(3-33)的 $X(z_k)$需要 NM 次复数乘法。可以看出，当 N、M 都较大时(例如 N、M 都大于 50 时)，CZT 的 FFT 算法比直接算法的运算量要小得多。

3.7 利用 FFT 分析时域连续信号频谱

DFT 的重要应用之一是对时域连续信号的频谱进行分析。所谓频谱分析，就是计算信号各个频率分量的幅值、相位和功率。经典的频谱分析是利用 FFT 来实现的。

3.7.1 基本步骤

时域连续信号的离散傅里叶分析的基本步骤如图 3-21 所示。

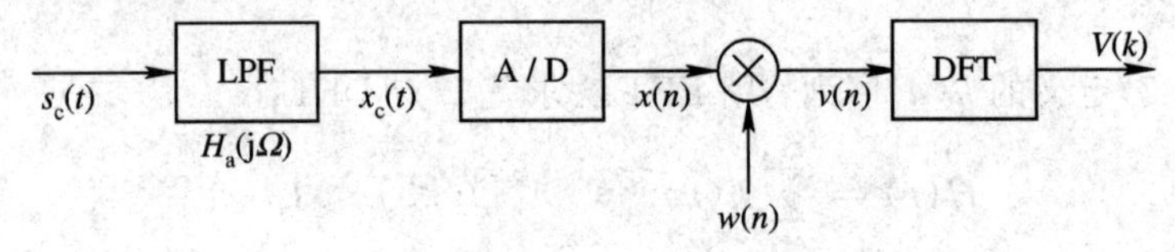

图 3-21 时域连续信号的离散傅里叶分析的基本步骤

在图 3-21 中，前置低通滤波器 LPF(预滤波器)的引入，是为了消除或减少时域连续信号转换成序列时可能出现的频谱混叠的影响。在实际工作中，时域离散信号 $x(n)$的时宽是很长的，甚至是无限长的(如语音或音乐信号)。由于进行 DFT 的需要(实际应用 FFT 计算)，必须把 $x(n)$限制在一定的时间区间之内，即进行数据截断。数据的截断相当于加窗处理(窗函数见 6.2 节)。因此，在计算 FFT 之前，用一个时域有限的窗函数 $w(n)$加到 $x(n)$上是非常必要的。

$x_c(t)$通过 A/D 变换器转换(忽略其幅度量化误差)成采样序列 $x(n)$，其频谱用 $X(e^{j\omega})$表示，它是频率 ω 的周期函数，即

$$X(e^{j\omega}) = \frac{1}{T}\sum_{m=-\infty}^{\infty} X_c\left(j\,\frac{\omega}{T} - j\,\frac{2\pi m}{T}\right) \tag{3-47}$$

式中，$X_c(j\Omega)$或 $X_c\left(j\,\frac{\omega}{T}\right)$为 $x_c(t)$的频谱。

在实际应用中，前置低通滤波器的阻带不可能是无限衰减的，故由 $X_c(j\Omega)$周期延拓得到的 $X(e^{j\omega})$有非零重叠，即会出现频谱混叠现象。

由于进行 FFT 的需要，必须对序列 $x(n)$进行加窗处理，即 $v(n)=x(n)w(n)$。加窗对频域的影响可用卷积表示如下：

$$V(e^{j\omega}) = \frac{1}{2\pi}\int_{-\pi}^{\pi} X(e^{j\theta})W(e^{j(\omega-\theta)})\,d\theta \tag{3-48}$$

加窗后的 DFT 是

$$V(k) = \sum_{n=0}^{N-1} v(n)e^{-j\frac{2\pi}{N}nk} \qquad 0 \leqslant k \leqslant N-1 \tag{3-49}$$

式中，假设窗函数长度 L 小于或等于 DFT 长度 N，为进行 FFT 运算，这里选择 N 为 2 的整数幂次，即 $N=2^m$。

有限长序列 $v(n)=x(n)w(n)$的 DFT 相当于 $v(n)$的傅里叶变换的等间隔采样，即

$$V(k)=V(e^{j\omega})\big|_{\omega=\frac{2\pi}{N}k} \tag{3-50}$$

$V(k)$便是$s_c(t)$的离散频率函数。因为DFT对应的数字域频率间隔$\Delta\omega=2\pi/N$，且模拟频率Ω和数字频率ω间的关系为$\omega=\Omega T$，其中$\Omega=2\pi f$，所以离散的频率函数第k点对应的模拟频率为

$$\Omega_k=\frac{\omega}{T}=\frac{2\pi k}{NT} \tag{3-51}$$

$$f_k=\frac{k}{NT} \tag{3-52}$$

由式(3-52)可看出，数字域频率间隔$\Delta\omega=2\pi/N$对应的模拟域谱线间距为

$$F=\frac{1}{NT}=\frac{f_s}{N} \tag{3-53}$$

谱线间距又称频谱分辨率(单位为Hz)，是指可分辨两频率的最小间距。它的意思是：设某频谱分析的$F=5$ Hz，那么信号中频率相差小于5 Hz的两个频率分量在此频谱图中就分辨不出来。

长度$N=16$的时间信号$v(n)=1.1^n R_{16}(n)$的图形如图3-22(a)所示，其16点的DFT $V(k)$的示例如图3-22(b)所示。其中，T为采样时间间隔(单位为s)；f_s为采样频率(单位为Hz)；t_p为截取连续时间信号的样本长度(又称记录长度，单位为s)；F为谱线间距，(单位为Hz)。注意：$V(k)$示例图给出的频率间距F及N个频率点之间的频率f_s为对应的模拟域频率(单位为Hz)。

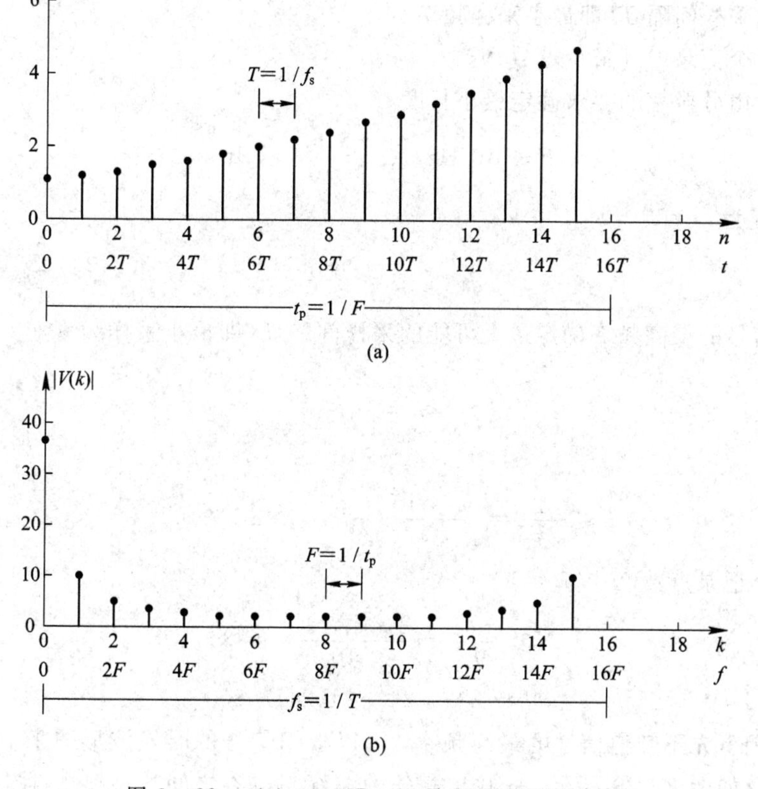

图3-22 $v(n)=1.1^n R_{16}(n)$及DFT $V(k)$示例图

由图 3-22 可知：

$$t_p = NT \tag{3-54}$$

$$F = \frac{f_s}{N} = \frac{1}{NT} = \frac{1}{t_p} \tag{3-55}$$

在实际应用中，要根据信号最高频率 f_h 和频谱分辨率 F 的要求来确定 T、t_p 和 N 的大小。

(1) 由采样定理，为保证采样信号不失真，$f_s \geqslant 2f_h$（f_h 为信号频率的最高频率分量，也就是前置低通滤波器的阻带的截止频率)，即应使采样周期 T 满足：

$$T \leqslant \frac{1}{2f_h} \tag{3-56}$$

(2) 由频谱分辨率 F 和 T 确定 N：

$$N = \frac{f_s}{F} = \frac{1}{FT} \tag{3-57}$$

为了使用 FFT 运算，这里选择 N 为 2 的幂次，即 $N=2^m$。由式(3-55)可知，N 大，分辨率好，但会增加样本记录时间 t_p。

(3) 由 N、T 确定最小记录长度，$t_p = NT$。

【例 3-3】 有一用于频谱分析的 FFT 处理器，其采样点数必须是 2 的整数幂，假定没有采用任何特殊的数据处理措施，已给条件为：① 频率分辨率小于等于 10 Hz；② 信号最高频率小于等于 4 kHz。试确定以下参量：

(1) 最小记录长度 t_p；

(2) 最大采样间隔 T(即最小采样频率)；

(3) 在一个记录中的最少点数 N。

解 (1) 由分辨率的要求确定最小长度 t_p：

$$F \leqslant 10\ \text{Hz},\ \frac{1}{F} \geqslant \frac{1}{10} = 0.1\ \text{s}$$

所以记录长度为

$$t_p = \frac{1}{F} \geqslant 0.1\ \text{s}$$

(2) 由信号的最高频率确定最大可能的采样间隔 T(即最小采样频率 $f_s = 1/T$)。按采样定理：

$$f_s \geqslant 2f_h$$

即

$$T \leqslant \frac{1}{2f_h} = \frac{1}{2\times 4\times 10^3} = 0.125\times 10^{-3}\ \text{s}$$

(3) 最小记录点数 N 应满足：

$$N > \frac{2f_h}{F} = \frac{2\times 4\times 10^3}{10} = 800$$

取

$$N = 2^m = 2^{10} = 1024 > 800$$

如果我们事先不知道信号的最高频率，可以根据信号的时域波形图来估计它。例如，某信号的波形如图 3-23 所示。先找出相邻的波峰与波谷之间的距离，如图中 t_1、t_2、t_3、

t_4。然后，选出其中最小的一个，如 t_4。这里 t_4 可能就是由信号的最高频率分量形成的。峰与谷之间的距离就是周期的一半。因此，最高频率为

$$f_h = \frac{1}{2t_4} \quad (\text{Hz})$$

知道 f_h 后就能确定采样频率，即

$$f_s > 2f_h$$

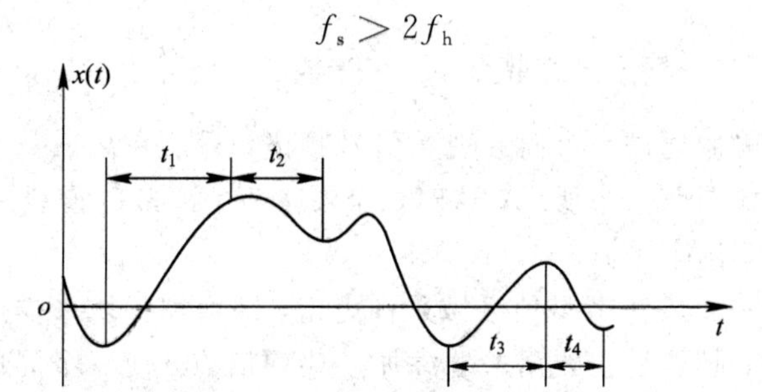

图 3-23　估算信号的最高频率 f_h

3.7.2　可能出现的误差

利用 FFT 对连续时间信号进行傅里叶分析时可能造成的误差如下所述。

1. 频谱混叠失真

在图 3-21 所示的基本步骤中，A/D 变换前利用前置低通滤波器进行预滤波，使 $x_c(t)$的频谱中的最高频率分量不超过 f_h。假设 A/D 变换器的采样频率为 f_s，按照奈奎斯特采样定理，为了不产生混叠，必须满足：

$$f_s \geqslant 2f_h$$

也就是采样间隔 T 满足：

$$T = \frac{1}{f_s} \leqslant \frac{1}{2f_h}$$

一般应取

$$f_s = (2.5 \sim 3.0)f_h \tag{3-58}$$

如果不满足 $f_s \geqslant 2f_h$，就会产生频谱混叠失真。

对于 FFT 来说，频率函数也要采样，变成离散的序列，其采样间隔为 F(即频率分辨率)。由式(3-55)可得

$$t_p = \frac{1}{F} \tag{3-59}$$

从以上 T 和 t_p 两个公式来看，信号的最高频率分量 f_h 与频率分辨率 F 存在矛盾关系，要想 f_h 增加，时域采样间隔 T 就一定要减小，而 f_s 就会增加，由式(3-57)可知，此时若固定 N，必然要增加 F，即分辨率下降。

反之，要提高分辨率(减小 F)，就要增加 t_p，当 N 给定时，必然导致 T 增加(f_s 减小)。要想不产生混叠失真，则必须减小高频容量(信号的最高频率分量)f_h。

要想兼顾高频容量 f_h 与频率分辨率 F，即一个性能提高而另一个性能不变或提高，唯一办法就是增加记录长度的点数 N，即要满足：

$$N = \frac{f_s}{F} > \frac{2f_h}{F} \tag{3-60}$$

这个公式是未采用任何特殊数据处理(例如加窗处理)的情况下，为实现基本 FFT 算法所必须满足的最低条件。如果采用加窗处理，相当于时域相乘，则频域周期卷积必然加宽频谱分量，频率分辨率就可能变差，此时为了保证频率分辨率不变，必须增加数据长度 t_p。

2. 栅栏效应

利用 FFT 计算频谱，只给出离散点 $\omega_k=\dfrac{2\pi k}{N}$ 或 $\Omega_k=\dfrac{2\pi k}{NT}$ 上的频谱采样值，而不可能得到连续频谱函数，这就像通过一个栅栏观看信号频谱，只能在离散点上看到信号频谱，因此称之为栅栏效应，如图 3-22 所示。这时，如果在两个离散的谱线之间有一个特别大的频谱分量，就无法检测出来了。

减小栅栏效应的一个方法就是使频域采样更密，即增加频域采样点数 N，这样在不改变时域数据的情况下，必然是在数据末端添加一些零值点，使一个周期内的点数增加，但并不改变原有的记录数据。频谱采样 $\omega=2\pi k/N$，N 增加，必然使样点间距更近(单位圆上样点更多)，谱线更密，谱线变密后原来看不到的谱分量就有可能看到了。

必须指出，补零以改变计算 FFT 的周期时，所用窗函数的宽度不能改变。换句话说，必须按照数据记录的原来的实际长度选择窗函数，而不能按照补了零值点后的长度来选择窗函数。

补零不能提高频率分辨率，这是因为数据的实际长度仍为补零前的数据长度。

3. 频谱泄漏与谱间干扰

对信号进行 FFT 计算，首先必须使其变成有限时宽的信号，这就相当于信号在时域乘一个窗函数(如矩形窗)，窗内数据并不改变。时域相乘即 $v(n)=x(n)\cdot w(n)$，加窗对频域的影响可用式(3-48)所示的卷积公式来表示，即

$$V(\mathrm{e}^{\mathrm{j}\omega})=\frac{1}{2\pi}\int_{-\pi}^{\pi}X(\mathrm{e}^{\mathrm{j}\theta})W(\mathrm{e}^{\mathrm{j}(\omega-\theta)})\mathrm{d}\theta$$

上述频谱 $V(\mathrm{e}^{\mathrm{j}\omega})$ 与原来的频谱 $X(\mathrm{e}^{\mathrm{j}\omega})$ 不相同，有失真。这种失真最主要的是造成频谱的扩散(拖尾、变宽)，这就是所谓的频谱泄漏。

由以上可知，泄漏是由于我们截取有限长信号所造成的。对具有单一谱线的正弦波来说，它必须是无限长的。也就是说，如果我们输入的信号是无限长的，那么 FFT 就能计算出完全正确的单一线频谱。可是我们不可能这么做，而只能取有限长的记录样本。如果在该有限长记录样本中，正弦信号又不是整数个周期，就会产生泄漏。例如，一个周期 $N=16$ 的余弦信号 $x(n)=\cos(6\pi n/16)$ 截取一个周期长度的信号，即 $x_1(n)=\cos(6\pi n/16)R_{16}(n)$，其 16 点 FFT 的谱图见图 3-24(a)；若截取的长度为 13，则其 16 点 FFT 的谱图见图 3-24(b)。由此可见，频谱不再是单一的谱线，它的能量散布到整个频谱的各处。这种能量散布到其他谱线位置的现象即为频谱泄漏。

应该说明，泄漏也会造成混叠，因为泄漏将会导致频谱的扩展，从而使最高频率有可能超过折叠频率($f_s/2$)，造成频率响应的混叠失真。

泄漏造成的后果是降低频谱的分辨率。此外，由于在主谱线两边形成很多旁瓣，引起不同频率分量间的干扰(简称谱间干扰)，特别是强信号谱的旁瓣可能湮没弱信号的主谱线，或者把强信号谱的旁瓣误认为是另一信号的谱线，从而造成假信号，这样就会使谱分

析产生较大偏差。

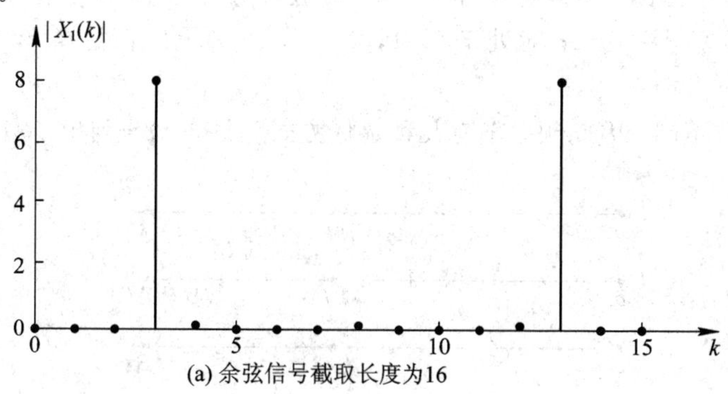

(a) 余弦信号截取长度为16

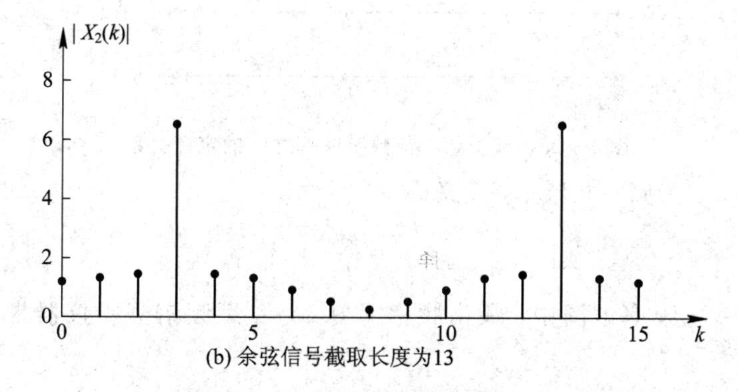

(b) 余弦信号截取长度为13

图 3－24　余弦信号(周期 $N=16$)频谱泄漏示例

在进行 FFT 运算时，时域截断是必然的，因而频谱泄漏和谱间干扰也是不可避免的。为尽量减小泄漏和谱间干扰的影响，需增加窗的时域宽度(频域主瓣变窄)，但这又会导致运算量及存储量的增加；其次，数据不要突然截断，也就是不要加矩形窗，而是加各种缓变的窗(如三角形窗、升余弦窗、改进的升余弦窗等)，使得窗谱的旁瓣能量减小，卷积后造成的泄漏减小，这个问题在第 6 章中将会讨论到。

3.7.3　应用实例

一个长度为 N 的时域离散序列 $x(n)$，其离散傅里叶变换 $X(k)$(离散频谱)是由实部和虚部组成的复数，即

$$X(k) = X_r(k) + jX_i(k) \tag{3-61}$$

对实信号 $x(n)$，其频谱是共轭偶对称的，故只要求出 k 在 0，1，2，…，$N/2$ 上的 $X(k)$即可。将 $X(k)$写成极坐标形式：

$$X(k) = |X(k)| e^{j\arg[X(k)]} \tag{3-62}$$

式中，$|X(k)|$称为幅频谱，$\arg[X(k)]$称为相频谱。

实际中也常常用信号的功率谱(PSD)表示，功率谱是幅频谱的平方，功率谱定义为

$$\text{PSD}(k) = \frac{|X(k)|^2}{N} \tag{3-63}$$

功率谱具有突出主频率的特性，在分析带有噪声干扰的信号时特别有用。通常将根据式(3－62)绘成的图形称为频谱图。由频谱图可以知道信号存在哪些频率分量，它们就是谱

图中峰值对应的点。谱图中，最低频率 $k=0$，对应实际频率为 0（即直流）；最高频率 $k=N/2$，对应实际频率 $f=f_s/2$；对处于 0，1，2，…，$N/2$ 上的任意点 k，对应的实际频率 $f=kF=kf_s/N$。

由于所取单位不同，因此频率轴有几种定标方式。图 3－25 列出了频率轴几种定标方式的对应关系。

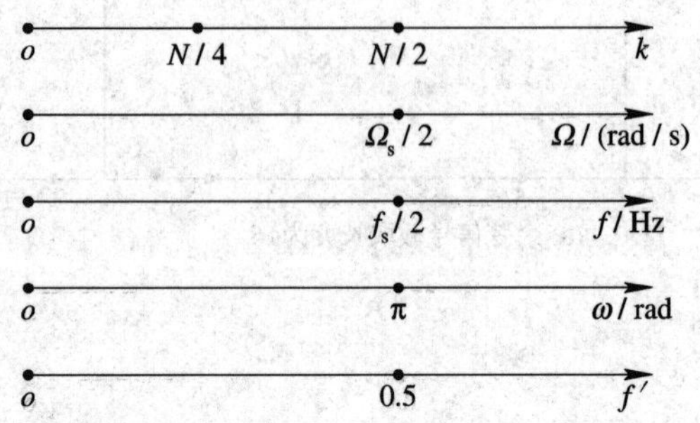

图 3－25　模拟频率与数字频率之间的定标关系

图 3－25 中，f'为归一化频率，定义为

$$f'=\frac{f}{f_s} \tag{3-64}$$

f'无量纲，在归一化频率谱图中，最高频率为 0.5。专用频谱分析仪器常用归一化频率表示。

【例 3－4】 已知信号 $x(t)=0.15\sin(2\pi f_1 t)+\sin(2\pi f_2 t)-0.1\sin(2\pi f_3 t)$，其中，$f_1=1$ Hz，$f_2=2$ Hz，$f_3=3$ Hz。$x(t)$包含三个正弦波，但从时域波形图 3－26(a)来看，似乎是一个正弦信号，很难看到小信号的存在，因为它被大信号所掩盖。取 $f_s=32$ Hz 作频谱分析。

解　因 $f_s=32$ Hz，故

$$x(n)=x(nT)=0.15\sin\left(\frac{2\pi}{32}n\right)+\sin\left(\frac{4\pi}{32}n\right)-0.1\sin\left(\frac{6\pi}{32}n\right)$$

该信号为周期信号，其周期 $N=32$。现对 $x(n)$作 32 点的离散傅里叶变换(DFT)，其幅频特性曲线如图 3－26(b)所示。图中仅给出了 $k=0$，1，…，15 的结果。$k=16$，17，…，32 的结果可由$|X(N-k)|=|X(k)|$得出。因 $N=32$，故频率分辨率 $F=f_s/N=1$ Hz。由图

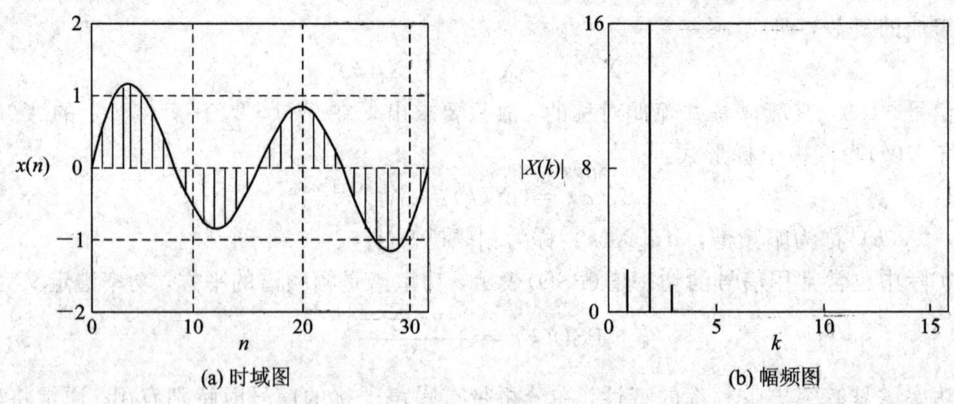

图 3－26　已知信号的时域图和幅频图

3-26(b)可知，$k=1$，2，3 所对应的频谱即为频率 $f_1=1$ Hz，$f_2=2$ Hz，$f_3=3$ Hz 的正弦波所对应的频谱。图 3-26(b)中小信号成分清楚地显示出来。可见，小信号成分在时域中很难辨识，而在频域中容易识别。

用 MATLAB 程序实现的过程如下：

```
clear all
f1=1;
f2=2;
f3=3;
fs=32;
N=32;
n=0:N-1;
xn=0.15*sin(2*pi*f1*n/fs)+sin(2*pi*f2*n/fs)-0.1*sin(2*pi*f3*n/fs);
XK=fft(xn, N);                 %计算序列 x(n)的 N 点 FFT
magXK=abs(XK);                 %计算幅频特性
phaXK=angle(XK);               %计算相频特性
subplot(1, 2, 1)
plot(n, xn)                    %绘制时域信号图
grid on;
axis([0, 31, -2, 2]);
xlabel('n');ylabel('x(n)');
title('x(n) N=32');
subplot(1, 2, 2)
k=0:length(magXK)-1;
stem(k, magXK, '.');           %绘制信号的幅频特性曲线
axis([0, 15, 0, 16]);
xlabel('k');ylabel('|X(k)|');
title('X(k)');
```

运行结果如图 3-27 所示。该结果与图 3-26 相同。

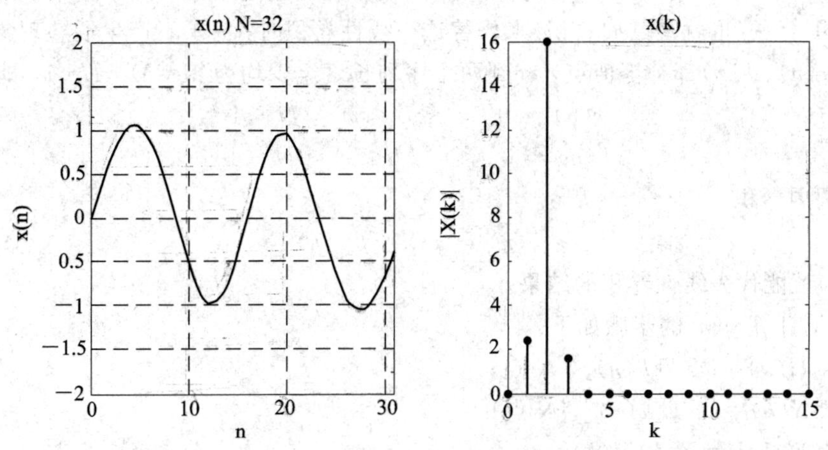

图 3-27　已知信号的时域图和幅频特性曲线

MATLAB 中计算序列的离散傅里叶变换和反变换采用的是快速算法，利用 fft 和 ifft

函数实现。

函数 fft 用来求序列的 DFT，调用格式为

[XK]=fft(xn, N)

其中，xn 为有限长序列，N 为序列 xn 的长度，XK 为序列 xn 的 DFT。

函数 ifft 用来求 IDFT，调用格式为

[xn]=ifft(XK, N)

其中，XK 为有限长序列，N 为序列 XK 的长度，xn 为序列 XK 的 IDFT。

3.8 FFT 的其他应用

3.8.1 线性卷积的 FFT 算法——快速卷积

凡是可以利用傅里叶变换进行分析、变换、综合等的地方，都可以利用 FFT 来实现。因而 FFT 在语音信号处理、图像处理、雷达信号处理、功率谱估算、系统分析和仿真等领域都得到了广泛的应用。除用 FFT 作谱分析外，利用 FFT 求线性卷积的应用最为广泛。利用 DFT 计算卷积的基本原理已在前面作了介绍。现以用 FFT 求有限长序列间的卷积及求有限长序列与较长序列间的卷积为例来讨论 FFT 的快速卷积方法。

下面以 FIR 数字滤波器为例进行介绍，因为它的输出等于有限长单位脉冲响应 $h(n)$ 与有限长输入信号 $x(n)$ 的离散线性卷积。

设 $x(n)$ 为 L 点，$h(n)$ 为 M 点，输出 $y(n)$ 为

$$y(n) = \sum_{m=0}^{M-1} h(m)x(n-m)$$

$y(n)$ 也是有限长序列，其点数为 $L+M-1$ 点。下面首先讨论直接计算线性卷积的运算量。由于每一个 $x(n)$ 的输入值都必须和全部的 $h(n)$ 值相乘一次，因而总共需要 LM 次乘法，这就是直接计算的乘法次数，以 m_d 表示为

$$m_d = LM \tag{3-65}$$

用 FFT 算法(也就是圆周卷积)来代替这一线性卷积时，为了不产生混叠现象，其必要条件是使 $x(n)$、$h(n)$ 都补零值点，补到两个序列长度至少均为 $N=M+L-1$，即

$$x(n) = 0 \qquad L \leqslant n \leqslant N-1$$
$$h(n) = 0 \qquad M \leqslant n \leqslant N-1$$

然后计算圆周卷积

$$y(n) = x(n) \circledN h(n)$$

这时，$y(n)$ 就能代表线性卷积的结果。

用 FFT 计算 $y(n)$ 的步骤如下：

(1) 求 $H(k)=\text{DFT}[h(n)]$，N 点；

(2) 求 $X(k)=\text{DFT}[x(n)]$，N 点；

(3) 计算 $Y(k)=X(k)H(k)$；

(4) 求 $y(n)=\text{IDFT}[Y(k)]$，N 点。

步骤(1)、(2)、(4)都可用 FFT 来完成。此时的工作量如下：三次 FFT 运算共需要

$\frac{3}{2}N\ \mathrm{lb}N$次相乘，还有步骤(3)的 N 次相乘，因此共需要相乘次数为

$$m_F=\frac{3}{2}N\ \mathrm{lb}N+N=N\left(1+\frac{3}{2}\ \mathrm{lb}N\right) \tag{3-66}$$

比较直接法计算线性卷积(简称直接法)和 FFT 法计算线性卷积(简称 FFT 法)这两种方法的乘法次数。设式(3-65)与式(3-66)的比值为 K_m，则

$$K_m=\frac{m_d}{m_F}=\frac{ML}{N\left(1+\frac{3}{2}\ \mathrm{lb}N\right)}=\frac{ML}{(M+L-1)\left[1+\frac{3}{2}\ \mathrm{lb}(M+L-1)\right]} \tag{3-67}$$

分两种情况讨论如下：

(1) $x(n)$与 $h(n)$点数差不多。例如，$M=L$，$N=2M-1\approx 2M$，则

$$K_m=\frac{M}{2\left(\frac{5}{2}+\frac{3}{2}\ \mathrm{lb}M\right)}=\frac{M}{5+3\ \mathrm{lb}M}$$

这样可得表 3-2。

表 3-2　M 与 K_m 的对应值

$M=L$	8	16	32	64	128	256	512	1024	2048	4096
K_m	0.572	0.941	1.6	2.78	5.92	8.82	16	29.24	53.9	99.9

当 $M=8$ 时，FFT 法的运算量大于直接法；当 $M=16$ 时，二者相当；当 $M=512$ 时，FFT 法的运算量是直接法的 1/16；当 $M=4096$ 时，FFT 法的运算量约是直接法的 1/100。可以看出，当 $M=L$ 且 M 超过 32 以后，M 越大，FFT 法的好处越明显。因而将圆周卷积称为快速卷积。

(2) $x(n)$的点数很多，即 $L\gg M$。通常不允许等 $x(n)$全部采集齐后再进行卷积；否则，输出相对于输入有较长的延时。此外，若 $N=L+M-1$ 太大，则 $h(n)$必须补很多个零值点，很不经济，且 FFT 的计算时间也要很长。这时 FFT 法的优点就体现不出来了，因此需要采用分段卷积或分段过滤的办法，即将 $x(n)$分成点数和 $h(n)$相仿的段，分别求出每段的卷积结果，然后用一定的方式把它们合在一起，便得到总的输出，其中每一段的卷积均采用 FFT 方法处理。分段卷积的办法有两种：重叠相加法和重叠保留法。

① 重叠相加法。设 $h(n)$的点数为 M，信号 $x(n)$为很长的序列。我们将 $x(n)$分解为很多段，每段为 L 点，L 和 M 的数量级相同，用 $x_i(n)$表示 $x(n)$的第 i 段：

$$x_i(n)=\begin{cases}x(n) & iL\leqslant n\leqslant (i+1)L-1\\ 0 & \text{其他}\ n\end{cases}\qquad i=0,1,\cdots \tag{3-68}$$

则输入序列可表示成

$$x(n)=\sum_{i=0}^{\infty}x_i(n) \tag{3-69}$$

这样，$x(n)$和 $h(n)$的线性卷积等于各 $x_i(n)$与 $h(n)$的线性卷积之和，即

$$y(n)=x(n)*h(n)=\sum_{i=0}^{\infty}x_i(n)*h(n) \tag{3-70}$$

每一个 $x_i(n)*h(n)$都可用上面讨论的快速卷积法来运算。由于 $x_i(n)*h(n)$为 $L+M-1$

点，因此先对 $x_i(n)$ 及 $h(n)$ 补零值点，补到 N 点。为便于利用基-2 FFT 算法，一般取 $N=2^m \geqslant L+M-1$，然后作 N 点的圆周卷积：

$$y_i(n) = x_i(n) \, Ⓝ \, h(n)$$

由于 $x_i(n)$ 为 L 点，而 $y_i(n)$ 为 $L+M-1$ 点(设 $N=L+M-1$)，因此相邻两段输出序列必然有 $M-1$ 个点发生重叠，即前一段的后 $M-1$ 个点和后一段的前 $M-1$ 个点相重叠，如图 3-28 所示。按照式(3-70)，应该将重叠部分相加后再和不重叠的部分共同组成输出 $y(n)$。

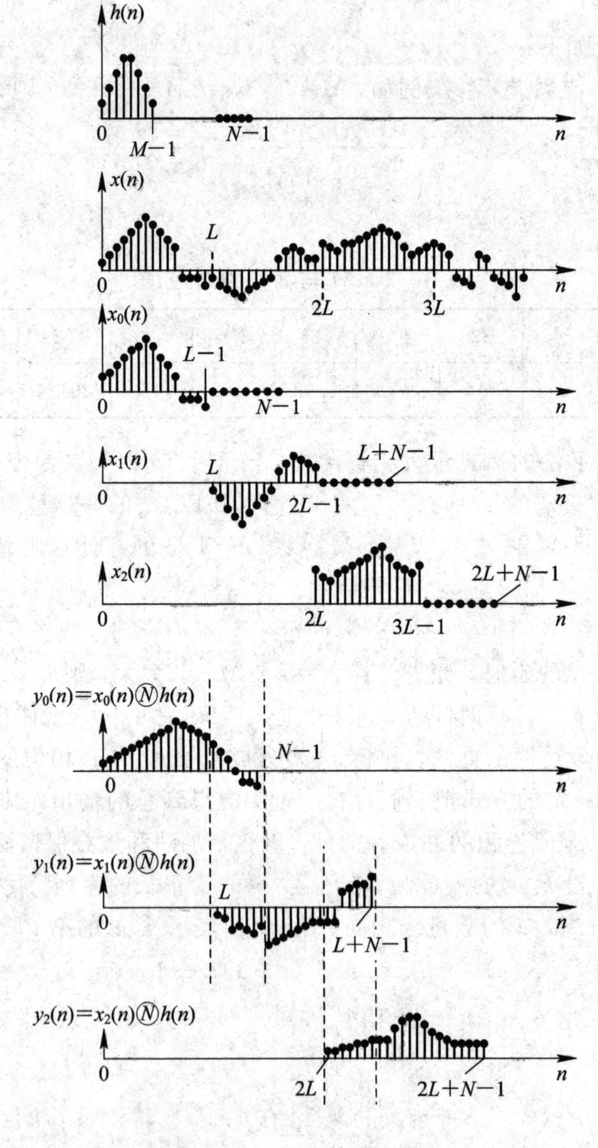

图 3-28　重叠相加法图形

和上面的讨论一样，用 FFT 法实现重叠相加法的步骤如下：

- 计算 N 点 FFT，$H(k)=\mathrm{DFT}[h(n)]$；
- 计算 N 点 FFT，$X_i(k)=\mathrm{DFT}[x_i(n)]$；

- 相乘，$Y_i(k)=X_i(k)H(k)$；
- 计算 N 点 IFFT，$y_i(n)=\text{IDFT}[Y_i(k)]$；
- 将各段 $y_i(n)$(包括重叠部分)相加，$y(n)=\sum_{i=0}^{\infty}y_i(n)$。

重叠相加的名称是由各输出段的重叠部分相加而得名的。

② 重叠保留法。此方法与上述方法稍有不同。先将 $x(n)$分段，每段 $L=N-M+1$ 个点，这是相同的。不同之处是，序列中补零处不补零，而在每一段的前边补上前一段保留下来的 $M-1$ 个输入序列值，组成 $L+M-1$ 点序列 $x_i(n)$，如图 3-29(a)所示。如果 $L+M-1<2^m$，则可在每段序列末端补零值点，补到长度为 2^m，这时如果用 DFT 实现 $h(n)$和$x_i(n)$圆周卷积，则其每段圆周卷积结果的前 $M-1$个点的值不等于线性卷积值，必须舍去。

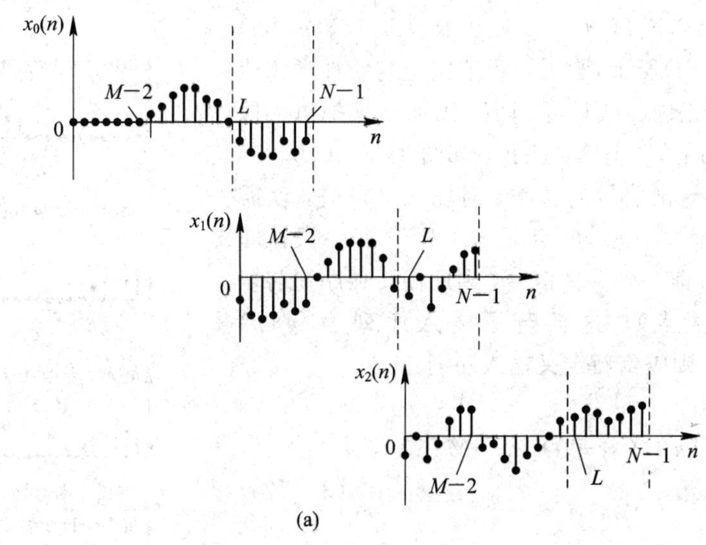

(a)

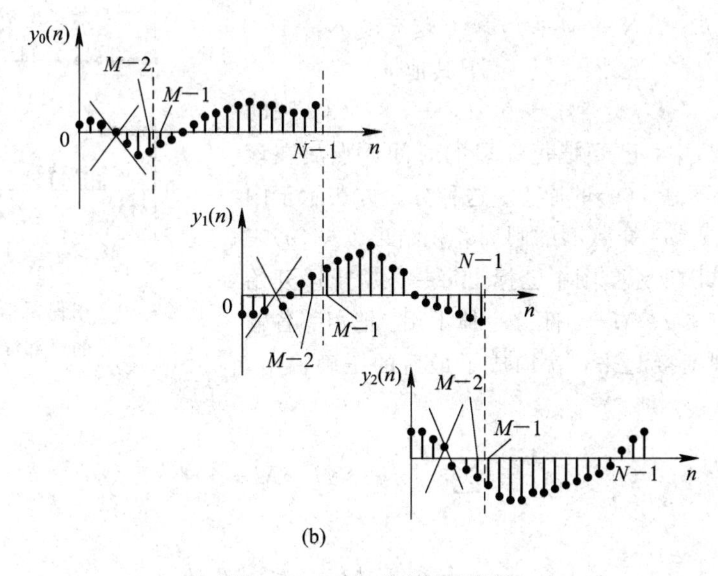

(b)

图 3-29　重叠保留法示意图

为了说明以上说法的正确性，我们来看图 3-30。任一段 $x_i(n)$（为 N 点）与 $h(n)$（原为 M 点，补零值后也为 N 点）的 N 点圆周卷积：

$$y_i(n) = x_i(n) \circledN h(n) = \sum_{m=0}^{N-1} x_i(m)h((n-m))_N R_N(n) \tag{3-71}$$

由于 $h(m)$ 为 M 点，补零后作 N 点圆周移位时，在 $n=0,1,\cdots,M-2$ 的每一种情况下，$h((n-m))_N R_N(m)$ 在 $0 \leqslant m \leqslant N-1$ 末端出现非零值，而此处 $x_i(m)$ 是有数值存在的（图 3-30(c)、(d) 为 $n=0$，$n=M-2$ 的情况），所以在 $0 \leqslant n \leqslant M-2$ 这一部分的 $y_i(n)$ 值中将混入 $x_i(m)$ 尾部与 $h((n-m))_N \cdot R_N(m)$ 尾部的乘积值，从而使这些点的 $y_i(n)$ 不同于线性卷积结果。但是从 $n=M-1$ 开始到 $n=N-1$，$h((n-m))_N R_N(m)=h(n-m)$（如图 3-30(e)、(f) 所示）圆周卷积值完全与线性卷积值一样，$y_i(n)$ 就是正确的线性卷积值。因而必须把每一段圆周卷积结果的前 $M-1$ 个值去掉，如图 3-30(g) 所示。

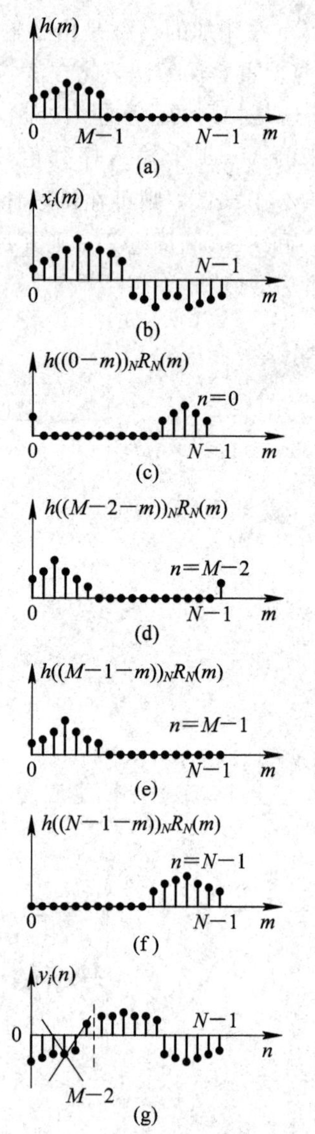

图 3-30 用保留信号代替补零后的局部混叠现象

为了不造成输出信号的遗漏，对输入分段时，就需要使相邻两段有 $M-1$ 个点重叠（对于第一段，即 $x_0(n)$，由于没有前一段保留信号，因此需要在序列前填充 $M-1$ 个零值点），这样若原输入序列为 $x'(n)$（$n \geqslant 0$ 时有值），则应重新定义输入序列：

$$x(n) = \begin{cases} 0 & 0 \leqslant n \leqslant M-2 \\ x'[n-(M-1)] & M-1 \leqslant n \end{cases} \tag{3-72a}$$

而

$$x_i(n) = \begin{cases} x[n+i(N-M+1)] & 0 \leqslant n \leqslant N-1 \\ 0 & \text{其他 } n \end{cases} \qquad i=0,1,\cdots \tag{3-72b}$$

在式(3-72)中，已经把每一段的时间原点放在该段的起始点，而不是 $x(n)$ 的原点。这种分段方法示于图 3-29 中，每段 $x_i(n)$ 和 $h(n)$ 的圆周卷积结果以 $y_i(n)$ 表示，如图 3-29(b) 所示，图中已标出每一段输出段开始的 $M-1$ 个点，$0 \leqslant n \leqslant M-2$ 部分舍掉不用。把相邻各输出段留下的序列衔接起来，就构成了最后的正确输出，即

$$y(n) = \sum_{i=0}^{\infty} y_i'[n-i(N-M+1)] \tag{3-73}$$

式中：

$$y_i'(n) = \begin{cases} y_i(n) & M-1 \leqslant n \leqslant N-1 \\ 0 & \text{其他 } n \end{cases} \tag{3-74}$$

这时，每段输出的时间原点放在 $y_i'(n)$的起始点，而不是 $y(n)$的原点。

重叠保留法是因为每一组相继的输入段均由 $N-M+1$ 个新点和前一段保留下来的 $M-1$ 个点所组成而得名的。

3.8.2　信号消噪

假设信号在传输过程中受到噪声的干扰，则在接收端得到的信号因受到噪声的干扰而难以辨识。用 FFT 方法消噪就是对含噪信号的频谱进行处理，将噪声所在频段的 $X(k)$值全部置零后，再对处理后的 $X(k)$进行离散傅里叶反变换(IFFT)，从而得到原信号的近似结果。这种方法要求噪声与信号的频谱不在同一频段，否则将很难处理。

【例 3-5】　含噪语音 $x(t)=s(t)+n(t)$，其中语音信号 $s(t)$受到了强烈的啸叫噪声 $n(t)$的干扰，无法听清语音意思，如图 3-31(a)所示，信号淹没在噪声中(信噪比只有 −10 dB)。试用 FFT 方法消噪。

先作 FFT 分析，得到其幅频谱如图 3-31(b)所示。可见，在频率 2.5 kHz 附近有一极强分量。这就是啸叫噪声干扰。图 3-31(b)中频率在 30～800 Hz 范围是语音信号。对频谱进行修正，去除噪声频段，即将大于 2.5 kHz 部分的 $X(k)$值全部置为零。图 3-31(c)是去噪后的幅频谱。再由反变换(IFFT)重构信号得到原语音信号，如图 3-31(d)所示。这时信噪比为14 dB，提高了 24 dB。这就是早期的数字式录音音乐中所采用的消噪方法。

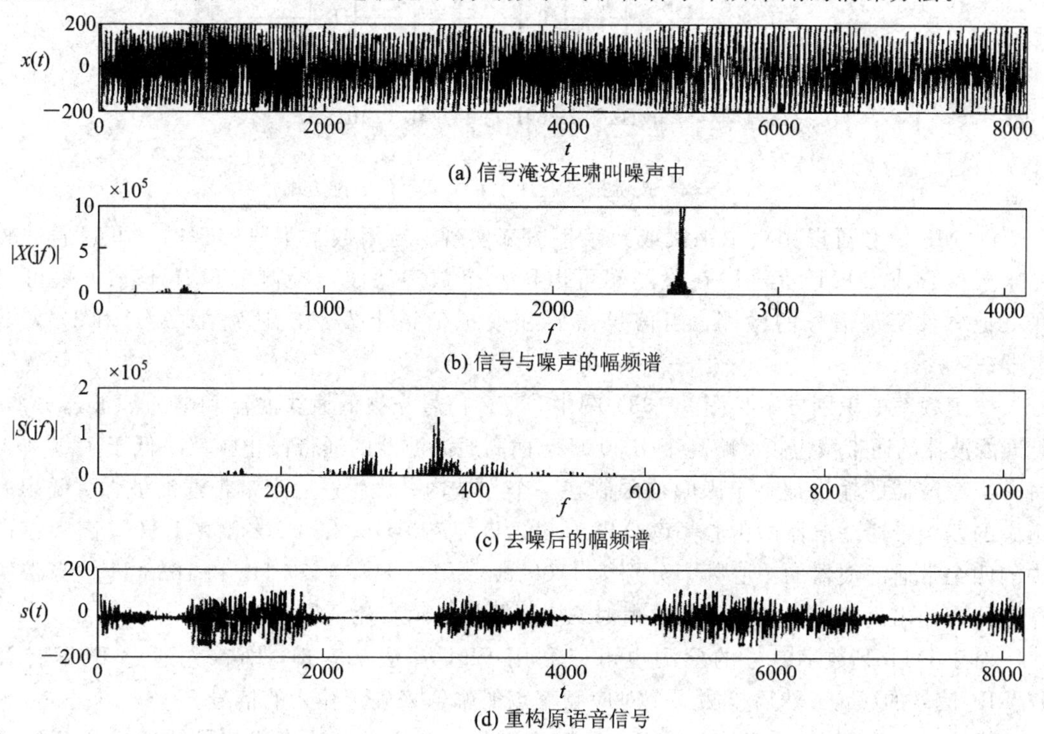

图 3-31　语音信号消噪过程

3.8.3　FFT 在双音多频(DTMF)信号中的应用

双音多频(DTMF)信号是由贝尔实验室发明的，它是电话系统中按键式电话机与交换机之间的一种用户信令。近几年，DTMF 信号已经可以应用于需要交互控制的系统中，如语音控制系统、电子邮件系统和 ATM 交换机等。

在 DTMF 信号系统中共有八个频率，分为四个高频音和四个低频音。通常用一个高频音和一个低频音的组合来代表某一特定的数字、字符 * 或 #。按键拨号设计中八个频率的分配方案如图 3－32 所示。其中，697 Hz、770 Hz、852 Hz 和 941 Hz 为低频音，1209 Hz、1336 Hz 和 1477 Hz 为高频音。例如，按下“ * ”键时，所选频率为 941 Hz 和 1209 Hz，反之，如果这两个频率被检测出来，也就是收到了“ * ”。此外，还有第四种高频音，为 1633 Hz，目前还未被采用，留作日后用于特殊服务。

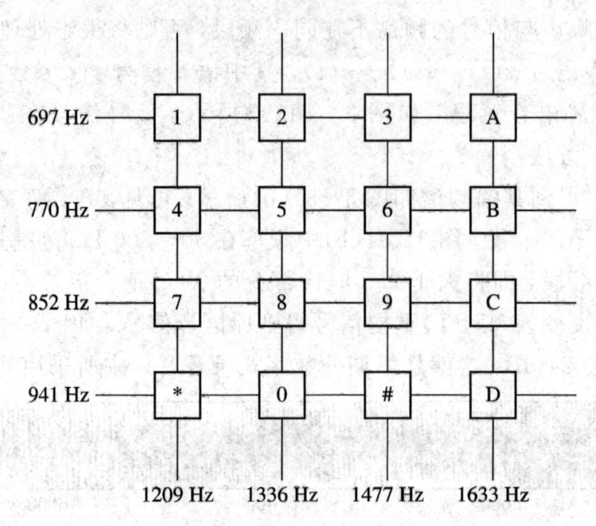

图 3－32　按键拨号设计中八个频率的分配方案

DTMF 信号可以用模拟手段或数字手段来实现。当用数字手段实现时，可以通过软件来模拟合成 DTMF 信号。在检测端可以用八个数字滤波器检测 DTMF 信号，也可以用其他软件实现信号的检测。当信号需要在模拟信道上发送时还需加 A/D 和 D/A 转换器。

按键频率的识别方案见图 3－33。图中，双音信号先被低通滤波器和高通滤波器分离。低通滤波器的通带截止频率略高于 1000 Hz，而高通滤波器的通带截止频率略低于 1200 Hz。每一个滤波器的输出被一个限幅器限制在一个方波内，然后进入窄带带通滤波器。低频信道中的四个带通滤波器的中心频率分别为 697 Hz、770 Hz、852 Hz 和 941 Hz。高频信道中的四个带通滤波器的中心频率分别为 1209 Hz、1336 Hz、1477 Hz 和 1633 Hz。当带通滤波器的输出高于一个特定的门限值时，检测器将显示直流电转换信号。

对于 DTMF 数字信号的检测也可以利用 FFT 算法来实现，即首先通过 FFT 计算 DTMF 信号的频谱，然后检测八个对应频率点的幅值来确定输入的信号。

当在具有 DTMF 功能的电话机上按数字键时，电话机自动将该信号转换成为 DTMF 信号，并通过电话线将信号传到交换机，交换机再将该 DTMF 信号转换为原来的数字，并进行相应的操作。其中的检测过程可采用上面介绍的方法之一。

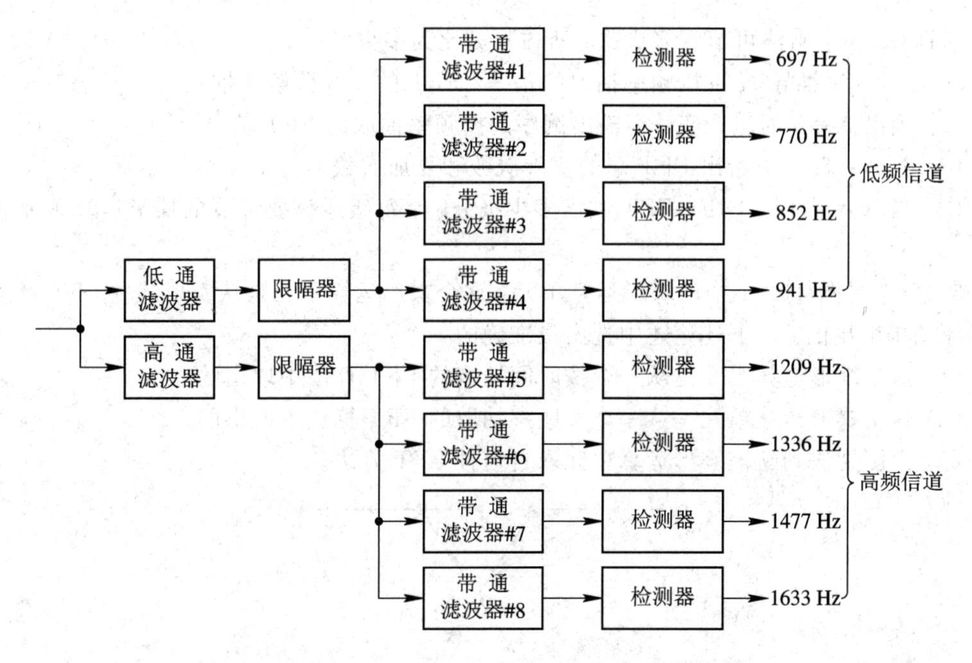

图 3-33　按键拨号设计中的双音检测方案

本章小结

在本章中我们研究了计算离散傅里叶变换的方法。首先，讨论了直接计算 DFT 的运算量，由于其复数乘法和复数加法的运算量都与序列长度 N 的平方成正比，因此当 N 较大时，运算量非常大，不利于进行实时运算。根据 DFT 的运算特点，利用复因子 W_N^{kn} 的周期性、对称性，将大点数的 DFT 分解成小点数的 DFT，从而提高了 DFT 的运算效率。其次，较详细地讨论了按时间抽取和按频率抽取的快速傅里叶变换(FFT)算法，主要讨论了 N 为 2 的幂次的算法，这两类算法都具有原位运算、码位倒置、蝶形运算等特点并相对容易理解且编程简单。

本章还简要介绍了 N 为复合数的 FFT 算法设计思想，详细讨论了利用卷积计算的线性调频 Z 变换(Chirp-Z 变换)算法。

本章最后两节讨论了 FFT 的应用，详细讨论了 FFT 分析连续信号频谱的基本步骤及可能出现的误差，以及 FFT 在快速卷积、信号消噪、双音多频(DTMF)信号等方面的应用。

习题与上机练习

3.1　如果一台通用计算机的速度为平均每次复乘需 100 μs，每次复加需 20 μs，今用来计算 $N=1024$ 点的 DFT$[x(n)]$，问：直接运算需要多少时间，用 FFT 运算需要多少时间？

3.2　在基-2 FFT 算法中，最后一级或开始一级运算的系数 $W_N^p=W_N^0=1$，即可以不做乘法运算。问：乘法可节省多少次，所占百分比为多少？

3.3　(1) 试推导 N 点按频率抽取的基-2 FFT 的一级分解递推式。

(2) 画出 $N=8$ 时输入正序、输出倒序的按频率抽取的 FFT 信号流图。

(3) 若 $N=2^M$，请给出 FFT 总的复乘次数和复加次数。

(4) 当 $N=2^M$ 时，DIF-FFT 共需多少级分解？每级运算要计算的蝶形运算单元有多少个？

3.4　考虑图 T3-1 中的蝶形运算单元。这个蝶形运算单元是从实现某种 FFT 算法的信号流图中取出的。从下述论述中选出最准确的一个：

(1) 这个蝶形运算单元是从一个按时间抽取的 FFT 算法中取出的。

(2) 这个蝶形运算单元是从一个按频率抽取的 FFT 算法中取出的。

(3) 由图无法判断该蝶形运算单元取自何种 FFT 算法。

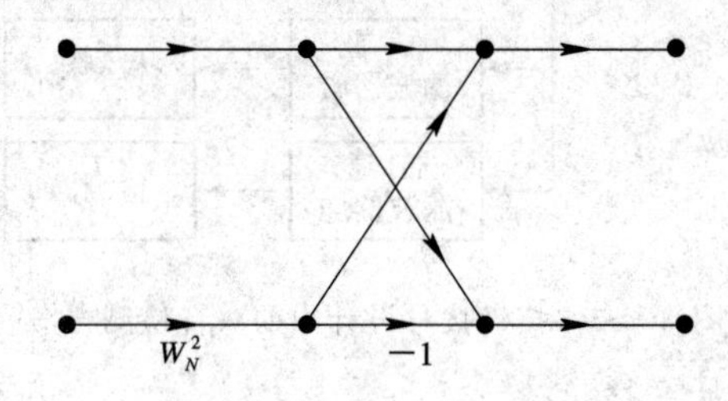

图 T3-1　蝶形运算单元

3.5　假设要将一个长度 $N=16$ 的序列 $x(n)$ 重新排列为倒位序作为某一 FFT 算法的输入。给出新的倒位序后的样本序号。

3.6　图 T3-2 所示的蝶形运算单元是从 16 点按时间抽取的 FFT 获得的。假设 16 点 FFT 有四级运算，标示为 $m=1, 2, 3, 4$，则对每一级来说，r 的可能值为多少？

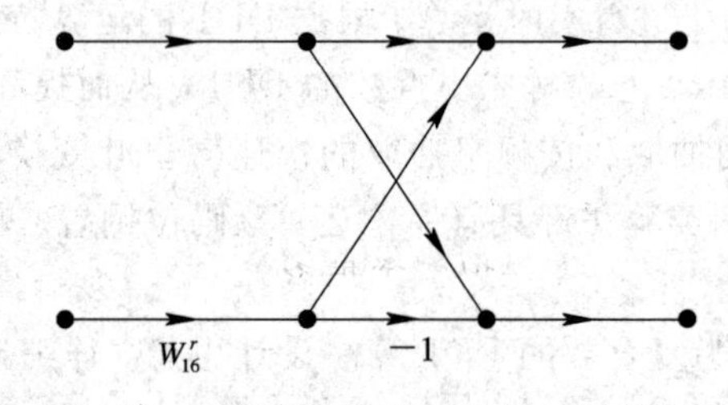

图 T3-2　蝶形运算单元

3.7　图 T3-3 所示的蝶形运算单元是从 16 点按时间抽取的 FFT 获得的，16 点 FFT 有四级运算，序号标示为 $m=1, 2, 3, 4$，则四级中的哪一级具有这种形式的蝶形运算单元？

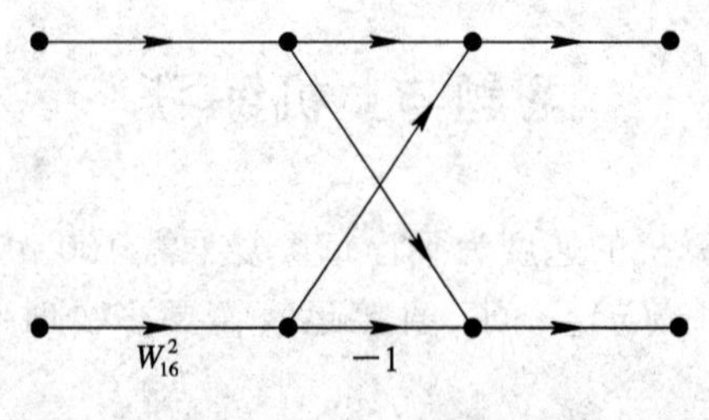

图 T3-3　蝶形运算单元

3.8　图T3-4所示的蝶形运算单元是从16点按频率抽取的FFT获得的，在这里输入序列被安排为按自然顺序输入。注意16点FFT有四级运算，标示为$m=1, 2, 3, 4$。四级中的哪一级具有这种形式的蝶形运算单元？

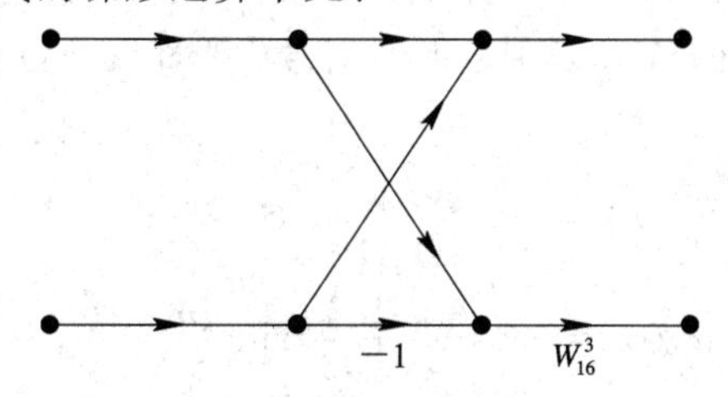

图T3-4　蝶形运算单元

3.9　假设已知一个$N=32$的FFT算法在其第5级(最后一级)的一个蝶形运算单元中具有旋转因子W_{32}^2。该FFT算法为时间抽取法还是频率抽取法？

3.10　考虑图T3-5中的信号流图。假设该系统的输入$x(n)$是一个8点的序列。选择a和b的值使得$y(8)=X(e^{j6\pi/8})$。

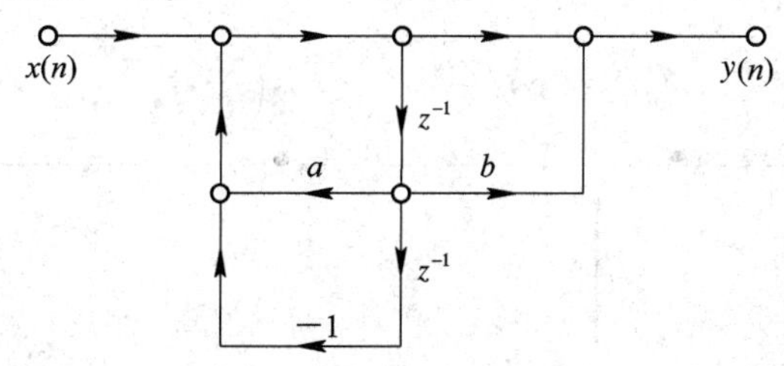

图T3-5　信号流图

3.11　以20 kHz的采样率对最高频率为10 kHz的带限信号$x_a(t)$采样，然后计算$x(n)$的$N=1000$个采样点的DFT，即$X(k)=\sum_{n=0}^{N-1}x(n)e^{-j\frac{2\pi}{N}nk}$，$N=1000$。

(1) 试求频谱采样点之间的频率间隔Δf。

(2) 在$X(k)$中，$k=200$对应的模拟频率是多少？

(3) 在$X(k)$中，$k=700$对应的模拟频率是多少？

3.12　对一个连续时间信号$x_a(t)$采样1 s得到一个4096个采样点的序列。

(1) 若采样后没有发生频谱混叠，$x_a(t)$的最高频率是多少？

(2) 若计算采样信号的4096点DFT，DFT系数之间的频率间隔是多少？

(3) 假定我们仅仅对200 Hz$\leqslant f \leqslant$300 Hz频率范围所对应的DFT采样点感兴趣，若直接用DFT，要计算这些值需要多少次复乘？若用按时间抽取的FFT则需要多少次？

3.13　下面是三个不同的信号$x_i(n)$，每个信号均为两个正弦信号的和：

$$x_1(n)=\cos\frac{\pi n}{4}+\cos\frac{17\pi n}{64}$$

$$x_2(n)=\cos\frac{\pi n}{4}+0.8\cos\frac{21\pi n}{64}$$

$$x_3(n)=\cos\frac{\pi n}{4}+0.001\cos\frac{21\pi n}{64}$$

我们希望利用一个加有64点矩形窗$w(n)$的64点DFT来估计每个信号的谱。哪一个信号的 64 点 DFT 在加窗后会有两个可区分的谱峰？

3.14　图 T3-6 表示了信号 $v(n)$的 128 点 DFT $V(k)$的幅度$|V(k)|$。该信号 $v(n)$是将 $x(n)$与一个 128 点矩形窗 $w(n)$相乘后得到的，即 $v(n)=x(n)w(n)$。注意，图 T3-6 只画出了在区间 $0\leqslant k\leqslant 64$ 上的$|V(k)|$值。下列信号中哪个是 $x(n)$？也就是说，哪个信号与图中所给出的信息一致？

$$x_1(n)=\cos\frac{\pi n}{4}+\cos(0.26\pi n)$$

$$x_2(n)=\cos\frac{\pi n}{4}+\frac{1}{3}\sin\frac{\pi n}{8}$$

$$x_3(n)=\cos\frac{\pi n}{4}+\frac{1}{3}\cos\frac{\pi n}{8}$$

$$x_4(n)=\cos\frac{\pi n}{8}+\frac{1}{3}\cos\frac{\pi n}{16}$$

$$x_5(n)=\frac{1}{3}\cos\frac{\pi n}{4}+\cos\frac{\pi n}{8}$$

$$x_6(n)=\cos\frac{\pi n}{4}+\frac{1}{3}\cos\left(\frac{\pi n}{8}+\frac{\pi}{3}\right)$$

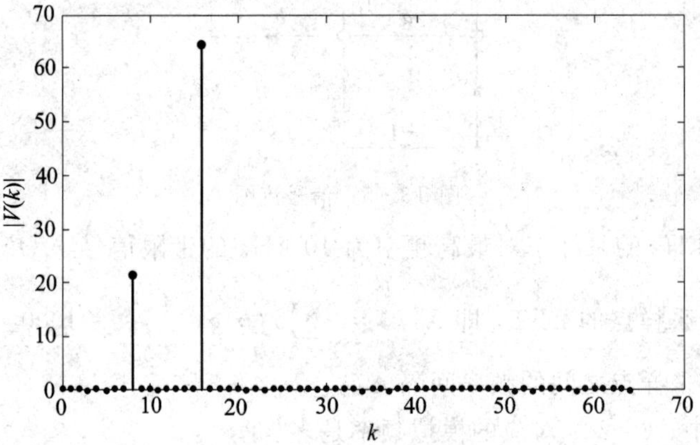

图 T3-6　已知幅度

3.15　试导出 $N=16$ 时的按时间抽取的基-2 FFT 算法和按频率抽取的基-2 FFT 算法，并分别画出它们的流图。

3.16　利用 DFT 公式求出并画出 $N=8$ 点按频率抽取的基-2 FFT 算法的信号流图，利用这个信号流图，求下面序列的 DFT：

$$x(n)=\cos\frac{\pi n}{2}\qquad 0\leqslant n\leqslant 7$$

3.17　若给定两个实序列 $x_1(n)$、$x_2(n)$，令 $g(n)=x_1(n)+\mathrm{j}x_2(n)$，$G(k)$为其傅里叶变换，可以利用快速傅里叶变换来实现快速运算。试利用傅里叶变换的性质求出用 $G(k)$表示的 $x_1(n)$、$x_2(n)$的离散傅里叶变换 $X_1(k)$、$X_2(k)$。

3.18　已知 $X(k)$、$Y(k)$是两个 N 点实序列 $x(n)$、$y(n)$的 DFT 值，今需要由 $X(k)$、$Y(k)$求 $x(n)$、$y(n)$，为了提高运算效率，试设计用一个 N 点 IFFT 运算一次完成。

3.19　已知 $X(k)(k=0, 1, \cdots, 2N-1)$是 $2N$ 点实序列 $x(n)$的 DFT 值，今需要由 $X(k)$求 $x(n)$，为提高运算效率，试设计用一个 N 点 IFFT 运算一次完成。

3.20　按照下面的IDFT算法：

$$x(n)=\text{IDFT}[X(k)]=\frac{1}{N}\{\text{DFT}[X^*(k)]\}^*$$

试编写IFFT程序，其中的FFT部分不用写出清单，可调用FFT子程序。

3.21　编制一个应用FFT实现数字滤波器的通用程序，也即利用FFT实现快速卷积。数字滤波器的脉冲响应 $h(n)=\left(\frac{1}{2}\right)^n R_{N_2}(n)$，取 $N_2=17$。输入序列 $x(n)$可选下列几种情况：

(1) $x(n)=R_{N_1}(n)$，N_1 可取16；

(2) $x(n)=\cos\left(\frac{2\pi}{N_1}n\right)R_{N_1}(n)$，$N_1=16$；

(3) $x(n)=\left(\frac{1}{3}\right)^n R_{N_1}(n)$，$N_1=16$。

试上机独立调试，并打印或记录实验结果。

3.22　设 $x(n)$是一个 M 点($0\leqslant n\leqslant M-1$)的有限长序列，其Z变换为

$$X(z)=\sum_{n=0}^{M-1}x(n)z^{-n}$$

今欲求 $X(z)$在单位圆上 N 个等距离点上的采样值 $X(z_k)$，$z_k=e^{j\frac{2\pi}{N}k}$ ($k=0, 1, \cdots, N-1$)，在 $N\leqslant M$、$N>M$ 两种情况下应如何用一个 N 点FFT来算出全部 $X(z_k)$值？

3.23　我们希望利用一个长度为50的有限长单位脉冲响应滤波器来过滤一串很长的数据，要求利用重叠保留法并通过FFT来实现这种滤波器。为做到这一点，应该：① 输入各段必须重叠 N 个样本；② 必须从每一段产生的输出中取出 M 个样本，并将它们拼接在一起形成一长序列，即为滤波输出。设输入的各段长度为100个样本，而FFT的长度为128，圆周卷积的输出序号为0～127。

(1) 求 N；

(2) 求 M；

(3) 求取出的 M 个样本的起点与终点序号，即从圆周卷积的128点中取出哪些点去和前一段的点衔接起来。

3.24　设有一用于进行谱分析的信号处理器，抽样点数必须为2的整数幂，假定没有采用任何特殊数据处理措施，要求频率分辨率小于等于10 Hz。如果采用的采样时间间隔为0.1 ms。试确定：

(1) 最小记录长度；

(2) 所允许处理的信号的最高频率；

(3) 在一个记录中的最少点数。

3.25　频谱分析的模拟信号以8 kHz被采样，计算了512个采样的DFT。试确定频谱采样之间的频率间隔，并予以证明。

3.26　有一调幅信号：

$$x_a(t)=[1+\cos(2\pi\times 100t)]\cos(2\pi\times 600t)$$

用DFT做频谱分析，要求能分辨 $x_a(t)$的所有频率分量。

(1) 抽样频率应为多少赫兹(Hz)？

(2) 抽样时间间隔应为多少秒(s)?

(3) 抽样点数应为多少点?

(4) 若用 $f_s=3$ kHz 的频率抽样，抽样数据为 120 点，做频谱分析，求 $X(k)=\mathrm{DFT}[x(n)]$，$N=120$，并粗略画出 $X(k)$的幅频特性$|X(k)|$，标出主要点的坐标值。

(5) 写出采样序列 $x(n)$的表达式，并求出 $x(n)$的周期 N。

第 4 章　数字滤波器的基本结构

4.1　数字滤波器的结构特点与表示方法

数字滤波器是数字信号处理的一个重要组成部分。数字滤波实际上是一种运算过程，其功能是将一组输入的数字序列通过一定的运算后转变为一组输出的数字序列，因此它本身就是一台数字式的处理设备。数字滤波器一般可以用两种方法实现：一种是根据描述数字滤波器的数学模型或信号流图，用数字硬件装配成一台专门的设备，构成专用的信号处理机；另一种方法就是直接利用通用计算机，将所需要的运算编成程序让计算机来执行，也就是用软件来实现数字滤波的功能。

数字滤波器是离散时间系统，所处理的信号是离散时间信号。一般离散时间系统或网络可以用差分方程、单位脉冲响应以及系统函数进行描述。一个 N 阶的数字滤波器，在时域其输入/输出的关系可以用一个 N 阶常系数线性差分方程来表示：

$$y(n)=\sum_{i=0}^{M}b_i x(n-i)+\sum_{i=1}^{N}a_i y(n-i) \tag{4-1}$$

则其系统函数(即滤波器的传递函数)为

$$H(z)=\frac{\sum_{i=0}^{M}b_i z^{-i}}{1-\sum_{i=1}^{N}a_i z^{-i}} \tag{4-2}$$

为了用专用硬件或软件实现对输入信号的处理，需要把式(4 - 1)或式(4 - 2)变换成一种算法。对于同一个系统函数 $H(z)$，对输入信号的处理可采用的算法有很多种，每一种算法对应于一种不同的运算结构(网络结构)。例如：

$$\begin{aligned}H(z)&=\frac{1}{1-3z^{-1}+2z^{-2}}=\frac{2}{1-2z^{-1}}-\frac{1}{1-z^{-1}}\\&=\frac{1}{1-2z^{-1}}\cdot\frac{1}{1-z^{-1}}\end{aligned} \tag{4-3}$$

观察式(4 - 3)可知，对应于每一种不同的运算结构，我们都可以用三种基本的运算单元——乘法器、加法器和单位延时器来实现。这三种基本运算单元的框图结构与流图如图 4 - 1 所示。图中符号说明：

单位延时器：用 z^{-1} 表示，信号经过此环节将延时一次。

支路增益：用箭头边标注 a 来表示，a 通常为常数，当 $a=1$ 时可以省略。箭头表明信号的流动方向。

网络节点：用圆点表示，支路信号在网络节点处汇合并流出。流出信号等于流入信号相加。

输入节点：输入信号 $x(n)$的节点，又称源节点。源节点没有输入支路。

输出节点：输出信号 $y(n)$的节点，又称吸收节点。吸收节点没有输出支路。

节点变量：节点处所标注的信号变量。

网络结构的不同将会影响系统的精度、误差、稳定性、经济性以及运算速度等许多重要的性能，所以如何选择算法结构对系统性能非常重要。不同的算法结构之间可以用MATLAB程序进行转换。数字滤波器有无限长单位脉冲响应(IIR)数字滤波器和有限长单位脉冲响应(FIR)数字滤波器两种。从结构上看，IIR 数字滤波器采用递归型结构，FIR 数字滤波器主要采用非递归型结构。在下面的章节里我们将对它们分别加以讨论。

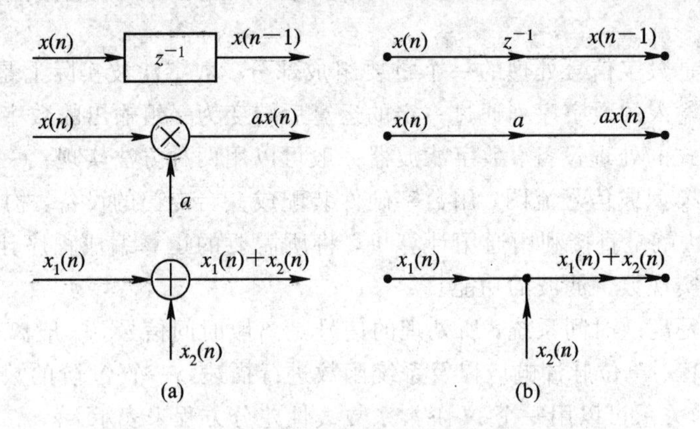

图 4-1 三种基本运算单元的框图结构与流图

4.2 IIR 数字滤波器的基本结构

无限长单位脉冲响应(IIR)数字滤波器的单位脉冲响应 $h(n)$是一个无限长序列，其滤波器采用递归型结构，即在其信号流图中包含反馈支路。基本网络结构有直接型、级联型和并联型三种。其中，直接型又可分为直接Ⅰ型和直接Ⅱ型两种。

4.2.1 直接Ⅰ型

一个 N 阶的 IIR 数字滤波器的输入/输出关系可以用如式(4-1)所示的 N 阶差分方程来描述。把式(4-1)重写如下：

$$y(n)=\sum_{i=0}^{M}b_i x(n-i)+\sum_{i=1}^{N}a_i y(n-i)$$

从这个差分方程表达式可以看出，系统的输出 $y(n)$由两部分构成：第一部分 $\sum\limits_{i=0}^{M}b_i x(n-i)$ 是输入信号 $x(n)$的 M 阶延时链结构，每阶延时抽头后加权相加，构成一个横向结构网络；第二部分 $\sum\limits_{i=1}^{N}a_i y(n-i)$ 是输出信号 $y(n)$的 N 阶延时链的横向结构网络，是由输出到输入的反馈网络。由这两部分相加构成系统的输出，取 $M=N$ 可得其结构图如

图 4-2 所示。从图 4-2 中可以看出，直接Ⅰ型结构需要 $2N$ 个延时器和$2N+1$ 个乘法器。

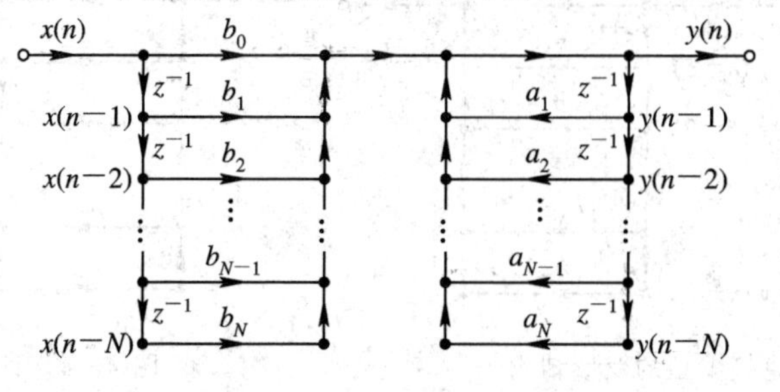

图 4-2　直接Ⅰ型结构

4.2.2　直接Ⅱ型

直接Ⅱ型结构又称为正准型结构。由图 4-2 可知，直接Ⅰ型结构的系统函数 $H(z)$也可以看成两个独立的系统函数的乘积。输入信号 $x(n)$先通过 $H_1(z)$，得到中间输出变量 $y_1(n)$，然后把 $y_1(n)$通过 $H_2(z)$得到输出信号 $y(n)$，即

$$H(z)=H_1(z)H_2(z)=\frac{\sum_{i=0}^{M}b_iz^{-i}}{1-\sum_{i=1}^{N}a_iz^{-i}}$$

式中：

$$H_1(z)=\sum_{i=0}^{M}b_iz^{-i}$$

$$H_2(z)=\frac{1}{1-\sum_{i=1}^{N}a_iz^{-i}}$$

对应的差分方程分别为

$$y_1(n)=\sum_{i=0}^{M}b_ix(n-i)$$

$$y(n)=\sum_{i=1}^{N}a_iy(n-i)+y_1(n)$$

假设所讨论的 IIR 数字滤波器是线性时不变系统，显然交换 $H_1(z)$和 $H_2(z)$的级联次序不会影响系统的传输效果，即

$$H(z)=H_1(z)H_2(z)=H_2(z)H_1(z)$$

若系统函数 $H(z)$的分子阶数和分母阶数相等，即 $M=N$，则其结构如图 4-3 所示。

输入信号 $x(n)$先经过 $H_2(z)$，得到中间输出变量：

$$y_2(n)=\sum_{i=1}^{N}a_iy_2(n-i)+x(n)$$

然后将 $y_2(n)$通过 $H_1(z)$，得到系统的输出 $y(n)$：

$$y(n)=\sum_{i=0}^{M}b_iy_2(n-i)$$

结构图 4-3 中有两条完全相同的对中间变量 $y_2(n)$进行延迟的延时链，我们可以合并这两条延时链，得到如图 4-4 所示的直接Ⅱ型结构(图中取 $M=N$)。

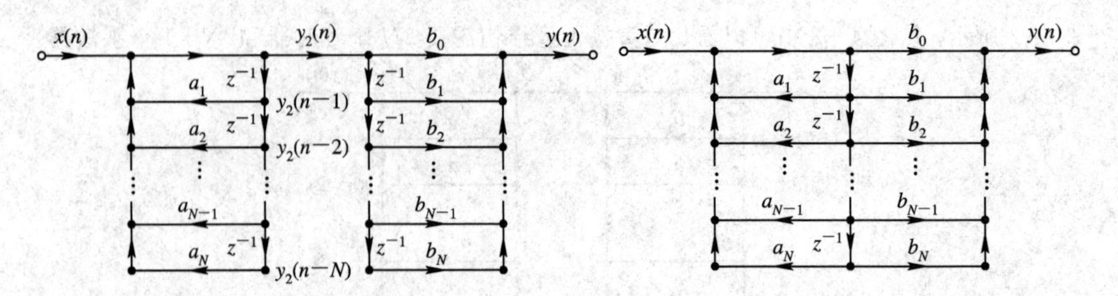

图 4-3　直接Ⅰ型的变形结构　　　　图 4-4　直接Ⅱ型结构

比较图 4-2 和图 4-4 可知：直接Ⅱ型比直接Ⅰ型结构延时单元少，用硬件实现可以节省寄存器，比直接Ⅰ型经济，若用软件实现则可节省存储单元。但对于高阶系统，直接型结构都存在调整零极点困难、对系数量化效应的敏感度高等缺点。

【例 4-1】 用直接Ⅰ型和直接Ⅱ型结构实现系统函数：

$$H(z)=\frac{3+4.2z^{-1}+0.8z^{-2}}{2+0.6z^{-1}-0.4z^{-2}}$$

解　$H(z)$分母首系数归一化后，可得

$$H(z)=\frac{1.5+2.1z^{-1}+0.4z^{-2}}{1+0.3z^{-1}-0.2z^{-2}}=\frac{1.5+2.1z^{-1}+0.4z^{-2}}{1-(-0.3z^{-1}+0.2z^{-2})}$$

直接Ⅰ型结构如图 4-5 所示。

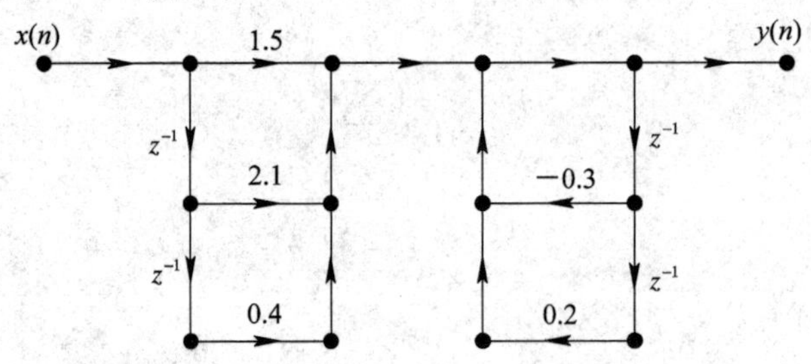

图 4-5　例 4-1 中 IIR 系统的直接Ⅰ型结构

直接Ⅱ型结构如图 4-6 所示。

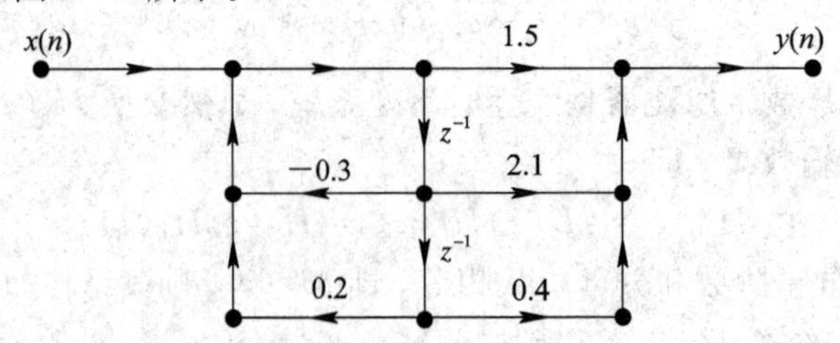

图 4-6　例 4-1 中 IIR 系统的直接Ⅱ型结构

在 MATLAB 程序中，可以利用 filter 函数计算直接型滤波器的输出。

调用格式：

```
y=filter(b, a, x)
```

其中，输入变量 a=[a0, a1, a2, …, aN]，b=[b0, b1, b2, …, bN]，分别表示式(4-2)中系统函数的分母和分子系数向量；x 是系统的输入信号向量；y 是系统的输出信号向量。

4.2.3 级联型

若把式(4-2)描述的 N 阶 IIR 数字滤波器的系统函数 $H(z)$ 的分子和分母分别进行因式分解，得到多个因式连乘积的形式：

$$H(z)=\frac{\sum_{i=0}^{M}b_iz^{-i}}{1-\sum_{i=1}^{N}a_iz^{-i}}=A\frac{\prod_{i=1}^{M}(1-c_iz^{-1})}{\prod_{i=1}^{N}(1-d_iz^{-1})} \tag{4-4}$$

式中：A 为常数，c_i 和 d_i 分别表示 $H(z)$ 的零点和极点。由于 $H(z)$ 的分子和分母都是实系数多项式，而实系数多项式的根只有实根和共轭复根两种情况，因此将每一对共轭零点(极点)合并起来构成一个实系数的二阶因子，并把单个的实根因子看成二次项系数等于零的二阶因子，则可以把 $H(z)$ 表示成多个实系数的二阶数字网络的系统函数 $H_j(z)$ 的连乘积形式，即

$$H(z)=A\prod_{j=1}^{K}H_j(z) \tag{4-5}$$

式中：

$$H_j(z)=\frac{\beta_{0j}+\beta_{1j}z^{-1}+\beta_{2j}z^{-2}}{1-\alpha_{1j}z^{-1}-\alpha_{2j}z^{-2}}$$

若每一个实系数的二阶数字网络的系统函数 $H_j(z)$ 的网络结构均采用前面介绍的直接Ⅱ型结构，则可以得到系统函数 $H(z)$ 的级联型结构，如图 4-7 所示。

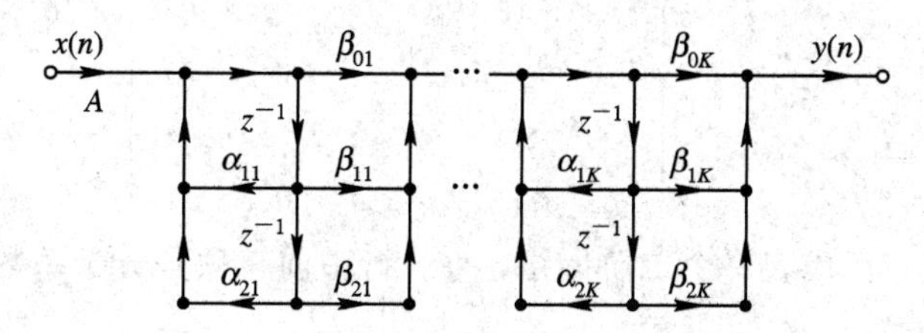

图 4-7　级联型结构

在级联型结构中，每个一阶网络只关系到滤波器的一个零点、一个极点；每个二阶网络只关系到滤波器的一对共轭零点和一对共轭极点。调整系数 β_{0j}、β_{1j} 和 β_{2j} 只会影响滤波器的第 j 对零点，对其他零点并无影响；同样，调整分母多项式的系数 α_{1j} 和 α_{2j} 也只单独调整第 j 对极点。因此，与直接型结构相比，级联型结构便于准确地实现滤波器零极点的调整，对系数量化效应的敏感度低。此外，因为在级联结构中，后面的网络的输出不会流到前面，所以其运算误差也比直接型的小。

【例 4-2】 用级联型结构实现系统函数：

$$H(z)=\frac{2+2z^{-1}-2.5z^{-2}+0.5z^{-3}}{1+z^{-1}-2z^{-3}}$$

解
$$H(z)=\frac{2+2z^{-1}-2.5z^{-2}+0.5z^{-3}}{1+z^{-1}-2z^{-3}}=\frac{(1-0.5z^{-1})(2+3z^{-1}-z^{-2})}{(1-z^{-1})(1+2z^{-1}+2z^{-2})}$$

$$=\frac{2+3z^{-1}-z^{-2}}{1+2z^{-1}+2z^{-2}}\cdot\frac{1-0.5z^{-1}}{1-z^{-1}}=H_1(z)H_2(z)$$

级联型结构如图 4-8 所示。

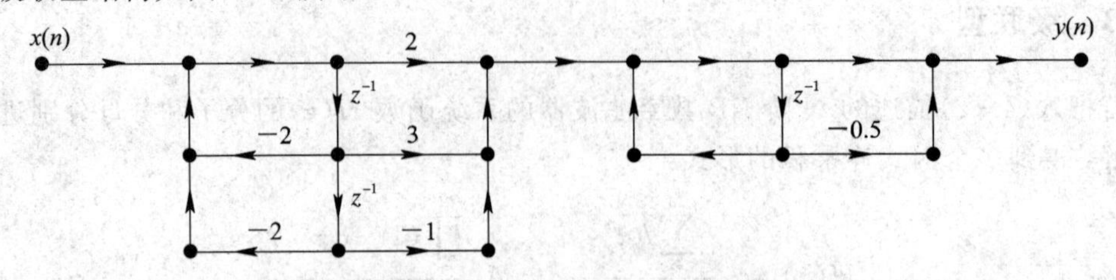

图 4-8 例 4-2 中 IIR 系统的级联型结构

当然，将上式中的因式进行不同的组合，还可以得到不同的网络结构。一般来说，通常把阶数相同的零极点放到同一个子滤波器中，这样可以减少单位延迟的数目。显然，一个系统的级联型结构网络并不是唯一的。

若已知数字滤波器的直接型结构，要把直接型转换为级联型，就必须将系统函数 $H(z)$ 的分子、分母进行因式分解。随着系统阶数的增大，因式分解的难度增加，实际上当阶数大于 3 时，手工进行因式分解已经比较困难，必须借助 MATLAB 语言编程计算。信号处理工具箱中提供的 tf2sos(transfer function to second-order-section)函数可以实现由系统函数转换为多个二阶网络的级联形式。

调用方式：

[SOS, G]=tf2sos(b, a)

输入参数：b、a 是系统函数 $H(z)$ 的分子、分母多项式的系数向量。

输出参数：G 为整个系统的归一化增益，SOS 为

$$\text{SOS}=\begin{bmatrix}\beta_{01} & \beta_{11} & \beta_{21} & 1 & \alpha_{11} & \alpha_{21}\\ \beta_{02} & \beta_{12} & \beta_{22} & 1 & \alpha_{12} & \alpha_{22}\\ \vdots & \vdots & \vdots & \vdots & \vdots & \vdots\\ \beta_{0K} & \beta_{1K} & \beta_{2K} & 1 & \alpha_{1K} & \alpha_{2K}\end{bmatrix}$$

矩阵 SOS 中每一行代表一个二阶网络，每一行中前三项是分子系数，后三项为分母系数。对应的二阶网络为

$$H_i(z)=\frac{\beta_{0i}+\beta_{1i}z^{-1}+\beta_{2i}z^{-2}}{1+\alpha_{1i}z^{-1}+\alpha_{2i}z^{-2}}\qquad i=1,\ 2,\ \cdots,\ K$$

最后得到的级联型形式：

$$H(z)=GH_1(z)H_2(z)\cdots H_k(z)$$

【例 4-3】 用 MATLAB 编程实现例 4-2 中系统函数 $H(z)$ 的级联型结构分解。

解 利用前面介绍的函数编写 MATLAB 程序如下：

```
clc
clear all
b=[2, 2, -2.5, 0.5];
a=[1, 1, 0, -2];
[SOS, G]=tf2sos(b, a)
```

运行结果：

```
SOS =
    1.0000   -0.5000          0   1.0000   -1.0000   0
```

```
    1.0000     1.5000   -0.5000  1.0000     2.0000  2.0000
  G =2
```

所以

$$H(z)=\frac{2+2z^{-1}-2.5z^{-2}+0.5z^{-3}}{1+z^{-1}-2z^{-3}}=\frac{2(1-0.5z^{-1})(1+1.5z^{-1}-0.5z^{-2})}{(1-z^{-1})(1+2z^{-1}+2z^{-2})}$$

$$=\frac{(1-0.5z^{-1})(2+3z^{-1}-z^{-2})}{(1-z^{-1})(1+2z^{-1}+2z^{-2})}$$

和例 4-2 的计算结果相同。

4.2.4　并联型

把系统函数 $H(z)$ 展开成部分分式之和的形式，就可以得到滤波器的并联型结构。当 $N=M$ 时，展开式为

$$H(z)=A_0+H_1(z)+H_2(z)+\cdots+H_N(z)$$

$$=A_0+\sum_{i=1}^{N}\frac{A_i}{1-d_iz^{-1}}$$

和级联型结构的方法类似，将上式中的共轭复根部分两两合并得到实系数的二阶网络，则有

$$H(z)=A_0+\sum_{i=1}^{E}\frac{A_i}{1-p_iz^{-1}}+\sum_{i=1}^{F}\frac{\gamma_{0i}+\gamma_{1i}z^{-1}}{1-\alpha_{1i}z^{-1}-\alpha_{2i}z^{-2}} \tag{4-6}$$

注：$N=E+2F$。

由式(4-6)知，滤波器可由 E 个一阶网络、F 个二阶网络和一个常数支路并联构成，其结构如图 4-9 所示。

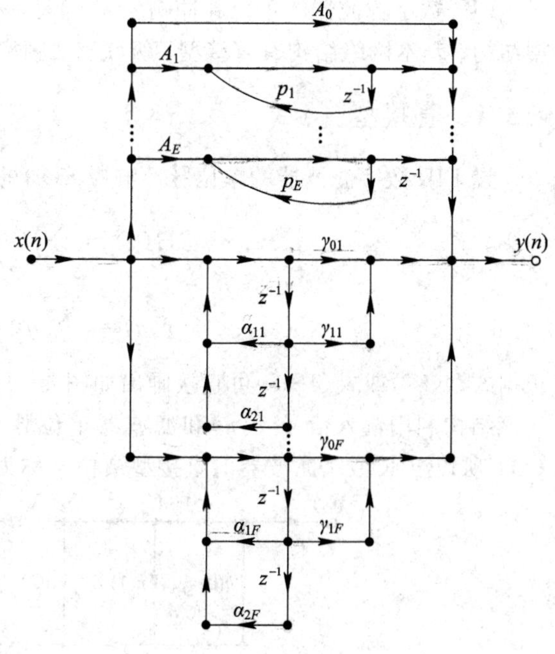

图 4-9　并联型结构

并联型结构也可以单独调整极点位置，但对于零点的调整不如级联型方便，而且当滤波器的阶数较高时，部分分式展开比较麻烦。在运算误差方面，由于各并联型结构中基本网络间的误差互不影响，没有误差积累，因此一般情况下，并联型结构的误差比直接型和级联型的误差小。

【例 4-4】 用并联型结构实现系统函数：

$$H(z)=\frac{2+2z^{-1}-2.5z^{-2}+0.5z^{-3}}{1+z^{-2}-2z^{-3}}$$

解

$$H(z)=\frac{2+2z^{-1}-2.5z^{-2}+0.5z^{-3}}{1+z^{-2}-2z^{-3}}=\frac{(1-0.5z^{-1})(2+3z^{-1}-z^{-2})}{(1-z^{-1})(1+z^{-1}+2z^{-2})}$$

$$=-0.25+\frac{0.5}{1-z^{-1}}+\frac{1.75+3.25z^{-1}}{1+z^{-1}+2z^{-2}}$$

并联型结构如图 4-10 所示。

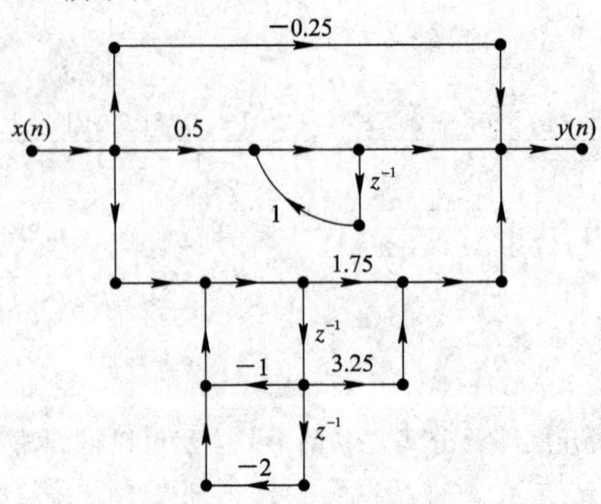

图 4-10 例 4-4 中 IIR 系统的并联型结构

4.3 FIR 数字滤波器的基本结构

FIR 数字滤波器的单位脉冲响应 $h(n)$是一个有限长序列，其滤波器的结构采用非递归型结构。基本网络结构有直接型、级联型、频率采样型和快速卷积型四种。

4.3.1 直接型

设 FIR 数字滤波器的单位脉冲响应 $h(n)$的长度为 N，其传递函数和差分方程分别为

$$H(z)=\sum_{n=0}^{N-1}h(n)z^{-n} \tag{4-7}$$

$$y(n)=\sum_{m=0}^{N-1}h(m)x(n-m) \tag{4-8}$$

根据式(4-7)或式(4-8)可直接画出如图 4-11 所示的 FIR 数字滤波器的直接型结构。由于该结构利用输入信号 $x(n)$和滤波器单位脉冲响应 $h(n)$的线性卷积来描述输出信号 $y(n)$，所以 FIR 数字滤波器的直接型结构又称为卷积型结构，有时也称为横截型结构。

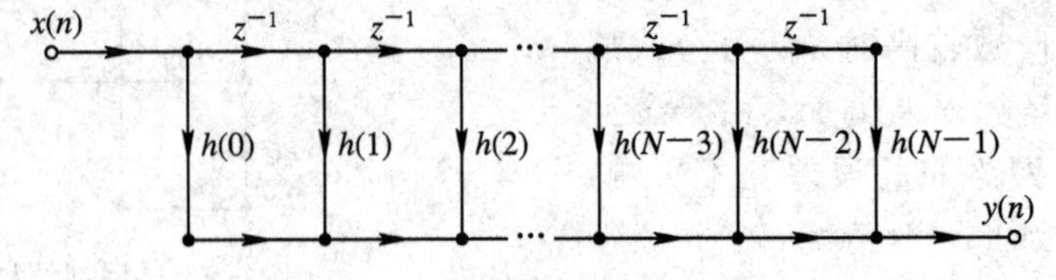

图 4-11 FIR 数字滤波器的直接型结构

4.3.2 级联型

当需要控制系统的传输零点时，将系统函数 $H(z)$分解成若干个一阶或二阶实系数因子乘积的形式，因为一阶因子可以看成二阶因子的特例，所以可以统一用二阶因子的乘积表示为

$$H(z)=\sum_{n=0}^{N-1}h(n)z^{-n}=\prod_{i=1}^{M}(a_{0i}+a_{1i}z^{-1}+a_{2i}z^{-2}) \tag{4-9}$$

由式(4－9)可得到FIR系统的级联型结构，如图4－12所示。级联型结构中每一基本节控制一对零点，所用的系数乘法次数比直接型多，运算时间较直接型长。

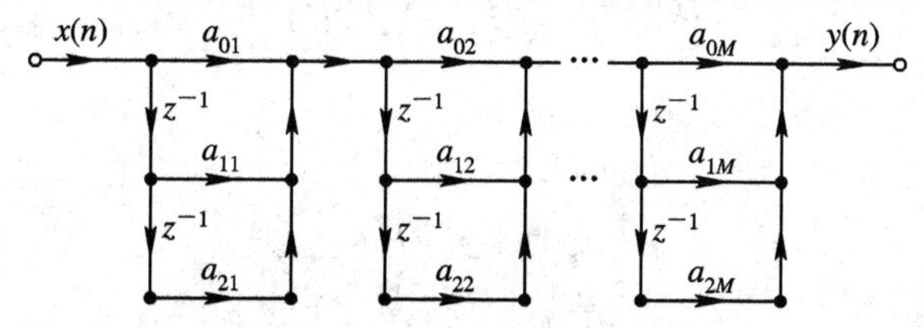

图4－12　FIR系统的级联型结构

【例4－5】　设一个FIR数字滤波器的系统函数 $H(z)=2+1.5z^{-1}+6.25z^{-2}+3z^{-3}$，试画出 $H(z)$ 的直接型结构和级联型结构。

解　将 $H(z)$ 进行因式分解得

$$H(z)=2(1+0.5z^{-1})(1+0.25z^{-1}+3z^{-2})$$

直接型结构如图4－13所示。

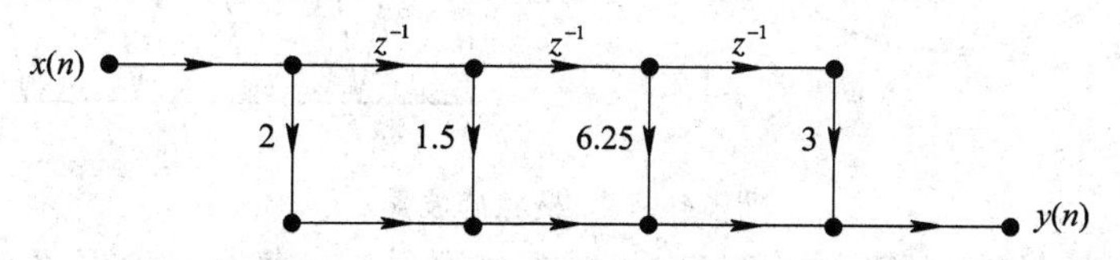

图4－13　例4－5中FIR系统的直接型结构

级联型结构如图4－14所示。

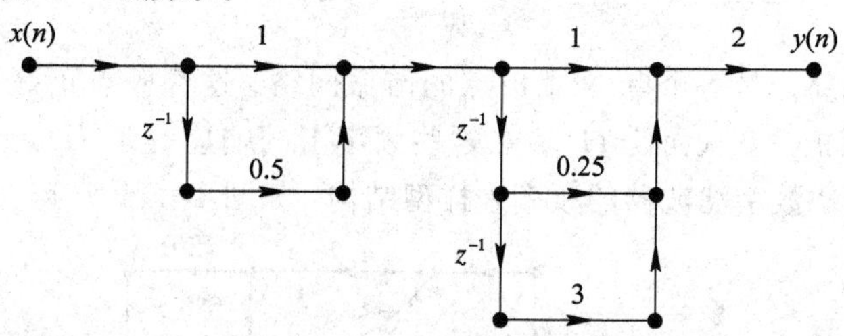

图4－14　例4－5中FIR系统的级联型结构

利用4.2.3节介绍的tf2sos函数令输入变量的分母多项式的系数向量a=1，即可得到FIR数字滤波器的级联型结构，具体方法见例4－3。

4.3.3　频率采样型

由频域采样定理可知，对有限长序列 $h(n)$ 的Z变换 $H(z)$ 在单位圆上做 N 点的等间隔采样，N 个频率采样值的离散傅里叶反变换所对应的时域信号 $h_N(n)$ 是原序列 $h(n)$ 以采样点数 N 为周期进行周期延拓的结果，当 N 大于等于原序列 $h(n)$ 的长度 M 时 $h_N(n)=h(n)$，不会发生信号失真，此时 $H(z)$ 可以用频域采样序列 $H(k)$ 内插得到。内插公式如下：

$$H(z)=(1-z^{-N})\frac{1}{N}\sum_{k=0}^{N-1}\frac{H(k)}{1-W_N^{-k}z^{-1}} \tag{4-10}$$

式中：

$$H(k)=H(z)\big|_{z=e^{j\frac{2\pi}{N}k}}\qquad k=0,1,2,\cdots,N-1$$

式(4-10)为实现 FIR 系统提供了另一种结构。$H(z)$也可以重写为

$$H(z)=\frac{1}{N}H_c(z)\sum_{k=0}^{N-1}H_k'(z) \tag{4-11}$$

式中：

$$H_c(z)=1-z^{-N}$$

$$H_k'(z)=\frac{H(k)}{1-W_N^{-k}z^{-1}}$$

显然，$H(z)$的第一部分 $H_c(z)$是一个由 N 阶延时单元组成的梳状滤波器，如图 4-15 所示。它在单位圆上有 N 个等间隔的零点：

$$z_i=e^{j\frac{2\pi}{N}i}=W_N^{-i}\qquad i=0,1,2,\cdots,N-1$$

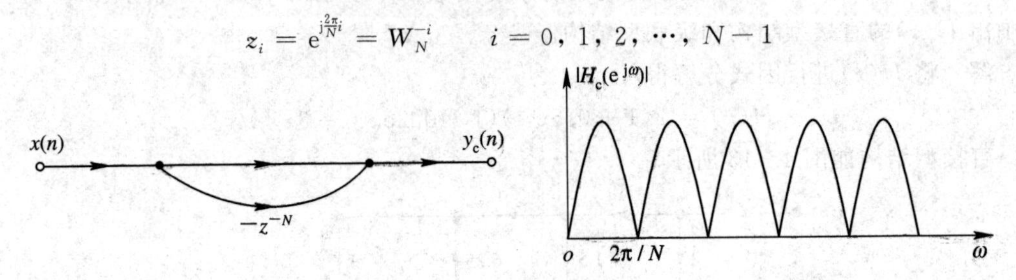

图 4-15　梳状滤波器

第二部分是由 N 个一阶网络 $H_k'(z)$组成的并联结构，每个一阶网络在单位圆上有一个极点：

$$z_k=W_N^{-k}=e^{j\frac{2\pi}{N}k}$$

因此，$H(z)$的第二部分是一个有 N 个极点的谐振网络。这些极点正好与第一部分梳状滤波器的 N 个零点相抵消，从而使 $H(z)$在这些频率上的响应等于 $H(k)$。把这两部分级联起来就可以构成 FIR 数字滤波器的频率采样型结构，如图 4-16 所示。

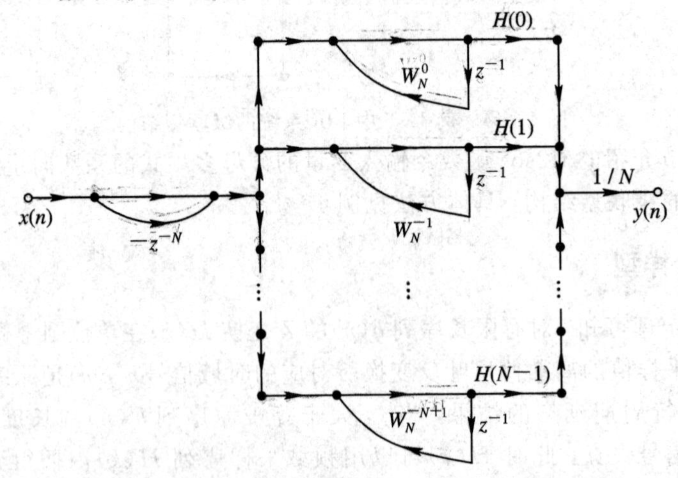

图 4-16　FIR 数字滤波器的频率采样型结构

FIR 数字滤波器的频率采样型结构的主要优点是：它的系数 $H(k)$直接就是滤波器在 $\omega=2\pi k/N$ 处的响应值，因此可以直接控制滤波器的响应；只要滤波器的阶数 N 相同，对于任何频响形状，其梳状滤波器部分的结构完全相同，N 个一阶网络部分的结构也完全相同，只是各支路的增益 $H(k)$不同，因此频率采样型结构便于标准化、模块化。但是该结构

也有两个缺点：

(1) 该滤波器所有的系数 $H(k)$和 W_N^{-k} 一般为复数，复数相乘的运算实现起来较麻烦。

(2) 系统稳定是靠位于单位圆上的 N 个零极点抵消来保证的，如果滤波器的系数稍有误差，极点就可能移到单位圆外，造成零极点不能完全抵消，影响系统的稳定性。

为了克服上述缺点，对频率采样结构作以下修正。

首先，单位圆上的所有零极点向内收缩到半径为 r 的圆上，这里 r 稍小于 1。此时 $H(z)$为

$$H(z) = (1 - r^N z^{-N}) \frac{1}{N} \sum_{k=0}^{N-1} \frac{H_r(k)}{1 - rW_N^{-k} z^{-1}} \tag{4-12}$$

式中，$H_r(k)$是在半径为 r 的圆上对 $H(z)$的 N 点等间隔采样之值。由于 $r \approx 1$，所以可近似取$H_r(k) = H(k)$。因此

$$H(z) \approx (1 - r^N z^{-N}) \frac{1}{N} \sum_{k=0}^{N-1} \frac{H(k)}{1 - rW_N^{-k} z^{-1}} \tag{4-13}$$

根据 DFT 的共轭对称性，如果 $h(n)$是实序列，则其离散傅里叶变换 $H(k)$关于 $N/2$ 点共轭对称，即 $H(k) = H^*(N-k)$。又因为$(W_N^{-k})^* = W_N^{-(N-k)}$，为了得到实系数，我们将 $H_k(z)$和 $H_{N-k}(z)$合并为一个二阶网络，记为 $H_k(z)$：

$$\begin{aligned} H_k(z) &\approx \frac{H(k)}{1 - rW_N^{-k} z^{-1}} + \frac{H(N-k)}{1 - rW_N^{-(N-k)} z^{-1}} \\ &= \frac{H(k)}{1 - rW_N^{-k} z^{-1}} + \frac{H^*(k)}{1 - r(W_N^{-k})^* z^{-1}} \\ &= \frac{\beta_{0k} + \beta_{1k} z^{-1}}{1 - 2r\cos\left(\frac{2\pi}{N}k\right) z^{-1} + r^2 z^{-2}} \qquad k = 1, 2, \cdots, \frac{N}{2} - 1 \end{aligned}$$

式中：

$$\beta_{0k} = 2\,\mathrm{Re}[H(k)]$$

$$\beta_{1k} = -2\,\mathrm{Re}[rH(k)W_N^k]$$

该二阶网络是一个谐振频率 $\omega_k = 2\pi k/N$ 的有限 Q 值的谐振器，其结构如图 4-17 所示。

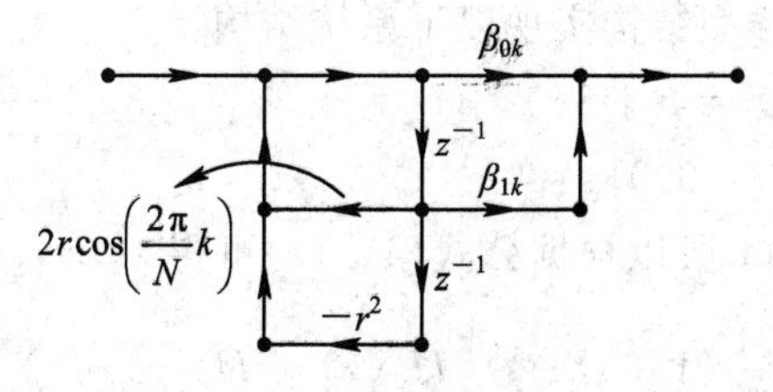

图 4-17　二阶谐振器 $H_k(z)$

除了共轭复根外，$H(z)$还有实根。当 N 为偶数时，有一对实根 $z = \pm r$，除二阶网络外尚有两个对应的一阶网络：

$$H_0(z) = \frac{H(0)}{1 - rz^{-1}}$$

$$H_{N/2}(z) = \frac{H(N/2)}{1 + rz^{-1}}$$

这时的 $H(z)$ 为

$$H(z)=(1-r^N z^{-N})\frac{1}{N}\left[H_0(z)+H_{N/2}(z)+\sum_{k=1}^{N/2-1}H_k(z)\right] \tag{4-14}$$

其结构如图 4-18 所示。图中 $H_k(z)(k=1, 2, \cdots, N/2-1)$ 的结构如图 4-17 所示。

当 N 为奇数时，只有一个实根 $z=r$，对应于一个一阶网络 $H_0(z)$。这时的 $H(z)$ 为

$$H(z)=(1-r^N z^{-N})\frac{1}{N}\left[H_0(z)+\sum_{k=1}^{(N-1)/2}H_k(z)\right] \tag{4-15}$$

显然，N 等于奇数时的频率采样型修正结构由一个一阶网络结构和 $(N-1)/2$ 个二阶网络结构组成。

一般来说，当采样点数 N 较大时，频率采样型结构比较复杂，所需的乘法器和延时器比较多。但在以下两种情况下，使用频率采样型结构比较经济。

(1) 对于窄带滤波器，其多数采样值 $H(k)$ 为零，谐振柜中只剩下几个需要的谐振器。这时采用频率采样型结构比直接型结构所用的乘法器少，当然存储器还是要比直接型用得多一些。

(2) 在需要同时使用很多并列的滤波器的情况下，这些并列的滤波器可以采用频率采样型结构，并且可以共用梳状滤波器和谐振柜，只要将各谐振器的输出适当加权组合就能组成各个并列的滤波器。

总之，在采样点数 N 较大时，采用如图 4-18 所示的频率采样型结构比较经济。

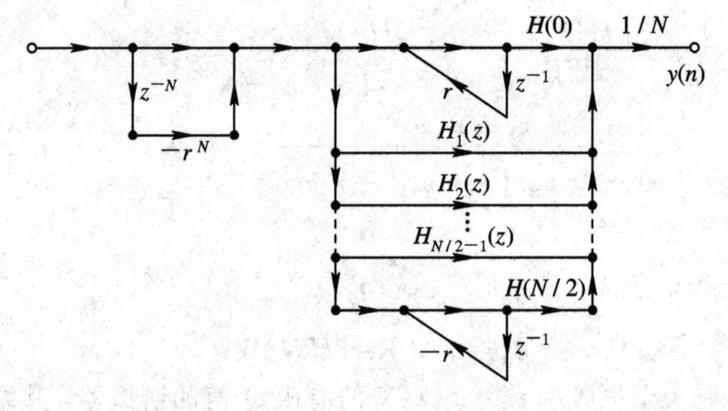

图 4-18　频率采样型修正结构

【例 4-6】 用频率采样型结构实现以下系统结构：

$$H(z)=5+5z^{-1}+5z^{-2}+3z^{-3}+3z^{-4}+3z^{-5}$$

采样点数 $N=6$，修正半径 $r=0.9$。

解　因为 $N=6$ 为偶数，所以根据公式(4-15)可得

$$H(z)=\frac{1}{6}(1-r^6 z^{-6})\left[H_0(z)+H_3(z)+\sum_{k=1}^{2}H_k(z)\right]$$

$$H(z)=5+5z^{-1}+5z^{-2}+3z^{-3}+3z^{-4}+3z^{-5}=(5+3z^{-3})(1+z^{-1}+z^{-2})$$

故

$$H(k)=H(z)\big|_{z=e^{j\frac{2\pi k}{N}}}=(5+3e^{-j\pi k})(1+e^{-j\frac{\pi}{3}k}+e^{-j\frac{2\pi}{3}k})$$

因而

$$H(0)=24,\ H(1)=2-2\sqrt{3}j,\ H(2)=0$$

$$H(3)=2,\ H(4)=0,\ H(5)=2+2\sqrt{3}j$$

则
$$H_0(z)=\frac{H(0)}{1-rz^{-1}}=\frac{24}{1-0.9z^{-1}}$$
$$H_3(z)=\frac{H(3)}{1+rz^{-1}}=\frac{2}{1+0.9z^{-1}}$$

当 $k=1$ 时，有
$$H_1(z)=\frac{\beta_{01}+\beta_{11}z^{-1}}{1-2z^{-1}r\cos\frac{2\pi}{6}+r^2z^{-2}}$$
$$\beta_{01}=2\,\mathrm{Re}[H(1)]=2\,\mathrm{Re}(2-2\sqrt{3}\mathrm{j})=4$$
$$\beta_{11}=-2\times0.9\times\mathrm{Re}[H(1)W_6^1]=3.6$$

则
$$H_1(z)=\frac{4+3.6z^{-1}}{1-0.9z^{-1}+0.81z^{-2}}$$

当 $k=2$ 时，有
$$\beta_{02}=\beta_{12}=0$$
$$H_2(z)=0$$

频率采样型结构如图 4 - 19 所示。

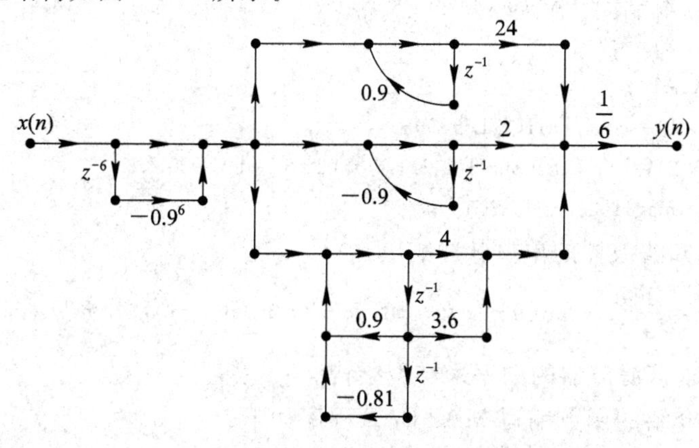

图 4 - 19　例 4 - 6 中的频率采样型结构

由上面的分析可知，$H(z)$ 的频率采样型结构为

$$H(z)=(1-r^Nz^{-N})\frac{1}{N}\left[\frac{H(0)}{1-rz^{-1}}+\frac{H\left(\frac{N}{2}\right)}{1+rz^{-1}}+\sum_{k=1}^{\frac{N}{2}-1}K_k\frac{\beta_{0k}+\beta_{1k}z^{-1}}{\alpha_{0k}+\alpha_{1k}z^{-1}+\alpha_{2k}z^{-2}}\right]\tag{4-16}$$

利用函数 dir2fs 可得到滤波器的频率采样型结构。

函数调用格式：

[C, B, A]=dir2fs(h, r)

输入变量：h 为 FIR 直接型结构的系数向量，r 为修正半径。

输出变量：C 表示各并联部分的增益向量 K_k；B 表示各并联部分的分子系数向量 β_{ik}；A 表示各并联项的分子系数向量 α_{ik}。

MATLAB 程序：

```
function [C, B, A]=dir2fs(h, r)
```

```
N=length(h);
H=fft(h, N);
magH=abs(H);
phaH=angle(H)';
if(rem(N, 2)==0)
    L=N/2-1;
    A1=[1, -1, 0; 1, 1, 0];
    C1=[real(H(1)), real(H(L+2))];
else
    L=(N-1)/2;
    A1=[1, -1, 0];
    C1=[real(H(1))];
end
    k=[1:L]';
    B=zeros(L, 2);
    A=ones(L, 3);
    A(1:L, 2)=-2*r*cos(2*pi*k/N);
    A(1:L, 3)=r^2;
    A=[A;A1];
    B(1:L, 1)=cos(phaH(2:L+1));
    B(1:L, 2)=-r*cos(phaH(2:L+1)-(2*pi*k/N));
    C=[2*magH(2:L+1), C1]';
```

【例 4-7】 已知滤波器的单位脉冲响应：

$$h(n)=\frac{1}{9}[1+2\delta(n-1)+3\delta(n-2)+2\delta(n-3)+\delta(n-4)]$$

用 MATLAB 编程求该滤波器的频率采样型结构。

解 利用前面介绍的函数编写 MATLAB 程序如下：

```
h=[1 2 3 2 1]/9;
r=1;
[C, B, A]=dir2fs(h, r)
```

运行结果：

```
C=
      0.5818
      0.0849
      1.0000
B=
    -0.8090    0.8090
     0.3090   -0.3090
A=
      1.0000   -0.6180   1.0000
      1.0000    1.6180   1.0000
      1.0000   -1.0000   0
```

由 $N=5$，根据上面的运行结果可以得到：

$$H(z)=\frac{1-z^{-5}}{5}\left[0.5818\times\frac{-0.809+0.809z^{-1}}{1-0.618z^{-1}+z^{-2}}+0.0849\times\frac{0.309-0.309z^{-1}}{1+1.618z^{-1}+z^{-2}}+\frac{1}{1-z^{-1}}\right]$$

频率采样型结构如图4-20所示。

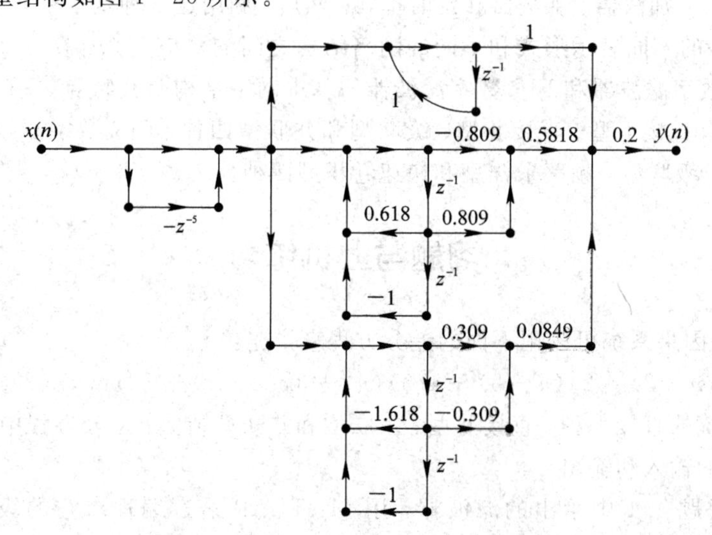

图4-20　例4-7中的频率采样型结构

4.3.4　快速卷积型

根据圆周卷积和线性卷积的关系可知，两个长度为 N 的序列的线性卷积，可以用这两个序列的 $2N-1$ 点的圆周卷积来实现。由FIR数字滤波器的直接型结构可知，滤波器的输出信号 $y(n)$ 是输入信号 $x(n)$ 和滤波器单位脉冲响应 $h(n)$ 的线性卷积。所以，对有限长序列 $x(n)$，我们可以通过补零的方法延长 $x(n)$ 和 $h(n)$ 序列，然后计算它们的圆周卷积，从而得到FIR系统的输出 $y(n)$。利用圆周卷积定理，采用FFT实现有限长序列 $x(n)$ 和 $h(n)$ 的线性卷积，则可得到FIR数字滤波器的快速卷积型结构，如图4-21所示。图中，$L\geqslant N+M-1$，M 为 $x(n)$ 的长度，N 为 $h(n)$ 的长度。

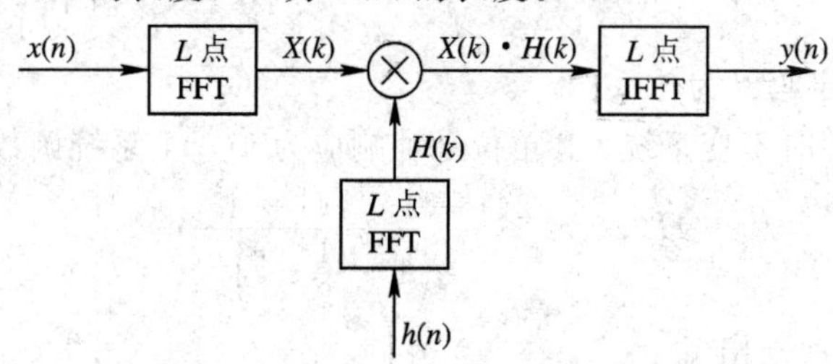

图4-21　FIR数字滤波器的快速卷积型结构

对 $x(n)$ 为无限长的一般情况，可用重叠相加法或重叠保留法实现FIR数字滤波器的快速卷积型结构。

本 章 小 结

数字滤波器是数字信号处理的重要组成部分，而滤波器的基本网络结构又是研究滤波器的基础。对于同一个系统函数 $H(z)$，有几种不同的实现网络结构，每一种网络结构对应于一种运算结构，不同的运算结构直接影响系统的运算误差、运算速度以及系统的复杂度和成本。本章主要介绍了数字滤波器的基本结构。首先，讨论了用于描述数字滤波器结构的三种基本单元：加法器、乘法器和延时单元。然后，利用这三种基本单元，根据滤波器的系统函数 $H(z)$的不同表示形式和不同的网络结构之间的对应关系，在 4.2 节和 4.3 节分别介绍了 IIR 数字滤波器和 FIR 数字滤波器的基本网络结构及其特点。IIR 数字滤波器的基本网络结构有直接Ⅰ型、直接Ⅱ型、级联型和并联型四种；FIR 数字滤波器的基本网络结构有直接型、级联型、频率采样型和快速卷积型四种。

习题与上机练习

4.1　设一因果系统可以用下面的差分方程来描述：

$$y(n)=-y(n-2)-2y(n-3)+4.5x(n)+3x(n-1)+7.5x(n-2)+5x(n-3)$$

试分别画出系统的直接Ⅰ型、直接Ⅱ型、级联型和并联型结构。差分方程中，$x(n)$和 $y(n)$分别表示系统的输入和输出。

4.2　考虑题 4.1 中给出的滤波器，用 MATLAB 语言编程求它的级联型和并联型结构。

4.3　设 $x(n)$和 $y(n)$都是 N 点序列($N>3$)，且满足如下差分方程：

$$y(n)-\frac{1}{4}y(n-2)=x(n-2)-\frac{1}{4}x(n)$$

试画出对应于该差分方程的因果线性时不变系统的直接Ⅱ型结构。

4.4　考虑图 T4-1 所示的信号流图。

(1) 利用图中给出的节点变量，写出由该信号流图所代表的一组差分方程。

(2) 画出由两个一阶系统级联的等效系统的流图。

(3) 这个系统稳定吗？为什么？

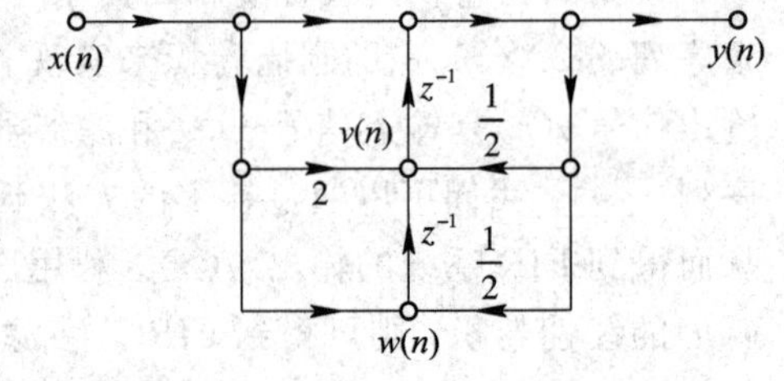

图 T4-1　信号流图

4.5　考虑一线性时不变系统，其单位脉冲响应为 $h(n)$，系统函数为

$$H(z)=\frac{2(1-2z^{-1})(1-4z^{-1})}{z\left(1-\frac{1}{2}z^{-1}\right)}$$

画出该系统的直接Ⅱ型结构。

4.6　画出系统函数为

$$H(z)=\frac{1+\frac{5}{6}z^{-1}+\frac{1}{6}z^{-2}}{1-\frac{1}{2}z^{-1}-\frac{1}{2}z^{-2}}$$

的线性时不变系统的直接Ⅱ型结构。

4.7　设系统的系统函数为

$$H(z)=\frac{(1+3z^{-1})(1-1.414z^{-1}+z^{-2})}{(1-0.5z^{-1})(1+0.9z^{-1}+0.81z^{-2})}$$

试画出各种可能的级联型结构。

4.8　试分别用级联型和并联型结构实现系统函数 $H(z)$：

$$H(z)=\frac{3-3.5z^{-1}+2.5z^{-2}}{(1-z^{-1}+z^{-2})(1-0.5z^{-1})}$$

4.9　求图 T4-2 中各种结构的差分方程和系统函数。

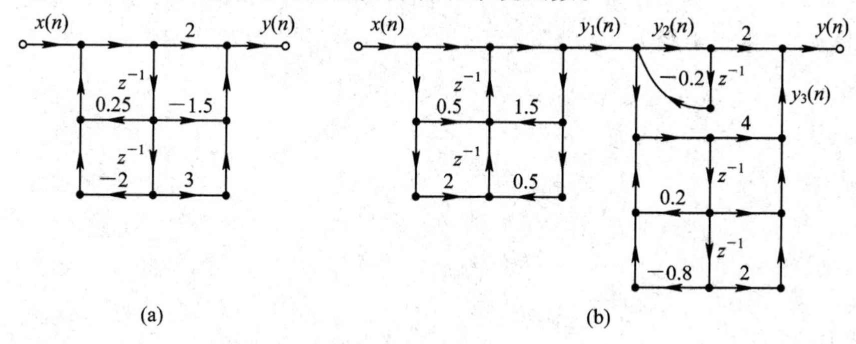

图 T4-2　已知结构

4.10　求图 T4-3 所示系统的单位脉冲响应。

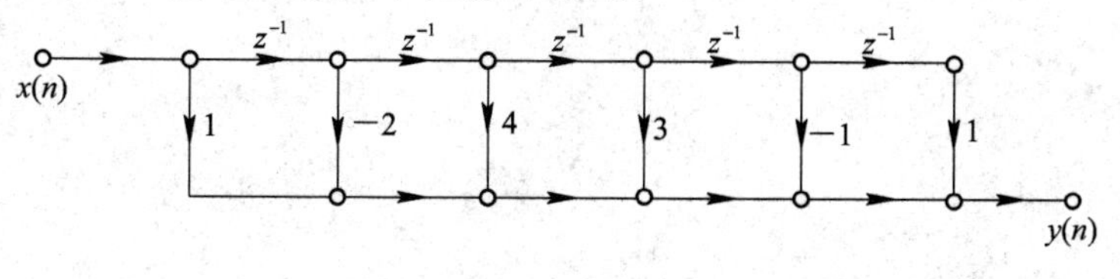

图 T4-3　已知结构

4.11　考虑一因果线性时不变系统，其系统函数 $H(z)=1-\frac{1}{3}z^{-1}+\frac{1}{6}z^{-2}+z^{-3}$，画出该系统的直接型结构。

4.12　设一个 FIR 数字滤波器的单位脉冲响应是

$$h(n)=\begin{cases}a^n & 0\leqslant n\leqslant 6\\ 0 & \text{其他}\end{cases}$$

(1) 画出该系统的直接型结构。

(2) 求系统的系统函数，并利用该系统函数画出一个 FIR 系统与一个 IIR 系统级联的结构图。

(3) 对这两种实现结构，确定计算每一个输出值所需的乘法器数、加法器数以及所需的存储器数。

4.13　分别用横截型和级联型结构实现系统函数 $H(z)$：

$$H(z)=(1-2z^{-1})(1-1.732z^{-1}+z^{-2})$$

4.14　FIR 数字滤波器的单位脉冲响应为

$$h(n)=\begin{cases}\frac{1}{64}\times\left[1-\cos\frac{2\pi n}{64}\right] & 0\leqslant n\leqslant 63\\ 0 & \text{其他}\end{cases}$$

试画出该滤波器的频率采样型结构。

4.15　已知 FIR 数字滤波器的单位脉冲响应 $h(n)=\delta(n)-\delta(n-1)+\delta(n-4)$，设采样点数 $N=5$。

(1) 画出其频率采样型结构。

(2) 设修正半径 $r=0.9$，画出其修正后的频率采样型结构。

4.16　用频率采样型结构实现系统函数 $H(z)$：

$$H(z)=\frac{5-2z^{-3}-3z^{-6}}{1-z^{-1}}$$

设采样点 $N=6$，修正半径 $r=0.9$。

第 5 章　无限长单位脉冲响应(IIR)数字滤波器的设计方法

5.1　基 本 概 念

5.1.1　数字滤波器的分类

数字滤波器是数字信号处理的重要基础。在对信号的过滤、检测与参数的估计等处理中，数字滤波器是使用最广泛的线性系统。

数字滤波器是对数字信号实现滤波的线性时不变系统。它将输入的数字序列通过特定运算转变为输出的数字序列。因此，数字滤波器本质上是一台完成特定运算的数字计算机。

由第 1 章 1.3 节已经知道，一个输入序列 $x(n)$，通过一个单位脉冲响应为 $h(n)$ 的线性时不变系统后，其输出响应 $y(n)$ 为

$$y(n) = x(n) * h(n) = \sum_{n=-\infty}^{\infty} h(m)x(n-m)$$

将上式两边经过傅里叶变换，可得

$$Y(e^{j\omega}) = X(e^{j\omega})H(e^{j\omega})$$

式中，$Y(e^{j\omega})$、$X(e^{j\omega})$ 分别为输出序列和输入序列的频谱函数，$H(e^{j\omega})$ 是系统的频率响应函数。

可以看出，输入序列的频谱 $X(e^{j\omega})$ 经过滤波后，变为 $X(e^{j\omega})H(e^{j\omega})$。如果 $|H(e^{j\omega})|$ 的值在某些频率上是比较小的，则输入信号中的这些频率分量在输出信号中将被抑制掉。因此，按照输入信号频谱的特点和处理信号的目的，适当选择 $H(e^{j\omega})$，使得滤波后的 $X(e^{j\omega})H(e^{j\omega})$ 符合人们的要求，这就是数字滤波器的滤波原理。和模拟滤波器一样，线性数字滤波器按照频率响应的通带特性可划分为低通、高通、带通和带阻几种形式。它们的理想幅频特性如图 5 - 1 所示。注：系统的频率响应 $H(e^{j\omega})$ 是以 2π 为周期的。

满足奈奎斯特采样定理时，信号的频率特性只能限带于 $|\omega|<\pi$ 的范围。由图 5 - 1 可知，理想低通滤波器选择出输入信号中的低频分量，而把输入信号频率在 $\omega_c<\omega\leqslant\pi$ 范围内的所有分量全部滤掉。相反地，理想高通滤波器使输入信号中频率在 $\omega_c\leqslant\omega\leqslant\pi$ 范围内的所有分量不失真地通过，而滤掉低于 ω_c 的低频分量。带通滤波器只保留介于低频和高频之间的频率分量。

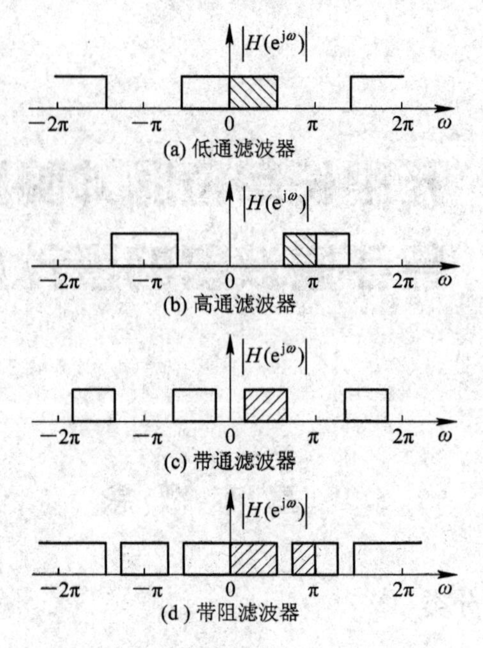

图 5-1 数字滤波器的理想幅频特性

5.1.2 滤波器的技术指标

理想滤波器(如理想低通滤波器)是非因果的，其单位脉冲响应从$-\infty$延伸到$+\infty$，因此，无论用递归型结构还是非递归型结构，理想滤波器是不能实现的，但在概念上极为重要。

一般来说，滤波器的性能要求往往以频率响应幅度的容限来表征。以低通滤波器为例，如图 5-2 所示，频率响应有通带、过渡带及阻带三个范围(而不是理想的陡截止的通带、阻带两个范围)。图中，δ_1 为通带的容限，δ_2 为阻带的容限。

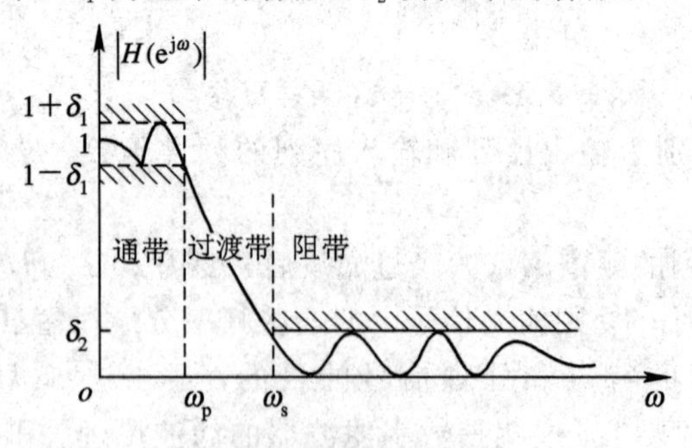

图 5-2 低通滤波器的频率响应幅度的容限图

在通带内，幅度响应以最大误差$\pm\delta_1$ 逼近于 1，即

$$1-\delta_1 \leqslant |H(e^{j\omega})| \leqslant 1+\delta_1 \qquad |\omega| \leqslant \omega_p \tag{5-1}$$

在阻带内，幅度响应以误差小于 δ_2 逼近于零，即

$$|H(e^{j\omega})| \leqslant \delta_2 \qquad \omega_s \leqslant |\omega| \leqslant \pi \tag{5-2}$$

式中，ω_p、ω_s 分别为通带截止频率和阻带截止频率，它们都是数字域频率。幅度响应在过渡带 $\omega_s-\omega_p$ 中从通带平滑地下降到阻带，过渡带的频率响应不作规定。

虽然给出了通带的容限 δ_1 及阻带的容限 δ_2，但是在具体技术指标中往往使用通带允许的最大衰减(波纹)A_p 和阻带应达到的最小衰减 A_s 来描述。A_p 及 A_s 的定义分别为

$$A_p = 20\lg\frac{|H(e^{j0})|}{|H(e^{j\omega_p})|} = -20\lg|H(e^{j\omega_p})| = -20\lg(1-\delta_1) \tag{5-3a}$$

$$A_s = 20\lg\frac{|H(e^{j0})|}{|H(e^{j\omega_s})|} = -20\lg|H(e^{j\omega_s})| = -20\lg\delta_2 \tag{5-3b}$$

式中，假定 $|H(e^{j0})|=1$(已被归一化)。例如，$|H(e^{j\omega})|$ 在 ω_p 处满足 $|H(e^{j\omega_p})|=0.707$，则 $A_p=3$ dB；在 ω_s 处满足 $|H(e^{j\omega_s})|=0.001$，则 $A_s=60$ dB(参考图 5-2)。

5.1.3　FIR 数字滤波器与 IIR 数字滤波器

数字滤波器按单位脉冲响应 $h(n)$ 的时域特性可分为无限长单位脉冲响应(Infinite Impulse Response，IIR)数字滤波器和有限长单位脉冲响应 FIR(Finite Impulse Response，FIR)数字滤波器。

IIR 数字滤波器一般采用递归型结构。其 N 阶递归型数字滤波器的差分方程为

$$y(n) = \sum_{k=0}^{M} b_k x(n-k) + \sum_{k=1}^{N} a_k y(n-k) \tag{5-4}$$

式中，系数 a_k 至少有一项不为零。$a_k \neq 0$ 说明必须将延时的输出序列反馈回来，即递归型系统必须有反馈环路。相应地，IIR 数字滤波器的系统函数为

$$H(z) = \frac{\sum_{k=0}^{M} b_k z^{-k}}{1-\sum_{k=1}^{N} a_k z^{-k}} \tag{5-5}$$

IIR 数字滤波器的系统函数 $H(z)$ 在 Z 平面上不仅有零点，而且有极点。

FIR 数字滤波器的单位脉冲响应 $h(n)$ 是有限长的，即 $0 \leqslant n \leqslant N-1$，该系统一般采用非递归型结构，但当系统函数中出现零极点抵消时，也可以有递归型结构(如频率采样型结构)。FIR 数字滤波器的系统函数为

$$H(z) = \sum_{n=0}^{N-1} h(n) z^{-n} \tag{5-6}$$

由式(5-6)可知，$H(z)$ 的极点只能在 Z 平面的原点处。

5.1.4　滤波器的设计步骤

一个数字滤波器的设计过程一般包括以下三个步骤：

(1) 按照实际任务要求，确定滤波器的性能指标。

(2) 用一个因果稳定的离散线性时不变系统的系统函数去逼近这一性能要求。根据不同要求，可以用 IIR 数字滤波器的系统函数去逼近，也可以用 FIR 数字滤波器的系统函数去逼近。

(3) 利用有限精度算法来实现这个系统函数。这里包括选择运算结构(如第 4 章中的各种基本结构)、合适的字长(包括系数、输入变量、中间变量和输出变量的量化)以及有效数字的处理方法(舍入、截尾)等。

实际实现时，可采用通用计算机软件或专用数字滤波器硬件来实现，或采用可编程的通用数字信号处理器来实现。

这三个步骤不是完全独立的，在本章和第 6 章里重点讨论逼近性能要求问题或系统函数的设计问题。

5.2 IIR 数字滤波器的设计特点

式(5-5)的系统函数又可以用零极点表示如下：

$$H(z)=\frac{\sum_{k=0}^{M}b_k z^{-k}}{1-\sum_{k=1}^{N}a_k z^{-k}}=A\frac{\prod_{k=1}^{M}(1-c_k z^{-1})}{\prod_{k=1}^{N}(1-d_k z^{-1})}$$

一般满足 $M\leqslant N$，这类系统称为 N 阶系统，当 $M>N$ 时，$H(z)$可看成一个 N 阶 IIR 子系统与一个 $M-N$ 阶 FIR 子系统的级联。以下讨论都假定 $M\leqslant N$。

IIR 数字滤波器的系统函数的设计就是确定各系数 a_k、b_k 或零极点 c_k、d_k 和 A，以使滤波器满足给定的性能要求。实现方法通常有以下两种：

(1) 利用模拟滤波器来设计数字滤波器。

首先，设计一个合适的模拟滤波器；然后，将它变换成满足预定指标的数字滤波器。这种方法很方便，因为对于模拟滤波器，已经有很多简单而又现成的设计公式，并且设计参数已经表格化了，设计起来既方便又准确。

(2) 采用最优化设计法。最优化设计法一般分两步来进行：

① 要选择一种最优准则。例如，选择最小均方误差准则，即在一组离散的频率$\{\omega_i\}$($i=1, 2, \cdots, M$)上，设计出的实际频率响应幅度$|H(e^{j\omega})|$与所要求的理想频率响应幅度$|H_d(e^{j\omega})|$的均方误差 ε 最小：

$$\varepsilon=\sum_{i=1}^{M}[|H(e^{j\omega_i})|-|H_d(e^{j\omega_i})|]^2$$

此外，还有许多其他误差最小的准则，如最大误差最小准则等。

② 求在此最佳准则下滤波器的系统函数的系数 a_k、b_k。一般是通过不断改变滤波器的系数函数的系数 a_k、b_k，分别计算 ε，找到使 ε 为最小时的一组系数 a_k、b_k，从而完成设计。这种设计需要进行大量的迭代运算，故离不开计算机。所以最优化方法又称为计算机辅助设计法。

本章着重讨论第一种方法。利用模拟滤波器来设计数字滤波器，就是由已知的模拟滤波器的传递函数 $H_a(s)$设计数字滤波器的系统函数 $H(z)$。因此，它归根结底是一个由 S 平面映射到 Z 平面的变换，这个变换通常是复变函数的映射变换。这个映射变换必须满足以下两个基本要求：

(1) $H(z)$的频率响应要能模仿 $H_a(s)$的频率响应，即 S 平面虚轴 $j\Omega$ 必须映射到 Z 平面的单位圆 $e^{j\omega}$上。

(2) 因果稳定的 $H_a(s)$应能映射成因果稳定的 $H(z)$，即 S 平面的左半平面 $\mathrm{Re}[s]<0$ 必须映射到 Z 平面单位圆的内部$|z|<1$。

下面首先介绍常用模拟低通滤波器的特性，然后分别讨论由模拟滤波器设计 IIR 数字滤波器的两种常用的变换方法(脉冲响应不变法和双线性变换法)。FIR 数字滤波器的设计方法与 IIR 数字滤波器的设计方法明显不同，这将在第6章中介绍。

5.3　常用模拟低通滤波器的设计方法

为了由模拟滤波器设计 IIR 数字滤波器，必须先设计一个满足技术指标的模拟原型滤波器，也就是要把数字滤波器的技术指标转变成模拟原型滤波器的技术指标，因此我们就要设计这个模拟原型滤波器。

常用的模拟原型滤波器有巴特沃思(Butterworth)滤波器、切比雪夫(Chebyshev)滤波器、椭圆(Ellipse)滤波器、贝塞尔(Bessel)滤波器等。这些滤波器都有严格的设计公式、现成的曲线和图表可供设计人员使用。这些典型的滤波器各有特点：巴特沃思滤波器具有单调下降的幅频特性；切比雪夫滤波器的幅频特性在通带或者阻带内有波动，可以提高选择性；贝塞尔滤波器通带内有较好的线性相位特性；椭圆滤波器的选择性相对于前三种是最好的，但在通带和阻带内均具有等波纹幅频特性。因此，根据具体要求可以选用不同类型的滤波器。

模拟滤波器按幅频特性可分成低通、高通、带通和带阻滤波器，它们的理想幅频特性如图5-3所示。但我们设计滤波器时，总是先设计低通滤波器，再通过频率变换将低通滤波器转换成希望的滤波器。下面先介绍幅度平方函数，再分别介绍巴特沃思滤波器、切比雪夫滤波器等。

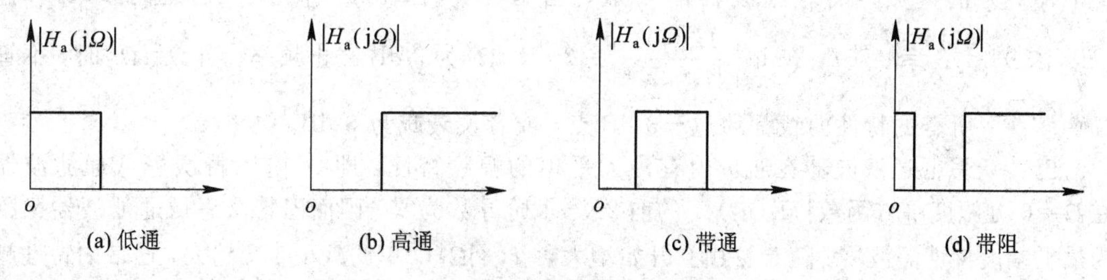

图 5-3　各种理想模拟滤波器的幅频特性

5.3.1　由幅度平方函数来确定系统函数

模拟滤波器的幅度响应常用幅度平方函数$|H_a(j\Omega)|^2$来表示，即

$$|H_a(j\Omega)|^2 = H_a(j\Omega)H_a^*(j\Omega)$$

由于滤波器的冲激响应$h_a(t)$是实函数，因而$H_a(j\Omega)$满足：

$$H_a^*(j\Omega) = H_a(-j\Omega)$$

所以

$$|H_a(j\Omega)|^2 = H_a(j\Omega)H_a(-j\Omega) = H_a(s)H_a(-s)|_{s=j\Omega} \tag{5-7}$$

式中，$H_a(s)$是模拟滤波器的系统函数，它是s的有理函数；$H_a(j\Omega)$是滤波器的频率响应特性；$|H_a(j\Omega)|$是滤波器的幅频特性。

现在的问题是要由已知的$|H_a(j\Omega)|^2$求得$H_a(s)$。回到式(5-7)，设$H_a(s)$有一个极点(或零点)位于$s=s_0$处，由于冲激响应$h_a(t)$为实函数，则极点(或零点)必以共轭对的形式

出现，因而 $s=s_0^*$ 处也一定有一极点(或零点)，与之对应 $H_a(-s)$ 在 $s=-s_0$ 和 $-s_0^*$ 处必有极点(或零点)，$H_a(s)H_a(-s)$ 在虚轴上的零点(或极点)(对于临界稳定情况，才会出现虚轴上的极点)一定是二阶的，这是因为冲激响应 $h_a(t)$ 是实数，因而 $H_a(s)$ 的极点(或零点)必以共轭对出现。$H_a(s)H_a(-s)$ 的零极点分布是呈象限对称的，如图5-4所示。

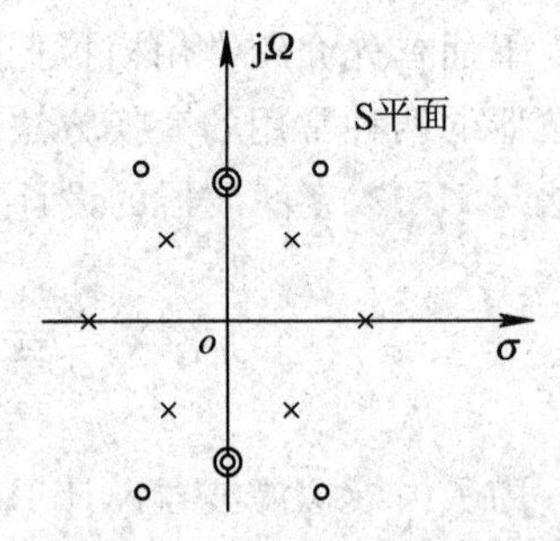

图 5-4　$H_a(s)H_a(-s)$ 的零极点分布

我们知道，任何实际可实现的滤波器都是稳定的，因此，其系统函数 $H_a(s)$ 的极点一定落在 s 的左半平面，所以左半平面的极点一定属于 $H_a(s)$，则右半平面的极点必属于 $H_a(-s)$。

零点的分布则无此限制，只和滤波器的相位特征有关。如果要求相位延时特性最小，则 $H_a(s)$ 应取左半平面零点。如果有特殊要求，则按这种要求来考虑零点的分配；如果无特殊要求，则可将对称零点的任一半(应为共轭对)取为 $H_a(s)$ 的零点。

最后，按照 $H_a(j\Omega)$ 与 $H_a(s)$ 的低频特性或高频特性的对比确定增益常数。由求出的 $H_a(s)$ 的零极点及增益常数可完全确定系统函数 $H_a(s)$。

5.3.2　巴特沃思低通逼近

巴特沃思低通逼近又称最平幅度逼近。巴特沃思低通滤波器的幅度平方函数的定义为

$$|H_a(j\Omega)|^2=\frac{1}{1+(\Omega/\Omega_c)^{2N}} \tag{5-8}$$

式中，N 为正整数，代表滤波器的阶数。当 $\Omega=0$ 时，$|H_a(j0)|=1$；当 $\Omega=\Omega_c$ 时，$|H_a(j\Omega_c)|=\frac{1}{\sqrt{2}}=0.707$，$20\lg\left|\frac{H_a(j0)}{H_a(j\Omega_c)}\right|=3\text{ dB}$，$\Omega_c$ 为 3 dB 截止频率。当 $\Omega=\Omega_c$ 时，不管 N 为多少，所有的特性曲线都通过 -3 dB 点，或者说衰减为 3 dB。

巴特沃思低通滤波器在通带内有最大平坦的幅频特性，即 N 阶巴特沃思低通滤波器在 $\Omega=0$ 处幅度平方函数 $|H_a(j\Omega)|^2$ 的前 $2N-1$ 阶导数为零，因而巴特沃思低通滤波器又称为最平幅度特性滤波器。随着 Ω 由 0 开始增大，$|H_a(j\Omega)|^2$ 单调减小，N 越大，通带内特性越平坦，过渡带越窄。当 $\Omega=\Omega_s$，即频率为阻带截止频率时，衰减 $A_s=-20\lg|H_a(j\Omega_s)|$，$A_s$ 为阻带最小衰减。对确定的 A_s，N 越大，Ω_s 距 Ω_c 越近，即过渡带越窄。

巴特沃思低通滤波器的幅频特性如图 5-5 所示。

将 $\Omega=s/j$ 代入式(5-8)中，可得

$$H_a(s)H_a(-s)=\frac{1}{1+\left(\frac{s}{j\Omega_c}\right)^{2N}} \tag{5-9}$$

所以，巴特沃思低通滤波器的零点全部在 $s=\infty$ 处，在有限 S 平面内只有极点，因而属于全极点型滤波器。$H_a(s)H_a(-s)$ 的极点为

$$\begin{aligned} s_k &= (-1)^{\frac{1}{2N}}(j\Omega_c)=\left[e^{j(2k-1)\pi}\right]^{\frac{1}{2N}}\cdot e^{j\frac{\pi}{2}}\Omega_c \\ &= \Omega_c e^{j\left[\frac{1}{2}+\frac{2k-1}{2N}\right]\pi} \qquad k=1,2,\cdots,2N \end{aligned} \tag{5-10}$$

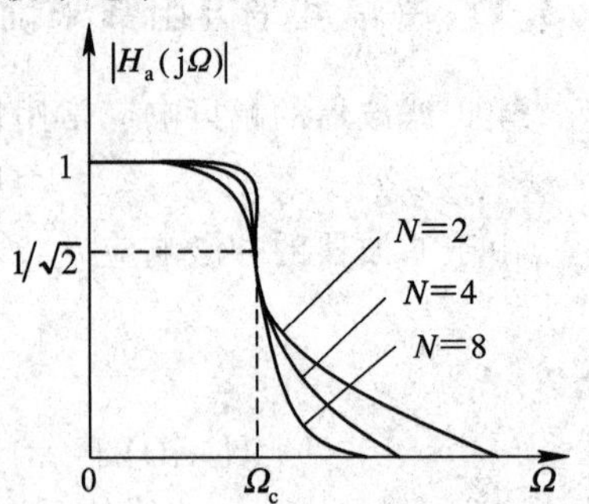

图 5-5　巴特沃思低通滤波器的幅频特性与 N 的关系

由此可以看出，$H_a(s)H_a(-s)$的 $2N$ 个极点等间隔分布在半径为 Ω_c 的圆(称为巴特沃思圆)上，极点间的角度间隔为 π/N rad。例如，当 $N=3$ 及 $N=4$ 时，$H_a(s)H_a(-s)$的极点分布分别如图 5-6(a)和(b)所示。

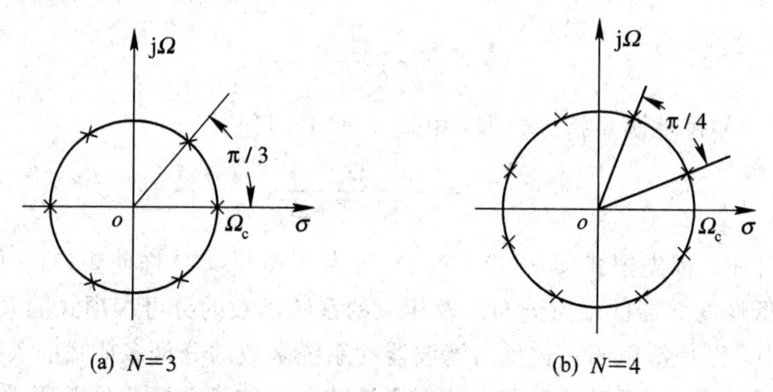

图 5-6　$N=3$ 和 $N=4$ 时的极点分布

可见，当 N 为奇数时，实轴上有极点；当 N 为偶数时，实轴上没有极点。但极点不会落在虚轴上，这样滤波器才有可能是稳定的。

为形成稳定的滤波器，$H_a(s)H_a(-s)$的 $2N$ 个极点中只取 S 左半平面的 N 个极点为 $H_a(s)$的极点，而右半平面的 N 个极点构成 $H_a(-s)$的极点。$H_a(s)$的表示式为

$$H_a(s)=\frac{\Omega_c^N}{\prod_{k=1}^{N}(s-s_k)} \tag{5-11}$$

这里分子系数为 Ω_c^N，可由 $H_a(s)$的低频特性决定(代入 $H_a(0)=1$，可求得分子系数为 Ω_c^N)，而 s_k 为

$$s_k=\Omega_c e^{j\left[\frac{1}{2}+\frac{2k-1}{2N}\right]\pi}\qquad k=1,2,\cdots,N \tag{5-12}$$

一般模拟低通滤波器的设计指标由参数 Ω_p、A_p、Ω_s 和 A_s 给出，因此对于巴特沃思低通滤波器，其设计的实质就是为了求得由这些参数所决定的滤波器的阶次 N 和截止频率 Ω_c。我们要求：

(1) 在 $\Omega=\Omega_p$ 处，$-10\lg|H_a(j\Omega)|^2=A_p$，或

$$A_p=-10\lg\left[\frac{1}{1+(\Omega_p/\Omega_c)^{2N}}\right] \tag{5-13}$$

(2) 在 $\Omega=\Omega_s$ 处，$-10\lg|H_a(j\Omega)|^2=A_s$，或

$$A_s=-10\lg\left[\frac{1}{1+(\Omega_s/\Omega_c)^{2N}}\right] \tag{5-14}$$

由式(5-13)和式(5-14)解出 N 和 Ω_c，有

$$N=\frac{\lg\frac{10^{A_p/10}-1}{10^{A_s/10}-1}}{2\lg(\Omega_p/\Omega_s)} \tag{5-15a}$$

一般来说，上面求出的 N 不会是一个整数，要求 N 是一个整数且满足指标要求，就必须选择：

$$N=\left\lceil\frac{\lg\frac{10^{A_p/10}-1}{10^{A_s/10}-1}}{2\lg(\Omega_p/\Omega_s)}\right\rceil \tag{5-15b}$$

这里运算符⌈x⌉的意思是选大于等于 x 的最小整数，如⌈4.5⌉=5。由于实际上选的 N 都比要求的大，因此技术指标上在 Ω_p 或在 Ω_s 上都能满足或超过一些。为了在 Ω_p 处精确地满足指标要求，由式(5-13)可得

$$\Omega_c = \frac{\Omega_p}{\sqrt[2N]{10^{A_p/10}-1}} \tag{5-16}$$

或者为了在 Ω_s 处精确地满足指标要求，由式(5-14)可得

$$\Omega_c = \frac{\Omega_s}{\sqrt[2N]{10^{A_s/10}-1}} \tag{5-17}$$

在一般设计中，都先把式(5-11)中的 Ω_c 选为 1 rad/s，这样使频率得到归一化。归一化后巴特沃思低通滤波器的极点分布以及相应的系统函数的分母多项式的系数都有现成的表格可查。其中，巴特沃思归一化低通滤波器的系统函数的分母多项式的系数见表 5-1。

表 5-1 巴特沃思归一化低通滤波器系统函数的分母多项式
$s^N+a_{N-1}s^{N-1}+\cdots+a_2s^2+a_1s+1$ 的系数($a_0=a_N=1$)

N	a_1	a_2	a_3	a_4	a_5	a_6	a_7	a_8	a_9
1	1								
2	1.414 243 6								
3	2.000 000 0	2.000 000 0							
4	2.613 125 9	3.414 213 6	2.613 125 9						
5	3.236 068 0	5.236 068 0	5.236 068 0	3.236 068 0					
6	3.863 703 3	7.464 101 6	9.141 620 2	7.464 101 6	3.863 703 3				
7	4.493 959 2	10.097 834 7	14.591 793 9	14.591 793 9	10.097 834 7	4.493 959 2			
8	5.125 830 9	13.137 071 2	21.846 151 0	25.688 355 9	21.846 151 0	13.137 071 2	5.125 830 9		
9	5.758 770 5	16.581 718 7	31.163 437 5	41.986 385 7	41.986 385 7	31.163 437 5	16.581 718 7	5.758 770 5	
10	6.392 453 2	20.431 729 1	42.802 061 1	64.882 396 3	74.233 429 2	64.882 396 3	42.802 061 1	20.431 729 1	6.392 453 2

令 $H_{aN}(s)$代表归一化系统的系统函数，$H_a(s)$代表截止频率为 Ω_c' 的低通系统的传递函数，那么归一化系统的系统函数中的变量 s 用 s/Ω_c' 代替后，就得到所需滤波器的系统函数 $H_a(s)$，即

$$s \longrightarrow \frac{s}{\Omega_c'} \tag{5-18}$$

$$H_a(s) = H_{aN}\left(\frac{s}{\Omega_c'}\right) \tag{5-19}$$

【例 5-1】 导出三阶巴特沃思模拟低通滤波器的系统函数，设 $\Omega_c=2$ rad/s。

解 幅度平方函数是

$$|H(j\Omega)|^2 = \frac{1}{1+(\Omega/2)^6}$$

令 $\Omega^2=-s^2$，即 $s=j\Omega$，则有

$$H_a(s)H_a(-s) = \frac{1}{1-(s^6/2^6)}$$

各极点满足式(5-10)，即

$$s_k = 2e^{j\left[\frac{1}{2}+\frac{2k-1}{6}\right]\pi} \qquad k = 1, 2, \cdots, 6$$

而按式(5-12)，前面三个 $s_k(k=1, 2, 3)$就是 $H_a(s)$的极点。所给出的六个 s_k 为

$$s_1 = 2e^{j\frac{2}{3}\pi} = -1 + j\sqrt{3}$$

$$s_2 = 2e^{j\pi} = -2$$

$$s_3 = 2e^{j\frac{4}{3}\pi} = -1 - j\sqrt{3}$$

$$s_4 = 2e^{j\frac{5}{3}\pi} = 1 - j\sqrt{3}$$

$$s_5 = 2e^{j0} = 2$$

$$s_6 = 2e^{j\frac{1}{3}\pi} = 1 + j\sqrt{3}$$

由 s_1、s_2、s_3 三个极点构成的系统函数为

$$H_a(s) = \frac{\Omega_c^3}{(s-s_1)(s-s_2)(s-s_3)} = \frac{8}{s^3 + 4s^2 + 8s + 8}$$

【例 5-2】 设计一个满足下面要求的巴特沃思模拟低通滤波器：

(1) 通带截止频率 $\Omega_p=0.2\pi$ rad/s，通带最大衰减 $A_p=7$ dB。

(2) 阻带截止频率 $\Omega_s=0.3\pi$ rad/s，阻带最小衰减 $A_s=16$ dB。

解　由式(5-15b)得

$$N = \left\lceil \frac{\lg \frac{10^{0.7}-1}{10^{1.6}-1}}{2\lg \frac{0.2\pi}{0.3\pi}} \right\rceil = \lceil 2.79 \rceil = 3$$

为了准确地在 Ω_p 处满足指标要求，由式(5-16)得

$$\Omega_c = \frac{0.2\pi}{\sqrt[6]{10^{0.7}-1}} = 0.4985$$

为了准确地在 Ω_s 处满足指标要求，由式(5-17)得

$$\Omega_c = \frac{0.3\pi}{\sqrt[6]{10^{1.6}-1}} = 0.5122$$

现在在上面两个数之间可任选 Ω_c 值。现选 $\Omega_c=0.5$ rad/s，这样就必须设计一个 $N=3$ 和$\Omega_c=0.5$ rad/s 的巴特沃思低通滤波器，模拟滤波器 $H_a(s)$的设计类似于例 5-1。最后可得

$$H_a(s) = \frac{0.125}{(s+0.5)(s^2+0.5s+0.25)}$$

5.3.3　切比雪夫低通逼近

巴特沃思滤波器的频率特性无论在通带与阻带都随频率变换而单调变化，因而如果在通带边缘满足指标，则在通带内肯定会有富余，也就会超过指标的要求，因而并不经济。所以，更有效的办法是将指标的精度要求均匀地分布在通带内，或均匀地分布在阻带内，或同时均匀地分布在通带与阻带内。这样在同样的通带、阻带性能要求下就可设计出阶数

较低的滤波器。这种精度均匀分布的办法可通过选择具有等波纹特性的逼近函数来实现。

切比雪夫滤波器的幅频特性就是在一个频带(通带或阻带)中具有等波纹特性。幅频特性在通带中是等波纹的，在阻带中是单调的，称为切比雪夫Ⅰ型。幅频特性在通带内是单调下降的，在阻带内是等波纹的，称为切比雪夫Ⅱ型。通常由应用的要求来确定采用哪种形式的切比雪夫滤波器。图 5-7、图 5-8 分别画出了 N 为奇数与 N 为偶数的切比雪夫Ⅰ、Ⅱ型低通滤波器的幅频特性。

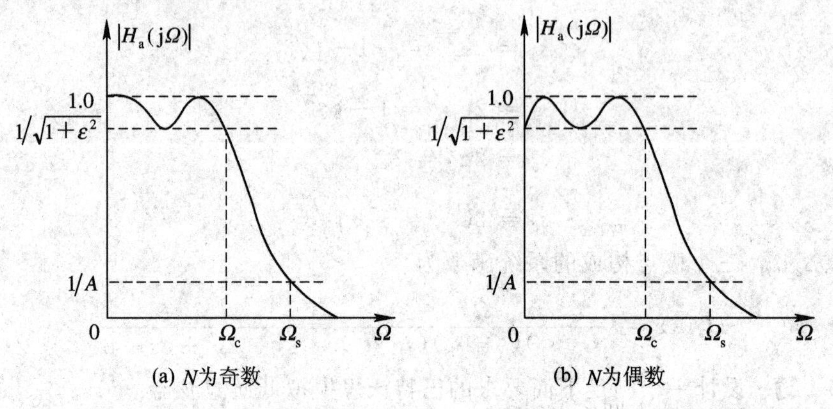

图 5-7 切比雪夫Ⅰ型低通滤波器的幅频特性

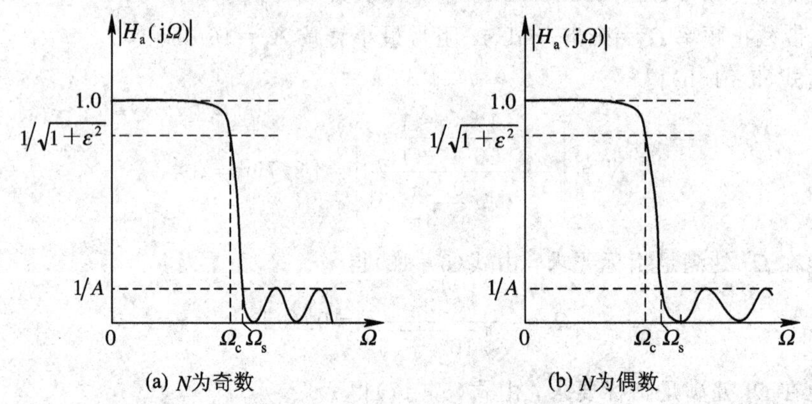

图 5-8 切比雪夫Ⅱ型低通滤波器的幅频特性

椭圆滤波器在通带和阻带都具有等波纹特性。

下面我们以切比雪夫Ⅰ型低通滤波器为例来讨论这种逼近。切比雪夫Ⅰ型低通滤波器的幅度平方函数为

$$|H_a(j\Omega)|^2 = \frac{1}{1+\varepsilon^2 C_N^2(\Omega/\Omega_c)} \tag{5-20}$$

式中，ε 为小于 1 的正数，它是表示通带波纹大小的一个参数，ε 越大，波纹也越大；Ω_c 为通带截止频率，也是滤波器的某一衰减分贝处的通带宽度(这一分贝数不一定是 3 dB。也就是说，在切比雪夫滤波器中，Ω_c 不一定是 3 dB 带宽)；$C_N(x)$是 N 阶切比雪夫多项式，定义为

$$C_N(x) = \begin{cases} \cos(N\ \mathrm{arccos}x) & |x| \leqslant 1(\text{通带}) \\ \cosh(N\ \mathrm{arccosh}x) & |x| > 1(\text{阻带}) \end{cases} \tag{5-21}$$

当 $N \geqslant 1$ 时，切比雪夫多项式的递推公式为

$$C_{N+1}(x) = 2xC_N(x) - C_{N-1}(x) \tag{5-22}$$

切比雪夫多项式的零值点(或根)在$|x|\leqslant 1$间隔内。当$|x|\leqslant 1$时，$C_N(x)$是余弦函数，故

$$|C_N(x)| \leqslant 1$$

且多项式$C_N(x)$在$|x|\leqslant 1$内具有等波纹特性。对所有的N，$C_N(1)=1$；N为偶数时$C_N(0)=\pm 1$；N为奇数时$C_N(0)=0$。当$|x|>1$时，$C_N(x)$是双曲余弦函数，随x增大而单调增加。

显然，切比雪夫滤波器的幅频特性$|H_a(\mathrm{j}\Omega)|=\dfrac{1}{\sqrt{1+\varepsilon^2 C_N^2(\Omega/\Omega_c)}}$的特点如下：

(1) 当$\Omega=0$，N为偶数时，$H_a(\mathrm{j}0)=\dfrac{1}{\sqrt{1+\varepsilon^2}}$；当$N$为奇数时，$H_a(\mathrm{j}0)=1$。

(2) 当$\Omega=\Omega_c$时，有

$$|H_a(\mathrm{j}\Omega)| = \frac{1}{\sqrt{1+\varepsilon^2}}$$

即所有幅度函数曲线都通过$1/\sqrt{1+\varepsilon^2}$点，所以把Ω_c定义为切比雪夫滤波器的通带截止频率。在这个截止频率下，幅度函数不一定下降 3 dB，可以是下降其他分贝值，如 1 dB 等，这是与巴特沃思滤波器的不同之处。

(3) 在通带内，即当$|\Omega|<\Omega_c$时，$|\Omega|/\Omega_c<1$，$|H_a(\mathrm{j}\Omega)|$在$1\sim 1/\sqrt{1+\varepsilon^2}$之间等波纹地起伏。

(4) 在通带之外，即当$|\Omega|>\Omega_c$时，随着Ω的增大，迅速满足

$$\varepsilon^2 C_N^2\left(\frac{\Omega}{\Omega_c}\right) \gg 1$$

使$|H_a(\mathrm{j}\Omega)|$迅速单调地趋近于零。

由幅度平方函数式(5-20)可以看出，切比雪夫滤波器有三个参数：ε，Ω_c和N。Ω_c是通带宽度，一般是预先给定的；ε是与通带波纹有关的一个参数。通带波纹A_p表示成

$$A_p = 10\ \lg \frac{|H_a(\mathrm{j}\Omega)|_{\max}^2}{|H_a(\mathrm{j}\Omega)|_{\min}^2} = 20\ \lg \frac{|H_a(\mathrm{j}\Omega)|_{\max}}{|H_a(\mathrm{j}\Omega)|_{\min}} \quad (\mathrm{dB}) \qquad |\Omega| \leqslant \Omega_c \tag{5-23}$$

这里，$|H_a(\mathrm{j}\Omega)|_{\max}=1$表示通带幅度响应的最大值；$|H_a(\mathrm{j}\Omega)|_{\min}=1/\sqrt{1+\varepsilon^2}$，表示通带幅度响应的最小值，故

$$A_p = 10\ \lg(1+\varepsilon^2) \tag{5-24}$$

因而

$$\varepsilon^2 = 10^{A_p/10} - 1 \tag{5-25}$$

可以看出，给定通带波纹A_p(dB)后，就能求得ε^2。这里应注意通带波纹不一定是 3 dB，也可以是其他值，如 0.1 dB 等。

滤波器阶数N等于通带内最大值和最小值的总数。前面已经说过，当N为奇数时，在$\Omega=0$处，$|H_a(\mathrm{j}\Omega)|$为最大值 1；当N为偶数时，在$\Omega=0$处，$|H_a(\mathrm{j}\Omega)|$为最小值$1/\sqrt{1+\varepsilon^2}$(见图 5-7)。N的数值可由阻带衰减来确定。设阻带起始点频率为Ω_s，此时阻带幅度平方函数满足：

$$|H_a(\mathrm{j}\Omega)|^2 \leqslant \frac{1}{A^2}$$

式中，A 是常数。如果用误差的分贝数 A_s 表示，则有

$$A_s = 20\ \lg\frac{1}{1/A} = 20\ \lg A$$

所以

$$A = 10^{A_s/20} = 10^{0.05A_s} \tag{5-26}$$

设 Ω_s 为阻带截止频率，即当 $\Omega=\Omega_s$ 时，将上面的 $|H_a(j\Omega)|^2$ 的表达式代入式(5-20)，可得

$$|H_a(j\Omega)|^2 = \frac{1}{1+\varepsilon^2 C_N^2(\Omega_s/\Omega_c)} \leqslant \frac{1}{A^2}$$

由此得出

$$C_N\left(\frac{\Omega_s}{\Omega_c}\right) \geqslant \frac{1}{\varepsilon}\sqrt{A^2-1} \tag{5-27}$$

由于 $\Omega_s/\Omega_c>1$，所以由式(5-21)的第二式有

$$C_N\left(\frac{\Omega_s}{\Omega_c}\right) = \cosh\left[N\ \text{arccosh}\left(\frac{\Omega_s}{\Omega_c}\right)\right] \geqslant \frac{1}{\varepsilon}\sqrt{A^2-1}$$

考虑式(5-26)，可得

$$N \geqslant \frac{\text{arccosh}\left[\sqrt{A^2-1}/\varepsilon\right]}{\text{arccosh}(\Omega_s/\Omega_c)} = \frac{\text{arccosh}\left[\sqrt{10^{0.1A_s}-1}/\varepsilon\right]}{\text{arccosh}(\Omega_s/\Omega_c)} \tag{5-28}$$

如果要求的阻带边界频率上衰减越大(即 A 越大)，也就是过渡带内幅频特性越陡，则所需的阶数 N 越高。

对 Ω_s 求解，可得

$$\Omega_s = \Omega_c \cosh\left\{\frac{1}{N}\ \text{arccosh}\left[\frac{1}{\varepsilon}\sqrt{A^2-1}\right]\right\} = \Omega_c \cosh\left\{\frac{1}{N}\ \text{arccosh}\left[\frac{1}{\varepsilon}\sqrt{10^{0.1A_s}-1}\right]\right\} \tag{5-29}$$

这里，Ω_c 是切比雪夫滤波器的通带宽度，但不是 3 dB 带宽。当 $A=\sqrt{2}$ 时，可以求出 3 dB 带宽为

$$\Omega_{3\ \text{dB}} = \Omega_c \cosh\left[\frac{1}{N}\ \text{arccosh}\left(\frac{1}{\varepsilon}\right)\right] \tag{5-30}$$

注意，只有当 $\Omega_c<\Omega_{3\ \text{dB}}$(即 $\Omega_{3\ \text{dB}}/\Omega_c>1$)时才采用式(5-30)来求解 $\Omega_{3\ \text{dB}}$。

当 ε、Ω_c、N 给定后，就可以求得滤波器的传递函数 $H_a(s)$，这可通过查阅有关模拟滤波器手册得到。

5.4 用脉冲响应不变法设计 IIR 数字滤波器

5.4.1 变换原理

利用模拟滤波器来设计数字滤波器，也就是使数字滤波器能模仿模拟滤波器的特性，这种模仿可以从不同的角度出发。脉冲响应不变法是从滤波器的脉冲响应出发，使数字滤波器的单位脉冲响应 $h(n)$ 模仿模拟滤波器的冲激响应 $h_a(t)$，即将 $h_a(t)$ 进行等间隔采样，使 $h(n)$ 正好等于 $h_a(t)$ 的采样值，满足

$$h(n)=h_a(nT) \tag{5-31}$$

式中，T 是采样周期。

如果令 $H_a(s)$ 是 $h_a(t)$ 的拉普拉斯变换，$H(z)$ 为 $h(n)$ 的Z变换，则利用式(1-104)，得

$$H(z)\big|_{z=e^{sT}}=\frac{1}{T}\sum_{k=-\infty}^{\infty}H_a(s-jk\Omega_s)=\frac{1}{T}\sum_{k=-\infty}^{\infty}H_a\left(s-j\frac{2\pi}{T}k\right) \tag{5-32}$$

由此可看出，脉冲响应不变法将模拟滤波器的S平面变换成数字滤波器的Z平面，这个从 s 到 z 的变换 $z=e^{sT}$ 正是从S平面变换到Z平面的标准变换关系式(1-102)。

我们在1.5节中已经讨论过，$z=e^{sT}$ 的映射关系(见图5-9)表明：S平面上每一条宽度为 $2\pi/T$ 的横带都将重复地映射到整个Z平面上，每一横带的左半边 $\mathrm{Re}[s]<0$ 映射到Z平面单位圆内，右半边 $\mathrm{Re}[s]>0$ 映射到Z平面单位圆外；而S平面虚轴($j\Omega$ 轴)映射到Z平面单位圆上，虚轴上每一段长为 $2\pi/T$ 的线段都映射到Z平面单位圆上一周。应该指出，$z=e^{sT}$ 的映射关系反映的是 $H_a(s)$ 的周期延拓与 $H(z)$ 的关系，而不是 $H_a(s)$ 本身直接与 $H(z)$ 的关系。因此，在使用脉冲响应不变法时，从 $H_a(s)$ 到 $H(z)$ 并没有建立一个由S平面到Z平面的一一对应的简单代数映射关系。

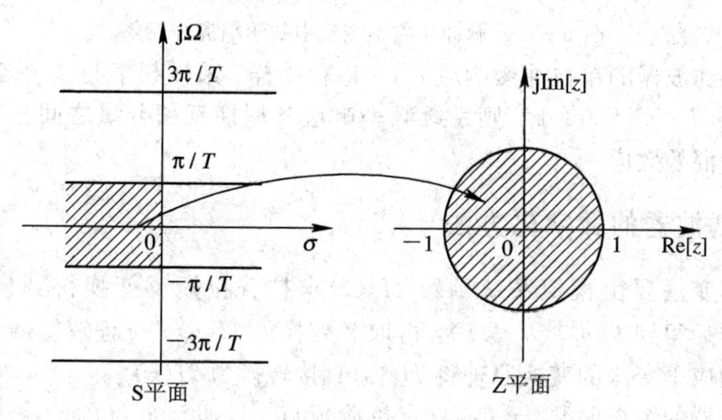

图5-9　脉冲响应不变法的映射关系

5.4.2　混叠失真

由式(5-32)知，数字滤波器的频率响应和模拟滤波器的频率响应间的关系为

$$H(e^{j\omega})=\frac{1}{T}\sum_{k=-\infty}^{\infty}H_a\left(j\frac{\omega-2\pi k}{T}\right) \tag{5-33}$$

这就是说，数字滤波器的频率响应是模拟滤波器频率响应的周期延拓。正如第1章1.2节采样定理所讨论的，只有使模拟滤波器的频率响应是限带的，且带限于折叠频率以内，即

$$H_a(j\Omega)=0 \qquad |\Omega|\geqslant\frac{\pi}{T}=\frac{\Omega_s}{2} \tag{5-34}$$

才能使数字滤波器的频率响应在折叠频率以内重现模拟滤波器的频率响应，而不产生混叠失真，即

$$H(e^{j\omega})=\frac{1}{T}H_a\left(j\frac{\omega}{T}\right) \qquad |\omega|<\pi \tag{5-35}$$

但是，任何一个实际的模拟滤波器的频率响应都不是严格限带的，变换后就会产生周期延拓分量的频谱交叠，即产生频率响应的混叠失真，如图5-10所示。这时数字滤波器的频

响就不同于原模拟滤波器的频响，而带有一定的失真。模拟滤波器的频率响应在折叠频率以上衰减越大、越快，变换后频率响应的混叠失真就越小。这时采用脉冲响应不变法设计的数字滤波器才能得到良好的效果。

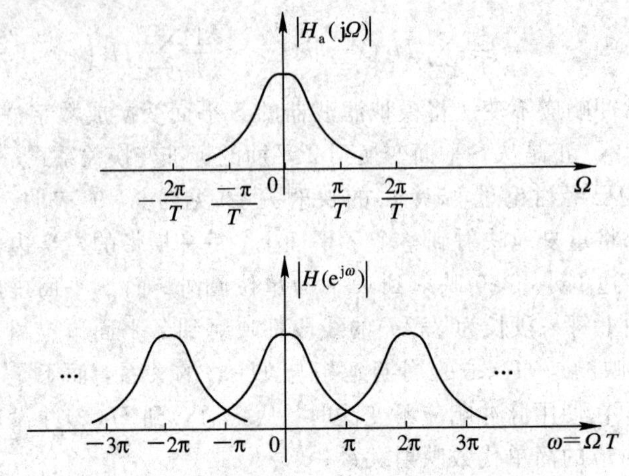

图 5-10　脉冲响应不变法中的频响混叠现象

对某一模拟滤波器的单位冲激响应 $h_a(t)$ 进行采样，采样频率为 f_s，若使 f_s 增加，即令采样时间间隔($T=1/f_s$)减小，则系统频率响应各周期延拓分量之间相距更远，因而可减小频率响应的混叠效应。

5.4.3　模拟滤波器的数字化方法

脉冲响应不变法要由模拟系统函数 $H_a(s)$ 求拉普拉斯反变换得到模拟的冲激响应 $h_a(t)$，然后采样后得到 $h(n)=h_a(nT)$，再取 Z 变换得 $H(z)$，过程较复杂。下面我们讨论如何采用脉冲响应不变法的变换原理将 $H_a(s)$ 直接转换为 $H(z)$。

设模拟滤波器的系统函数 $H_a(s)$ 只有单阶极点，且假定分母的阶次大于分子的阶次(一般都满足这一要求，因为只有这样才相当于一个因果稳定的模拟系统)，因此可将 $H_a(s)$ 展开成部分分式表示式：

$$H_a(s)=\sum_{k=1}^{N}\frac{A_k}{s-s_k} \tag{5-36}$$

其相应的冲激响应 $h_a(t)$ 是 $H_a(s)$ 的拉普拉斯反变换，即

$$h_a(t)=\mathscr{L}^{-1}[H_a(s)]=\sum_{k=1}^{N}A_k e^{s_k t}u(t)$$

式中，$u(t)$ 是单位阶跃函数。

在脉冲响应不变法中，要求数字滤波器的单位脉冲响应等于对 $h_a(t)$ 的采样，即

$$h(n)=h_a(nT)=\sum_{k=1}^{N}A_k e^{s_k nT}u(n)=\sum_{k=1}^{N}A_k(e^{s_k T})^n u(n) \tag{5-37}$$

对 $h(n)$ 求 Z 变换，即得数字滤波器的系统函数：

$$\begin{aligned}H(z)&=\sum_{n=-\infty}^{\infty}h(n)z^{-n}=\sum_{n=0}^{\infty}\sum_{k=1}^{N}A_k(e^{s_k T}z^{-1})^n=\sum_{k=1}^{N}A_k\sum_{n=0}^{\infty}(e^{s_k T}z^{-1})^n\\&=\sum_{k=1}^{N}\frac{A_k}{1-e^{s_k T}z^{-1}}\end{aligned} \tag{5-38}$$

将式(5-36)中的 $H_a(s)$ 和式(5-38)中的 $H(z)$ 加以比较，可以看出：

(1) S 平面的每一个单极点 $s=s_k$ 变换到 Z 平面上 $z=e^{s_k T}$ 处的单极点。

(2) $H_a(s)$ 与 $H(z)$ 的部分分式的系数是相同的，都是 A_k。

(3) 如果模拟滤波器是因果稳定的，则所有极点 s_k 位于 S 平面的左半平面，即 $\mathrm{Re}[s_k]<0$，变换后的数字滤波器的全部极点在单位圆内，即 $|e^{s_k T}|=e^{\mathrm{Re}[s_k]T}<1$，因此数字滤波器也是因果稳定的。

(4) 虽然脉冲响应不变法能保证 S 平面的极点与 Z 平面的极点有这种代数对应关系，但是并不等于整个 S 平面与 Z 平面有这种代数对应关系，特别是数字滤波器的零点位置就与模拟滤波器的零点位置没有这种代数对应关系，而是随 $H_a(s)$ 的极点 s_k 以及系数 A_k 两者的变化而变化。

从式(5-35)中可以看出，数字滤波器的频率响应的幅度还与采样间隔 T 成反比：

$$H(e^{j\omega}) = \frac{1}{T}H_a\left(j\,\frac{\omega}{T}\right) \qquad |\omega|<\pi$$

如果采样频率很高，即 T 很小，则数字滤波器可能具有太高的增益，容易造成数字滤波器溢出，这是不希望的。为了使数字滤波器的增益不随采样频率而变化，可以作以下简单的修正，令

$$h(n) = Th_a(nT) \tag{5-39}$$

则有：

$$H(z) = \sum_{k=1}^{N}\frac{TA_k}{1-e^{s_k T}z^{-1}} \tag{5-40}$$

$$H(e^{j\omega}) = \sum_{k=-\infty}^{\infty}H_a\left(j\,\frac{\omega}{T}-j\,\frac{2\pi}{T}k\right)\approx H_a\left(j\,\frac{\omega}{T}\right) \qquad |\omega|<\pi \tag{5-41}$$

这时数字滤波器的频率响应增益与模拟滤波器的频率响应增益相同，符合实际应用要求。下面举例来说明脉冲响应不变法的应用。

【例 5-3】 设模拟滤波器的系统函数为

$$H_a(s) = \frac{2}{s^2+4s+3} = \frac{1}{s+1} - \frac{1}{s+3}$$

试利用脉冲响应不变法将 $H_a(s)$ 转换成 IIR 数字滤波器的系统函数 $H(z)$。

解　直接利用式(5-40)可得到数字滤波器的系统函数为

$$H(z) = \frac{T}{1-z^{-1}e^{-T}} - \frac{T}{1-z^{-1}e^{-3T}} = \frac{Tz^{-1}(e^{-T}-e^{-3T})}{1-z^{-1}(e^{-T}+e^{-3T})+z^{-2}e^{-4T}}$$

设 $T=1$，则有

$$H(z) = \frac{0.3181z^{-1}}{1-0.4177z^{-1}+0.01831z^{-2}}$$

模拟滤波器的频率响应 $H_a(j\Omega)$ 以及数字滤波器的频率响应 $H(e^{j\omega})$ 分别为

$$H_a(j\Omega) = \frac{2}{(3-\Omega^2)+j4\Omega}$$

$$H(e^{j\omega}) = \frac{0.3181e^{-j\omega}}{1-0.4177e^{-j\omega}+0.01831e^{-j2\omega}}$$

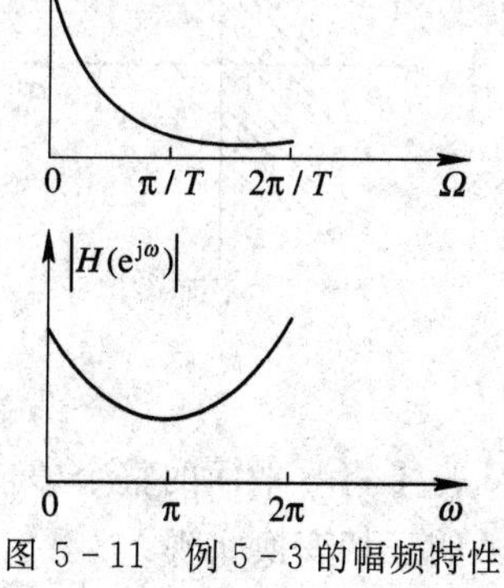

图 5-11　例 5-3 的幅频特性

把$|H_a(j\Omega)|$和$|H(e^{j\omega})|$画在图 5-11 上。由该图可看出，由于$H_a(j\Omega)$不是充分限带的，所以$H(e^{j\omega})$产生了严重的频谱混叠失真。

用脉冲响应不变法设计数字滤波器也可利用 MATLAB 语言编程实现，具体设计方法详见第 8 章 8.5.5 节。

5.4.4 优缺点

从以上讨论可以看出，脉冲响应不变法使得数字滤波器的单位脉冲响应完全模仿模拟滤波器的单位冲激响应，也就是时域逼近良好，而且模拟频率Ω和数字频率ω之间呈线性关系$\omega=\Omega T$。因而，一个具有线性相位特性的模拟滤波器(如贝塞尔滤波器)通过脉冲响应不变法得到的仍然是一个具有线性相位特性的数字滤波器。

脉冲响应不变法的最大缺点是有频率响应的混叠效应。所以，脉冲响应不变法只适用于限带的模拟滤波器(如衰减特性很好的低通或带通滤波器)，而且高频衰减越快，混叠效应越小。至于高通和带阻滤波器，由于它们在高频部分不衰减，因此将完全混淆在低频响应中。如果要对高通和带阻滤波器采用脉冲响应不变法，就必须先对高通和带阻滤波器加一保护滤波器，滤掉高于折叠频率以上的频率，然后使用脉冲响应不变法转换为数字滤波器。当然，这样会进一步增加设计复杂性和滤波器的阶数。

5.5 用双线性变换法设计 IIR 数字滤波器

5.5.1 变换原理

脉冲响应不变法的主要缺点是产生频率响应的混叠失真。这是因为从 S 平面到 Z 平面是多值的映射关系所造成的。为了克服这一缺点，可以采用非线性频率压缩方法，将整个频率轴上的频率范围压缩为$-\pi/T\sim\pi/T$，再用$z=e^{sT}$转换到 Z 平面上。也就是说，首先将整个 S 平面压缩映射到 S_1 平面的$-\pi/T\sim\pi/T$横带里；再通过标准变换关系$z=e^{s_1 T}$将此横带变换到整个 Z 平面上。这样就使 S 平面与 Z 平面建立了一一对应的单值关系，消除了多值变换性，也就消除了频谱混叠失真。映射关系如图 5-12 所示。

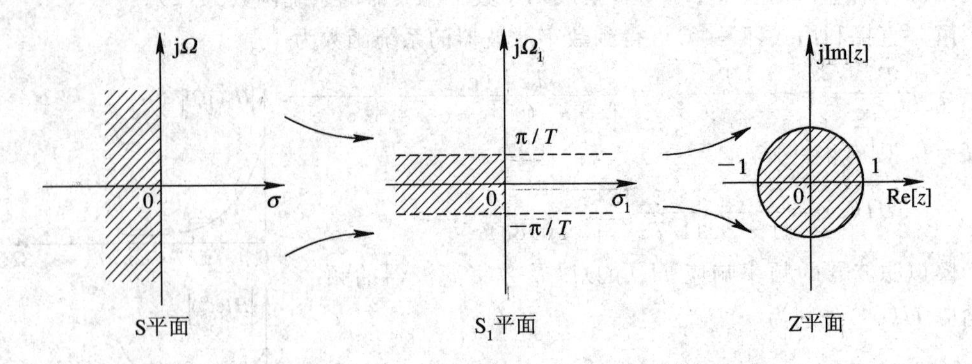

图 5-12　双线性变换的映射关系

为了将 S 平面的整个虚轴 $j\Omega$ 压缩到 S_1 平面 $j\Omega_1$ 轴上的$-\pi/T$到π/T段上，可以通过以下的正切变换实现：

$$\Omega=\frac{2}{T}\tan\left(\frac{\Omega_1 T}{2}\right) \tag{5-42}$$

式中，T 仍是采样间隔。

当 Ω_1 由 $-\frac{\pi}{T}$ 经过 0 变化到 $\frac{\pi}{T}$ 时，Ω 由 $-\infty$ 经过 0 变化到 $+\infty$，也即映射了整个 jΩ 轴。将式(5-42)中的正切函数表示成正弦函数与余弦函数之比的形式，再利用欧拉公式，可得

$$\mathrm{j}\Omega=\frac{2}{T}\cdot\frac{\mathrm{e}^{\mathrm{j}\Omega_1 T/2}-\mathrm{e}^{-\mathrm{j}\Omega_1 T/2}}{\mathrm{e}^{\mathrm{j}\Omega_1 T/2}+\mathrm{e}^{-\mathrm{j}\Omega_1 T/2}}$$

将此关系解析延拓到整个 S 平面和 S_1 平面，令 $\mathrm{j}\Omega=s$，$\mathrm{j}\Omega_1=s_1$，则得

$$s=\frac{2}{T}\cdot\frac{\mathrm{e}^{s_1 T/2}-\mathrm{e}^{-s_1 T/2}}{\mathrm{e}^{s_1 T/2}+\mathrm{e}^{-s_1 T/2}}=\frac{2}{T}\tanh\left(\frac{s_1 T}{2}\right)=\frac{2}{T}\cdot\frac{1-\mathrm{e}^{-s_1 T}}{1+\mathrm{e}^{-s_1 T}}$$

再将 S_1 平面通过以下标准变换关系映射到 Z 平面：

$$z=\mathrm{e}^{s_1 T}$$

从而得到 S 平面和 Z 平面的单值映射关系为

$$s=\frac{2}{T}\frac{1-z^{-1}}{1+z^{-1}} \tag{5-43}$$

$$z=\frac{1+\frac{T}{2}s}{1-\frac{T}{2}s}=\frac{\frac{2}{T}+s}{\frac{2}{T}-s} \tag{5-44}$$

式(5-43)与式(5-44)是 S 平面与 Z 平面之间的单值映射关系，这种变换都是两个线性函数之比，因此称为双线性变换。

5.5.2　逼近情况

式(5-43)与式(5-44)的双线性变换符合 5.2 节中提出的映射变换应满足的两个要求。

(1) 把 $z=\mathrm{e}^{\mathrm{j}\omega}$ 代入式(5-43)，可得

$$s=\frac{2}{T}\frac{1-\mathrm{e}^{-\mathrm{j}\omega}}{1+\mathrm{e}^{-\mathrm{j}\omega}}=\mathrm{j}\frac{2}{T}\tan\left(\frac{\omega}{2}\right)=\mathrm{j}\Omega \tag{5-45}$$

即 S 平面的虚轴映射到 Z 平面的单位圆。

(2) 将 $s=\sigma+\mathrm{j}\Omega$ 代入式(5-44)，得

$$z=\frac{\frac{2}{T}+\sigma+\mathrm{j}\Omega}{\frac{2}{T}-\sigma-\mathrm{j}\Omega}$$

因此

$$|z|=\frac{\sqrt{\left(\frac{2}{T}+\sigma\right)^2+\Omega^2}}{\sqrt{\left(\frac{2}{T}-\sigma\right)^2+\Omega^2}}$$

由此可以看出，当$\sigma<0$时，$|z|<1$；当$\sigma>0$时，$|z|>1$。也就是说，S平面的左半平面映射到Z平面的单位圆内，S平面的右半平面映射到Z平面的单位圆外，S平面的虚轴映射到Z平面的单位圆上。因此，稳定的模拟滤波器经双线性变换后所得的数字滤波器也一定是稳定的。

5.5.3 优缺点

双线性变换法与脉冲响应不变法相比，其主要的优点是避免了频率响应的混叠现象。这是因为S平面与Z平面是单值的一一对应关系。S平面整个jΩ轴单值地对应于Z平面单位圆一周，即频率轴是单值变换关系。这个关系如式(5-45)所示，重写如下：

$$\Omega=\frac{2}{T}\tan\left(\frac{\omega}{2}\right) \qquad (5-46)$$

式(5-46)表明，S平面上的Ω与Z平面的ω呈非线性的正切关系，如图5-13所示。

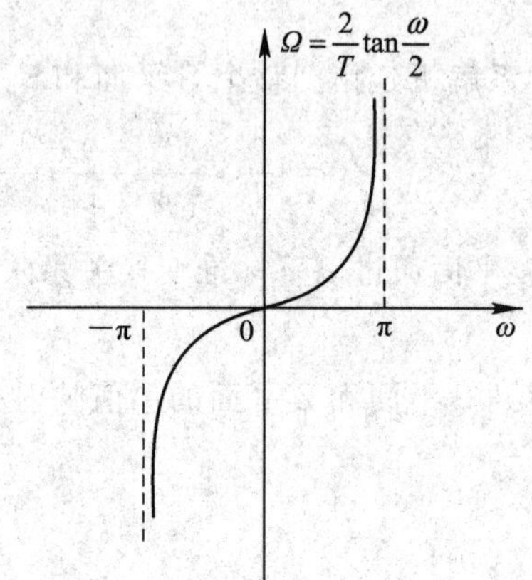

图5-13 双线性变换法的频率变换关系

由图5-13可看出，在零频率附近，模拟角频率Ω与数字频率ω之间的变换关系接近于线性关系；但当Ω进一步增加时，ω增长得越来越慢，最后当$\Omega\to\infty$时，ω终止在折叠频率$\omega=\pi$处，因而双线性变换就不会出现由于高频部分超过折叠频率而混淆到低频部分的现象，从而消除了频率混叠现象。

但是双线性变换法的这个特点是靠频率的严重非线性关系而得到的，如式(5-46)及图5-13所示。这种频率之间的非线性变换关系带来了新的问题。首先，一个线性相位的模拟滤波器经双线性变换后得到非线性相位的数字滤波器，不再保持原有的线性相位了；其次，这种非线性关系要求模拟滤波器的幅频特性必须是分段常数型的，即某一频率段的幅频特性近似等于某一常数(这正是一般典型的低通、高通、带通、带阻滤波器的响应特性)，否则变换所产生的数字滤波器的幅频特性相对于原模拟滤波器的幅频特性会有畸变，如图5-14所示。

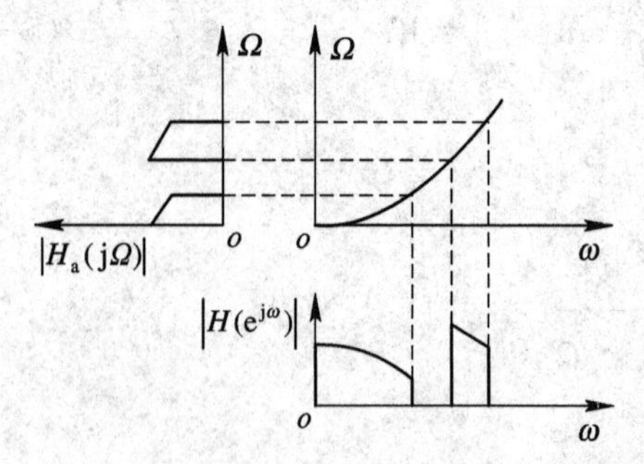

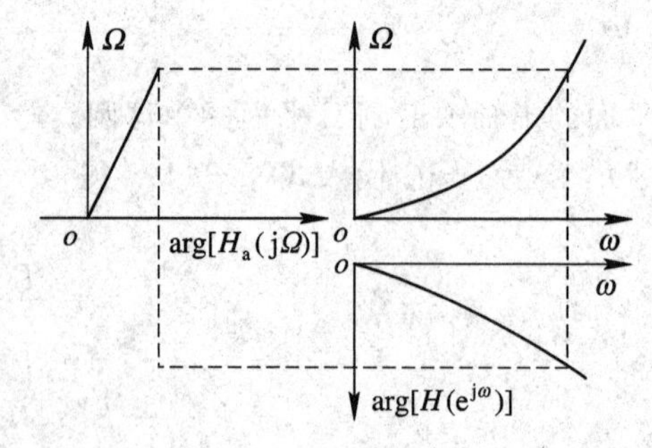

图5-14 双线性变换法幅频特性和相频特性的非线性映射

幅频特性为分段常数的滤波器，经双线性变换后，仍得到幅频特性为分段常数的滤波器，但是各个分段边缘的临界频率点产生了畸变，这种频率的畸变可以通过频率的预畸来校正。也就是将临界模拟频率事先进行畸变，然后经变换后正好映射到所需要的数字频率上。

5.5.4　模拟滤波器的数字化方法

双线性变换法比脉冲响应不变法在设计和运算上更直接、更简单。由于双线性变换法中，s 到 z 之间的变换是简单的代数关系，所以可以直接将式(5-43)代入模拟滤波器的传递函数，得到数字滤波器的系统函数，即

$$H(z)=H_a(s)\Big|_{s=\frac{2}{T}\frac{1-z^{-1}}{1+z^{-1}}}=H_a\left(\frac{2}{T}\frac{1-z^{-1}}{1+z^{-1}}\right) \tag{5-47}$$

频率响应也可用直接代换的方法得到：

$$H(e^{j\omega})=H_a(j\Omega)\Big|_{\Omega=\frac{2}{T}\tan\left(\frac{\omega}{2}\right)}=H_a\left[j\frac{2}{T}\tan\left(\frac{\omega}{2}\right)\right] \tag{5-48}$$

应用式(5-47)求 $H(z)$时，若阶数较高，仅仅将 $H(z)$整理成需要的形式就不是一项简单的工作。

为简化设计，一方面，可以先将模拟滤波器的系统函数分解成并联的子系统函数(子系统函数相加)或级联的子系统函数(子系统函数相乘)，使每个子系统函数都变成低阶的(如一、二阶的)，然后对每个子系统函数分别采用双线性变换。也就是说，分解为低阶的方法是在模拟滤波器的系统函数上进行的，而模拟滤波器的系统函数的分解已有大量的图表可以利用，分解起来比较方便。

另一方面，可用表格的方法来完成双线性变换设计，即预先求出双线性变换法中数字滤波器的系统函数的系数与模拟滤波器的系统函数的系数之间的关系式，并列成表格，便可利用表格进行设计了。

设模拟滤波器的系统函数的表达式为

$$H_a(s)=\frac{\sum_{k=0}^{N}A_k s^k}{\sum_{k=0}^{N}B_k s^k}=\frac{A_0+A_1 s+A_2 s^2+\cdots+A_N s^N}{B_0+B_1 s+B_2 s^2+\cdots+B_N s^N} \tag{5-49}$$

应用式(5-47)

$$H(z)=H_a(s)\Big|_{s=C\frac{1-z^{-1}}{1+z^{-1}}}\qquad C=\frac{2}{T}$$

得

$$H(z)=\frac{\sum_{k=0}^{N}a_k z^{-k}}{\sum_{k=0}^{N}b_k z^{-k}}=\frac{a_0+a_1 z^{-1}+a_2 z^{-2}+\cdots+a_N z^{-N}}{1+b_1 z^{-1}+b_2 z^{-2}+\cdots+b_N z^{-N}} \tag{5-50}$$

A_k、B_k 与 a_k、b_k 之间的关系列于表 5-2 中。

表 5-2　双线性变换法中 $H_a(s)$ 的系数与 $H(z)$ 的系数之间的关系

一阶 $N=1$	
A	B_0+B_1C
a_0	$(A_0+A_1C)/A$
a_1	$(A_0-A_1C)/A$
b_1	$(B_0-B_1C)/A$
二阶 $N=2$	
A	$B_0+B_1C+B_2C^2$
a_0	$(A_0+A_1C+A_2C^2)/A$
a_1	$(2A_0-2A_2C^2)/A$
a_2	$(A_0-A_1C+A_2C^2)/A$
b_1	$(2B_0-2B_2C^2)/A$
b_2	$(B_0-B_1C+B_2C^2)/A$
三阶 $N=3$	
A	$B_0+B_1C+B_2C^2+B_3C^3$
a_0	$(A_0+A_1C+A_2C^2+A_3C^3)/A$
a_1	$(3A_0+A_1C-A_2C^2-3A_3C^3)/A$
a_2	$(3A_0-A_1C-A_2C^2+3A_3C^3)/A$
a_3	$(A_0-A_1C+A_2C^2-A_3C^3)/A$
b_1	$(3B_0+B_1C-B_2C^2-3B_3C^3)/A$
b_2	$(3B_0-B_1C-B_2C^2+3B_3C^3)/A$
b_3	$(B_0-B_1C+B_2C^2-B_3C^3)/A$

我们总结一下利用双线性变换法设计 IIR 数字滤波器的步骤。假定所要设计的滤波器是带通滤波器，采用双线性变换法时频率的预畸变如图 5-15 所示。

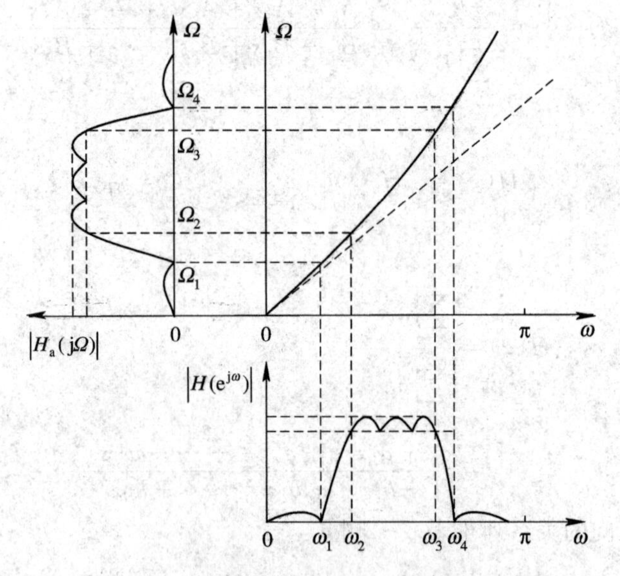

图 5-15　采用双线性变换法时频率的预畸变

设计步骤如下：

(1) 如果给出的是待设计的带通滤波器的数字域转折频率(通、阻带截止频率)ω_1、ω_2、ω_3、ω_4 及采样频率$(1/T)$，则直接利用式(5-46)

$$\Omega = \frac{2}{T}\tan\left(\frac{\omega}{2}\right)$$

计算出相应的模拟滤波器的转折频率 Ω_1、Ω_2、Ω_3 和 Ω_4。这样得到的模拟滤波器 $H_a(s)$的转折频率 Ω_1、Ω_2、Ω_3 和 Ω_4，经双线性变换后就映射到数字滤波器 $H(z)$的原转折频率 ω_1、ω_2、ω_3 和 ω_4。

如果给出的是待设计的带通滤波器的模拟域转折频率(通、阻带截止频率)f_1、f_2、f_3、f_4 和采样频率$(1/T)$，则需要进行频率预畸变。

首先，利用下式计算数字滤波器的转折频率(通、阻带截止频率)ω_1、ω_2、ω_3和 ω_4：

$$\omega = 2\pi fT \tag{5-51}$$

再利用式(5-46)

$$\Omega = \frac{2}{T}\tan\left(\frac{\omega}{2}\right)$$

进行频率预畸变，得到预畸变后的模拟滤波器的转折频率 Ω_1、Ω_2、Ω_3 和 Ω_4。这样得到的模拟滤波器的系统函数 $H_a(s)$的转折频率 Ω_1、Ω_2、Ω_3 和 Ω_4，经双线性变换后映射到数字滤波器的系统函数 $H(z)$的转折频率 ω_1、ω_2、ω_3、ω_4，并且能保证数字域频率 ω_1、ω_2、ω_3、ω_4 与给定的模拟域转折频率 f_1、f_2、f_3、f_4 呈线性关系。

(2) 按 Ω_1、Ω_2、Ω_3 和 Ω_4 等指标设计模拟滤波器的系统函数 $H_a(s)$。

(3) 将 $s=\dfrac{2}{T}\dfrac{1-z^{-1}}{1+z^{-1}}$代入 $H_a(s)$，得 $H(z)$为

$$H(z) = H_a(s)\Big|_{s=\frac{2}{T}\frac{1-z^{-1}}{1+z^{-1}}} = H_a\left(\frac{2}{T}\frac{1-z^{-1}}{1+z^{-1}}\right)$$

其频率响应为

$$H(e^{j\omega}) = H_a(j\Omega)\Big|_{\Omega=\frac{2}{T}\tan\left(\frac{\omega}{2}\right)} = H_a\left[j\frac{2}{T}\tan\left(\frac{\omega}{2}\right)\right]$$

上述这些步骤比用脉冲响应不变法设计滤波器要简便得多。

需要特别强调的是，若模拟滤波器为低通滤波器，则应用 $s=\dfrac{2}{T}\dfrac{1-z^{-1}}{1+z^{-1}}$变换得到的数字滤波器也是低通滤波器；若模拟滤波器为高通滤波器，则应用 $s=\dfrac{2}{T}\dfrac{1-z^{-1}}{1+z^{-1}}$变换得到的数字滤波器也是高通滤波器；若为带通、带阻滤波器则也是如此。

在 IIR 数字滤波器的设计中，当强调模仿滤波器的瞬态响应时，采用脉冲响应不变法较好；而在其余情况下，大多采用双线性变换法。

【例 5-4】 设计一个一阶数字低通滤波器，3 dB 截止频率 $\omega_c=0.25\pi$，将双线性变换应用于巴特沃思模拟滤波器。巴特沃思模拟滤波器的系统函数为

$$H_a(s) = \frac{1}{1+(s/\Omega_c)}$$

解 数字低通滤波器的截止频率 $\omega_c=0.25\pi$，相应地巴特沃思模拟滤波器的 3 dB 截止

频率是 Ω_c，就有

$$\Omega_c=\frac{2}{T}\tan\left(\frac{\omega_c}{2}\right)=\frac{2}{T}\tan\left(\frac{0.25\pi}{2}\right)=\frac{0.828}{T}$$

模拟滤波器的系统函数为

$$H_a(s)=\frac{1}{1+\dfrac{s}{\Omega_c}}=\frac{1}{1+\dfrac{sT}{0.828}}$$

将双线性变换应用于模拟滤波器，有

$$H(z)=H_a(s)\Big|_{s=\frac{2}{T}\frac{1-z^{-1}}{1+z^{-1}}}=\frac{1}{1+\dfrac{2}{0.828}\left(\dfrac{1-z^{-1}}{1+z^{-1}}\right)}$$

$$=0.2920\,\frac{1+z^{-1}}{1-0.4159z^{-1}}$$

由例 5-4 可知，T 不参与设计，即双线性变换法中用 $s=\dfrac{1-z^{-1}}{1+z^{-1}}$，$\Omega=\tan\left(\dfrac{\omega}{2}\right)$设计与用 $s=\dfrac{2}{T}\,\dfrac{1-z^{-1}}{1+z^{-1}}$，$\Omega=\dfrac{2}{T}\tan\left(\dfrac{\omega}{2}\right)$设计得到的结果一致。

【例 5-5】 用双线性变换法设计一个三阶巴特沃思数字低通滤波器，采样频率 $f_s=4$ kHz(即采样周期 $T=250\ \mu$s)，其 3 dB 截止频率 $f_c=1$ kHz。三阶巴特沃思模拟滤波器的系统函数为

$$H_a(s)=\frac{1}{1+2\left(\dfrac{s}{\Omega_c}\right)+2\left(\dfrac{s}{\Omega_c}\right)^2+\left(\dfrac{s}{\Omega_c}\right)^3}$$

解 (1) 确定数字域截止频率 $\omega_c=2\pi f_cT=0.5\pi$。

(2) 根据频率的非线性关系式(5-46)，确定预畸变的模拟滤波器的截止频率：

$$\Omega_c=\frac{2}{T}\tan\left(\frac{\omega_c}{2}\right)=\frac{2}{T}\tan\left(\frac{0.5\pi}{2}\right)=\frac{2}{T}$$

(3) 将 Ω_c 代入三阶模拟巴特沃思滤波器的系统函数 $H_a(s)$，得

$$H_a(s)=\frac{1}{1+2\left(\dfrac{sT}{2}\right)+2\left(\dfrac{sT}{2}\right)^2+\left(\dfrac{sT}{2}\right)^3}$$

(4) 将双线性变换关系代入就得到数字滤波器的系统函数：

$$H(z)=H_a(s)\Big|_{s=\frac{2}{T}\frac{1-z^{-1}}{1+z^{-1}}}=\frac{1}{1+2\left(\dfrac{1-z^{-1}}{1+z^{-1}}\right)+2\left(\dfrac{1-z^{-1}}{1+z^{-1}}\right)^2+\left(\dfrac{1-z^{-1}}{1+z^{-1}}\right)^3}$$

$$=\frac{1}{2}\,\frac{1+3z^{-1}+3z^{-2}+z^{-3}}{3+z^{-2}}$$

应该注意，这里所采用的模拟滤波器并不是数字滤波器所要模仿的截止频率 $f_c=1$ kHz的实际滤波器，它是由低通模拟滤波器到数字滤波器的变换中的一个中间滤波器。

图 5-16 给出了采用双线性变换法得到的三阶巴特沃思数字低通滤波器的幅频特性。由图 5-16 可看出，频率的非线性变换使截止区的衰减越来越快，最后在折叠频率处形成

一个三阶传输零点。这个三阶传输零点正是模拟滤波器在 $\Omega_c=\infty$ 处的三阶传输零点通过映射形成的。

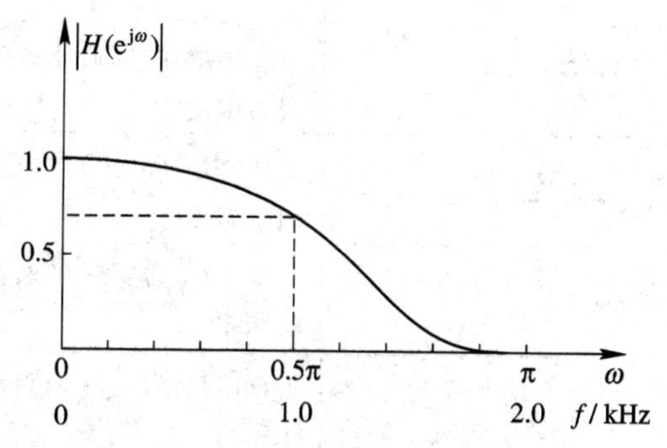

图 5-16　用双线性变换法设计得到的三阶巴特沃思数字低通滤波器的幅频特性

同样，用双线性变换法设计数字滤波器也可利用 MATLAB 语言编程实现，具体设计方法详见第 8 章 8.5.5 节。

5.6　设计 IIR 数字滤波器的频率变换法

同模拟滤波器一样，在实际应用中数字滤波器也有低通、高通、带通、带阻等类型。各种数字滤波器的设计通常有两种方法：模拟域频率变换法和离散域频率变换法。离散域频率变换法将在 5.7 节介绍。模拟域变换法通常有两种等效的方法。第一种方法是先将待设计的滤波器的性能指标转换为低通滤波器的技术指标，按照该技术指标先设计一个模拟低通滤波器，然后通过模拟域频率变换关系，将低通的传递函数转换成所需类型的模拟滤波器的传递函数，再用所选择的 S 平面到 Z 平面的映射关系(如脉冲响应不变法或双线性变换法)将模拟滤波器映射为数字滤波器，如图 5-17(a)所示。第二种方法则是先按技术指标设计一个模拟低通滤波器，然后用一个频率变换关系，一步完成各类数字滤波器的设计，如图 5-17(b)所示。

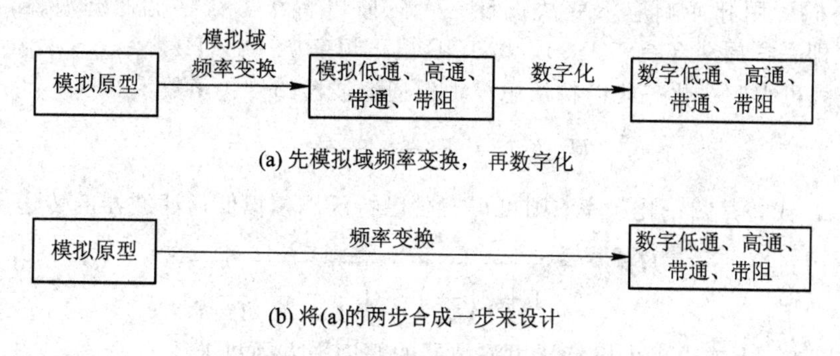

图 5-17　两种等效的设计方法

对于第一种方法，重点是模拟域频率变换，即如何由模拟低通原型滤波器转换为截止频率不同的模拟低通、高通、带通、带阻滤波器，这里我们不作详细推导，仅在表 5-3 中列出一些模拟低通原型滤波器到其他新的截止频率的模拟低通、高通、带通、带阻滤波器的频率转换关系。一般直接用归一化原型转换，取 $\Omega_c=1$ rad/s，可使设计过程简化。

表 5-3 截止频率为 Ω_c 的模拟低通滤波器到其他类型滤波器的转换公式

变换类型	变换关系式	新的截止频率
低通原型→低通	$s\to\frac{\Omega_c}{\Omega_c'}s$	Ω_c' 为实际低通滤波器的截止频率，一般指通带宽度
低通原型→高通	$s\to\frac{\Omega_c\Omega_c'}{s}$	Ω_c' 为实际高通滤波器的截止频率，一般指阻带宽度
低通原型→带通	$s\to\Omega_c\frac{s^2+\Omega_l\Omega_h}{s(\Omega_h-\Omega_l)}$	Ω_h、Ω_l 为实际带通滤波器的通带上、下截止频率
低通原型→带阻	$s\to\Omega_c\frac{s(\Omega_h-\Omega_l)}{s^2+\Omega_l\Omega_h}$	Ω_h、Ω_l 为实际带阻滤波器的阻带上、下截止频率

第二种方法实际上是把第一种方法中的两步合成一步来实现，即把模拟低通原型滤波器变换为模拟低通、高通、带通、带阻滤波器的公式与用双线性变换得到相应数字滤波器的公式合并，就可直接从模拟低通原型滤波器通过一定的频率变换关系，一步完成各种类型数字滤波器的设计，因而简捷便利，得到了普遍采用。此外，对于高通、带阻滤波器，由于脉冲响应不变法不能直接采用，或者只能在加了保护滤波器以后使用，因此，脉冲响应不变法使用直接频率变换要有许多特殊考虑，故对于脉冲响应不变法来说，采用第一种方法有时更方便一些。我们在下面只考虑双线性变换法，实际使用中多数情况也正是这样。

5.6.1 模拟低通滤波器变换成数字低通滤波器

首先，把数字滤波器的性能要求转换为与之相应的作为“样本”的模拟滤波器的性能要求，根据此性能要求设计模拟滤波器，这可以用查表的办法，也可以用解析的方法。然后，通过脉冲响应不变法或双线性变换法，将此“样本”模拟低通滤波器数字化为所需的数字滤波器。例 5-5 已经说明了用双线性变换法设计低通滤波器的过程，这里再用脉冲响应不变法来讨论一下例 5-5 的低通滤波器的设计问题。

【例 5-6】 用脉冲响应不变法设计一个三阶巴特沃思数字低通滤波器，采样频率 $f_s=4$ kHz(即采样周期 $T=250\ \mu$s)，其 3 dB 截止频率 $f_c=1$ kHz。

解 查表可得归一化三阶巴特沃思模拟低通滤波器的传递函数：

$$H_{aN}(s)=\frac{1}{1+2s+2s^2+s^3}$$

然后，以 s/Ω_c 代替其归一化频率，则可得三阶巴特沃思模拟低通滤波器的传递函数为

$$H_a(s)=\frac{1}{1+2\left(\frac{s}{\Omega_c}\right)+2\left(\frac{s}{\Omega_c}\right)^2+\left(\frac{s}{\Omega_c}\right)^3}$$

式中，$\Omega_c=2\pi f_c$。上式也可由巴特沃思滤波器的幅度平方函数求得。

为了采用脉冲响应不变法进行变换，将上式进行因式分解并表示成如下的部分分式形式：

$$H_a(s)=\frac{\Omega_c}{s+\Omega_c}+\frac{-\frac{\Omega_c}{\sqrt{3}}e^{j\pi/6}}{s+\frac{\Omega_c(1-j\sqrt{3})}{2}}+\frac{-\frac{\Omega_c}{\sqrt{3}}e^{-j\pi/6}}{s+\frac{\Omega_c(1+j\sqrt{3})}{2}}$$

将此部分分式中的系数代入式(5-40)就得到

$$H(z)=\frac{\omega_c}{1-e^{-\omega_c}z^{-1}}+\frac{-\dfrac{\omega_c}{\sqrt{3}}e^{j\pi/6}}{1-e^{-\omega_c(1-j\sqrt{3})/2}z^{-1}}+\frac{-\dfrac{\omega_c}{\sqrt{3}}e^{-j\pi/6}}{1-e^{-\omega_c(1+j\sqrt{3})/2}z^{-1}}$$

式中，$\omega_c=\Omega_c T=2\pi f_c T=0.5\pi$，是数字滤波器数字域的截止频率。将上式的两项共轭复根合并，得

$$H(z)=\frac{\omega_c}{1-e^{-\omega_c}z^{-1}}-\frac{\dfrac{\omega_c}{\sqrt{3}}\left[2\cos\dfrac{\pi}{6}-2z^{-1}e^{-\omega_c/2}\cos\left(\dfrac{\sqrt{3}\omega_c}{2}-\dfrac{\pi}{6}\right)\right]}{1-2z^{-1}e^{-\omega_c/2}\cos\left(\dfrac{\sqrt{3}\omega_c}{2}\right)+e^{-\omega_c}z^{-2}}$$

从这个结果我们可以看到，$H(z)$只与数字域参数ω_c有关，即只与临界频率f_c和采样频率f_s的相对值有关，而与它们的绝对大小无关。例如，$f_s=4$ kHz，$f_c=1$ kHz与$f_s=40$ kHz，$f_c=10$ kHz的数字滤波器将具有同一个系统函数。这个结论适合于所有的数字滤波器设计。将$\omega_c=\Omega_c T=2\pi f_c T=0.5\pi$代入上式，得

$$H(z)=\frac{1.571}{1-0.2079z^{-1}}+\frac{-1.571+0.5541z^{-1}}{1-0.1905z^{-1}+0.2079z^{-2}}$$

这个形式正好适合用一个一阶及一个二阶并联起来实现。脉冲响应不变法由于需要通过部分分式来实现变换，因而对并联型运算结构来说是比较方便的。

图5-18给出了脉冲响应不变法得到的三阶巴特沃思数字低通滤波器的幅频特性，同时给出了采用双线性变换法实现例5-5的结果。由图5-18可看出，脉冲响应不变法存在微小的频率混淆现象，因而选择性将受到一定损失，并且没有传输零点。

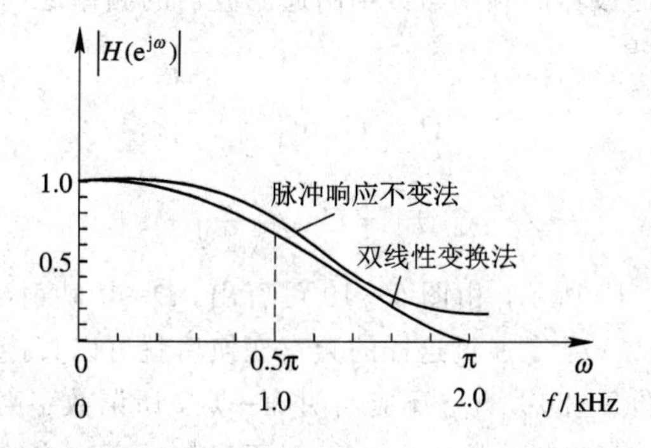

图5-18　三阶巴特沃思数字低通滤波器的幅频特性

5.6.2　模拟低通滤波器变换成数字高通滤波器

由表5-3可知，由模拟低通滤波器到模拟高通滤波器的变换关系为

$$s\rightarrow\frac{\Omega_c\Omega_c'}{s}\tag{5-52}$$

式中，Ω_c为模拟低通滤波器的截止频率，Ω_c'为实际高通滤波器的截止频率。

根据双线性变换原理，模拟高通滤波器的S平面与数字高通滤波器的Z平面之间的关系仍为

$$s=\frac{2}{T}\frac{1-z^{-1}}{1+z^{-1}} \tag{5-53}$$

把变换式(5-52)和变换式(5-53)结合起来，可得到直接从模拟低通原型滤波器变换成数字高通滤波器的表达式，也就是直接联系 s 与 z 的变换公式：

$$s=\frac{\Omega_c\Omega_c'}{\frac{2}{T}\frac{1-z^{-1}}{1+z^{-1}}}=\frac{T\Omega_c\Omega_c'}{2}\frac{1+z^{-1}}{1-z^{-1}}=C\frac{1+z^{-1}}{1-z^{-1}} \tag{5-54}$$

式中，$C=T\Omega_c\Omega_c'/2$。由此得到数字高通滤波器的系统函数为

$$H(z)=H_a(s)\bigg|_{s=C\frac{1+z^{-1}}{1-z^{-1}}}$$

式中，$H_a(s)$为模拟低通滤波器的传递函数。

可以看出，数字高通滤波器和模拟低通滤波器的极点数目(或阶次)是相同的。

根据双线性变换法，模拟高通滤波器的频率与数字高通滤波器的频率之间的关系仍为

$$\Omega=\frac{2}{T}\tan\left(\frac{\omega}{2}\right)$$

则

$$\Omega_c'=\frac{2}{T}\tan\left(\frac{\omega_c}{2}\right)$$

又因 $C=\frac{T}{2}\Omega_c\Omega_c'$，故

$$C=\Omega_c\tan\left(\frac{\omega_c}{2}\right) \tag{5-55}$$

下面讨论模拟低通滤波器的频率与数字高通滤波器的频率之间的关系。令 $s=\mathrm{j}\Omega$，$z=\mathrm{e}^{\mathrm{j}\omega}$，代入式(5-54)，可得

$$\Omega=C\cot\left(\frac{\omega}{2}\right)$$

或

$$|\Omega|=C\cot\left(\frac{\omega}{2}\right) \tag{5-56}$$

其变换关系曲线如图 5-19 所示。由图 5-19 可看出，$\Omega=0$ 映射到 $\omega=\pi$(即 $z=-1$)上；$\Omega=\infty$映射到 $\omega=0$(即 $z=1$)上。通过这样的频率变换后就可以直接将模拟低通滤波器变换为数字高通滤波器，如图 5-20 所示。还应当明确一点，所谓数字高通滤波器，并不是 ω 高到∞都通过，由于数字域存在折叠频率 $\omega=\pi$，对于实数频率响应的数字滤波器，ω 由 π 到 2π 的部分只是 ω 由 π 到 0 的镜像部分，因此，有效数字域仅是从 $\omega=0$ 到 $\omega=\pi$，高通也仅指这一段的高端到 $\omega=\pi$ 为止的部分。

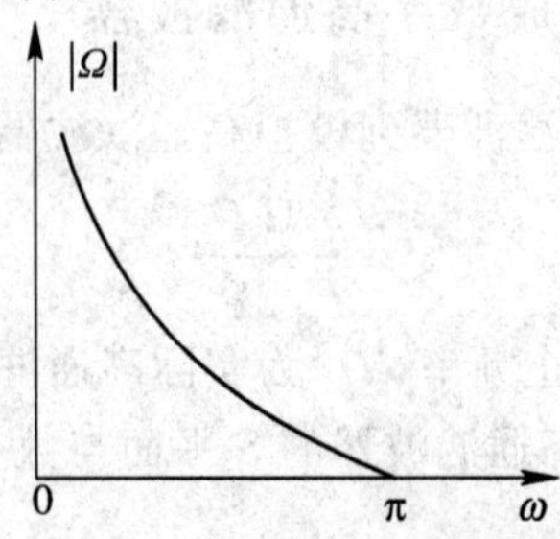

图 5-19　从模拟低通滤波器变换到数字高通滤波器时频率间的关系曲线

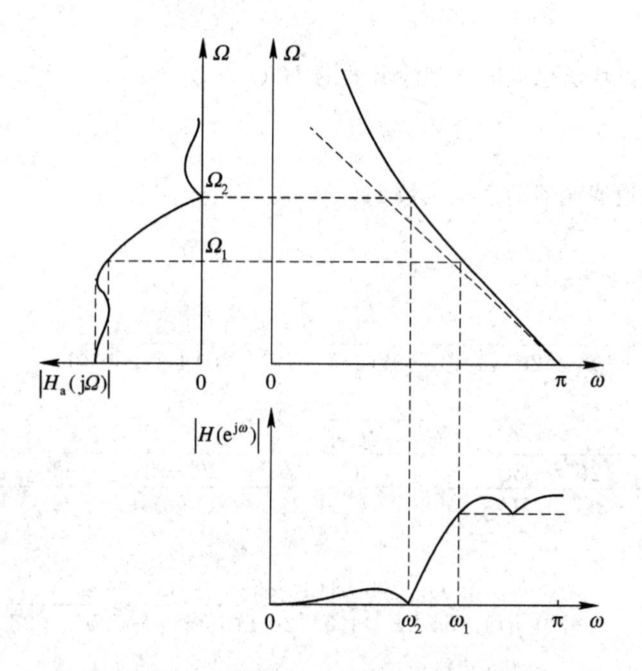

图 5-20 模拟低通滤波器变换到数字高通滤波器时的关系曲线

【例 5-7】 设计一个巴特沃思数字高通滤波器，其通带截止频率(-3 dB 点处) $f_c=3$ kHz，阻带上限截止频率 $f_{st}=2$ kHz，通带衰减不大于 3 dB，阻带衰减不小于 14 dB，采样频率 $f_s=10$ kHz。

解 (1) 求对应的各数字域频率：

$$\omega_c = 2\pi f_c T = \frac{2\pi f_c}{f_s} = \frac{2\pi \times 3 \times 10^3}{10 \times 10^3} = 0.6\pi$$

$$\omega_{st} = 2\pi f_{st} T = \frac{2\pi f_{st}}{f_s} = \frac{2\pi \times 2 \times 10^3}{10 \times 10^3} = 0.4\pi$$

(2) 求常数 C。采用归一化($\Omega_c=1$ rad/s)低通原型滤波器作为变换的低通原型滤波器，则低通滤波器到高通滤波器的变换中所需的 C 为

$$C = \Omega_c \tan\frac{\omega_c}{2} = 1 \times \tan\left(\frac{0.6\pi}{2}\right) = 1.376\ 381\ 92$$

(3) 求低通原型滤波器的 Ω_{st}。设 Ω_{st} 为满足数字高通滤波器的归一化模拟低通原型滤波器的阻带上限截止频率，可按 $\Omega=C\cdot\cot(\omega/2)$ 的预畸变变换关系来求，得

$$\Omega_{st} = C \cdot \cot\frac{\omega_{st}}{2} = 1.376\ 381\ 92 \times 1.376\ 381\ 9 = 1.894\ 427\ 2 \text{ rad/s}$$

(4) 求阶次 N。按阻带衰减求归一化模拟低通原型滤波器的阶次 N，对巴特沃思低通滤波器的 $|H_a(j\Omega_{st})|$ 取对数，即

$$20\lg|H_a(j\Omega_{st})| = -10\lg\left[1+\left(\frac{\Omega_{st}}{\Omega_c}\right)^{2N}\right] \leqslant -14$$

式中，$\Omega_c=1$ rad/s。解得

$$N = \frac{\lg(10^{1.4}-1)}{2\lg(1.894\ 427\ 2)} = \frac{1.382\ 356\ 9}{0.554\ 955\ 8} = 2.490\ 931\ 4$$

取 $N=3$。

(5) 求归一化巴特沃思低通原型滤波器的 $H_a(s)$。取 $N=3$，查表 5-1 可得 $H_a(s)$ 为

$$H_a(s)=\frac{1}{s^3+2s^2+2s+1}$$

(6) 求数字高通滤波器的系统函数 $H(z)$，有

$$H(z)=H_a(s)\Big|_{s=C\frac{1+z^{-1}}{1-z^{-1}}}$$

$$=\frac{(1-z^{-1})^3}{C^3(1+z^{-1})^3+2C^2(1+z^{-1})^2(1-z^{-1})+2C(1+z^{-1})(1-z^{-1})^2+(1-z^{-1})^3}$$

$$=\frac{\dfrac{1}{C^3+2C^2+2C+1}(1-3z^{-1}+3z^{-2}-z^{-3})}{1+\dfrac{3C^3+2C^2-2C-3}{C^3+3C^2+2C+1}z^{-1}+\dfrac{3C^3-2C^2-2C+3}{C^3+2C^2+2C+1}z^{-2}+\dfrac{C^3-2C^2+2C-1}{C^3+2C^2+2C+1}z^{-3}}$$

将 C 代入，可求得

$$H(z)=\frac{0.099\,079\,84(1-3z^{-1}+3z^{-2}-z^{-3})}{1+0.571\,784\,8z^{-1}+0.420\,116\,7z^{-2}+0.055\,693\,25z^{-3}}$$

5.6.3 模拟低通滤波器变换成数字带通滤波器

由表 5-3 可知，由模拟低通原型滤波器到模拟高通滤波器的变换关系为

$$s\rightarrow\Omega_c\frac{s^2+\Omega_l\Omega_h}{s(\Omega_h-\Omega_l)}\tag{5-57}$$

式中，Ω_c 为模拟低通滤波器的截止频率，Ω_h、Ω_l 分别为实际带通滤波器的通带上、下截止频率。

根据双线性变换法，模拟带通滤波器的 S 平面与数字带通滤波器的 Z 平面之间的关系仍为

$$s=\frac{2}{T}\,\frac{1-z^{-1}}{1+z^{-1}}\tag{5-58}$$

把变换式(5-57)和变换式(5-58)结合起来，可得到直接从模拟低通原型滤波器变换成数字带通滤波器的表达式，也就是直接联系 s 与 z 之间的变换公式：

$$s=\Omega_c\frac{\left(\dfrac{2}{T}\,\dfrac{1-z^{-1}}{1+z^{-1}}\right)^2+\Omega_l\Omega_h}{\dfrac{2}{T}\,\dfrac{1-z^{-1}}{1+z^{-1}}(\Omega_h-\Omega_l)}$$

经推导后得

$$s=D\left[\frac{1-Ez^{-1}+z^{-2}}{1-z^{-2}}\right]\tag{5-59}$$

式中：

$$D=\frac{\Omega_c\left(\dfrac{2}{T}+\dfrac{T}{2}\Omega_l\Omega_h\right)}{\Omega_h-\Omega_l}\tag{5-60}$$

$$E = 2\frac{\left(\frac{2}{T}\right)^2 - \Omega_l\Omega_h}{\left(\frac{2}{T}\right)^2 + \Omega_l\Omega_h} \tag{5-61}$$

根据双线性变换法，模拟带通滤波器的频率与数字带通滤波器的频率之间的关系仍为

$$\Omega = \frac{2}{T}\tan\left(\frac{\omega}{2}\right) \tag{5-62}$$

定义

$$\Omega_0 = \sqrt{\Omega_l\Omega_h} \tag{5-63}$$

$$B = \Omega_h - \Omega_l \tag{5-64}$$

式中，Ω_0 为带通滤波器的通带的中心频率，B 为带通滤波器的通带宽度。

设数字带通滤波器的中心频率为 ω_0，数字带通滤波器的上、下边带的截止频率分别为 ω_2 和 ω_1，则将式(5-62)代入式(5-63)、式(5-64)，可得

$$\tan^2\left(\frac{\omega_0}{2}\right) = \tan\left(\frac{\omega_1}{2}\right)\cdot\tan\left(\frac{\omega_2}{2}\right) \tag{5-65}$$

$$\tan\left(\frac{\omega_2}{2}\right) - \tan\left(\frac{\omega_1}{2}\right) = \frac{T\Omega_c}{2} \tag{5-66}$$

考虑到模拟带通滤波器到数字带通滤波器是通带中心频率相对应的映射关系，则有

$$\Omega_0 = \frac{2}{T}\tan\left(\frac{\omega_0}{2}\right) \tag{5-67}$$

将式(5-65)～式(5-67)代入式(5-60)及式(5-61)，并应用一些标准三角恒等式可得

$$D = \Omega_c\cot\left(\frac{\omega_2 - \omega_1}{2}\right) \tag{5-68}$$

$$E = 2\frac{\cos[(\omega_2 + \omega_1)/2]}{\cos[(\omega_2 - \omega_1)/2]} = \frac{2\sin(\omega_2 + \omega_1)}{\sin\omega_1 + \sin\omega_2} = 2\cos\omega_0 \tag{5-69}$$

所以，在设计时，要给定中心频率和带宽或者中心频率和边带频率，利用式(5-68)和式(5-69)来确定 D 和 E 两个常数；然后，利用式(5-59)的变换，把模拟低通滤波器的系统函数一步变成数字带通滤波器的系统函数：

$$H(z) = H_a(s)\Big|_{s = D\frac{1 - Ez^{-1} + z^{-2}}{1 - z^{-2}}} \tag{5-70}$$

式中，$H_a(s)$为模拟低通原型滤波器的传递函数。

可以看出，数字带通滤波器的极点数(或阶数)是模拟低通滤波器的极点数的两倍。

下面来讨论模拟低通滤波器与数字带通滤波器的频率之间的关系。令 $s = j\Omega$，$z = e^{j\omega}$，代入式(5-59)，经推导后可得

$$\Omega = D\frac{\cos\omega_0 - \cos\omega}{\sin\omega} \tag{5-71}$$

其变换关系曲线如图5-21所示。其映射关系为

$$\Omega = 0 \rightarrow \omega = \omega_0$$

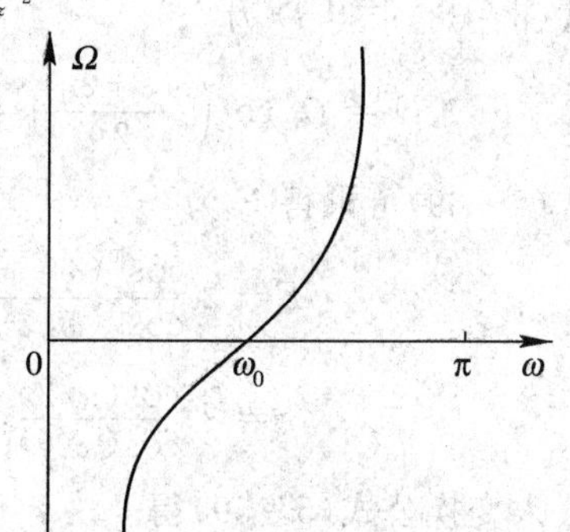

图5-21　从模拟低通滤波器变换到数字带通滤波器时频率间的关系曲线

$$\Omega = \infty \rightarrow \omega = \pi$$

$$\Omega = -\infty \rightarrow \omega = 0$$

也就是说，低通滤波器的通带($\Omega=0$ 附近)映射到带通滤波器的通带($\omega=\omega_0$ 附近)，低通滤波器的阻带($\Omega=\pm\infty$)映射到带通滤波器的阻带($\omega=0$，π)。

通过这样的频率变换后就可以直接将模拟低通滤波器变换为数字带通滤波器，如图 5-22 所示。

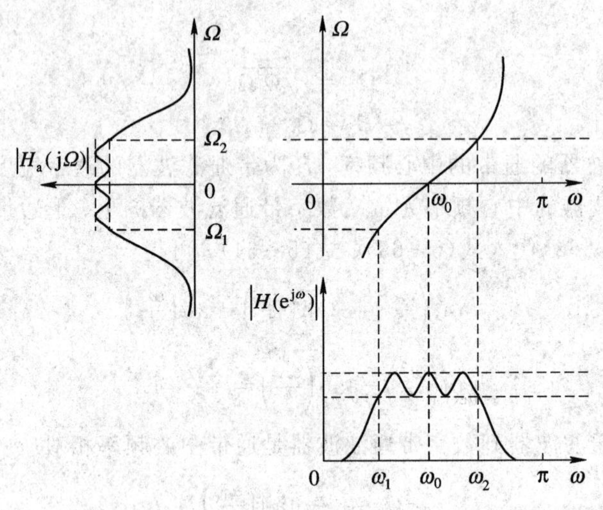

图 5-22 模拟低通滤波器变换到数字带通滤波器时的关系曲线

【例 5-8】 采样频率 $f_s=100$ kHz，$T=10$ μs，要求设计一个三阶巴特沃思数字带通滤波器，其上、下边带的 3 dB 截止频率分别为 $f_2=37.5$ kHz，$f_1=12.5$ kHz。

解 首先求出所需数字滤波器在数字域的各个临界频率。通带的上、下边界截止频率为

$$\omega_1 = 2\pi f_1 T = 2\pi \times 12.5 \times 10^3 \times 10 \times 10^{-6} = 0.25\pi$$

$$\omega_2 = 2\pi f_2 T = 2\pi \times 37.5 \times 10^3 \times 10 \times 10^{-6} = 0.75\pi$$

代入式(5-66)求模拟低通滤波器的截止频率：

$$\Omega_c = \frac{2}{T}\left[\tan\left(\frac{\omega_2}{2}\right) - \tan\left(\frac{\omega_1}{2}\right)\right] = \frac{2}{T}\left[\tan\left(\frac{3\pi}{8}\right) - \tan\left(\frac{\pi}{8}\right)\right] = \frac{2}{T} \times 2$$

由式(5-68)求得 D 为

$$D = \Omega_c \cot\left(\frac{\omega_2 - \omega_1}{2}\right) = \frac{4}{T}\cot\left(\frac{0.75\pi - 0.25\pi}{2}\right) = \frac{4}{T}\cot\left(\frac{\pi}{4}\right) = \frac{4}{T}$$

由式(5-69)可求得 E 为

$$E = 2\,\frac{\cos[(\omega_2 + \omega_1)/2]}{\cos[(\omega_2 - \omega_1)/2]} = 2\,\frac{\cos[(0.75\pi + 0.25\pi)/2]}{\cos[(0.75\pi - 0.25\pi)/2]}$$

$$= 2\,\frac{\cos(\pi/2)}{\cos(\pi/4)} = 0$$

再代入变换公式(5-59)得

$$s = D\left[\frac{1 - Ez^{-1} + z^{-2}}{1 - z^{-2}}\right] = \frac{4}{T}\,\frac{1 + z^{-2}}{1 - z^{-2}}$$

由 $N=3$，查表 5-1 可得三阶巴特沃思滤波器的归一化原型滤波器的系统函数为

$$H_{aN}(s)=\frac{1}{s^3+2s^2+2s+1}$$

3 dB 截止频率为 $\Omega_c=4/T$ 的三阶巴特沃思滤波器的系统函数为

$$H_a(s)=H_{aN}\left(\frac{s}{\Omega_c}\right)=\frac{1}{(s/\Omega_c)^3+2(s/\Omega_c)^2+2(s/\Omega_c)+1}$$

则所设计的数字带通滤波器的系统函数为

$$H(z)=H_a(s)\Big|_{s=\frac{4}{T}\frac{1+z^{-2}}{1-z^{-2}}}=\frac{1}{\left(\frac{1+z^{-2}}{1-z^{-2}}\right)^3+2\left(\frac{1+z^{-2}}{1-z^{-2}}\right)^2+2\left(\frac{1+z^{-2}}{1-z^{-2}}\right)+1}$$

$$=\frac{1}{2}\,\frac{1-3z^{-2}+3z^{-4}-z^{-6}}{3+z^{-4}}$$

其幅频特性如图 5 - 23 所示。

从上面的设计过程中可以看出，如果在求 D 参数时，假定 $\Omega_c=1$ rad/s，即采用归一化低通原型滤波器，则由归一化模拟低通原型滤波器变换得到的数字带通滤波器与上面得到的结果一致。这是因为 s/Ω_s 中的 Ω_c 和 D 中的 Ω_c 互相抵消，所以只需用 $\Omega_c=1$ rad/s 的归一化原型滤波器的系统函数 $H_{aN}(s)$设计即可。

对其他类型的滤波器，同样也可直接利用归一化原型滤波器的系统函数 $H_{aN}(s)$设计。

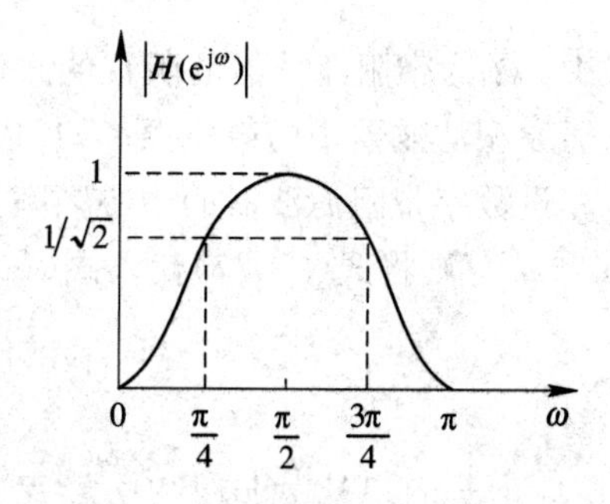

图 5 - 23　巴特沃思带通滤波器的幅频特性

5.6.4　模拟低通滤波器变换成数字带阻滤波器

由表 5 - 3 可知，由模拟低通原型滤波器到模拟带阻滤波器的变换关系为

$$s\rightarrow\Omega_c\frac{s(\Omega_h-\Omega_l)}{s^2+\Omega_l\Omega_h}\tag{5-72}$$

式中，Ω_c 为模拟低通滤波器的截止频率，Ω_h、Ω_l 分别为实际带阻滤波器的阻带上、下截止频率。

根据双线性变换法，模拟带阻滤波器的 S 平面与数字带阻滤波器的 Z 平面之间的关系仍为

$$s=\frac{2}{T}\,\frac{1-z^{-1}}{1+z^{-1}}\tag{5-73}$$

把变换式(5 - 72)和变换式(5 - 73)结合起来，可得到直接从模拟低通原型滤波器变换成数字带阻滤波器的表达式，也就是直接联系 s 与 z 的变换公式：

$$s=\Omega_c\frac{\frac{2}{T}\,\frac{1-z^{-1}}{1+z^{-1}}(\Omega_h-\Omega_l)}{\left(\frac{2}{T}\,\frac{1-z^{-1}}{1+z^{-1}}\right)^2+\Omega_l\Omega_h}$$

经推导后得

$$s=D_1\,\frac{1-z^{-2}}{1-E_1z^{-1}+z^{-2}}\tag{5-74}$$

式中：

$$D_1=\Omega_c\frac{(2/T)(\Omega_h-\Omega_l)}{(2/T)^2+\Omega_l\Omega_h} \tag{5-75}$$

$$E_1=2\,\frac{(2/T)^2-\Omega_l\Omega_h}{(2/T)^2+\Omega_l\Omega_h} \tag{5-76}$$

根据双线性变换法，模拟带阻滤波器的频率与数字带阻滤波器的频率之间的关系仍为

$$\Omega=\frac{2}{T}\tan\left(\frac{\omega}{2}\right) \tag{5-77}$$

定义：

$$\Omega_0=\sqrt{\Omega_l\Omega_h} \tag{5-78}$$

$$B=\Omega_h-\Omega_l=\frac{\Omega_0^2}{\Omega_c}=\frac{\Omega_l\Omega_h}{\Omega_c} \tag{5-79}$$

式中，Ω_0为带阻滤波器的阻带的几何对称中心角频率；B为带阻滤波器的阻带宽度，它与低通原型滤波器中的截止频率Ω_c成反比。

设数字带阻滤波器的中心频率为ω_0，数字带阻滤波器的上、下边带的截止频率分别为ω_2和ω_1，则将式(5-77)代入式(5-78)、式(5-79)，可得

$$\tan^2\left(\frac{\omega_0}{2}\right)=\tan\left(\frac{\omega_1}{2}\right)\cdot\tan\left(\frac{\omega_2}{2}\right) \tag{5-80}$$

$$\tan\left(\frac{\omega_2}{2}\right)-\tan\left(\frac{\omega_1}{2}\right)=\frac{2}{T}\,\frac{\tan^2(\omega_0/2)}{\Omega_c}=\frac{2}{T}\,\frac{\tan(\omega_1/2)\tan(\omega_2/2)}{\Omega_c} \tag{5-81}$$

考虑到模拟带阻滤波器到数字带阻滤波器是阻带中心频率相对应的映射关系，则有

$$\Omega_0=\frac{2}{T}\tan\left(\frac{\omega_0}{2}\right) \tag{5-82}$$

将式(5-80)～式(5-82)代入式(5-75)及式(5-76)，并应用一些标准三角恒等式运算后可得

$$D_1=\Omega_c\tan\left(\frac{\omega_2-\omega_1}{2}\right) \tag{5-83}$$

$$E_1=2\,\frac{\cos[(\omega_2+\omega_1)/2]}{\cos[(\omega_2-\omega_1)/2]}=\frac{2\sin(\omega_2+\omega_1)}{\sin\omega_1+\sin\omega_2}=2\cos\omega_0 \tag{5-84}$$

所以，在设计时，要给定中心频率和带宽或者中心频率和边带频率，利用式(5-83)和式(5-84)来确定D_1和E_1两个常数，然后利用式(5-74)的变换，把模拟低通滤波器的系统函数一步变成数字带阻滤波器的系统函数：

$$H(z)=H_a(s)\Big|_{s=D_1\frac{1-z^{-2}}{1-E_1z^{-1}+z^{-2}}} \tag{5-85}$$

式中，$H_a(s)$为模拟低通原型滤波器的传递函数。

可以看出，数字带阻滤波器的极点数(或阶数)是模拟低通滤波器的极点数的两倍。

下面讨论模拟低通滤波器与数字带阻滤波器的频率之间的关系。令$s=\mathrm{j}\Omega$，$z=\mathrm{e}^{\mathrm{j}\omega}$，代入式(5-74)，经推导后可得

$$\Omega=D_1\,\frac{\sin\omega}{\cos\omega-\cos\omega_0} \tag{5-86}$$

其关系曲线如图 5-24 所示，其映射关系为

$$\Omega = 0 \rightarrow \omega = 0,\ \omega = \pi$$

$$\Omega = \pm\infty \rightarrow \omega = \omega_0$$

也就是说，低通滤波器的通带($\Omega=0$ 附近)映射到带阻滤波器的阻带范围之外($\omega=0$，π)，低通滤波器的阻带($\Omega=\pm\infty$)映射到带阻滤波器的阻带上($\omega=\omega_0$ 附近)。

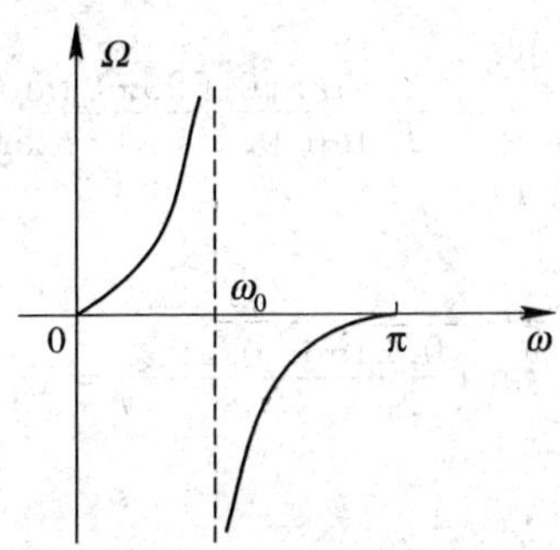

图 5-24　从模拟低通滤波器变换到数字带阻滤波器时频率间的关系曲线

我们把上面讨论的各种变换的设计公式归纳于表 5-4 中。

表 5-4　利用双线性变换法从截止频率为 Ω_c 的低通原型模拟滤波器到实际数字滤波器的变换

变换类型	变换关系式	参　数
模拟低通原型→数字低通	$s=B\dfrac{1-z^{-1}}{1+z^{-1}}$ $\Omega=B\tan\left(\dfrac{\omega}{2}\right)$	$B=\Omega_c\cot\left(\dfrac{\omega_c}{2}\right)$
模拟低通原型→数字高通	$s=C\dfrac{1+z^{-1}}{1-z^{-1}}$ $\Omega=C\cot\left(\dfrac{\omega}{2}\right)$	$C=\Omega_c\tan\left(\dfrac{\omega_c}{2}\right)$
模拟低通原型→数字带通	$s=D\left[\dfrac{1-Ez^{-1}+z^{-2}}{1-z^{-2}}\right]$ $\Omega=D\dfrac{\cos\omega_0-\cos\omega}{\sin\omega}$	$D=\Omega_c\cot\left(\dfrac{\omega_2-\omega_1}{2}\right)$ $E=2\dfrac{\cos[(\omega_2+\omega_1)/2]}{\cos[(\omega_2-\omega_1)/2]}=2\cos\omega_0$
模拟低通原型→数字带阻	$s=D_1\left[\dfrac{1-z^{-2}}{1-E_1z^{-1}+z^{-2}}\right]$ $\Omega=D_1\dfrac{\sin\omega}{\cos\omega-\cos\omega_0}$	$D_1=\Omega_c\tan\left(\dfrac{\omega_2-\omega_1}{2}\right)$ $E_1=2\dfrac{\cos[(\omega_2+\omega_1)/2]}{\cos[(\omega_2-\omega_1)/2]}=2\cos\omega_0$

以后设计滤波器时，可直接利用表 5-3 和表 5-4，不必再进行推导。

【例 5-9】　要设计一个数字带阻滤波器，其采样频率 $f_s=1$ kHz，要求滤除 100 Hz 的干扰，其 3 dB 的边界频率为 95 Hz 和 105 Hz，归一化低通原型滤波器的系统函数为

$$H_{aN}(s)=\frac{1}{1+s}$$

解　首先求出所需数字带阻滤波器在数字域的上、下边界频率为

$$\omega_1 = 2\pi f_1 T = \frac{2\pi f_1}{f_s} = \frac{2\pi \times 95}{1000} = 0.19\pi$$

$$\omega_2 = 2\pi f_2 T = \frac{2\pi f_2}{f_s} = \frac{2\pi \times 105}{1000} = 0.21\pi$$

代入式(5-81)求模拟低通滤波器的截止频率：

$$\Omega_c = \frac{2}{T}\frac{\tan\left(\frac{\omega_1}{2}\right)\tan\left(\frac{\omega_2}{2}\right)}{\tan\left(\frac{\omega_2}{2}\right)-\tan\left(\frac{\omega_1}{2}\right)} = \frac{2}{T}\frac{\tan(0.095\pi)\tan(0.105\pi)}{\tan(0.105\pi)-\tan(0.095\pi)} \approx \frac{2}{T}\times 3.032$$

由式(5-83)求得 D_1 为

$$D_1 = \Omega_c \tan\left(\frac{\omega_2-\omega_1}{2}\right) = \Omega_c \tan\left(\frac{0.21\pi - 0.19\pi}{2}\right) = \Omega_c \tan(0.01\pi) = 0.031\,43\Omega_c$$

由式(5-84)可求得 E_1 为

$$E_1 = 2\frac{\cos[(\omega_2+\omega_1)/2]}{\cos[(\omega_2-\omega_1)/2]} = 2\frac{\cos[(0.21\pi+0.19\pi)/2]}{\cos[(0.21\pi-0.19\pi)/2]}$$

$$= 2\frac{\cos(0.2\pi)}{\cos(0.01\pi)} = 1.6188$$

再代入变换公式(5-74)得

$$s = D_1\left[\frac{1-z^{-2}}{1-E_1 z^{-1}+z^{-2}}\right] = 0.031\,43\Omega_c \frac{1-z^{-2}}{1-1.6188z^{-1}+z^{-2}}$$

归一化低通原型滤波器的系统函数为

$$H_{aN}(s) = \frac{1}{1+s}$$

截止频率为 Ω_c 的低通滤波器的系统函数为

$$H_a(s) = H_{aN}\left(\frac{s}{\Omega_c}\right) = \frac{1}{s/\Omega_c + 1}$$

则所设计的带阻数字滤波器的系统函数为

$$H(z) = H_a(s)\Big|_{s=0.031\,43\Omega_c\frac{1-z^{-2}}{1-1.6188z^{-1}+z^{-2}}}$$

$$= \frac{1}{0.031\,43\dfrac{1-z^{-2}}{1-1.6188z^{-1}+z^{-2}}+1}$$

$$= \frac{0.9695(1-1.6188z^{-1}+z^{-2})}{1-1.5695z^{-1}+0.9390z^{-2}}$$

5.7 Z 平面变换法

5.6 节讨论了由模拟低通原型滤波器来设计各种数字滤波器的方法，这种原型变换的设计方法同样也可直接在数字域上进行。如果我们已知一个数字低通原型滤波器(这个滤波器也可以由模拟低通原型滤波器设计得到)的系统函数 $H_L(z)$，同样可以通过一定的变换来设计其他各种不同的数字滤波器的系统函数 $H(z)$，这种变换也就是由 $H_L(z)$所在的

Z 平面到 $H(z)$ 所在的 Z 平面的一个映射变换。为了便于区分变换前后两个不同的 Z 平面，把变换前的 Z 平面定义为 U 平面，u 到 z 的变换关系表示为

$$u^{-1} = G(z^{-1}) \tag{5-87}$$

这样，数字滤波器的原型变换就可以表达为

$$H(z) = H_L(u)\big|_{u^{-1}=G(z^{-1})} \tag{5-88}$$

在式(5-87)中，选用 u^{-1} 及 z^{-1}，而不用 u 及 z，这是因为在系统函数中 z 和 u 都是以负幂形式出现的。

现在来讨论对变换函数 $G(z^{-1})$ 的要求。首先，要使一个因果稳定的低通滤波器的系统函数 $H_L(u)$ 变换成的 $H(z)$ 依然是一个因果稳定的系统函数，因此 u 的单位圆内部必须对应于 z 的单位圆内部。其次，两个函数的频响要满足一定的要求，因此 u 的单位圆应映射到 z 的单位圆上，用 θ 和 ω 分别表示 U 平面和 Z 平面上的数字角频率，则 $e^{j\theta}$ 和 $e^{j\omega}$ 分别表示 U 平面和 Z 平面的单位圆，式(5-87)应满足

$$e^{-j\theta} = G(e^{-j\omega}) = |G(e^{-j\omega})| e^{\varphi(\omega)} \tag{5-89}$$

式中，$\varphi(\omega)$ 是 $G(e^{-j\omega})$ 的相位函数。

由式(5-89)可以得到

$$|G(e^{-j\omega})| \equiv 1 \tag{5-90}$$

也即变换函数 $G(z^{-1})$ 在单位圆上的幅度必须恒等于 1，这种函数称为全通函数。任何一个全通函数都可以表示为

$$G(z^{-1}) = \pm \prod_{i=1}^{N} \frac{z^{-1} - \alpha_i^*}{1 - \alpha_i z^{-1}} \tag{5-91}$$

式中，α_i^* 表示 α_i 的共轭；α_i 为全通函数的极点，可以是实数，也可以是共轭复数，但都必须在单位圆以内，即 $|\alpha_i|<1$，以保证变换的稳定性不变；$G(z^{-1})$ 的所有零点都是其极点的共轭倒数；N 称为全通函数的阶数，当 ω 由 $0 \to \pi$ 时，其相位函数 $\varphi(\omega)$ 的变化量为 $N\pi$。选择合适的 N 和 α_i，可得到各类变换。

根据全通函数的这些基本特点，下面具体讨论数字域的各种原型变换。

5.7.1 数字低通-数字低通

在低通到低通的变换中，$H_L(e^{j\theta})$ 及 $H(e^{j\omega})$ 都是低通滤波器的系统函数，只是截止频率不相同，因此当 θ 由 0 变到 π 时，相应地 ω 也应由 0 变到 π，根据全通函数的相位 $\varphi(\omega)$ 的变化量为 $N\pi$ 这一性质，就可确定全通函数的阶数必须为 1，并且必须满足以下两个条件：

$$G(1) = 1$$

$$G(-1) = -1$$

由式(5-87)及式(5-91)可以找到满足以上要求的映射函数应该是

$$G(z^{-1}) = \frac{z^{-1} - \alpha}{1 - \alpha z^{-1}} \tag{5-92}$$

式中，α 是实数，而且 $|\alpha|<1$。

当我们将 $z=e^{j\omega}$ 及 $u=e^{j\theta}$ 代入式(5-92)时，就可以找到这个变换所反映的频率变换关系是

$$e^{-j\theta}=\frac{e^{-j\omega}-\alpha}{1-\alpha e^{-j\omega}} \tag{5-93}$$

也可表示为

$$e^{-j\omega}=\frac{e^{-j\theta}+\alpha}{1+\alpha e^{-j\theta}}=e^{-j\theta}\frac{1+\alpha e^{j\theta}}{1+\alpha e^{-j\theta}}$$

$$=e^{-j\theta}\frac{1+\alpha\cos\theta+j\alpha\sin\theta}{1+\alpha\cos\theta-j\alpha\sin\theta}$$

由此求得

$$\omega=\arctan\left[\frac{(1-\alpha^2)\sin\theta}{2\alpha+(1+\alpha^2)\cos\theta}\right]$$

$$=\theta-2\arctan\left[\frac{\alpha\sin\theta}{1+\alpha\cos\theta}\right] \tag{5-94}$$

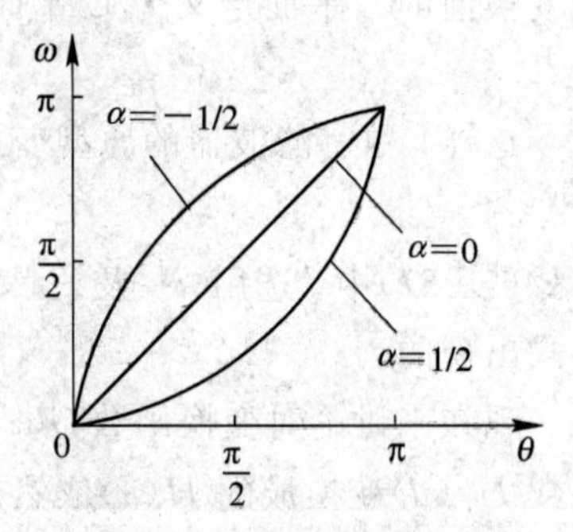

图 5-25　数字低通-数字低通的变换特性

图 5-25 给出了这个关系的三条代表性的曲线。从图中我们可以看到：当 $\alpha>0$ 时，此变换代表的是频率压缩；当 $\alpha<0$ 时，此变换代表的是频率扩展。如果低通原型滤波器的截止频率为 θ_c，而所需变换后的相应截止频率为 ω_c，那么代入式(5-93)，我们就可以确定参数 α 为

$$\alpha=\frac{\sin\left(\frac{\theta_c-\omega_c}{2}\right)}{\sin\left(\frac{\theta_c+\omega_c}{2}\right)} \tag{5-95}$$

从而整个变换函数也就唯一确定了。

5.7.2　数字低通-数字高通

如果将 z 变换为 $-z$，我们就将单位圆上的频响旋转了一个 π 角度，因此，这个变换也称为旋转变换。利用旋转变换，原 Z 平面上的低通就变换为相应的高通了，所以只要将式(5-92)中的 z^{-1} 代之以 $-z^{-1}$，就完成了低通-高通的原型变换，即

$$G(z^{-1})=\frac{(-z)^{-1}-\alpha}{1-\alpha(-z)^{-1}}=-\frac{z^{-1}+\alpha}{1+\alpha z^{-1}} \tag{5-96}$$

式(5-96)满足 $G(-1)=1$，$G(1)=-1$，且有 $|\alpha|<1$。注意，这时低通原型滤波器的截止频率 θ_c 对应的不是 ω_c，而是 $\omega_c+\pi$，$-\theta_c$ 对应于高通的截止频率 ω_c，则

$$e^{-j(-\theta_c)}=-\frac{e^{-j\omega_c}+\alpha}{1+\alpha e^{-j\omega_c}} \tag{5-97}$$

求得

$$\alpha=-\frac{\cos\left(\frac{\omega_c+\theta_c}{2}\right)}{\cos\left(\frac{\omega_c-\theta_c}{2}\right)} \tag{5-98}$$

5.7.3　数字低通-数字带通

若带通的中心频率为 ω_0，则它应该对应于低通原型滤波器的通带中心，即 $\theta=0$ 点；当

带通的频率由 ω_0 变化到 π 时，是由通带走向止带，因此应该对应于 θ 由 0 变化到 π；同样，当 ω 由 ω_0 变化到 0 时，也是由通带走向另一止带，它对应的是低通原型滤波器的镜像部分，即相应于 θ 由 0 变化到 $-\pi$。这样我们可以看到，当 ω 由 0 变化到 π 时，θ 必须相应变化 2π，也即全通函数的阶数 N 必须为 2，这时

$$G(z^{-1})=\pm\frac{z^{-1}-\alpha^*}{1-\alpha z^{-1}}\cdot\frac{z^{-1}-\alpha}{1-\alpha^* z^{-1}} \tag{5-99}$$

当我们将带通的上、下截止频率 ω_2、ω_1 与其对应的低通原型滤波器的截止频率 θ_c、$-\theta_c$ 代入式(5-99)后，整个变换函数的参数就可以确定了，其结果列入表 5-5 中。

表 5-5　由截止频率为 θ_c 的低通数字滤波器变换成各型数字滤波器

变换类型	变换公式 $G(z^{-1})$	参数的确定
数字低通-数字低通	$\dfrac{z^{-1}-\alpha}{1-\alpha z^{-1}}$	$\alpha=\dfrac{\sin\left(\dfrac{\theta_c-\omega_c}{2}\right)}{\sin\left(\dfrac{\theta_c+\omega_c}{2}\right)}$
数字低通-数字高通	$-\left(\dfrac{z^{-1}+\alpha}{1+\alpha z^{-1}}\right)$	$\alpha=-\dfrac{\cos\left(\dfrac{\omega_c+\theta_c}{2}\right)}{\cos\left(\dfrac{\omega_c-\theta_c}{2}\right)}$
数字低通-数字带通	$-\left(\dfrac{z^{-2}-\dfrac{2\alpha k}{k+1}z^{-1}+\dfrac{k-1}{k+1}}{\dfrac{k-1}{k+1}z^{-2}-\dfrac{2\alpha k}{k+1}z^{-1}+1}\right)$	$\alpha=\dfrac{\cos\left(\dfrac{\omega_2+\omega_1}{2}\right)}{\cos\left(\dfrac{\omega_2-\omega_1}{2}\right)}$ $k=\cot\left(\dfrac{\omega_2-\omega_1}{2}\right)\tan\dfrac{\theta_c}{2}$
数字低通-数字带阻	$\dfrac{z^{-2}-\dfrac{2\alpha}{1+k}z^{-1}+\dfrac{1-k}{1+k}}{\dfrac{1-k}{1+k}z^{-2}-\dfrac{2\alpha}{1+k}z^{-1}+1}$	$\alpha=\dfrac{\cos\left(\dfrac{\omega_2+\omega_1}{2}\right)}{\cos\left(\dfrac{\omega_2-\omega_1}{2}\right)}$ $k=\tan\left(\dfrac{\omega_2-\omega_1}{2}\right)\tan\dfrac{\theta_c}{2}$

5.7.4　数字低通-数字带阻

由低通到带阻的变换同样可以通过旋转变换来完成，其相应的结果也列于表 5-5 中，读者可以自己验证，这里就不再细述了。

本章小结

本章 5.1 节介绍了数字滤波器的基本概念，包括数字滤波器的分类(低通、高通、带通、带阻滤波器)，实际滤波器的技术指标，FIR 数字滤波器与 IIR 数字滤波器以及滤波器设计的一般步骤。5.2 节介绍了 IIR 数字滤波器的设计特点，即如何求得 IIR 数字滤波器的系统函数的分子、分母的系数，这里主要有两大类方法，一类是由模拟滤波器设计数字滤波器；另一类是采用最优化设计方法；指出由模拟滤波器设计数字滤波器需满足两个基本要求，即设计前后系统的因果稳定性应保持不变，同时数字滤波器的系统频响能模仿模

拟滤波器的频响。5.3节主要介绍了两种常用模拟滤波器(巴特沃思滤波器和切比雪夫滤波器)的设计方法。5.4节和5.5节介绍了由模拟滤波器设计数字滤波器的两类基本方法(脉冲响应不变法和双线性变换法)，包括设计思想、方法的优缺点等。5.6节介绍了设计IIR数字滤波器的频率变换法，即由模拟低通原型滤波器来设计各类数字滤波器。这里有两种等效的方法，如设计数字带通滤波器，可以先由模拟低通原型滤波器经模拟域频率变换设计出模拟带通滤波器，再经双线性变换法得到数字带通滤波器；也可以直接用S平面到Z平面的变换，由模拟低通原型滤波器一步得到数字带通滤波器。5.7节讨论了由数字低通原型滤波器直接在Z平面进行变换来设计各类数字滤波器，即由一个数字低通原型滤波器的系统函数 $H_L(z)$，通过一定的变换来设计其他各种不同的数字滤波器的系统函数 $H(z)$。

习题与上机练习

5.1　如果滤波器的差分方程为 $y(n)=0.9y(n-1)+bx(n)$。

(1) 确定 b，使 $|H(e^{j0})|=1$；

(2) 确定频率 ω_0，使 $|H(e^{j\omega_0})|=1/\sqrt{2}$；

(3) 该滤波器是低通、带通还是高通滤波器?

(4) 如果差分方程为 $y(n)=-0.9y(n-1)+0.1x(n)$，重复(2)和(3)。

5.2　对连续时间信号 $x_a(t)$滤波以除去在区间 5 kHz$<f<$10 kHz 的频率成分。$x_a(t)$中的最大频率是20 kHz。滤波是通过采样 $x_a(t)$，获得采样信号，并对采样信号进行滤波，然后用一个理想的数/模转换器重构模拟信号完成的。求可用来避免混叠的最小采样频率，对该最小采样频率，求从 $x_a(t)$中滤除期望频率的理想数字滤波器的频率响应。

5.3　心电图记录中的一个主要问题是在输出中会出现60 Hz的干扰。假设我们所关心的信号的带宽是1 kHz，即

$$X_a(f)=0 \qquad |f|>1000\ \text{Hz}$$

首先用一个采样频率为 f_s 的理想A/D转换器把模拟信号转换为离散时间信号，然后用一个由 $y(n)$的差分方程描述的离散时间系统处理所产生的信号 $x(n)=x_a(nT)$。该系统的差分方程如下：

$$y(n)=x(n)+ax(n-1)+bx(n-2)$$

最后，用一个理想D/A转换器把滤波后的信号 $y(n)$转换回模拟信号。设计一个消除60 Hz干扰的系统，即通过确定 f_s、a 和 b 的值使得60 Hz的信号 $w_a(t)=A\sin(120\pi t)$不会出现在理想转换器的输出中。

5.4　假设对一个模拟波形以采样频率10 kHz进行采样，并假设 $x_a(t)$中包含一个60 Hz的强干扰信号，如果我们所关心的 $x_a(t)$中的信息存在于高于60 Hz的频率带中，那么这个干扰可以用具有如下形式的频率响应的离散时间高通滤波器消除：

$$H(e^{j\omega})=\begin{cases}0 & |\omega|<\omega_c\\ 1 & \omega_c\leqslant\omega\leqslant\pi\end{cases}$$

为了消除60 Hz的干扰，可以采用的最小截止频率 ω_c 是多少?

5.5　要求巴特沃思模拟低通滤波器的通带边界频率为2.1 kHz，通带最大衰减为0.5 dB，阻带截止频率为8 kHz，阻带最小衰减为30 dB。求满足要求的最低阶数N、滤波器的系统函数$H_a(s)$及其极点位置。

5.6　设计巴特沃思模拟低通滤波器，要求通带边界频率为6 kHz，通带最大衰减为3 dB，阻带边界频率为12 kHz，阻带最小衰减为25 dB。

5.7　假设采用脉冲响应不变法并以理想连续时间低通滤波器为原型，设计一个离散时间滤波器。原型滤波器的截止频率$\Omega_c=2\pi(1000)$ rad/s，且在脉冲响应不变法的变换中$T=0.2$ ms。所得离散时间滤波器的截止频率ω_c是多少？

5.8　利用脉冲响应不变法由一个通带为$2\pi(300)\leqslant\Omega\leqslant2\pi(600)$的理想连续时间带通滤波器设计一个通带为$\pi/4\leqslant\omega\leqslant\pi/2$的理想离散时间带通滤波器。满足该滤波器设计的采样周期T为多少？它是否是唯一的？

5.9　采用双线性变换法由连续时间理想低通滤波器来设计一个离散时间滤波器。假设连续时间原型滤波器的截止频率$\Omega_c=2\pi(2000)$ rad/s，且选取双线性变换法参数$T=0.4$ ms。所得离散时间滤波器的截止频率ω_c是多少？

5.10　用双线性变换法由截止频率$\Omega_c=2\pi(300)$ rad/s的理想连续时间低通滤波器来设计一个截止频率$\omega_c=3\pi/5$的理想离散时间低通滤波器。求出一个符合要求的采样周期T。它是否唯一？如果不是，求出另外符合上述要求的值。

5.11　设$H_a(s)=\dfrac{3}{(s+1)(s+3)}$，试用脉冲响应不变法和双线性变换法，将以上模拟滤波器的系统函数转变为数字滤波器的系统函数$H(z)$，采样周期$T=0.5$。

5.12　采用脉冲响应不变法设计一个数字滤波器。模拟原型滤波器的系统函数为

$$H_a(s)=\frac{s+a}{(s+a)^2+b^2}$$

5.13　采用脉冲响应不变法将$H_a(s)$的一阶极点$s=s_k$映射为$H(z)$的极点$z=e^{s_kT}$：

$$\frac{1}{s-s_k}\Rightarrow\frac{1}{1-e^{s_kT}z^{-1}}$$

确定脉冲响应不变法如何映射二阶极点。

5.14　用双线性变换法设计一个一阶巴特沃思低通滤波器，要求3 dB截止频率$\omega_c=0.2\pi$。

5.15　用双线性变换法设计一个一阶巴特沃思低通滤波器，要求3 dB截止频率$\omega_c=0.5\pi$。

5.16　$H_a(j\Omega)$是一个模拟滤波器，且

$$H_a(j\Omega)\big|_{\Omega=0}=1$$

(1) 如果用脉冲响应不变法设计一个离散时间滤波器，下式成立吗？

$$H(e^{j\omega})\big|_{\omega=0}=1$$

(2) 采用双线性变换法重复(1)。

5.17　一个数字滤波器的系统函数为

$$H(z)=\frac{2}{1-0.5z^{-1}}-\frac{1}{1-0.25z^{-1}}$$

如果该滤波器用双线性变换法设计，$T=2$，求可以用作原型滤波器的模拟滤波器。

5.18 用双线性变换法可以将模拟全通滤波器映射为数字全通滤波器吗？

5.19 假设某模拟滤波器是一个低通滤波器，又知

$$H(z) = H_a\left(\frac{z+1}{z-1}\right)$$

注：$s=(z+1)/(z-1)$。数字滤波器的通带中心位于：

(1) $\omega=0$(是低通)；

(2) $\omega=\pi$(是高通)；

(3) 在$(0,\pi)$内的某一频率上。

试判断哪一个结论正确。

5.20 设采样频率 $f_s=6.283\ 18$ kHz，用脉冲响应不变法设计一个三阶巴特沃思数字低通滤波器，截止频率 $f_c=1$ kHz，画出该低通滤波器的并联型结构图。

5.21 用双线性变换法设计一个三阶巴特沃思数字低通滤波器。已知采样频率 $f_s=6$ kHz，截止频率 $f_c=400$ Hz。

5.22 设计一个数字低通滤波器。要求通带截止频率 $\omega_p=0.375\pi$，$\delta_1=0.01$，阻带截止频率 $\omega_s=0.5\pi$，$\delta_2=0.01$。用双线性变换法设计该滤波器，满足设计技术指标的巴特沃思滤波器的阶数为多少？

5.23 设计一个数字高通滤波器。要求通带截止频率 $\omega_p=0.8\pi$，通带衰减不大于 3 dB，阻带截止频率 $\omega_s=0.5\pi$，阻带衰减不小于 18 dB，采用巴特沃思滤波器来设计。

5.24 用双线性变换法设计一个三阶巴特沃思数字高通滤波器。已知采样频率 $f_s=6$ kHz，截止频率 $f_c=1.5$ kHz。(不计 3 kHz 以上的频率分量)

5.25 假定我们要设计一个高通滤波器，满足下列技术指标：

$$-0.04 < |H(e^{j\omega})| < 0.04,\quad 0 \leqslant |\omega| \leqslant 0.2\pi$$

$$0.995 < |H(e^{j\omega})| < 1.005,\quad 0.3\pi \leqslant |\omega| \leqslant \pi$$

该滤波器是利用双线性变换法且取 $T=2$ ms 通过一个原型连续时间滤波器来设计的。为了保证满足离散时间滤波器的技术指标，用于设计原型连续时间滤波器的技术指标是多少？

5.26 假定我们要设计一个带通滤波器，满足下列技术指标：

$$-0.02 < |H(e^{j\omega})| < 0.02,\quad 0 \leqslant |\omega| \leqslant 0.2\pi$$

$$0.95 < |H(e^{j\omega})| < 1.05,\quad 0.3\pi \leqslant |\omega| \leqslant 0.7\pi$$

$$-0.001 < |H(e^{j\omega})| < 0.001,\quad 0.75\pi \leqslant |\omega| \leqslant \pi$$

该滤波器是利用脉冲响应不变法且取 $T=5$ ms 通过一个原型连续时间滤波器来设计的。试给出用于设计原型连续时间滤波器的技术指标。

5.27 用双线性变换法设计一个二阶巴特沃思带通滤波器，要求 3 dB 截止频率 $\omega_1=0.4\pi$，$\omega_2=0.6\pi$。

5.28 用双线性变换法设计一个三阶巴特沃思数字带通滤波器。已知采样频率 $f_s=720$ Hz，上、下边带截止频率分别为 $f_1=60$ Hz，$f_2=300$ Hz。

5.29 证明式(5-91)即

$$G(z^{-1}) = \pm \prod_{i=1}^{N} \frac{z^{-1}-\alpha_i^*}{1-\alpha_i z^{-1}}$$

满足全通特性，即$|G(e^{-j\omega})|=1$。

5.30　证明式(5-91)满足稳定性要求，即 Z 平面的单位圆以内映射到 U 平面的单位圆以内，Z 平面的单位圆以外映射到 U 平面的单位圆以外。

5.31　证明式(5-91)当 $N=1$ 时(即为一个实根单阶全通函数)时，其相位函数 $\varphi(\omega)$ 满足 $\varphi(0)-\varphi(\pi)=\pi$。

5.32　证明式(5-91)当 $N=2$，并且 α_1、α_2 为一对共轭复根时，$\varphi(0)-\varphi(\pi)=2\pi$。

5.33　证明式(5-91)表示的 N 阶全通函数的相位差的一般特性，即 $\varphi(0)-\varphi(\pi)=N\pi$。

5.34　编写用双线性变换法设计巴特沃思低通 IIR 数字滤波器的程序。这个低通数字滤波器的设计要求是：

$$\omega_p = 0.2\pi, \qquad A_p = 1\ \text{dB}$$
$$\omega_s = 0.3\pi, \qquad A_s = 15\ \text{dB}$$

其中，参数 ω_p、ω_s、A_p 和 A_s 可由键盘输入。

(1) 以 $\pi/64$ 为采样间隔，在屏幕上打印出数字滤波器的频率区间 $[0, \pi]$ 上的幅频特性曲线。

(2) 在屏幕上打印出 $H(z)$ 的分子、分母多项式的系数。

5.35　设计一个工作于采样频率 80 kHz 的巴特沃思数字低通滤波器，要求通带边界频率为 4 kHz，通带最大衰减为 0.5 dB，阻带边界频率为 20 kHz，阻带最小衰减为 45 dB。分别利用脉冲响应不变法和双线性变换法，通过 MATLAB 编程，计算数字滤波器的系统函数 $H(z)$ 的系数，并画出滤波器的频率响应的幅频特性(以 dB 表示)和相频特性曲线。

第6章 有限长单位脉冲响应(FIR)数字滤波器的设计方法

IIR 数字滤波器是利用模拟滤波器成熟的理论和设计图表进行设计的，因而保留了一些典型模拟滤波器优良的幅频特性。特别是双线性变换法没有频谱混叠，效果很好。但 IIR 数字滤波器有一个很明显的缺点，就是相位特性不好控制，如果需要线性相位特性，必须用全通网络进行复杂的相位校正。而许多电子系统都要求具有线性相位特性，在这方面，FIR 数字滤波器有其独到的优点。FIR 数字滤波器可以在幅度特性随意设计的同时，保证精确、严格的线性相位特性。此外，FIR 数字滤波器的单位脉冲响应 $h(n)$ 是有限长序列，它的 Z 变换在整个有限 Z 平面上收敛，因此 FIR 数字滤波器肯定是稳定滤波器。同时，FIR 数字滤波器也没有因果性困难，因为任何一个非因果的有限长序列，只要通过一定的延时，总是可以转变为因果序列，因此总可以用一个因果系统来实现。FIR 数字滤波器还可以采用快速傅里叶变换的方法来过滤信号，从而大大提高了运算效率。所有这些特点使 FIR 数字滤波器得到了越来越广泛的应用。

FIR 数字滤波器的设计方法和 IIR 数字滤波器的设计方法不太一样。FIR 数字滤波器设计任务是选择有限长度的 $h(n)$，使系统频响 $H(e^{j\omega})$ 满足技术要求。本章将介绍它的三种主要设计方法：窗函数法、频率采样法和等波纹最佳一致逼近设计法(即等波纹线性相位滤波器)。

6.1 线性相位 FIR 数字滤波器的特点

如果 FIR 数字滤波器的单位脉冲响应 $h(n)$ 是实数序列，而且满足偶对称或奇对称的条件，即

$$h(n) = h(N-1-n)$$

或

$$h(n) = -h(N-1-n)$$

则滤波器就具有严格的线性相位特性。

下面分别讨论 FIR 数字滤波器在这两种情况下的线性相位特性和幅度响应特性。

6.1.1 线性相位特性

先看 $h(n)$ 满足偶对称的情况：

$$h(n) = h(N-1-n) \qquad 0 \leqslant n \leqslant N-1 \tag{6-1}$$

其系统函数为

$$H(z)=\sum_{n=0}^{N-1}h(n)z^{-n}=\sum_{n=0}^{N-1}h(N-1-n)z^{-n}$$

将 $m=N-1-n$ 代入得

$$H(z)=\sum_{m=0}^{N-1}h(m)z^{-(N-1-m)}=z^{-(N-1)}\sum_{m=0}^{N-1}h(m)z^{m}$$

即

$$H(z)=z^{-(N-1)}H(z^{-1}) \tag{6-2}$$

式(6-2)改写成

$$\begin{aligned}H(z)&=\frac{1}{2}[H(z)+z^{-(N-1)}H(z^{-1})]=\frac{1}{2}\sum_{n=0}^{N-1}h(n)[z^{-n}+z^{-(N-1)}z^{n}]\\&=z^{-\frac{N-1}{2}}\sum_{n=0}^{N-1}h(n)\left[\frac{z^{-\left(n-\frac{N-1}{2}\right)}+z^{n-\frac{N-1}{2}}}{2}\right]\end{aligned} \tag{6-3}$$

滤波器的频率响应为

$$H(e^{j\omega})=H(z)\Big|_{z=e^{j\omega}}=e^{-j\omega\left(\frac{N-1}{2}\right)}\sum_{n=0}^{N-1}h(n)\cos\left[\omega\left(\frac{N-1}{2}-n\right)\right] \tag{6-4}$$

我们可以看到，式(6-4)的 $\sum$ 以内全部是标量，如果我们将频率响应用相位函数 $\theta(\omega)$ 及幅度函数 $H(\omega)$ 表示：

$$H(e^{j\omega})=H(\omega)e^{j\theta(\omega)} \tag{6-5}$$

那么有

$$H(\omega)=\sum_{n=0}^{N-1}h(n)\cos\left[\omega\left(\frac{N-1}{2}-n\right)\right] \tag{6-6}$$

$$\theta(\omega)=-\omega\left(\frac{N-1}{2}\right) \tag{6-7}$$

式(6-6)中的幅度函数 $H(\omega)$ 是标量函数，可以包括正值、负值和零，而且是 ω 的偶对称函数和周期函数，而 $|H(e^{j\omega})|$ 的取值大于等于零，两者在某些 ω 值上相位相差 π。式(6-7)中的相位函数 $\theta(\omega)$ 具有严格的线性相位，如图6-1所示。

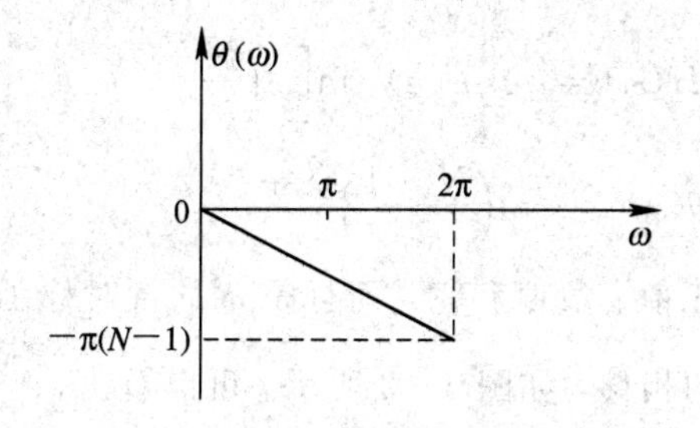

图6-1　$h(n)$ 满足偶对称时的线性相位特性

数字滤波器的群延迟 $\tau(\omega)$ 定义为

$$\tau(\omega)=\mathrm{grd}[H(e^{j\omega})]=-\frac{d}{d\omega}[\theta(\omega)] \tag{6-8}$$

式中，grd(group delay)为群延迟函数。由式(6-8)可知，当 $h(n)$ 满足偶对称时，FIR数字滤波器具有$\frac{N-1}{2}$个采样延时，它等于单位脉冲响应$h(n)$的长度的一半。也就是说，FIR 数字滤波器的输出响应整体相对于输入延时了$\frac{N-1}{2}$个采样周期。

再看$h(n)$满足奇对称的情况：

$$h(n)=-h(N-1-n) \qquad 0\leqslant n\leqslant N-1 \tag{6-9}$$

其系统函数为

$$\begin{aligned}H(z)&=\sum_{n=0}^{N-1}h(n)z^{-n}=-\sum_{n=0}^{N-1}h(N-1-n)z^{-n}\\&=-\sum_{m=0}^{N-1}h(m)z^{-(N-1-m)}=-z^{-(N-1)}\sum_{m=0}^{N-1}h(m)z^{m}\end{aligned}$$

因此

$$H(z)=-z^{-(N-1)}H(z^{-1}) \tag{6-10}$$

同样可以改写成

$$\begin{aligned}H(z)&=\frac{1}{2}[H(z)-z^{-(N-1)}H(z^{-1})]\\&=\frac{1}{2}\sum_{n=0}^{N-1}h(n)[z^{-n}-z^{-(N-1)}z^{n}]\\&=z^{-\frac{N-1}{2}}\sum_{n=0}^{N-1}h(n)\left[\frac{z^{-\left(n-\frac{N-1}{2}\right)}-z^{n-\frac{N-1}{2}}}{2}\right]\end{aligned} \tag{6-11}$$

其频率响应为

$$\begin{aligned}H(e^{j\omega})&=H(z)\Big|_{z=e^{j\omega}}\\&=je^{-j\omega\left(\frac{N-1}{2}\right)}\sum_{n=0}^{N-1}h(n)\sin\left[\omega\left(\frac{N-1}{2}-n\right)\right]\\&=e^{-j\left(\frac{N-1}{2}\right)\omega+j\pi/2}\sum_{n=0}^{N-1}h(n)\sin\left[\omega\left(\frac{N-1}{2}-n\right)\right]\end{aligned} \tag{6-12}$$

所以有

$$H(\omega)=\sum_{n=0}^{N-1}h(n)\sin\left[\omega\left(\frac{N-1}{2}-n\right)\right] \tag{6-13}$$

$$\theta(\omega)=-\omega\left(\frac{N-1}{2}\right)+\frac{\pi}{2} \tag{6-14}$$

幅度函数$H(\omega)$可以包括正值、负值和零，而且是ω的奇对称函数和周期函数。相位函数既是线性相位，又包括$\frac{\pi}{2}$的相移，如图 6-2 所示。可以看出，当$h(n)$满足奇对称时，FIR 数字滤波器不仅有$\frac{N-1}{2}$个采样延时，还产生了一个 90°的相移。这种使所有频率的相移皆为 90°的网络，称为 90°移相器，或称为正交变换网络。它和理想低通滤波器、理想微分器一样，有着极重要的理论和实际意义。

当$h(n)$满足奇对称时，FIR 数字滤波器将是一个具有准确的线性相位特性的正交变换网络。

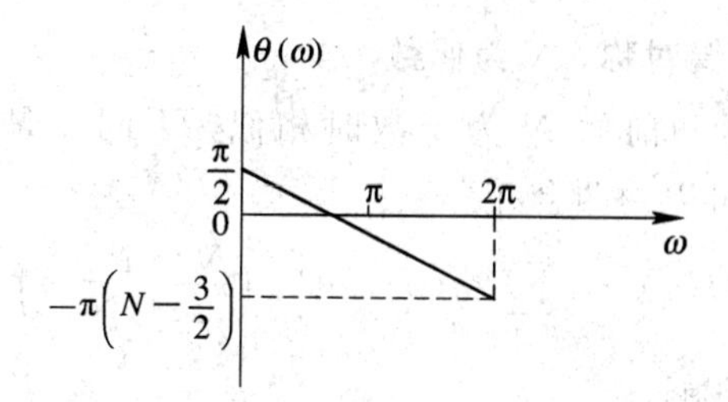

图 6-2　$h(n)$满足奇对称时的线性相位特性

6.1.2　幅度响应特性

下面分成四种情况，分别讨论线性相位 FIR 数字滤波器的幅度响应 $H(\omega)$的特点。

1. 第一种：$h(n)$满足偶对称，N 为奇数

从 $h(n)$满足偶对称的幅度函数式(6-6)

$$H(\omega)=\sum_{n=0}^{N-1}h(n)\cos\left[\omega\left(\frac{N-1}{2}-n\right)\right]$$

可以看出，不但 $h(n)$关于$\frac{N-1}{2}$呈偶对称，而且 $\cos\left[\omega\left(\frac{N-1}{2}-n\right)\right]$也关于$\frac{N-1}{2}$呈偶对称，即

$$h(n)=h(N-1-n)$$

$$\cos\left\{\omega\left[\frac{N-1}{2}-(N-1-n)\right]\right\}=\cos\left[-\omega\left(\frac{N-1}{2}-n\right)\right]=\cos\left[\omega\left(\frac{N-1}{2}-n\right)\right]$$

因此，可以将 $\sum$ 内两两相等的项合并，如将 $n=0$ 项与 $n=N-1$ 项合并，将 $n=1$ 项与 $n=N-2$ 项合并，等等。但是，由于 N 是奇数，因此两两合并的结果必然还剩下一项，即 $n=\frac{N-1}{2}$ 项是单项，无法和其他项合并，这样幅度函数就可以表示为

$$H(\omega)=h\left(\frac{N-1}{2}\right)+\sum_{n=0}^{(N-3)/2}2h(n)\cos\left[\omega\left(\frac{N-1}{2}-n\right)\right]$$

为了得到更紧凑的表达式，再进行一次换元，即令 $m=\frac{N-1}{2}-n$，则上式可改写为

$$H(\omega)=h\left(\frac{N-1}{2}\right)+\sum_{m=1}^{(N-1)/2}2h\left(\frac{N-1}{2}-m\right)\cos(\omega m)$$

可表示为

$$H(\omega)=\sum_{n=0}^{(N-1)/2}a(n)\cos(\omega n)\tag{6-15}$$

式中：

$$a(0)=h\left(\frac{N-1}{2}\right)\tag{6-16a}$$

$$a(n)=2h\left(\frac{N-1}{2}-n\right)\qquad n=1,2,3,\cdots,\frac{N-1}{2}\tag{6-16b}$$

按照式(6-15)，由于式中 $\cos(\omega n)$项关于 $\omega=0,\pi,2\pi$ 皆呈偶对称，因此幅度函数 $H(\omega)$关于$\omega=0$，π，2π 也呈偶对称。因此，第一种线性相位 FIR 数字滤波器可以实现低通、高通、带通、带阻滤波器。

2. 第二种：$h(n)$满足偶对称，N为偶数

这种情况的推导过程和前面 N 为奇数时相似，不同点是由于 N 为偶数，因此式(6-6)中无单独项，全部可以两两合并得

$$H(\omega)=\sum_{n=0}^{N/2-1}2h(n)\cos\left[\omega\left(\frac{N-1}{2}-n\right)\right]$$

令 $m=\frac{N}{2}-n$，代入上式可得

$$H(\omega)=\sum_{m=1}^{N/2}2h\left(\frac{N}{2}-m\right)\cos\left[\omega\left(m-\frac{1}{2}\right)\right]$$

因此

$$H(\omega)=\sum_{n=1}^{N/2}b(n)\cos\left[\omega\left(n-\frac{1}{2}\right)\right] \tag{6-17}$$

式中：

$$b(n)=2h\left(\frac{N}{2}-n\right)\qquad n=1,2,3,\cdots,\frac{N}{2} \tag{6-18}$$

按照式(6-17)，当 $\omega=\pi$ 时，$\cos\left[\omega\left(n-\frac{1}{2}\right)\right]=0$，余弦项关于 $\omega=\pi$ 奇对称，因此 $H(\pi)=0$，即 $H(z)$在 $z=e^{j\pi}=-1$ 处必然有一个零点，而且 $H(\omega)$关于 $\omega=\pi$ 奇对称。

当 $\omega=0$ 或 2π 时，$\cos\left[\omega\left(n-\frac{1}{2}\right)\right]=1$ 或 -1，余弦项关于 $\omega=0$，2π 偶对称，幅度函数 $H(\omega)$也关于 $\omega=0$，2π 偶对称。

如果数字滤波器在 $\omega=\pi$ 处不为零，如高通滤波器、带阻滤波器，则不能用这类数字滤波器来设计。

3. 第三种：$h(n)$满足奇对称，N为奇数

将 $h(n)$满足奇对称的幅度函数式(6-13)重写如下：

$$H(\omega)=\sum_{n=0}^{N-1}h(n)\sin\left[\omega\left(\frac{N-1}{2}-n\right)\right]$$

由于 $h(n)$关于$\frac{N-1}{2}$奇对称，即 $h(n)=-h(N-1-n)$，当 $n=\frac{N-1}{2}$时，有

$$h\left(\frac{N-1}{2}\right)=-h\left(N-1-\frac{N-1}{2}\right)=-h\left(\frac{N-1}{2}\right)$$

因此，$h\left(\frac{N-1}{2}\right)=0$，即 $h(n)$满足奇对称时，中间项一定为零。此外，在幅度函数式(6-13)中，$\sin\left[\omega\left(\frac{N-1}{2}-n\right)\right]$也关于$\frac{N-1}{2}$奇对称，即

$$\begin{aligned}\sin\left\{\omega\left[\frac{N-1}{2}-(N-1-n)\right]\right\}&=\sin\left[-\omega\left(\frac{N-1}{2}-n\right)\right]\\&=-\sin\left[\omega\left(\frac{N-1}{2}-n\right)\right]\end{aligned}$$

因此，在 $\sum$ 中第 n 项和第 $N-1-n$ 项是相等的，将这两两相等的项合并，共合并为$\frac{N-1}{2}$项，即

$$H(\omega) = \sum_{n=0}^{(N-3)/2} 2h(n) \sin\left[\omega\left(\frac{N-1}{2}-n\right)\right]$$

令 $m=\frac{N-1}{2}-n$，则上式可改写为

$$H(\omega) = \sum_{m=1}^{(N-1)/2} 2h\left(\frac{N-1}{2}-m\right) \sin(\omega m)$$

即

$$H(\omega) = \sum_{n=1}^{(N-1)/2} c(n) \sin(\omega n) \tag{6-19}$$

式中：

$$c(n)=2h\left(\frac{N-1}{2}-n\right) \qquad n=1, 2, 3, \cdots, \frac{N-1}{2} \tag{6-20}$$

由于 $\sin(\omega n)$在 $\omega=0$，π，2π 处都为零，并关于这些点奇对称，因此幅度函数 $H(\omega)$在 $\omega=0,\pi,2\pi$ 处为零，即 $H(z)$在 $z=\pm 1$ 上都有零点，且 $H(\omega)$关于 $\omega=0,\pi,2\pi$ 奇对称。

如果数字滤波器在 $\omega=0$，π，2π 处不为零，如低通滤波器、高通滤波器、带阻滤波器，则不能用这种数字滤波器来设计，除非不考虑这些频率点上的值。

4. 第四种：$h(n)$满足奇对称，N 为偶数

和前面第3种情况的推导类似，不同点是由于 N 为偶数，因此式(6-13)中无单独项，全部可以两两合并得

$$\begin{aligned} H(\omega) &= \sum_{n=0}^{N-1} h(n) \sin\left[\omega\left(\frac{N-1}{2}-n\right)\right] \\ &= \sum_{n=0}^{N/2-1} 2h(n) \sin\left[\omega\left(\frac{N-1}{2}-n\right)\right] \end{aligned}$$

令 $m=\frac{N}{2}-n$，则有

$$H(\omega) = \sum_{m=1}^{N/2} 2h\left(\frac{N}{2}-m\right) \sin\left[\omega\left(m-\frac{1}{2}\right)\right]$$

因此

$$H(\omega) = \sum_{n=1}^{N/2} d(n) \sin\left[\omega\left(n-\frac{1}{2}\right)\right] \tag{6-21}$$

式中：

$$d(n) = 2h\left(\frac{N}{2}-n\right) \qquad n = 1, 2, 3, \cdots, \frac{N}{2} \tag{6-22}$$

式(6-21)中，当 $\omega=0$，2π 时，$\sin\left[\omega\left(n-\frac{1}{2}\right)\right]=0$，且关于 $\omega=0$，2π 奇对称，因此 $H(\omega)$在 $\omega=0$，2π 处为零，即 $H(z)$在 $z=1$ 处有一个零点，且 $H(\omega)$关于 $\omega=0$，2π 奇对称。

当 $\omega=\pi$ 时，$\sin\left[\omega\left(n-\frac{1}{2}\right)\right]=-1$ 或 1，则 $\sin\left[\omega\left(n-\frac{1}{2}\right)\right]$关于 $\omega=\pi$ 偶对称，幅度函数 $H(\omega)$关于 $\omega=\pi$ 也呈偶对称。

如果数字滤波器在 $\omega=0$，2π 处不为零，如低通滤波器、带阻滤波器，则不能用这种数字滤波器来设计。

将这四种线性相位 FIR 数字滤波器的特性示于表 6-1 中。

表 6-1　四种线性相位 FIR 数字滤波器的特性

种类	相位响应	$h(n)$与幅度函数的系数	幅度函数
第一种	相位响应 $\theta(\omega)=-\omega\left(\dfrac{N-1}{2}\right)$ $\theta(\omega)$：o，π，2π，ω，$-(N-1)\pi$	$h(n)$：0，$\dfrac{N-1}{2}$，$N-1$，n $a(n)$：0，$\dfrac{N-1}{2}$，n	$H(\omega)=\sum\limits_{n=0}^{(N-1)/2}a(n)\cos n\omega$ $H(\omega)$：o，π，2π，ω
第二种		$h(n)$：0，$N-1$，n $b(n)$：0 1 2，$\dfrac{N-1}{2}$，n	$H(\omega)=\sum\limits_{n=1}^{N/2}b(n)\cos\left[\left(n-\dfrac{1}{2}\right)\omega\right]$ $H(\omega)$：o，2π，ω
第三种	$\theta(\omega)=-\omega\left(\dfrac{N-1}{2}\right)+\dfrac{\pi}{2}$ $\theta(\omega)$：$\dfrac{\pi}{2}$，o，π，2π，ω，$-\left(N-\dfrac{3}{2}\right)\pi$	$h(n)$：0，$N-1$，n $c(n)$：0，1，$\dfrac{N-1}{2}$，n	$H(\omega)=\sum\limits_{n=1}^{(N-1)/2}c(n)\sin(n\omega)$ $H(\omega)$：o，2π，ω
第四种		$h(n)$：0，$\dfrac{N-1}{2}$，$N-1$，n $d(n)$：0，1，$\dfrac{N}{2}$，n	$H(\omega)=\sum\limits_{n=1}^{N/2}d(n)\sin\left[\omega\left(n-\dfrac{1}{2}\right)\right]$ $H(\omega)$：o，2π，ω

6.1.3　线性相位 FIR 数字滤波器的零点位置

由式(6-2)与式(6-10)可以看到，线性相位 FIR 数字滤波器的系统函数有以下特点：

$$H(z)=\pm z^{-(N-1)}H(z^{-1}) \tag{6-23}$$

因此，若 $z=z_i$ 是 $H(z)$的零点，即 $H(z_i)=0$，则它的倒数 $z=1/z_i=z_i^{-1}$ 也一定是 $H(z)$的零点，因为 $H(z_i^{-1})=\pm z_i^{N-1}H(z_i)=0$；当 $h(n)$是实数时，$H(z)$的零点必以共轭对出现，

所以 $z=z_i^*$ 及 $z=(z_i^*)^{-1}$ 也一定是 $H(z)$ 的零点，因而线性相位 FIR 数字滤波器的零点必是互为倒数的共轭对。这种互为倒数的共轭对有四种可能性：

(1) z_i 既不在实轴上，也不在单位圆上，则零点是互为倒数的两组共轭对，如图 6-3(a)所示。

(2) z_i 不在实轴上，但是在单位圆上，则共轭对的倒数是它们本身，故此时零点是一组共轭对，如图 6-3(b)所示。

(3) z_i 在实轴上，但不在单位圆上，只有倒数部分，无复共轭部分，故零点对如图 6-3(c)所示。

(4) z_i 既在实轴上，又在单位圆上，此时只有一个零点，有两种可能，或位于 $z=1$，或位于 $z=-1$，如图 6-3(d)、(e)所示。

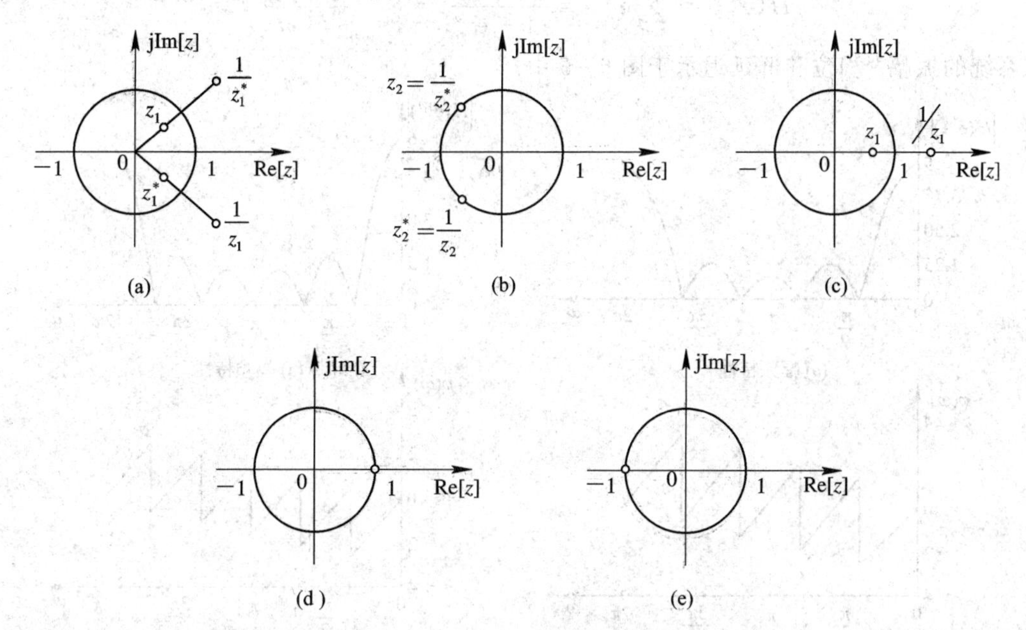

图 6-3　线性相位 FIR 数字滤波器的零点位置图

由幅度响应的讨论可知，第二种线性相位 FIR 数字滤波器由于 $H(\pi)=0$，因此必然有单根 $z=-1$；第四种线性相位 FIR 数字滤波器由于 $H(0)=0$，因此必然有单根 $z=1$；而第三种线性相位 FIR 数字滤波器由于 $H(0)=H(\pi)=0$，因此这两种单根 $z=\pm 1$ 都必须有。

了解了线性相位 FIR 数字滤波器的特点，便可根据实际需要选择合适的 FIR 数字滤波器，同时设计时需遵循有关的约束条件。下面讨论线性相位 FIR 数字滤波器的设计方法时都要用到这些特点。

6.1.4　应用举例

下面举例说明各种 FIR 数字滤波器。

【例 6-1】　如果系统的单位脉冲响应为

$$h(n)=\begin{cases}1 & 0\leqslant n\leqslant 4\\ 0 & \text{其他 } n\end{cases}$$

显然，这是第一种线性相位 FIR 数字滤波器。该系统的频率响应为

$$H(e^{j\omega}) = \sum_{n=0}^{4} e^{-j\omega n} = \frac{1-e^{-j5\omega}}{1-e^{-j\omega}} = e^{-j2\omega}\ \frac{\sin(5\omega/2)}{\sin(\omega/2)} = |\ H(e^{j\omega})\ |\ e^{j\varphi(\omega)}$$

该系统的振幅、相位和群延迟示于图 6-4 中。$h(n)$的长度 $N=5$，群延迟也是整数，$\tau(\omega)=(N-1)/2=2$。

【例 6-2】 系统的单位脉冲响应为

$$h(n) = \begin{cases} 1 & 0 \leqslant n \leqslant 5 \\ 0 & \text{其他 } n \end{cases}$$

$h(n)$为偶对称且长度 $N=6$，因此，这是第二种线性相位 FIR 数字滤波器。该系统的频率响应为

$$H(e^{j\omega}) = \sum_{n=0}^{5} e^{-j\omega n} = \frac{1-e^{-j6\omega}}{1-e^{-j\omega}} = e^{-j\frac{5}{2}\omega}\ \frac{\sin(3\omega)}{\sin(\omega/2)}$$

该系统的振幅、相位和群延迟示于图 6-5 中。

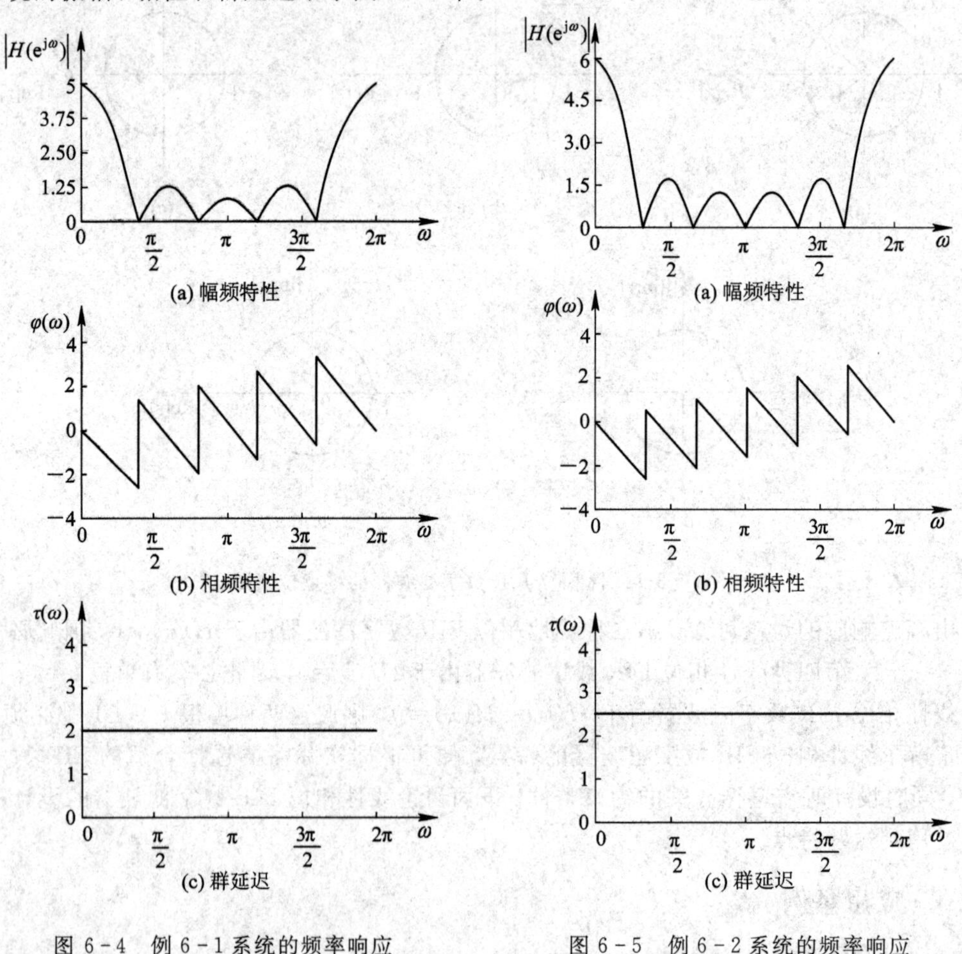

图 6-4 例 6-1 系统的频率响应　　图 6-5 例 6-2 系统的频率响应

【例 6-3】 系统的单位脉冲响应为

$$h(n) = \delta(n) - \delta(n-2)$$

$h(n)$满足奇对称且长度 $N=3$，因此，这是第三种线性相位 FIR 数字滤波器。该系统的频率响应为

$$H(e^{j\omega}) = 1 - e^{-j2\omega} = e^{-j\omega}(e^{j\omega} - e^{-j\omega})$$
$$= je^{-j\omega}[2\sin(\omega)]$$
$$= e^{-j\omega + j\frac{\pi}{2}}[2\sin(\omega)]$$

该系统的振幅、相位和群延迟示于图 6-6 中。

【例 6-4】 系统的单位脉冲响应为

$$h(n) = \delta(n) - \delta(n-1)$$

$h(n)$满足奇对称且长度 $N=2$，这是第四种线性相位 FIR 数字滤波器。该系统的频率响应为

$$H(e^{j\omega}) = 1 - e^{-j\omega} = e^{-j\omega/2}(e^{j\omega/2} - e^{-j\omega/2})$$
$$= je^{-j\omega/2}\left[2\sin\left(\frac{\omega}{2}\right)\right]$$

该系统的振幅、相位和群延迟示于图 6-7 中。

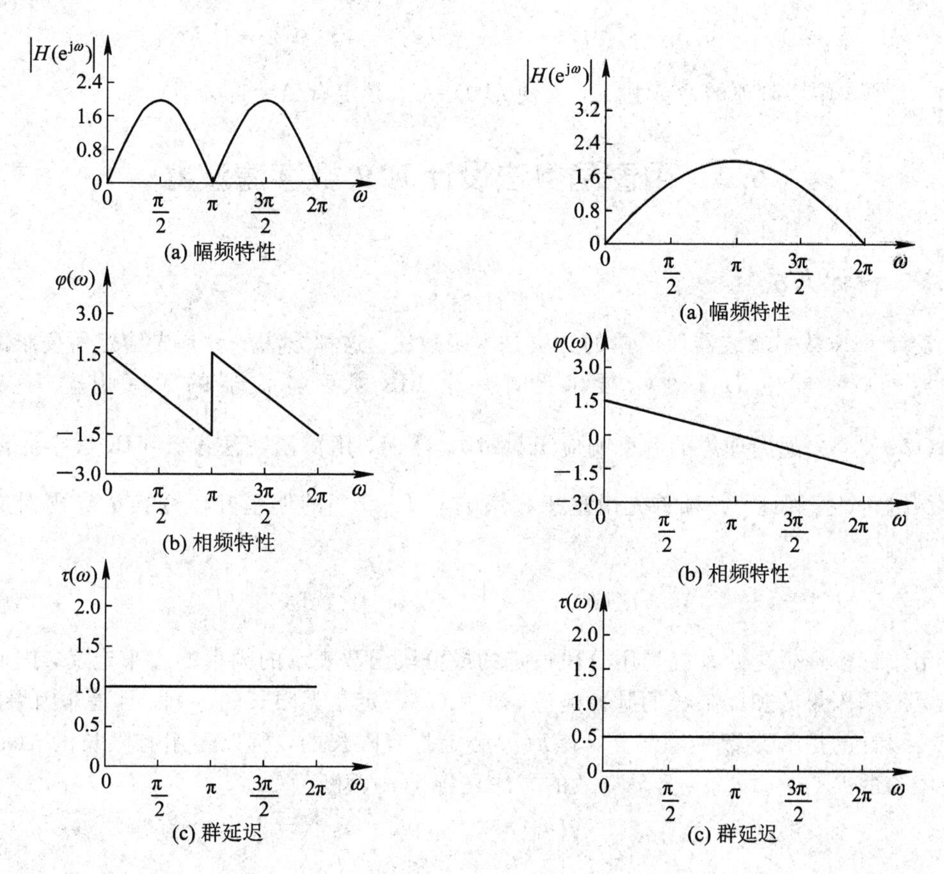

图 6-6　例 6-3 系统的频率响应　　图 6-7　例 6-4 系统的频率响应

【例 6-5】 一个线性相位 FIR 数字滤波器的单位脉冲响应是实数，且 $n<0$ 和 $n>6$ 时$h(n)=0$。如果 $h(0)=1$ 且系统函数在 $z=0.5e^{j\pi/3}$ 和 $z=3$ 处各有一个零点，$H(z)$的表达式是什么？

解　因为$n<0$ 和 $n>6$ 时 $h(n)=0$，且 $h(n)$是实数，所以当 $H(z)$在 $z=0.5e^{j\pi/3}$ 处有一个复零点时，在它的共轭位置 $z=0.5e^{-j\pi/3}$ 处一定有另一个零点。这个零点共轭对产生如下

的二阶因子：

$$H_1(z)=(1-0.5e^{j\pi/3}z^{-1})(1-0.5e^{-j\pi/3}z^{-1})$$
$$=1-0.5z^{-1}+0.25z^{-2}$$

线性相位的约束条件需要在这两个零点的倒数位置上有零点，所以 $H(z)$同样必须包括如下有关因子：

$$H_2(z)=[1-(0.5e^{j\pi/3})^{-1}z^{-1}][1-(0.5e^{-j\pi/3})^{-1}z^{-1}]$$
$$=1-2z^{-1}+4z^{-2}$$

系统函数还包含一个 $z=3$ 的零点，同样线性相位的约束条件需要在 $z=1/3$ 处有一个零点，于是，$H(z)$还具有如下因子：

$$H_3(z)=(1-3z^{-1})\left(1-\frac{1}{3}z^{-1}\right)$$

由此，我们有

$$H(z)=A(1-0.5z^{-1}+0.25z^{-2})(1-2z^{-1}+4z^{-2})(1-3z^{-1})\left(1-\frac{1}{3}z^{-1}\right)$$

最后，多项式中零阶项的系数为 A，为使 $h(0)=1$，必定有 $A=1$。

6.2　用窗函数法设计 FIR 数字滤波器

6.2.1　设计方法

设计 FIR 数字滤波器最简单的方法是窗函数法。这种方法一般是先给定所要求的理想滤波器的频率响应 $H_d(e^{j\omega})$，要求设计一个 FIR 数字滤波器的频率响应 $H(e^{j\omega})=\sum_{n=0}^{N-1}h(n)e^{-j\omega n}$，去逼近理想的频率响应 $H_d(e^{j\omega})$。然而，用窗函数法设计 FIR 数字滤波器是在时域进行的，因此，必须首先由理想频率响应 $H_d(e^{j\omega})$的傅里叶反变换推导出对应的单位脉冲响应：

$$h_d(n)=\frac{1}{2\pi}\int_{-\pi}^{\pi}H_d(e^{j\omega})e^{j\omega n}\,d\omega \tag{6-24}$$

由于许多理想化的系统均用分段恒定的或分段函数表示的频率响应来定义，因此这种系统具有非因果的和无限长的脉冲响应，即 $h_d(n)$一定是无限长的序列，且是非因果的。而我们要设计的是 FIR 数字滤波器，其 $h(n)$必定是有限长的，所以要用有限长的 $h(n)$来逼近无限长的 $h_d(n)$，最简单且最有效的方法是将 $h(n)$截断为

$$h(n)=\begin{cases}h_d(n) & 0\leqslant n\leqslant N-1\\ 0 & \text{其他}\end{cases} \tag{6-25}$$

通常，我们可以把 $h(n)$表示为所需单位脉冲响应与一个有限长的窗函数序列 $w(n)$的乘积，即

$$h(n)=h_d(n)w(n) \tag{6-26}$$

如果采用如式(6-25)的简单截取，则窗函数为矩形窗，即

$$w(n)=R_N(n)=\begin{cases}1 & 0\leqslant n\leqslant N-1\\ 0 & \text{其他}\end{cases} \tag{6-27}$$

矩形窗的波形如图 6-8(b)所示。

例如，要求设计一个 FIR 低通数字滤波器，假设理想低通滤波器的频率响应为

$$H_{\mathrm{d}}(\mathrm{e}^{\mathrm{j}\omega}) = \begin{cases} \mathrm{e}^{-\mathrm{j}\omega\alpha} & |\omega| \leqslant \omega_{\mathrm{c}} \\ 0 & \omega_{\mathrm{c}} < |\omega| \leqslant \pi \end{cases} \tag{6-28}$$

相应的单位脉冲响应 $h_{\mathrm{d}}(n)$ 为

$$h_{\mathrm{d}}(n) = \frac{1}{2\pi}\int_{-\omega_{\mathrm{c}}}^{\omega_{\mathrm{c}}} \mathrm{e}^{-\mathrm{j}\omega\alpha}\mathrm{e}^{\mathrm{j}\omega n}\,\mathrm{d}\omega = \frac{\sin[\omega_{\mathrm{c}}(n-\alpha)]}{\pi(n-\alpha)} \tag{6-29}$$

这是一个中心点在 α 处的偶对称、无限长、非因果序列，$h_{\mathrm{d}}(n)$ 的波形如图 6-8(a)所示。为了构造一个长度为 N 的线性相位 FIR 数字滤波器，只有将 $h_{\mathrm{d}}(n)$ 截取一段，并保证截取的一段关于 $\frac{N-1}{2}$ 对称，故中心点 α 必须取 $\alpha=\frac{N-1}{2}$。设截取的一段用 $h(n)$ 表示，如式(6-26)所示，$h(n)$ 的波形如图 6-8(c)所示。

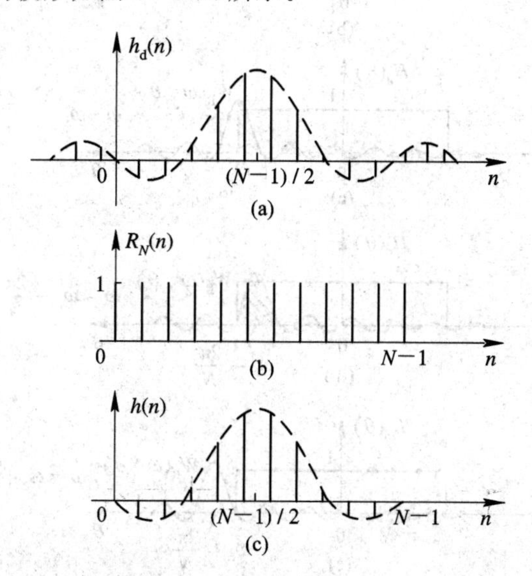

图 6-8　理想低通滤波器的单位脉冲响应及矩形窗

下面我们来讨论理想滤波器的单位脉冲响应截断后对频率响应有什么影响，以及如何减小这种影响。

由复卷积定理可知，时域相乘，频域是周期卷积，故 $h(n)$ 的频率特性为

$$H(\mathrm{e}^{\mathrm{j}\omega}) = \frac{1}{2\pi}\int_{-\pi}^{\pi} H_{\mathrm{d}}(\mathrm{e}^{\mathrm{j}\theta})W[\mathrm{e}^{\mathrm{j}(\omega-\theta)}]\,\mathrm{d}\theta \tag{6-30}$$

$H(\mathrm{e}^{\mathrm{j}\omega})$ 能否逼近 $H_{\mathrm{d}}(\mathrm{e}^{\mathrm{j}\omega})$ 取决于窗函数的频谱特性 $W(\mathrm{e}^{\mathrm{j}\omega})$：

$$W(\mathrm{e}^{\mathrm{j}\omega}) = \sum_{n=0}^{N-1} w(n)\mathrm{e}^{-\mathrm{j}\omega n}$$

这里选用矩形窗 $R_N(n)$，其频谱特性为

$$W_{\mathrm{R}}(\mathrm{e}^{\mathrm{j}\omega}) = \sum_{n=0}^{N-1}\mathrm{e}^{-\mathrm{j}\omega n} = \frac{1-\mathrm{e}^{-\mathrm{j}\omega N}}{1-\mathrm{e}^{-\mathrm{j}\omega}} = \mathrm{e}^{-\mathrm{j}\left(\frac{N-1}{2}\right)\omega}\,\frac{\sin(\omega N/2)}{\sin(\omega/2)} \tag{6-31}$$

幅频特性和相频特性为

$$W_{\mathrm{R}}(\mathrm{e}^{\mathrm{j}\omega}) = W_{\mathrm{R}}(\omega)\mathrm{e}^{-\mathrm{j}\left(\frac{N-1}{2}\right)\omega} \tag{6-32}$$

式中：

$$W_R(\omega)=\frac{\sin(\omega N/2)}{\sin(\omega/2)} \tag{6-33}$$

其中，$W_R(\omega)$是周期函数，如图 6-9(b)所示。图中，主瓣宽度为 $4\pi/N$，两侧有许多衰减振荡的旁瓣。通常主瓣定义为原点两边第一个过零点之间的区域。

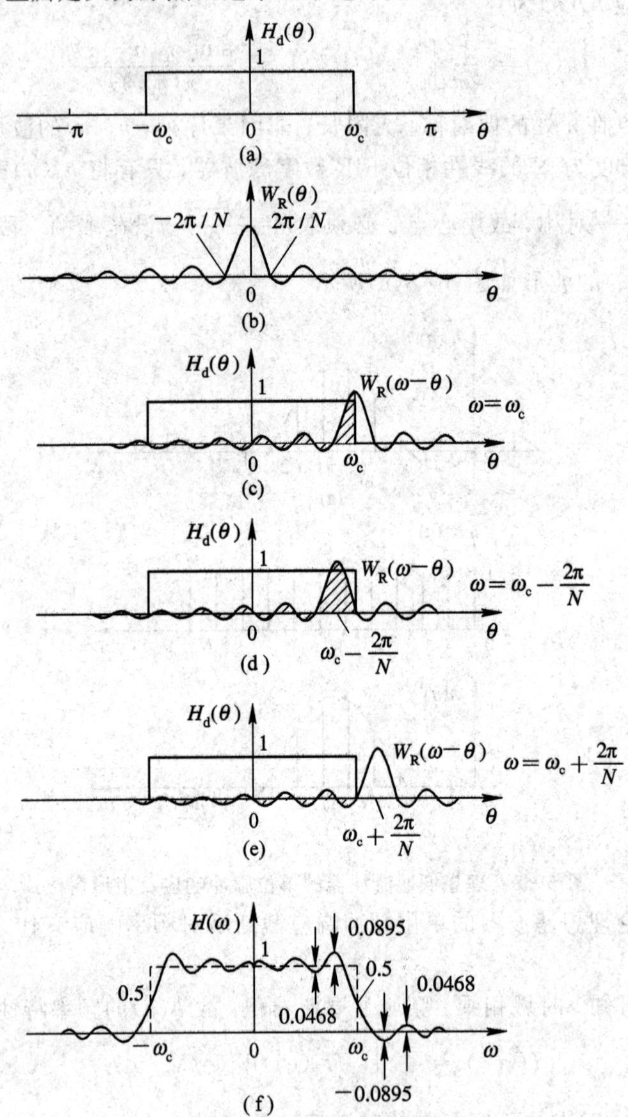

图 6-9　矩形窗对理想低通滤波器的幅频特性的影响

将理想滤波器的频率响应也写成

$$H_d(e^{j\omega})=H_d(\omega)e^{-j\left(\frac{N-1}{2}\right)\omega} \tag{6-34}$$

其中：

$$H_d(\omega)=\begin{cases}1 & |\omega|\leqslant\omega_c\\ 0 & \omega_c<|\omega|\leqslant\pi\end{cases} \tag{6-35}$$

将式(6-32)和式(6-34)代入式(6-30)，就可以得到实际设计的 FIR 数字滤波器的频率响应：

$$H(e^{j\omega})=\frac{1}{2\pi}\int_{-\pi}^{\pi}H_d(\theta)e^{-j\left(\frac{N-1}{2}\right)\theta}W_R(\omega-\theta)e^{-j\left(\frac{N-1}{2}\right)(\omega-\theta)}\,d\theta$$

$$=e^{-j\left(\frac{N-1}{2}\right)\omega}\frac{1}{2\pi}\int_{-\pi}^{\pi}H_d(\theta)W_R(\omega-\theta)\,d\theta \tag{6-36}$$

设

$$H(e^{j\omega})=H(\omega)e^{-j\left(\frac{N-1}{2}\right)\omega} \tag{6-37}$$

则实际设计的 FIR 数字滤波器的幅度函数

$$H(\omega)=\frac{1}{2\pi}\int_{-\pi}^{\pi}H_d(\theta)W_R(\omega-\theta)\,d\theta \tag{6-38}$$

显然，对实际 FIR 数字滤波器的幅度函数 $H(\omega)$有影响的只是窗函数的幅度函数 $W_R(\omega)$。实际 FIR 数字滤波器的幅度函数是理想低通滤波器的幅度函数与窗函数的幅度函数的复卷积。

复卷积过程可用图 6-9 说明。为了观察到复卷积给 $H(\omega)$带来的过冲和波动，只看几个特殊的频率点。

(1) 当 $\omega=0$ 时的响应 $H(0)$。根据式(6-38)，响应应该是图 6-9(a)和(b)两个函数乘积的积分，即 $H(0)$等于 $W_R(\theta)$在 $\theta=-\omega_c$ 到 $\theta=+\omega_c$ 一段的积分面积。通常 $\omega_c\gg 2\pi/N$，$H(0)$实际上近似等于 $W_R(\theta)$的全部积分($\theta=-\pi$ 到 $\theta=+\pi$)面积。

(2) 当 $\omega=\omega_c$ 时的响应 $H(\omega_c)$。$H_d(\theta)$刚好与 $W_R(\omega-\theta)$的一半重叠，如图 6-9(c)所示。因此卷积值刚好是 $H(0)$的一半，即 $H(\omega_c)/H(0)=1/2$，如图 6-9(f)所示。

(3) 当 $\omega=\omega_c-2\pi/N$ 时的响应 $H(\omega_c-2\pi/N)$。$W_R(\omega-\theta)$的全部主瓣都在 $H_d(\theta)$的通带($|\omega|\leqslant\omega_c$)之内，如图 6-9(d)所示。因此卷积结果有最大值，即 $H(\omega_c-2\pi/N)$为最大值，频响出现正肩峰。

(4) 当 $\omega=\omega_c+2\pi/N$ 时的响应 $H(\omega_c+2\pi/N)$。$W_R(\omega-\theta)$的全部主瓣都在 $H_d(\theta)$的通带($|\omega|\leqslant\omega_c$)之外，如图 6-9(e)所示，而通带内的旁瓣负的面积大于正的面积，因而卷积结果达到最负值，频响出现负肩峰。

(5) 当 $\omega>\omega_c+2\pi/N$ 时，随着 ω 的继续增大，卷积值将随着 $W_R(\omega-\theta)$的旁瓣在 $H_d(\theta)$的通带内面积的变化而变化，$H(\omega)$将围绕着零值波动。

(6) 当 ω 由 $\omega_c-2\pi/N$ 向通带内减小时，$W_R(\omega-\theta)$的右旁瓣进入 $H_d(\theta)$的通带，使得 $H(\omega)$值围绕 $H(0)$值而波动。$H(\omega)$值如图 6-9(f)所示。

综上所述，加窗函数处理后，对理想频率响应产生以下几点影响：

(1) $H(\omega)$将 $H_d(\omega)$在截止频率处的间断点变成了连续曲线，使理想频率特性不连续点处的边沿加宽，形成了一个过渡带，过渡带的宽度等于窗函数的频率响应 $W_R(\omega)$的主瓣宽度$\Delta\omega=4\pi/N$，即正肩峰与负肩峰的间隔为 $4\pi/N$。窗函数的主瓣越宽，过渡带也越宽。

(2) 在截止频率 ω_c 的两边即 $\omega=\omega_c\pm(2\pi/N)$处，$H(\omega)$出现最大的肩峰值，肩峰的两侧形成起伏振荡，其振荡幅度取决于旁瓣的相对幅度，而振荡的多少则取决于旁瓣的多少。

(3) 改变 N，只能改变窗谱函数的主瓣宽度、ω 的坐标比例以及 $W_R(\omega)$的绝对值大小。例如，在矩形窗情况下，有

$$W_R(\omega) = \frac{\sin\frac{\omega N}{2}}{\sin\frac{\omega}{2}} \approx \frac{\sin\frac{\omega N}{2}}{\frac{\omega}{2}} = N\frac{\sin x}{x}$$

式中，$x=\frac{\omega N}{2}$。

当截取长度 N 增加时，只会减小过渡带宽度 $4\pi/N$，但不能改变主瓣与旁瓣幅值的相对比例；同样，也不会改变肩峰的相对值。这个相对比例是由窗函数形状决定的，与 N 无关。换句话说，增加截取窗函数的长度 N 只能相应地减少过渡带，而不能改变肩峰值。

由于肩峰值的大小直接影响通带特性和阻带衰减，所以对滤波器的性能影响较大。例如，在矩形窗情况下，最大相对肩峰值为 8.95%，N 增加时，$2\pi/N$ 减小，起伏振荡变密，最大相对肩峰值则总是 8.95%，这种现象称为吉布斯效应。

吉布斯(Josiah Willard Gibbs，1839—1903)：美国物理化学家、数学物理学家，他的研究奠定了化学热力学的基础，他提出了吉布斯自由能与吉布斯相律，创立了向量分析并将其引入数学物理之中。

吉布斯从小体弱多病，从童年到少年时期几乎没有朋友。进入耶鲁大学工程系不久又惨遭家庭变故。但是孤独的思想、多病的身体、家庭的不幸，都没有使他倒下去。他致力于研究关于热的物理与数学，当时这门学科在欧洲才稍有雏形，属于非常冷门的领域。1871年吉布斯成为耶鲁学院数学物理学教授，他是全美第一个这一学科的教授。整整九年，他在大学里没有拿任何薪水，只靠父母存留的一点积蓄过活。这九年期间吉布斯发表了三篇热力学的经典之作。他把这三篇著作寄给世界各地 147 个物理、数学方面的科学家，请他们提意见。绝大部分人读不懂他的理论，也不知道吉布斯是何许人，因此没有谁肯花脑筋去读他的这些文章，直到电磁学大师麦克斯韦研读了他的文章，认为这个人对于热的解释已经超过了所有德国科学家的研究，大家才从纸屑堆中找出这三篇文章，认真地研读。

吉布斯终身没有结婚，全身心地探索数学、热力学的美，并教授耶鲁大学的学生。

吉布斯效应的含义：在对具有不连续点的周期函数(如矩形脉冲)进行傅里叶级数展开后，选取有限项进行合成时，选取的项数越多，在所合成的波形中出现的肩峰越靠近原信号的不连续点。该肩峰值趋于一个常数，大约等于总跳变值的 8.95%。

吉布斯效应对信号分析的影响如下：

(1) 吉布斯效应是数字滤波器由于截断近似及频谱突跳产生的，它对滤波器结果有很大的影响，直至使频率发生畸变。

(2) 在分析二维图像信号时，由于子图像的变换系数在边界上不连续，因此造成复原子图像在其边界上不连续，于是由复原子图像构成的整幅复原图像将呈现隐约可见的以子图像尺寸为单位的方块状结构，影响整个图像的质量。

吉布斯效应的解决方法：用离散余弦变换(DCT)代替离散傅里叶变换，构造出对称的 $2N$ 点的实信号代替原来的 N 点实信号，由于信号满足偶对称特性，因此其变换系数只剩下实数的余弦项，这样就可以消除吉布斯效应。这说明一个学科的发展是螺旋上升的，矛盾是推动科学进步的动力。

6.2.2 各种窗函数

矩形窗截断造成的肩峰值为 8.95%，则阻带最小衰减为 $-20\lg(8.95\%)=21$ dB，这个衰减量在工程上常常是不够大的。为了加大阻带衰减，只能改变窗函数的形状。只有当窗函数逼近冲激函数时，也就是绝大部分能量集中于频谱中点时，$H(\omega)$才会逼近$H_d(\omega)$。这相当于窗的宽度为无限长，等于不加窗口截断，这没有实际意义。

从以上讨论中可以看出，窗函数序列的形状及长度的选择很关键，一般希望窗函数满足两项要求：

(1) 窗谱主瓣尽可能地窄，以获取较陡的过渡带。

(2) 尽量减少窗谱的最大旁瓣的相对幅度。也就是能量尽量集中于主瓣，这样使肩峰和波纹减小，就可增大阻带的衰减。

但是这两项要求是不能同时满足的。当选用主瓣宽度较窄时，虽然得到了较陡的过渡带，但通带和阻带的波动明显增加；当选用最小的旁瓣幅度时，虽能得到平坦的幅度响应和较小的阻带波纹，但过渡带加宽，即主瓣会加宽。因此，实际所选用的窗函数往往是它们的折中。在保证主瓣宽度达到一定要求的前提下，可适当牺牲主瓣宽度以换取对相对旁瓣的抑制。以上是从幅频特性的改善方面对窗函数提出的要求。实际上设计的 FIR 数字滤波器往往要求具有线性相位特性，即

$$h(n) = h_d(n)w(n)$$

因此，除了要求$h_d(n)$满足线性相位条件外，对$w(n)$也要求长度N有限，且以$(N-1)/2$为其对称中心，即

$$w(n) = w(N-1-n) \tag{6-39}$$

综上所述，窗函数不仅起截断作用，还起平滑作用，并在很多领域都得到了广泛应用。因此，设计一个特性良好的窗函数有着重要的实际意义。

设计 FIR 数字滤波器常用的窗函数有以下几种。

1. 矩形窗

窗函数为

$$w(n) = R_N(n) = \begin{cases} 1 & 0 \leqslant n \leqslant N-1 \\ 0 & 其他 \end{cases}$$

窗函数的频域表示为

$$W_R(e^{j\omega}) = W_R(\omega)e^{-j\left(\frac{N-1}{2}\right)\omega}$$

其中，幅度函数为

$$W_R(\omega) = \frac{\sin(\omega N/2)}{\sin(\omega/2)}$$

窗谱的主瓣宽度为$4\pi/N$，它的最大旁瓣值比主瓣值低约 13 dB。

2. 三角形(Bartlett)窗

窗函数为

$$w(n) = \begin{cases} \dfrac{2n}{N-1} & 0 \leqslant n \leqslant \dfrac{N-1}{2} \\ 2-\dfrac{2n}{N-1} & \dfrac{N-1}{2} \leqslant n \leqslant N-1 \end{cases} \tag{6-40}$$

$w(n)$的傅里叶变换为

$$W(e^{j\omega}) = \frac{2}{N-1}\left\{\frac{\sin\left[\left(\frac{N-1}{4}\right)\omega\right]}{\sin(\omega/2)}\right\}^2 e^{-j\left(\frac{N-1}{2}\right)\omega} \approx \frac{2}{N}\left(\frac{\sin(N\omega/4)}{\sin(\omega/2)}\right)^2 e^{-j\left(\frac{N-1}{2}\right)\omega} \tag{6-41}$$

近似结果在 $N\gg 1$ 时成立。此时，主瓣宽度为 $8\pi/N$，比矩形窗的主瓣宽度增加了一倍，但旁瓣小很多。它的最大旁瓣值比主瓣值低约 25 dB。

3. 汉宁(Hanning)窗

汉宁窗又称升余弦窗。窗函数为

$$w(n) = \sin^2\left(\frac{\pi n}{N-1}\right)R_N(n) = \frac{1}{2}\left[1-\cos\left(\frac{2\pi n}{N-1}\right)\right]R_N(n) \tag{6-42}$$

利用傅里叶变换特性，可得

$$\begin{aligned} W(e^{j\omega}) &= \left\{0.5W_R(\omega) + 0.25\left[W_R\left(\omega-\frac{2\pi}{N-1}\right)+W_R\left(\omega+\frac{2\pi}{N-1}\right)\right]\right\}e^{-j\left(\frac{N-1}{2}\right)\omega} \\ &= W(\omega)e^{-j\left(\frac{N-1}{2}\right)\omega} \end{aligned} \tag{6-43}$$

当 $N\gg 1$ 时，$N-1\approx N$，所以窗函数的幅度函数为

$$W(\omega) = 0.5W_R(\omega) + 0.25\left[W_R\left(\omega-\frac{2\pi}{N}\right)+W_R\left(\omega+\frac{2\pi}{N}\right)\right] \tag{6-44}$$

这三部分之和使旁瓣互相抵消，能量更集中在主瓣，它的最大旁瓣值比主瓣值低约 31 dB。但是代价是主瓣宽度比矩形窗的主瓣宽度增加了一倍，即为 $8\pi/N$。

4. 海明(Hamming)窗

海明窗又称改进的升余弦窗。

把升余弦窗加以改进，可以得到旁瓣更小的效果，窗函数为

$$w(n) = \left[0.54 - 0.46\cos\left(\frac{2\pi n}{N-1}\right)\right]R_N(n) \tag{6-45}$$

$w(n)$的频率响应的幅度函数为

$$\begin{aligned} W(\omega) &= 0.54W_R(\omega) + 0.23\left[W_R\left(\omega-\frac{2\pi}{N-1}\right)+W_R\left(\omega+\frac{2\pi}{N-1}\right)\right] \\ &\approx 0.54W_R(\omega) + 0.23\left[W_R\left(\omega-\frac{2\pi}{N}\right)+W_R\left(\omega+\frac{2\pi}{N}\right)\right] \end{aligned} \tag{6-46}$$

与汉宁窗相比，主瓣宽度相同，为 $8\pi/N$，但旁瓣又被进一步压低，结果可将 99.963% 的能量集中在窗谱的主瓣内，它的最大旁瓣值比主瓣值低约 41 dB。

5. 布拉克曼(Blackman)窗

布拉克曼窗又称二阶升余弦窗。

为了进一步抑制旁瓣，对升余弦窗函数再加上一个二次谐波的余弦分量，变成布拉克曼窗，故又称二阶升余弦窗。窗函数为

$$w(n) = \left[0.42 - 0.5\cos\left(\frac{2\pi n}{N-1}\right) + 0.08\cos\left(\frac{4\pi n}{N-1}\right)\right]R_N(n) \tag{6-47}$$

$w(n)$的频率响应的幅度函数为

$$W(\omega) = 0.42W_R(\omega) + 0.25\left[W_R\left(\omega-\frac{2\pi}{N-1}\right)+W_R\left(\omega+\frac{2\pi}{N-1}\right)\right]+$$

$$0.04\left[W_R\left(\omega-\frac{4\pi}{N-1}\right)+W_R\left(\omega+\frac{4\pi}{N-1}\right)\right] \tag{6-48}$$

这时主瓣宽度为矩形窗主瓣宽度的3倍，为 $12\pi/N$，其最大旁瓣值比主瓣值低约57 dB。

图6-10画出了这五种窗的窗函数。

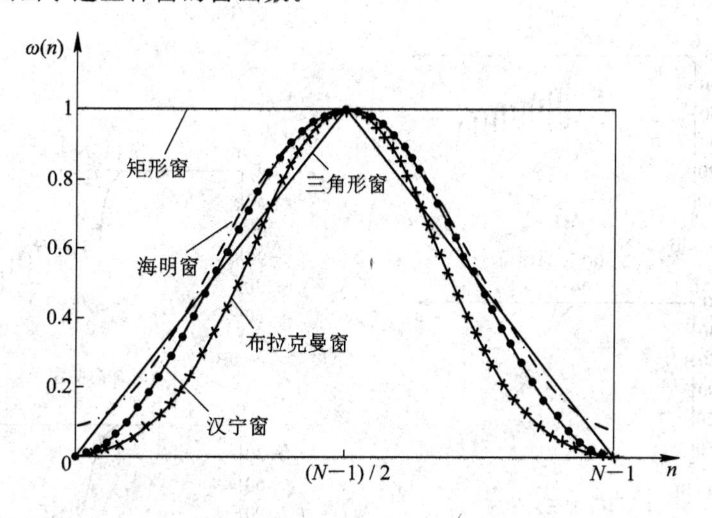

图6-10　五种常用的窗函数

图6-11画出了 $N=51$ 时这五种窗函数的幅频特性。可以看出，随着旁瓣的减小，主瓣宽度相应增加了。

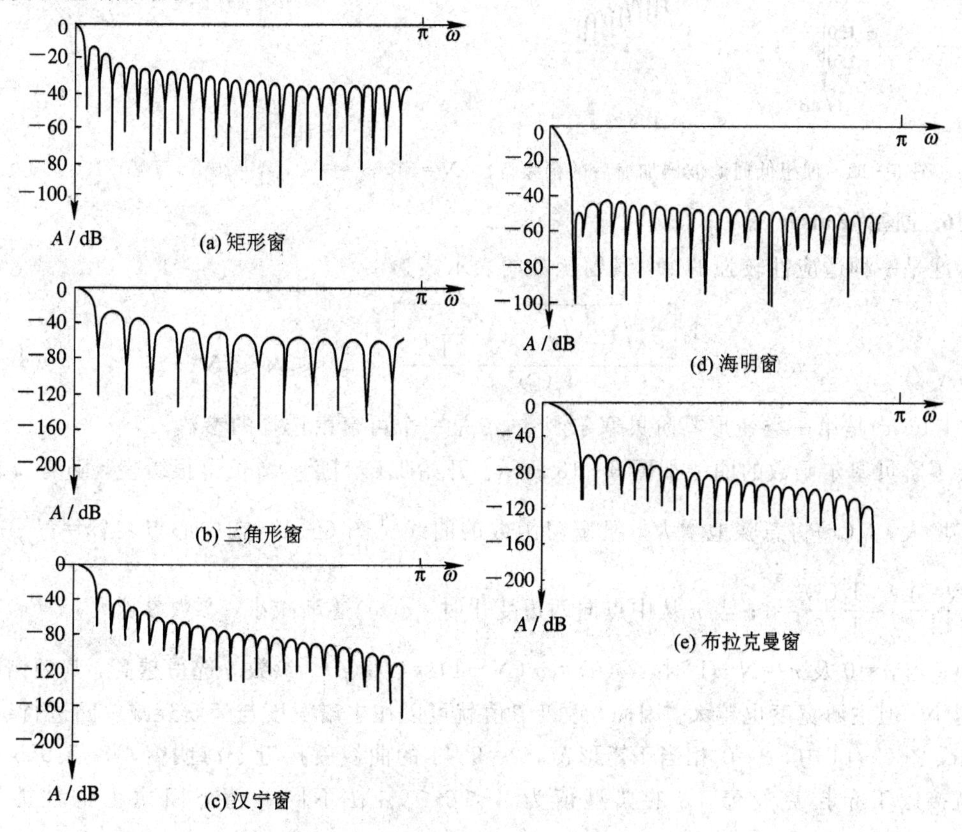

图6-11　图6-10所示的各种窗函数的幅频特性($N=51$，$A=20\lg|W(\omega)/W(0)|$)

图 6-12 画出了用这五种窗函数设计的线性相位 FIR 数字滤波器的特性，滤波器的参数为$N=51$，低通截止频率 $\omega_c=\pi/2$。从图 6-12 中可以看出，用矩形窗设计的过渡带最窄，但阻带最小衰减最差；用布拉克曼窗函数设计的阻带最小衰减能达到-74 dB，但过渡带最宽。

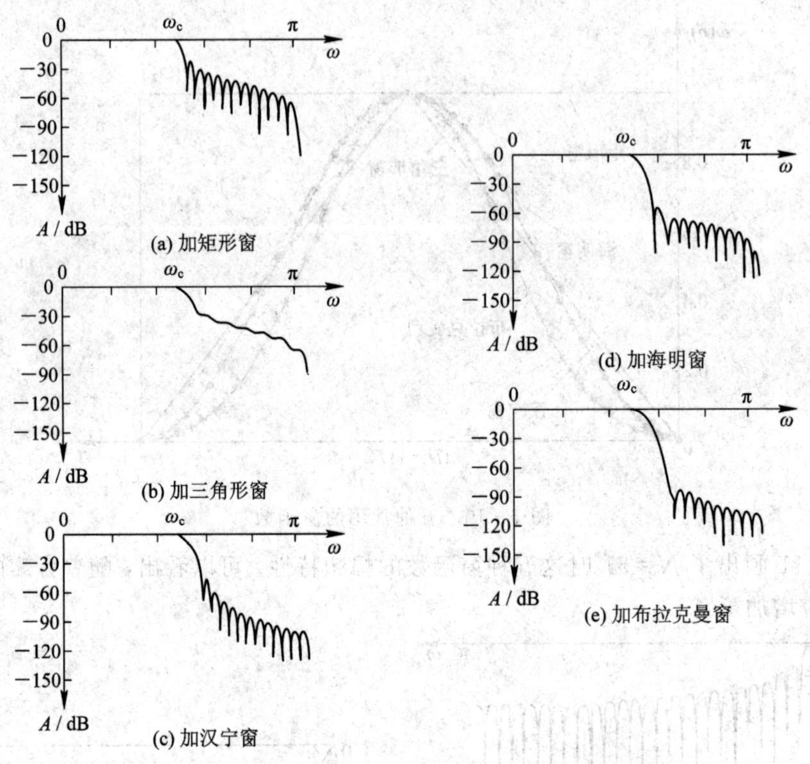

图 6-12　理想低通滤波器加窗后的幅频特性($N=51$，$\omega_c=\pi/2$，$A=20\lg|H(\omega)/H(0)|$)

6. 凯塞(Kaiser)窗

这是一种适应性较强的窗，其窗函数的表示式为

$$w(n)=\frac{\mathrm{I}_0\left[\beta\sqrt{1-\left(1-\frac{2n}{N-1}\right)^2}\right]}{\mathrm{I}_0(\beta)}\qquad 0\leqslant n\leqslant N-1 \tag{6-49}$$

式中，$\mathrm{I}_0(x)$是第一类变形零阶贝塞尔函数，β是一个可自由选择的参数。

零阶贝塞尔函数的曲线如图 6-13 所示。开始 $\mathrm{I}_0(x)$随 x 增长得很缓慢，随着 x 的进一步增大，$\mathrm{I}_0(x)$将急骤地增大。凯塞窗函数的曲线见图 6-14，在中心点，当$n=\frac{N-1}{2}$时，$w\left(\frac{N-1}{2}\right)=\frac{\mathrm{I}_0(\beta)}{\mathrm{I}_0(\beta)}=1$；当 n 从中点向两边变化时，$w(n)$逐渐减小，参数 β 越大，$w(n)$变化越快；当 $n=0$ 及 $n=N-1$ 时，$w(0)=w(N-1)=1/\mathrm{I}_0(\beta)$。参数 β 选得越高，其频谱的旁瓣越小，但主瓣宽度也越大。因而，改变 β 值就可以在主瓣宽度与旁瓣衰减之间进行选择。例如，图 6-14 中，$\beta=0$ 相当于矩形窗，$\beta=5.44$ 的曲线就接近于海明窗，$\beta=7.865$ 的曲线就接近于布拉克曼窗。β 的典型值为 $4<\beta<9$。在不同 β 值下凯塞窗的性能示于表 6-2 中。

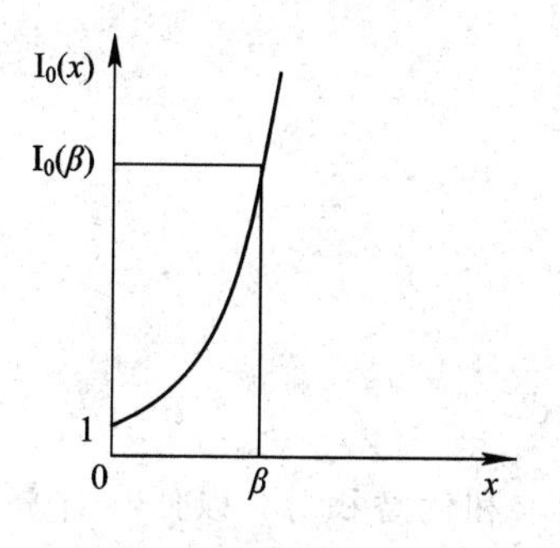

图 6 - 13　零阶贝塞尔函数

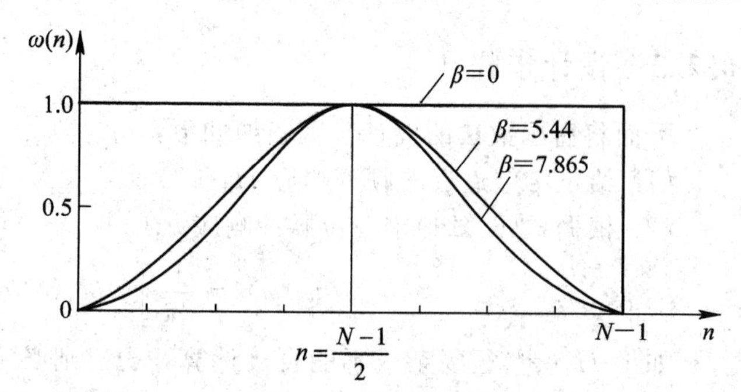

图 6 - 14　凯塞窗函数

表 6 - 2　凯塞窗的性能

β	过渡带	通带波纹/dB	阻带最小衰减/dB
2.120	3.00 π/N	±0.27	−30
3.384	4.46 π/N	±0.0864	−40
4.538	5.86 π/N	±0.0274	−50
5.658	7.24 π/N	±0.008 68	−60
6.764	8.64 π/N	±0.002 75	−70
7.865	10.0 π/N	±0.000 868	−80
8.960	11.4 π/N	±0.000 275	−90
10.056	12.8 π/N	±0.000 087	−100

虽然凯塞窗看上去没有初等函数的解析表达式，但是在设计凯塞窗时，对零阶变形贝塞尔函数可采用无穷级数来表达：

$$\mathrm{I}_0(x)=\sum_{k=0}^{\infty}\left[\frac{1}{k!}\left(\frac{x}{2}\right)^k\right]^2 \tag{6-50}$$

这个无穷级数可用有限项级数去近似，项数多少由要求的精度来确定。因而采用计算机是很容易求解的。

表 6 - 3 示出了六种窗函数的基本参数的比较。其中，旁瓣峰值幅度为窗函数的幅度函数$|W(\omega)|$的最大旁瓣的最大值相对于主瓣最大值的衰减(dB)；过渡带宽 $\Delta\omega$ 为利用该窗函数设计的 FIR 数字滤波器的过渡带的宽度；阻带最小衰减为利用该窗函数设计的 FIR 数字滤波器的阻带的最小衰减。

表 6 - 3　六种窗函数的基本参数的比较

窗函数	旁瓣峰值幅度/dB	过渡带宽 $\Delta\omega$	阻带最小衰减/dB
矩形窗	−13	$4\pi/N$	−21
三角形窗	−25	$8\pi/N$	−25
汉宁窗	−31	$8\pi/N$	−44
海明窗	−41	$8\pi/N$	−53
布拉克曼窗	−57	$12\pi/N$	−74
凯塞窗(β=7.865)	−57	$10\pi/N$	−80

另外，MATLAB 信号处理工具箱中提供了这六种窗函数的产生函数，具体见第 8 章 8.4.2 节的表 8 - 3。

6.2.3 设计步骤

下面将窗函数法的设计步骤归纳如下：

(1) 给定希望逼近的频率响应 $H_d(e^{j\omega})$。

(2) 根据式(6-24)求单位脉冲响应 $h_d(n)$：

$$h_d(n)=\frac{1}{2\pi}\int_{-\pi}^{\pi}H_d(e^{j\omega})e^{j\omega n}\,d\omega$$

如果 $H_d(e^{j\omega})$很复杂或不能直接计算积分，则必须用求和代替积分，以便在计算机上计算，也就是要计算离散傅里叶反变换，一般都采用 FFT 来计算。将积分限分成 M 段，也就是令采样频率 $\omega_k=2\pi k/M$，$k=0, 1, 2, \cdots, M-1$，则有

$$h_M(n)=\frac{1}{M}\sum_{k=0}^{M-1}H_d(e^{j\frac{2\pi k}{M}})e^{j\frac{2\pi kn}{M}} \tag{6-51}$$

频域的采样造成时域序列的周期延拓，延拓周期是 M，即

$$h_M(n)=\sum_{r=-\infty}^{\infty}h_d(n+rM) \tag{6-52}$$

由于 $h_d(n)$有可能是无限长的序列，因此严格来说，必须当 $M\to\infty$时，$h_M(n)$才能等于 $h_d(n)$而不产生混叠现象，即 $h_d(n)=\lim\limits_{M\to\infty}h_M(n)$。实际上，由于 $h_d(n)$随 n 的增加衰减很快，因此一般只要 M 足够大，即 $M\gg N$，就足够了。

(3) 由过渡带宽及阻带最小衰减的要求，可选定窗函数，并估计窗口长度 N。设待求滤波器的过渡带宽用 $\Delta\omega$ 表示，它近似等于窗函数的主瓣宽度。因过渡带宽 $\Delta\omega$ 近似与窗口长度成反比，$N\approx A/\Delta\omega$，故 A 取决于窗口形式。例如，对于矩形窗，$A=4\pi$，对于海明窗，$A=8\pi$，A 参数的选择参考表 6-3。按照过渡带宽及阻带衰减情况，选择窗函数，其原则是在保证阻带衰减满足要求的情况下，尽量选择主瓣窄的窗函数。

(4) 计算所设计的 FIR 数字滤波器的单位脉冲响应：

$$h(n)=h_d(n)w(n)\qquad 0\leqslant n\leqslant N-1$$

(5) 由 $h(n)$求 FIR 数字滤波器的系统函数 $H(z)$：

$$H(z)=\sum_{n=0}^{N-1}h(n)z^{-n}$$

通常整个设计过程可利用计算机编程来实现，可多选择几种窗函数来试探，从而设计出性能良好的 FIR 数字滤波器。MATLAB 信号处理工具箱中提供了函数 fir1，该函数采用经典窗函数法设计线性相位 FIR 数字滤波器，且具有标准低通、带通、高通和带阻等类型。具体设计方法见第 8 章 8.5.4 节。

【例 6-6】 用矩形窗设计一个线性相位 FIR 带通滤波器：

$$H_d(e^{j\omega})=\begin{cases}e^{-j\omega\alpha} & -\omega_c\leqslant\omega-\omega_0\leqslant\omega_c\\ 0 & 0\leqslant\omega<\omega_0-\omega_c,\ \omega_0+\omega_c<\omega\leqslant\pi\end{cases}$$

(1) 设计 N 为奇数时的 $h(n)$。

(2) 设计 N 为偶数时的 $h(n)$。

(3) 若改用海明窗设计，求以上两种形式的 $h(n)$的表达式。

解 根据该线性相位 FIR 带通滤波器的相位：

$$\theta(\omega)=-\omega\alpha=-\omega\frac{N-1}{2}$$

可知，该滤波器只能是 $h(n)=h(N-1-n)$，即 $h(n)$满足偶对称的情况。$h(n)$满足偶对称时，可为第一种和第二种滤波器，其频响 $H(e^{j\omega})=H(\omega)e^{-j\omega\frac{N-1}{2}}$。

(1) 当 N 为奇数时，$h(n)=h(N-1-n)$，可知 $H(e^{j\omega})$为第一种线性相位 FIR 数字滤波器，$H(\omega)$关于 $\omega=0$，π，2π 偶对称。题目中仅给出了 $H_d(e^{j\omega})$在 $0\sim\pi$ 上的取值，但用傅里叶反变换求 $h_d(n)$时，需要 $H_d(e^{j\omega})$在一个周期$[-\pi, \pi]$或$[0, 2\pi]$上的值，因此，$H_d(e^{j\omega})$需根据第一种线性相位 FIR 数字滤波器的要求进行扩展，扩展结果为

$$H_d(e^{j\omega})=\begin{cases}e^{-j\omega\alpha} & \omega_0-\omega_c\leqslant\omega\leqslant\omega_0+\omega_c,\ -\omega_0-\omega_c\leqslant\omega\leqslant-\omega_0+\omega_c\\ 0 & -\omega_0+\omega_c<\omega<\omega_0-\omega_c,\ -\pi\leqslant\omega<-\omega_0-\omega_c,\ \omega_0+\omega_c<\omega\leqslant\pi\end{cases}$$

则

$$\begin{aligned}h_d(n)&=\frac{1}{2\pi}\int_{-\pi}^{\pi}H_d(e^{j\omega})e^{j\omega n}\,d\omega=\frac{1}{2\pi}\int_{-\omega_0-\omega_c}^{-\omega_0+\omega_c}e^{-j\omega\alpha}e^{j\omega n}\,d\omega+\frac{1}{2\pi}\int_{\omega_0-\omega_c}^{\omega_0+\omega_c}e^{-j\omega\alpha}e^{j\omega n}\,d\omega\\&=\frac{1}{2\pi}\cdot\frac{e^{j\omega(n-\alpha)}}{j(n-\alpha)}\Bigg|_{-\omega_0-\omega_c}^{-\omega_0+\omega_c}+\frac{1}{2\pi}\cdot\frac{e^{j\omega(n-\alpha)}}{j(n-\alpha)}\Bigg|_{\omega_0-\omega_c}^{\omega_0+\omega_c}\\&=\frac{\sin[\omega_c(n-\alpha)]}{\pi(n-\alpha)}\cdot 2\cos[\omega_0(n-\alpha)]\end{aligned}$$

$$h(n)=h_d(n)R_N(n)$$

(2) 当 N 为偶数时，$H(e^{j\omega})$为第二种线性相位 FIR 数字滤波器，$H(\omega)$关于 $\omega=0$ 偶对称。所以，$H_d(e^{j\omega})$在$[-\pi,\pi]$之间的扩展同上，则 $h_d(n)$也同上，即

$$h_d(n)=\frac{\sin[\omega_c(n-\alpha)]}{\pi(n-\alpha)}\cdot 2\cos[\omega_0(n-\alpha)]$$

$$h(n)=h_d(n)R_N(n)$$

(3) 若改用海明窗，即

$$w(n)=\left[0.54-0.46\cos\left(\frac{2\pi n}{N-1}\right)\right]R_N(n)$$

则当 N 为奇数时，有

$$h(n)=\frac{\sin[\omega_c(n-\alpha)]}{\pi(n-\alpha)}\cdot 2\cos[\omega_0(n-\alpha)]w(n)$$

当 N 为偶数时，有

$$h(n)=\frac{\sin[\omega_c(n-\alpha)]}{\pi(n-\alpha)}\cdot 2\cos[\omega_0(n-\alpha)]w(n)$$

上面两个表达式形式虽然完全一样，但由于 N 为奇数时，对称中心点 $\alpha=(N-1)/2$ 为整数，N 为偶数时，α 为非整数，因此 N 在奇数和偶数情况下，滤波器的单位脉冲响应的对称中心不同，在 $0\leqslant n\leqslant N-1$ 上的取值也完全不同。

【例 6-7】 根据下列技术指标，设计一个 FIR 低通滤波器。

通带截止频率 $\omega_p=0.2\pi$，通带允许波动 $A_p=0.25$ dB；

阻带截止频率 $\omega_s=0.3\pi$，阻带衰减 $A_s=50$ dB。

解 查表 6-3 可知，海明窗和布拉克曼窗均可提供大于 50 dB 的衰减。但海明窗具有较小的过渡带宽，从而具有较小的长度 N。根据题意，所要设计的滤波器的过渡带宽为

$$\Delta\omega=\omega_s-\omega_p=0.3\pi-0.2\pi=0.1\pi$$

由表 6-3 可知，利用海明窗设计的滤波器的过渡带宽 $\Delta\omega=8\pi/N$，所以低通滤波器的单位脉冲响应的长度为

$$N=\frac{8\pi}{\Delta\omega}=\frac{8\pi}{0.1\pi}=80$$

理想低通滤波器的截止频率为

$$\omega_c=\frac{\omega_s+\omega_p}{2}=0.25\pi$$

由式(6-29)可知，理想低通滤波器的单位脉冲响应为

$$h_d(n)=\frac{\sin[\omega_c(n-\alpha)]}{\pi(n-\alpha)},\qquad \alpha=\frac{N-1}{2}$$

海明窗的窗函数为

$$w(n)=\left[0.54-0.46\cos\left(\frac{2\pi n}{N-1}\right)\right]R_N(n)$$

则所设计的滤波器的单位脉冲响应为

$$h(n)=\frac{\sin[\omega_c(n-\alpha)]}{\pi(n-\alpha)}\cdot\left[0.54-0.46\cos\left(\frac{2\pi n}{N-1}\right)\right]R_N(n)\qquad N=80$$

所设计的滤波器的频率响应为

$$H(e^{j\omega})=\sum_{n=0}^{N-1}h(n)e^{-j\omega n}$$

利用计算机编程实现，结果如图 6-15 所示。图 6-15(a)是理想低通滤波器的单位脉冲响应$h_d(n)$；图 6-15(b)是海明窗函数；图 6-15(c) 是实际低通滤波器的单位脉冲响应

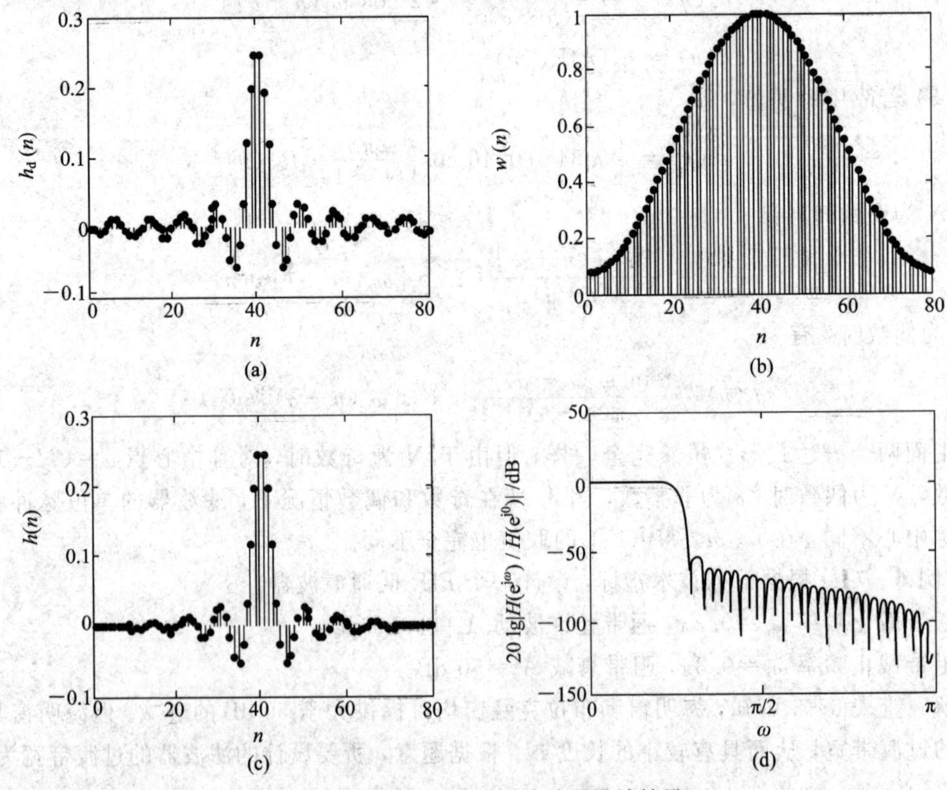

图 6-15　例 6-7 低通滤波器设计结果

$h(n)$；图 6-15(d)是实际低通滤波器的幅频特性$|H(e^{j\omega})|$，以分贝(dB)形式表示，即 $20\lg|H(e^{j\omega})/H(e^{j0})|$。滤波器长度 $N=80$，实际阻带衰减 $A_s=53$ dB，通带波动 $A_p=0.0316$ dB，均满足设计要求。

窗函数法设计的主要优点是简单，使用方便。窗函数大多有封闭的公式可循，性能、参数都已有表格、资料可供参考，计算程序简便，所以很实用。其缺点是通带和阻带的截止频率不易控制。

6.3　用频率采样法设计 FIR 数字滤波器

在 6.2 节，我们讨论了窗函数法。它的出发点是从时域开始，用有限长的 $h(n)$ 近似理想的 $h_d(n)$，以实现滤波器频率响应逼近要求的理想频率响应。

在第 2 章中，我们已经知道，对于一个有限长序列，在满足频域采样定理的条件下，可以通过频谱的有限个采样值准确地恢复出来。

频率采样法是从频域出发，将给定的理想频率响应 $H_d(e^{j\omega})$以等间隔采样：

$$H_d(e^{j\omega})\Big|_{\omega=2\pi k/N}=H_d(e^{j\frac{2\pi}{N}k})=H_d(k) \tag{6-53}$$

以此 $H_d(k)$作为实际 FIR 数字滤波器的频率响应的采样值 $H(k)$，即令

$$H(k)=H_d(k)=H_d(e^{j\omega})\Big|_{\omega=2\pi k/N}\qquad k=0,1,2,\cdots,N-1 \tag{6-54}$$

知道 $H(k)$后，由 IDFT 的定义，可以用这 N 个采样值 $H(k)$来唯一确定有限长序列 $h(n)$，即

$$h(n)=\frac{1}{N}\sum_{k=0}^{N-1}H(k)W_N^{-nk}\qquad n=0,1,2,\cdots,N-1 \tag{6-55}$$

式中，$h(n)$为待设计的滤波器的单位脉冲响应。其系统函数 $H(z)$为

$$H(z)=\sum_{n=0}^{N-1}h(n)z^{-n} \tag{6-56}$$

以上就是频率采样法设计滤波器的基本原理。此外，由频域内插公式知道，利用这 N 个频域采样值 $H(k)$同样可求得 FIR 数字滤波器的系统函数 $H(z)$：

$$H(z)=\frac{1-z^{-N}}{N}\sum_{k=0}^{N-1}\frac{H(k)}{1-W_N^{-k}z^{-1}} \tag{6-57}$$

式(6-56)和式(6-57)都是用频率采样法设计的滤波器的系统函数，它们分别对应着不同的网络结构，式(6-56)适合 FIR 直接型结构，式(6-57)适合频率采样结构。下面讨论两个问题：一个是为实现线性相位 $H(k)$应满足什么条件，另一个是逼近误差问题及其改进措施。

6.3.1　线性相位的约束

如果我们设计的是线性相位 FIR 数字滤波器，则其采样值 $H(k)$的幅度和相位一定要满足前面所讨论的四种线性相位 FIR 数字滤波器的约束条件。

(1) 对于第一种线性相位 FIR 数字滤波器，即 $h(n)$满足偶对称，长度 N 为奇数时，有

$$H(e^{j\omega})=H(\omega)e^{j\theta(\omega)} \tag{6-58}$$

式中：

$$\theta(\omega) = -\omega\left(\frac{N-1}{2}\right) \tag{6-59}$$

第一种线性相位 FIR 数字滤波器的幅度函数 $H(\omega)$关于 $\omega=0$，π，2π 偶对称，即

$$H(\omega) = H(2\pi - \omega) \tag{6-60}$$

如果采样值 $H(k)=H(e^{j2\pi k/N})$也用幅值 H_k(纯标量)与相角 θ_k 表示，即

$$H(k) = H(e^{j2\pi k/N}) = H_k e^{j\theta_k} \tag{6-61}$$

并在 $\omega=0\sim2\pi$ 之间等间隔采样 N 点：

$$\omega_k = \frac{2\pi}{N}k \qquad k = 0, 1, 2, \cdots, N-1$$

将 $\omega=\omega_k$ 代入式(6-59)与式(6-60)中，并写成 k 的函数，有

$$\theta_k = -\frac{2\pi}{N}k\left(\frac{N-1}{2}\right) = -\pi k\left(1-\frac{1}{N}\right) \tag{6-62}$$

$$H_k = H_{N-k} \tag{6-63}$$

由式(6-63)可知，H_k 满足偶对称要求。

(2) 对于第二种线性相位 FIR 数字滤波器，即 $h(n)$满足偶对称，N 为偶数时，其 $H(e^{j\omega})$的表达式仍为

$$H(e^{j\omega}) = H(\omega)e^{j\theta(\omega)}$$

式中：

$$\theta(\omega) = -\omega\left(\frac{N-1}{2}\right)$$

但是，其幅度函数 $H(\omega)$关于 $\omega=\pi$ 奇对称，关于 $\omega=0$，2π 偶对称，即

$$H(\omega) = -H(2\pi - \omega) \tag{6-64}$$

所以，这时的 H_k 也应满足奇对称要求：

$$H_k = -H_{N-k} \tag{6-65}$$

而 θ_k 与式(6-62)相同。

(3) 对于第三种线性相位 FIR 数字滤波器，即 $h(n)$满足奇对称，N 为奇数，有

$$H(e^{j\omega}) = H(\omega)e^{j\theta(\omega)}$$

式中：

$$\theta(\omega) = -\omega\left(\frac{N-1}{2}\right) + \frac{\pi}{2} \tag{6-66}$$

第三种线性相位 FIR 数字滤波器的幅度函数 $H(\omega)$关于 $\omega=0$，π，2π 奇对称，即

$$H(\omega) = -H(2\pi - \omega) \tag{6-67}$$

将 $\omega=\omega_k=2\pi k/N$ 代入式(6-66)与式(6-67)中，并写成 k 的函数，得

$$\theta_k = -\frac{2\pi}{N}k\left(\frac{N-1}{2}\right) + \frac{\pi}{2} = -\pi k\left(1-\frac{1}{N}\right) + \frac{\pi}{2} \tag{6-68}$$

$$H_k = -H_{N-k} \tag{6-69}$$

即 H_k 满足奇对称要求。

(4) 对于第四种线性相位 FIR 数字滤波器，即 $h(n)$满足奇对称，N 为偶数时，其 $H(e^{j\omega})$的表达式仍为

$$H(e^{j\omega}) = H(\omega)e^{j\theta(\omega)}$$

式中：

$$\theta(\omega)=-\omega\left(\frac{N-1}{2}\right)+\frac{\pi}{2}$$

但是，其幅度函数 $H(\omega)$ 关于 $\omega=\pi$ 偶对称，关于 $\omega=0$，2π 奇对称，即

$$H(\omega)=H(2\pi-\omega) \tag{6-70}$$

所以，这时的 H_k 也应满足偶对称要求：

$$H_k=H_{N-k} \tag{6-71}$$

而 θ_k 与式(6-68)相同。

6.3.2　逼近误差及其改进措施

频率采样法是比较简单的，但是我们还应该进一步考察用这种频率采样法所得到的系统函数究竟逼近效果如何，如此设计所得到的频响 $H(e^{j\omega})$ 与要求的理想频响 $H_d(e^{j\omega})$ 有怎样的差别。在第 2 章中，我们已经知道，利用 N 个频域采样值 $H(k)$ 可求得 FIR 数字滤波器的频率响应 $H(e^{j\omega})$，即

$$H(e^{j\omega})=\sum_{k=0}^{N-1}H(k)\Phi\left(\omega-\frac{2\pi}{N}k\right) \tag{6-72}$$

式中，$\Phi(\omega)$ 是内插函数：

$$\Phi(\omega)=\frac{\sin(\omega N/2)}{N\sin(\omega/2)}e^{-j\omega(N-1)/2} \tag{6-73}$$

式(6-73)表明，在各频率采样点 $\omega=2\pi k/N(k=0,1,2,\cdots,N-1)$ 上，$\Phi(\omega-2\pi k/N)=1$，因此，采样点上滤波器的实际频率响应严格地和理想频率响应在数值上相等。但是在采样点之间的频响则是由各采样点的加权内插函数的延伸叠加而成的，因而有一定的逼近误差，误差大小取决于理想频率响应曲线的形状。理想频率响应曲线变化越平缓，则内插值越接近理想值，逼近误差越小。例如，图 6-16(b)中的理想频率是一梯形响应，变化很缓和，因而采样后逼近效果较好。反之，如果采样点之间的理想频率响应曲线变化越陡，则内插值与理想值的误差越大，因而在理想频率响应曲线的不连续点附近，就会产生肩峰和起伏。例如，图 6-16(a)中是一个矩形的理想特性，它在频率采样后出现的肩峰和起伏就比梯形响应大得多。

为了提高逼近质量，应使逼近误差更小，也就是减小在通带边缘由于采样点的陡然变化而引起的起伏振荡。和窗函数法的平滑截断一样，这里在理想频率响应的不连续点的边缘加上一些过渡的采样点。如图 6-17 所示，在频率响应的过渡带内插入一个(H_{c1})、两个(H_{c1}、H_{c2})或三个(H_{c1}、H_{c2}、H_{c3})采样点，在这些点上的采样最佳值由计算机算出。这样就增加了过渡带，减小了频带边缘的突变，减小了通带和阻带的波动，因而增大了阻带最小衰减。这些采样点上的取值不同，效果也就不同。由式(6-72)可看出，每一个频率采样值都要产生一个与内插函数 $\dfrac{\sin(N\omega/2)}{\sin(\omega/2)}$ 成正比并且在频率上位移 $2\pi k/N$ 的频率响应，而 FIR 数字滤波器的频率响应就是 $H(k)$ 与内插函数 $\Phi\left(\omega-\dfrac{2\pi}{N}k\right)$ 的线性组合。如果精心设计过渡带的采样值，就有可能使它的相邻频带波动得以减小，从而设计出较好的滤波器。一般过渡带取一、二、三点采样值即可得到满意结果。在低通滤波器设计中，不加过渡采样点时，阻带最小衰减为 -20 dB，加一点时最优化设计阻带最小衰减可提高到 $-54\sim-44$ dB，

加二点时最优化设计阻带最小衰减为－75～－65 dB，而加三点时最优化设计阻带最小衰减为－95～－85 dB。

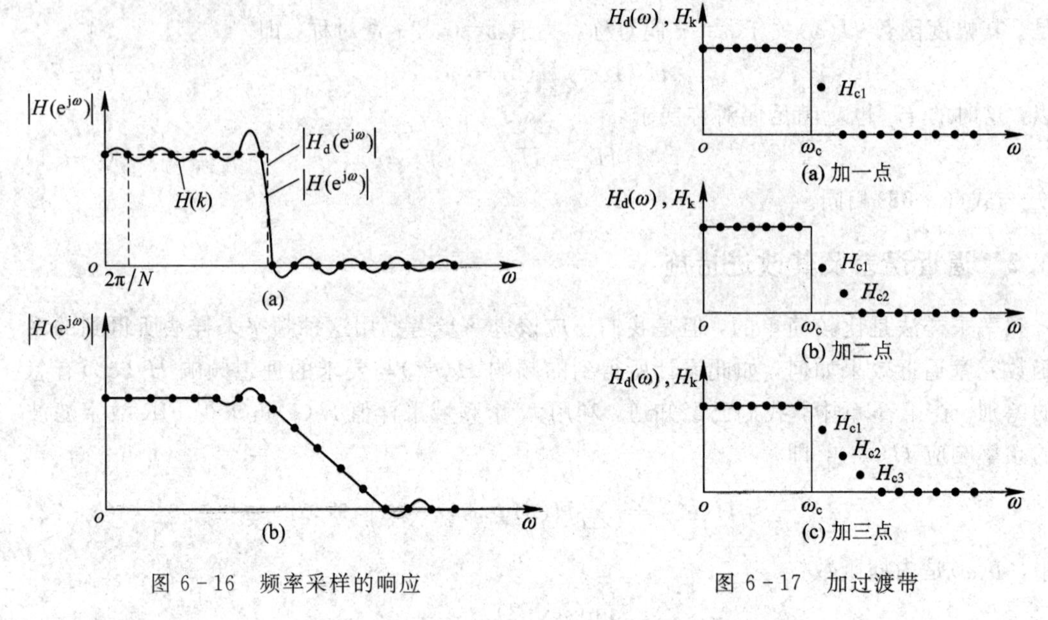

图 6－16 频率采样的响应

图 6－17 加过渡带

【例 6－8】 用频率采样法设计一线性相位 FIR 数字滤波器，$N=15$，幅度采样值为

$$H_k=\begin{cases}1 & k=0\\0.5 & k=1,\ 14\\0 & k=2,\ 3,\ \cdots,\ 13\end{cases}$$

试设计采样值的相位 θ_k，并求 $h(n)$及 $H(e^{j\omega})$的表达式。

解 因本题所给 $N=15$，且 $H_k=H_{N-k}$满足偶对称条件，$H_0=1$，由表 6－1 可知，这是第一种线性相位 FIR 数字滤波器，相位 $\theta(\omega)=-\omega\dfrac{N-1}{2}$，因此有

$$\theta_k=-k\frac{2\pi}{N}\cdot\frac{N-1}{2}=-\frac{14}{15}k\pi \qquad 0\leqslant k\leqslant 14$$

$$\begin{aligned}h(n)&=\frac{1}{N}\sum_{k=0}^{N-1}H(k)W_N^{-nk}=\frac{1}{N}\sum_{k=0}^{N-1}H_k e^{j\theta_k}e^{j\frac{2\pi}{N}nk}\\&=\frac{1}{15}\sum_{k=0}^{14}H_k e^{-j\frac{14}{15}k\pi}e^{j\frac{2\pi}{15}nk}\\&=\frac{1}{15}\left[1+0.5e^{j\left(\frac{2\pi}{15}n-\frac{14}{15}\pi\right)}+0.5e^{j\left(\frac{2\pi}{15}\times 14n-\frac{14\pi}{15}\times 14\right)}\right]\\&=\frac{1}{15}\left[1+\cos\left(\frac{2\pi}{15}n-\frac{14}{15}\pi\right)\right] \qquad 0\leqslant n\leqslant 14\end{aligned}$$

$$\begin{aligned}H(e^{j\omega})&=\sum_{k=0}^{N-1}H(k)\Phi\left(\omega-\frac{2\pi}{N}k\right)\\&=\sum_{k=0}^{14}H(k)\frac{\sin\left[\left(\omega-\frac{2\pi}{N}k\right)\frac{N}{2}\right]}{N\sin\left[\left(\omega-\frac{2\pi}{N}k\right)/2\right]}e^{-j\left[\left(\omega-\frac{2\pi}{N}k\right)\frac{N-1}{2}\right]}\end{aligned}$$

$$=\frac{\sin\frac{\omega N}{2}}{N\sin\frac{\omega}{2}}\mathrm{e}^{-\mathrm{j}\omega\frac{N-1}{2}}+0.5\mathrm{e}^{-\mathrm{j}\frac{14}{15}\pi}\frac{\sin\left[\left(\omega-\frac{2\pi}{N}\right)\frac{N}{2}\right]}{N\sin\left[\left(\omega-\frac{2\pi}{N}\right)\Big/2\right]}\mathrm{e}^{-\mathrm{j}\left[\left(\omega-\frac{2\pi}{N}\right)\frac{N-1}{2}\right]}+$$

$$0.5\mathrm{e}^{-\mathrm{j}\frac{16}{15}\pi}\frac{\sin\left[\left(\omega-\frac{2\pi}{N}\times 14\right)\frac{N}{2}\right]}{N\sin\left[\left(\omega-\frac{2\pi}{N}\times 14\right)\Big/2\right]}\mathrm{e}^{-\mathrm{j}\left[\left(\omega-\frac{2\pi}{N}\times 14\right)\frac{N-1}{2}\right]}$$

$$=\frac{1}{15}\sin\frac{15}{2}\omega\left[\frac{1}{\sin\frac{\omega}{2}}-\frac{1/2}{\sin\left(\frac{\omega}{2}-\frac{\pi}{15}\right)}+\frac{1/2}{\sin\left(\frac{\omega}{2}-\frac{14}{15}\pi\right)}\right]\mathrm{e}^{-\mathrm{j}7\omega}$$

【例 6-9】 利用频率采样法，设计一个线性相位 FIR 数字低通滤波器，其理想频率响应是矩形的，即

$$|H_{\mathrm{d}}(\mathrm{e}^{\mathrm{j}\omega})|=\begin{cases}1 & 0\leqslant\omega\leqslant\omega_{\mathrm{c}}\\ 0 & \text{其他}\end{cases}$$

已知 $\omega_{\mathrm{c}}=0.5\pi$，采样点数为奇数，$N=33$。试求各采样点的幅值 H_k 及相位 θ_k，即求采样值 $H(k)$。

解　$N=33$，且低通滤波器的幅度函数 $H(0)=1$。由表 6-1 可知，这属于第一种线性相位 FIR 数字滤波器。

第一种线性相位 FIR 数字滤波器的幅度函数 $H(\omega)$关于 $\omega=\pi$ 偶对称，即

$$H(\mathrm{e}^{\mathrm{j}\omega})=H(\omega)\mathrm{e}^{-\mathrm{j}\omega\frac{N-1}{2}}$$

且有

$$H(\omega)=H(2\pi-\omega)$$

$$H(k)=H_k\mathrm{e}^{\mathrm{j}\theta_k}$$

则 H_k 满足偶对称特性，因而有

$$H_k=H_{N-k}$$

$$\theta_k=-k\frac{2\pi}{N}\frac{N-1}{2}=-\frac{32}{33}k\pi\qquad 0\leqslant k\leqslant 32$$

又

$$\omega_{\mathrm{c}}=0.5\pi$$

$$\frac{\omega_{\mathrm{c}}}{\frac{2\pi}{N}}=\frac{0.5\pi}{2\pi}\times 33=8.25$$

故

$$H_k=\begin{cases}1 & 0\leqslant k\leqslant 8,\ 25\leqslant k\leqslant 32\\ 0 & 9\leqslant k\leqslant 24\end{cases}$$

$$H(k)=H_k\mathrm{e}^{\mathrm{j}\theta_k}\qquad 0\leqslant k\leqslant 32$$

例 6-9 也可用 MATLAB 编程来实现。程序如下：

```
clear all;
N=33;
wc=0.5*pi;
k=0:N-1;
phase=-pi*k*(N-1)/N;
```

```
M= floor(wc/(2 * pi/N));
HK=[ones(1, M+1), zeros(1, N-2 * M-1), ones(1, M)];
HK1=HK. * exp(j * phase);
hn=ifft(HK1, N);
freqz(hn, 1, 512);
```

运行后可得 FIR 数字低通滤波器的幅频和相频特性如图 6－18 所示。

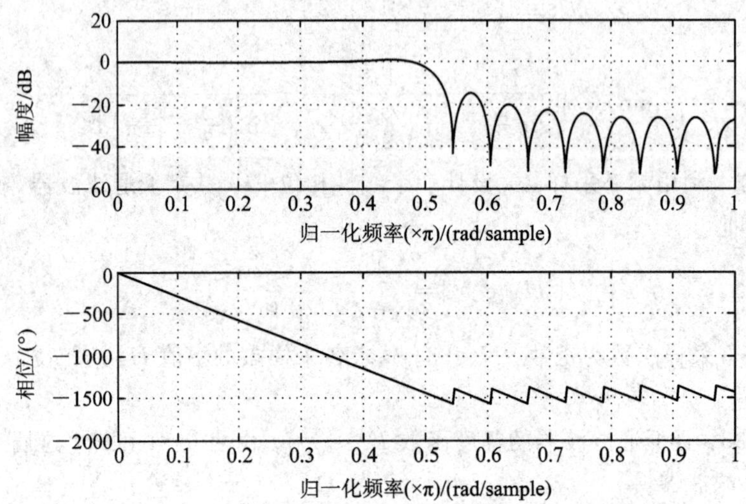

图 6－18 FIR 数字低通滤波器的幅频和相频特性

此时是不设过渡点的情况，如果要加一个过渡点 H＝0.5，那么程序只需改动一个地方，即把

```
HK=[ones(1, M+1), zeros(1, N-2 * M-1), ones(1, M)];
```

改为

```
HK=[ones(1, M+1), 0.5, zeros(1, N-2 * M-3), 0.5, ones(1, M)];
```

频率采样法的优点是可以在频域直接设计，并且适合最优化设计；缺点是采样频率只能等于 $2\pi/N$ 的整数倍，因而不能确保截止频率 ω_c 的自由取值，要想自由地选择截止频率，必须增加采样点数 N，但这又会使计算量加大。

6.4 等波纹线性相位滤波器

采用窗函数法设计 FIR 数字滤波器的方法简单，通常会得到一个性能较好的滤波器。但是在以下两个方面，这些滤波器的设计还不是最优的：

(1) 通带和阻带的波动基本上相等，虽然一般需要 δ_2 小于 δ_1，但是在窗函数法中不能分别控制这些参数。所以，窗函数法需要在通带内对滤波器“过设计”(即通带内的技术指标超过所要求的技术指标)，这样才能满足阻带的严格要求。

(2) 对于大部分窗函数来说，通带内或阻带内的波动不是均匀的，通常离开过渡带时会减小。若允许波动在整个通带内均匀分布，那么就会产生较小的峰值波动。

另一方面，对于一个给定的滤波器阶数 $M(M=N-1)$，在所有频带内波动的幅度最小。从这个意义上说，等波纹线性相位滤波器是最优的。所以，等波纹线性相位滤波器设计法又称为等波纹最佳一致逼近设计法。

下面我们将考虑第一种线性相位 FIR 数字滤波器的设计问题。对它的结论作修改后，就可以设计其他类型的线性相位 FIR 数字滤波器。

一个线性相位 FIR 数字滤波器的频率响应可以写成

$$H(e^{j\omega}) = H(\omega)e^{-j\omega\alpha} \tag{6-74}$$

式中，幅度函数 $H(\omega)$是 ω 的实函数。对于第一种线性相位 FIR 数字滤波器：

$$h(n) = h(N-1-n)$$

式中，N 是奇数。利用 $h(n)$的对称性可以将频率相应表示为

$$H(\omega) = \sum_{k=0}^{L} a(k)\cos(k\omega) \tag{6-75}$$

式中，$L=(N-1)/2$，且有

$$a(0) = h\left(\frac{N-1}{2}\right)$$

$$a(k) = 2h\left(\frac{N-1}{2}-k\right) \qquad k = 1, 2, \cdots, \frac{N-1}{2}$$

假设 $H_d(\omega)$是期望的幅度，$W(\omega)$是一个正的误差加权函数，它是为在通带或阻带要求不同的逼近精度而设计的。一般地，在要求逼近精度高的频带，$W(\omega)$取值大；在要求逼近精度低的频带，$W(\omega)$的取值小。设计过程中，$W(\omega)$为已知函数。设

$$E(\omega) = W(\omega)[H_d(\omega) - H(\omega)]$$

是一个加权逼近误差。等波纹滤波器设计问题就是求系数 $a(k)$，要求在一组频率 F 上使 $E(\omega)$的最大绝对值最小，即求

$$\min_{a(k)}\{\max_{\omega\in F} |E(\omega)|\}$$

例如，为了设计一个低通滤波器，频率组 F 可以是通带$[0, \omega_p]$和阻带$[\omega_s, \pi]$内的频率，如图 6-19 所示。过渡带$[\omega_p, \omega_s]$是不关心的区域，求加权误差最小时不作考虑，此时可以采用交错定理求这个最优化问题。

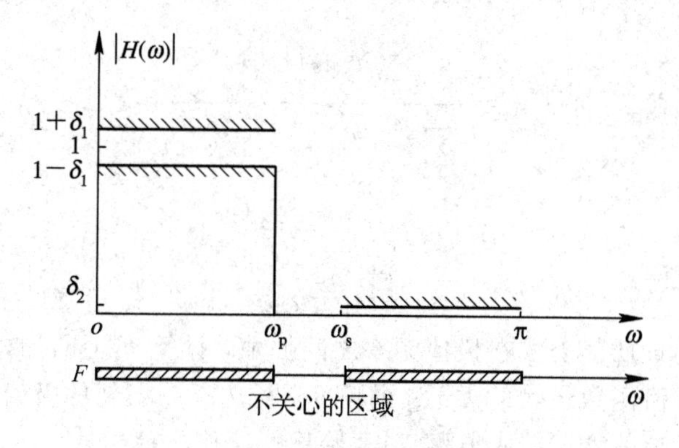

图 6-19　等波纹滤波器设计中的频率组

交错定理：设 F 是$[0, \pi]$区间内封闭子集的并集，对于一个正的加权函数 $W(\omega)$，有

$$H(\omega) = \sum_{k=0}^{L} a(k)\cos k\omega$$

在 F 上，$H(\omega)$能成为唯一使加权误差$|E(\omega)|$的最大值最小的函数。其充要条件是：在 F 上 $E(\omega)$至少有 $L+2$ 个交错值。也就是说，在 F 上必须至少有 $L+2$ 个极值频率，即

$$\omega_0 < \omega_1 < \cdots < \omega_{L+1}$$

这样

$$E(\omega_k) = -E(\omega_{k+1}) \qquad k = 0, 1, \cdots, L$$

且

$$|E(\omega_k)| = \max_{\omega \in F} |E(\omega)| \qquad k = 0, 1, \cdots, L+1$$

交错定理说明最优滤波器是等波纹的。虽然交错定理确定了最优滤波器必须有的极值频率(或波动)的最少数目，但是可以有更多的数目。例如，一个低通滤波器可以有 $L+2$ 个或 $L+3$ 个极值频率，有 $L+3$ 个极值频率的低通滤波器称作超波纹滤波器。

由交错定理可以得到

$$W(\omega_k)[H_{\mathrm{d}}(\omega_k) - H(\omega_k)] = (-1)^k \varepsilon \qquad k = 0, 1, \cdots, L+1$$

式中，$\varepsilon = \max\limits_{\omega \in F} |E(\omega)|$是最大的加权误差绝对值，这些关于未知数 $a(0)$，…，$a(L)$以及 ε 的方程可以写成下面的矩阵形式：

$$\begin{bmatrix} 1 & \cos(\omega_0) & \cdots & \cos(L\omega_0) & 1/W(\omega_0) \\ 1 & \cos(\omega_1) & \cdots & \cos(L\omega_1) & -1/W(\omega_1) \\ \vdots & \vdots & & \vdots & \vdots \\ 1 & \cos(\omega_L) & \cdots & \cos(L\omega_L) & (-1)^L/W(\omega_L) \\ 1 & \cos(\omega_{L+1}) & \cdots & \cos(L\omega_{L+1}) & (-1)^{L+1}/W(\omega_{L+1}) \end{bmatrix} \begin{bmatrix} a(0) \\ a(1) \\ \vdots \\ a(L) \\ \varepsilon \end{bmatrix} = \begin{bmatrix} H_{\mathrm{d}}(\omega_0) \\ H_{\mathrm{d}}(\omega_1) \\ \vdots \\ H_{\mathrm{d}}(\omega_L) \\ H_{\mathrm{d}}(\omega_{L+1}) \end{bmatrix} \tag{6-76}$$

给定了极值频率，就可以解关于 $a(0)$，…，$a(L)$以及 ε 的方程。为了求极值频率，可以采用一种高效的迭代过程，称作帕克斯-麦克莱伦(Parks-McClellan)算法。更详细的内容，可参考文献[1]。具体步骤如下：

(1) 估计一组初始极值频率(可任选)。

(2) 解方程(6-76)，求 ε。可以证明，ε 的值为

$$\varepsilon = \frac{\sum\limits_{k=0}^{L+1} b(k) H_{\mathrm{d}}(\omega_k)}{\sum\limits_{k=0}^{L+1} (-1)^k b(k)/W(\omega_k)}$$

式中：

$$b(k) = \prod_{i=0,\ i\neq k}^{L+1} \frac{1}{\cos\omega_k - \cos\omega_i}$$

(3) 利用拉格朗日插值公式在极值频率之间插值，计算 F 上的加权误差函数。

(4) 先选择使插值函数最大的 $L+2$ 个频率，再选择一组新的极值频率。

(5) 如果极值频率改变了，从步骤(2)开始重复迭代过程。

一个设计公式可以用来计算一个低通滤波器的等波纹滤波器的阶数 N，如已知过渡带宽为 Δf，通带波动为 δ_1，阻带波动为 δ_2，则

$$N = \frac{-10\lg(\delta_1\delta_2) - 13}{14.6\Delta f} \tag{6-77}$$

【例 6-10】 设计一个等波纹低通滤波器，通带截止频率 $\omega_p=0.3\pi$，阻带截止频率 $\omega_s=0.35\pi$，通带波动 $\delta_1=0.01$，阻带波动 $\delta_2=0.001$。

解　利用式(6-77)计算滤波器的阶数：

$$N=\frac{-10\lg(\delta_1\delta_2)-13}{14.6\Delta f}=102$$

由于我们希望阻带内的波动比通带内的波动小 10 倍，所以必须采用加权函数对误差加权：

$$W(\omega)=\begin{cases}1 & 0\leqslant|\omega|\leqslant 0.3\pi\\ 10 & 0.35\pi\leqslant|\omega|\leqslant\pi\end{cases}$$

采用 Parks-McClellan 算法进行设计，我们得到一个滤波器，其幅频特性见图 6-20。

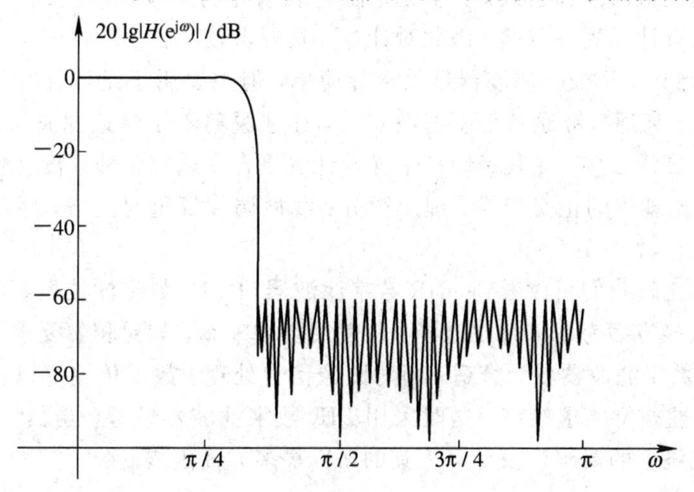

图 6-20　例 6-10 的低通滤波器的幅频特性

实际中，一般调用 MATLAB 信号处理工具箱中的函数 remezord 来计算等波纹滤波器的阶数 N 和加权函数 $W(\omega)$，调用函数 remezord 直接求滤波器的单位脉冲响应 $h(n)$，参考第 8 章。

6.5　FIR 数字滤波器和 IIR 数字滤波器的比较

IIR 和 FIR 两种滤波器究竟各自有什么优劣之处，在实际运用时应该怎样去选择它们？为了回答这个问题，下面我们将对这两个滤波器作一个简单的比较。

首先，从性能上说，IIR 数字滤波器可以用较少的阶数获得很高的选择特性，这样一来，所用存储单元少，运算次数少，较为经济，而且效率高。但是这个高效率是以相位的非线性为代价得来的。选择性越好，非线性越严重。相反，FIR 数字滤波器可以得到严格的线性相位。但是，如果需要获得一定的选择性，则要用较多的存储器且有较多的运算，成本比较高，信号延时也较大。然而，FIR 数字滤波器的这些缺点是相对于非线性相位的 IIR 数字滤波器而言的。如果按相同的选择性和相同的线性相位要求的话，那么，IIR 数字滤波器就必须加全通网络来进行相位校正，因此同样要大大增加滤波器的阶数和复杂性。所以如果相位要求严格一点，那么采用 FIR 数字滤波器在性能和经济上都优于 IIR 数字滤波器。

从结构上看，IIR数字滤波器必须采用递归型结构，极点位置必须在单位圆内；否则，系统将不稳定。此外，在这种结构中，由于运算过程中对序列进行四舍五入处理，因此有时会引起微弱的寄生振荡。相反，FIR数字滤波器主要采用非递归型结构，不论在理论上还是在实际的有限精度运算中都不存在稳定性问题，运算误差也较小。此外，FIR数字滤波器可以采用快速傅里叶变换算法，在相同阶数的条件下，运算速度可以快得多。

从设计工作来看，IIR数字滤波器可以借助模拟滤波器的成果，一般都有有效的封闭函数的设计公式可用来进行准确计算，又有许多数据和表格可查，设计计算的工作量比较小，对计算工具的要求不高。FIR数字滤波器设计则一般没有封闭函数的设计公式，窗函数法仅仅对窗函数给出计算公式，计算通、阻带衰减等仍无显式表达式。一般地，FIR数字滤波器设计只有计算程序可循，因此对计算工具要求较高。

此外还应看到，IIR数字滤波器虽然设计简单，但主要用于设计具有片段常数特性的滤波器，如低通、高通、带通及带阻滤波器等，往往脱离不了模拟滤波器的格局。而FIR数字滤波器则要灵活很多，尤其是频率采样设计法更容易适应各种幅度特性和相位特性的要求，可以设计出理想的正交变换、理想微分、线性调频等重要网络，因而有更大的适应性和更广阔的天地。

从以上简单比较我们可以看到，IIR数字滤波器与FIR数字滤波器各有所长，因此在实际应用时要从多方面考虑来加以选择。从使用要求来看，如对相位要求不敏感的语言通信等，选用IIR数字滤波器较为合适；而对图像信号处理、数据传输等以波形携带信息的系统，一般对线性相位要求较高，这时采用FIR数字滤波器较好。当然，在实际设计中，还应综合考虑经济上的要求以及计算工具的条件等多方面因素。

6.6 数字滤波器的应用

数字滤波器的应用有很多，主要用于消除噪声和分离不同频带的信号。

6.6.1 信号消噪

滤波技术是信号消噪的基本方法。根据噪声频率分量的不同，可选用具有不同滤波特性的滤波器。当噪声的频率高于信号的频率时，应选用低通滤波器；反之，选用高通滤波器。当噪声的频率低于和高于信号的频率时，应选用带通滤波器。当噪声的频率处于信号的频率范围时，应选用带阻滤波器。

对FIR数字滤波器，滤波器设计的结果是它的单位脉冲响应$h(n)$，由第1章1.3节可知，含噪信号$x(n)$经过滤波器的输出$y(n)$为

$$y(n)=x(n)*h(n)=\sum_{m=0}^{N-1}h(m)x(n-m) \tag{6-78}$$

对IIR数字滤波器，滤波器设计的结果是它的系统函数$H(z)$(即它的分子、分母多项式的系数b_k、a_k)。由第1章可知，含噪信号$x(n)$经过IIR数字滤波器的输出$y(n)$为$H(z)$对应的差分方程的解，即

$$y(n)=\sum_{k=0}^{M}b_kx(n-k)+\sum_{k=1}^{N}a_ky(n-k) \tag{6-79}$$

式(6-78)和式(6-79)是利用滤波器在时域中消噪，而例 3-5 是利用 FFT 在频域中消噪，下面利用滤波器时域滤波重做这个例子。

【例 6-11】 在例 3-5 中，语音信号含有强烈噪声，如图 6-21(a)所示，试设计 FIR 和 IIR 数字滤波器消噪。

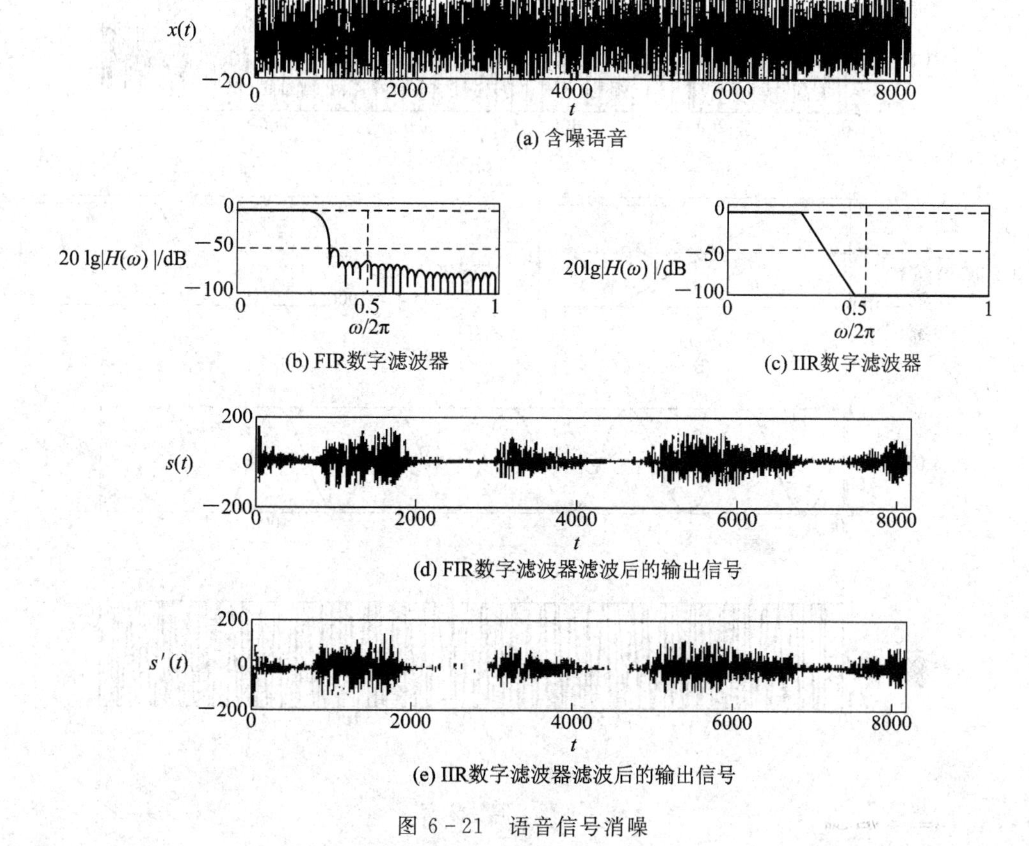

图 6-21　语音信号消噪

解　由例 3-5 知噪声的频率高于信号的频率，故选用低通滤波器。取样频率为 8 kHz，取通带边缘频率 $f_p=1$ kHz 对应数字频率 $\omega_p=2\pi f_p/8=0.25\pi$，取阻带边缘频率 $f_s=2$ kHz(注意不要和取样频率的符号混淆)，对应数字频率 $\omega_s=0.5\pi$，通带允许波动 $A_p=1$ dB，阻带最小衰减 $A_s=50$ dB，分别利用窗函数法和双线性变换法设计 FIR(类似于例6-7)和IIR 数字滤波器，如图 6-21(b)、(c)所示。再分别经过式(6-78)、式(6-79)处理得到图 6-21(d)、(e)。可见，消噪效果明显。

如果选用海明窗，则 FIR 数字滤波器的长度 $N=8\pi/(0.5\pi-0.25\pi)=32$，IIR 数字滤波器的长度 $N=18$，相差 1.8 倍。

6.6.2　不同频带信号的分离

在信号处理中，常遇到需要分离信号的不同频带分量的情况，这时可以利用滤波器来完成。例如，通信中的子带编码，“子带”就是指不同频带。子带编码首先需要将信号按不同频带分离，然后根据不同频带分量的特点设置比特数。下面举例来说明。

【例 6-12】 设信号 $x(t)=x_1(t)+x_2(t)$ 是两个不同频率(50 Hz 和 400 Hz)的正弦波的叠加，如图 6-22(a)所示。试将两分量分离。

解 先通过采样将连续时间信号 $x(t)$ 转换为离散时间信号 $x(n)$，再利用双线性变换法设计 IIR 数字低通、高通滤波器，如图 6-22(b)、(c)所示，信号 $x(n)$ 分别经过低通、高通滤波器输出，如图 6-22(d)、(e)所示。可见，两个不同频率的正弦波已完全分离。

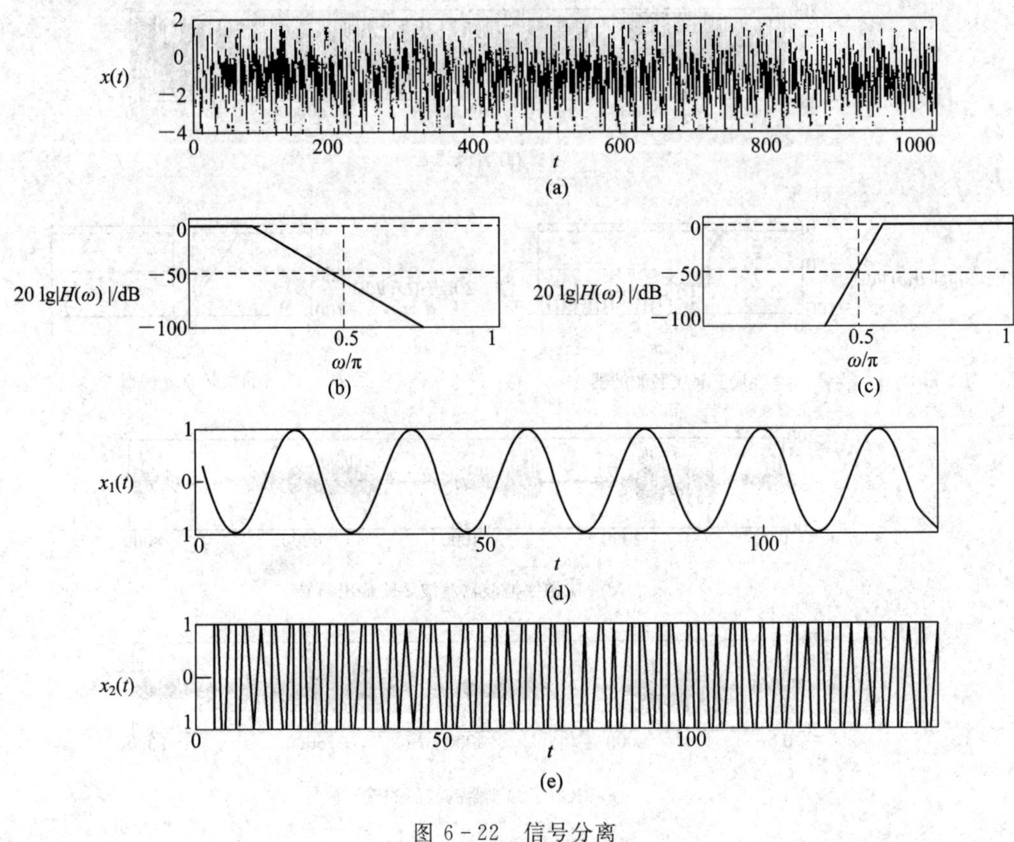

图 6-22 信号分离

本章小结

本章首先讨论了线性相位 FIR 数字滤波器的条件和特点，即四种线性相位 FIR 数字滤波器的 $h(n)$ 的对称性，$H(e^{j\omega})$ 的相位特点、幅度特点及 $H(z)$ 的零点位置分布。其次，分别介绍了线性相位 FIR 数字滤波器设计的三种方法：窗函数法、频率采样法和等波纹最佳一致逼近设计法(即等波纹线性相位滤波器)。之后，对 IIR 和 FIR 数字滤波器从多方面进行了比较。最后，简单介绍了 FIR 数字滤波器的应用。

习题与上机练习

6.1 FIR 数字滤波器的单位脉冲响应 $h(n)$ 如下：

(1) $h(n)=\{1, 2, 4, 2, 1\}$；　　(2) $h(n)=\{1, 2, 4, 3, 2\}$；

(3) $h(n)=\{1, -2, 2, -1\}$；　　(4) $h(n)=\{-1, -2, 2, -1\}$；

(5) $h(n)=\{1, 2, -4, 4, -2, -1\}$；　　(6) $h(n)=\{1, 2, 4, 4, 2, 1\}$。

(a) 分别作图，表示它们的 $h(n)$。

(b) 分别判断是否为线性相位 FIR 数字滤波器，如是，请问是哪一种线性相位 FIR 数字滤波器？

(c) 如果是线性相位 FIR 数字滤波器，写出它们的相位函数。

6.2　设系统的单位脉冲响应为

$$h(n)=\begin{cases}1 & 0\leqslant n\leqslant 2\\ 0 & \text{其他}\end{cases}$$

计算并画出其频率响应。

6.3　一数字滤波器的单位脉冲响应为 $h(n)$，当 $n<0$，$n\geqslant N$ 时，$h(n)=0$，且 $h(n)$ 为实数，其 N 点离散傅里叶变换为 $H(k)$。

(1) 证明：若 $h(n)$ 满足 $h(n)=-h(N-1-n)$，则 $H(0)=0$。

(2) 证明：若 $h(n)$ 满足 $h(n)=h(N-1-n)$，且 N 为偶数，则 $H(N/2)=0$。

6.4　一个具有广义线性相位的 FIR 数字滤波器具有如下性质：

(1) $h(n)$ 是实数，且 $n<0$ 和 $n>5$ 时 $h(n)=0$。

(2) $\sum_{n=0}^{5}(-1)^n h(n)=0$。

(3) 在 $z=0.7\mathrm{e}^{\mathrm{j}\pi/4}$ 处 $H(z)$ 等于零。

(4) $\int_{-\pi}^{\pi}H(\mathrm{e}^{\mathrm{j}\omega})\,\mathrm{d}\omega=4\pi$。

试求该滤波器的系统函数 $H(z)$。

6.5　用矩形窗设计一个线性相位 FIR 数字低通滤波器。已知：

$$H_\mathrm{d}(\mathrm{e}^{\mathrm{j}\omega})=\begin{cases}\mathrm{e}^{-\mathrm{j}\omega\alpha} & 0\leqslant\omega\leqslant\omega_\mathrm{c}\\ 0 & \omega_\mathrm{c}<\omega\leqslant\pi\end{cases}$$

(1) 求出 $h(n)$ 的表达式，确定 α 与 N 的关系。

(2) 确定有几种类型，分别属于哪一种线性相位 FIR 数字滤波器。

(3) 若改用升余弦窗(汉宁窗)设计，求出 $h(n)$ 的表达式。

6.6　用矩形窗设计一个线性相位 FIR 数字高通滤波器。已知：

$$H_\mathrm{d}(\mathrm{e}^{\mathrm{j}\omega})=\begin{cases}\mathrm{e}^{-\mathrm{j}(\omega-\pi)\alpha} & \pi-\omega_\mathrm{c}\leqslant\omega\leqslant\pi\\ 0 & 0\leqslant\omega<\pi-\omega_\mathrm{c}\end{cases}$$

(1) 求出 $h(n)$ 的表达式，确定 α 与 N 的关系。

(2) 确定有几种类型，分别属于哪一种线性相位 FIR 数字滤波器。

(3) 若改用升余弦窗(汉宁窗)设计，求出 $h(n)$ 的表达式。

6.7　用矩形窗设计一个线性相位 FIR 数字带通滤波器。已知：

$$H_\mathrm{d}(\mathrm{e}^{\mathrm{j}\omega})=\begin{cases}\mathrm{j}\mathrm{e}^{-\mathrm{j}\omega\alpha} & -\omega_\mathrm{c}\leqslant\omega-\omega_0\leqslant\omega_\mathrm{c}\\ 0 & 0\leqslant\omega<\omega_0-\omega_\mathrm{c},\ \omega_0+\omega_\mathrm{c}<\omega\leqslant\pi\end{cases}$$

(1) 求出 $h(n)$ 的表达式，确定 α 与 N 的关系。

(2) 确定有几种类型，分别属于哪一种线性相位 FIR 数字滤波器。

(3) 若改用升余弦窗(汉宁窗)设计，求出$h(n)$的表达式。

6.8　请选择合适的窗函数及N来设计一个线性相位FIR数字低通滤波器。已知：

$$H_d(e^{j\omega})=\begin{cases}e^{-j\omega\alpha} & 0\leqslant\omega\leqslant\omega_c\\0 & \omega_c<\omega\leqslant\pi\end{cases}$$

要求其最小阻带衰减为 -45 dB，过渡带为$8\pi/51$。试求出$h(n)$并用计算机编程画出$20\lg|H(e^{j\omega})|$曲线。(设$\omega_c=0.5\pi$)

6.9　用矩形窗设计一个线性相位FIR数字低通滤波器。已知$\omega_c=0.5\pi$，$N=21$。求出$h(n)$并画出$20\lg|H(e^{j\omega})|$曲线。

6.10　令$h_{lp}(n)$为线性相位FIR数字低通滤波器的单位脉冲响应。线性相位FIR数字高通滤波器的单位脉冲响应$h_{hp}(n)$可以用下面的变换得到：

$$h_{hp}(n)=(-1)^n h_{lp}(n)$$

如果决定用这种变换来设计高通滤波器，并希望所求得的高通滤波器是对称的，那么4种线性相位FIR数字滤波器中的哪一些可以用于该高通滤波器的设计？注意：答案应当考虑全部可能的类型。

6.11　我们要通过给截止频率$\omega_c=0.3\pi$的理想离散时间低通滤波器的脉冲响应$h_d(n)$加窗函数$w(n)$来设计一个FIR数字低通滤波器，并满足技术指标：

$$0.95<H(e^{j\omega})<1.05,\quad 0\leqslant|\omega|\leqslant 0.25\pi$$
$$-0.1<H(e^{j\omega})<0.1,\quad 0.35\leqslant|\omega|\leqslant\pi$$

哪一种加窗的线性相位FIR数字滤波器可满足这一要求？对于每一个能满足这一要求的窗函数，求出滤波器所要求的最小长度N。

6.12　用窗函数法设计一个线性相位FIR数字低通滤波器。要求通带截止频率$\omega_p=0.4\pi$，过渡带宽度为$8\pi/51$，阻带最小衰减为45 dB。选择合适的窗函数及其长度，求出$h(n)$，并用MATLAB编程画出滤波器的频率响应的幅频特性(以dB表示)和相频特性曲线。

6.13　用窗函数法设计一个线性相位FIR数字带通滤波器。要求阻带下截止频率$\omega_{1s}=0.2\pi$，通带下截止频率$\omega_{1p}=0.35\pi$，通带上截止频率$\omega_{2p}=0.65\pi$，阻带上截止频率$\omega_{2s}=0.8\pi$，通带最大衰减$A_p=1$ dB，阻带最小衰减$A_s=60$ dB。

6.14　用数字低通滤波器对模拟信号进行滤波，要求如下：通带截止频率为10 kHz，阻带截止频率为22 kHz，阻带最小衰减为75 dB，采样频率为50 kHz。用窗函数法设计FIR数字低通滤波器，选择合适的窗函数及其长度，求出$h(n)$，并用MATLAB编程画出滤波器的频率响应的幅频特性(以dB表示)和相频特性曲线。

6.15　用频率采样法设计第一种线性相位FIR数字低通滤波器，要求通带截止频率$\omega_p=\pi/3$，阻带最小衰减大于40 dB，过渡带宽度$\Delta\omega\leqslant\pi/16$。

6.16　用频率采样法设计一线性相位FIR数字低通滤波器，截止频率$\omega_c=\pi/3$，边沿上不放过渡点。

(1) 请问有几种类型，分别属于哪一种线性相位FIR数字滤波器？

(2) 当$N=8$时，求各采样值的幅值H_k及相位θ_k。

(3) 求$N=8$时的$h(n)$值。

(4) 用计算机编程实现，并画出$20\lg|H(e^{j\omega})|$的曲线。

6.17　用频率采样法设计一个线性相位 FIR 数字高通滤波器，截止频率 $\omega_c=3\pi/4$，并在边沿上设一过渡采样点 $H_k=0.39$，试求出当 $N=5$ 时的采样值 $H(k)$($H(k)=H_k e^{j\theta_k}$)。

6.18　用频率采样法设计一线性相位 FIR 数字带通滤波器。其上、下边带截止频率 $\omega_1=\pi/4$，$\omega_2=3\pi/4$，不设过渡点。试求 $N=33$ 或 $N=34$ 情况下的第一、二、三、四种线性相位 FIR 数字滤波器的四种采样值 $H(k)$。

6.19　用频率采样法设计一个线性相位 FIR 数字低通滤波器，$N=15$，$\omega_c=\pi/4$，边沿上设一个过渡点，$|H(k)|=0.6$。

(1) 求各采样点的幅值 H_k 及相位 θ_k(即求采样值 $H(k)$)。

(2) 求系统的单位脉冲响应 $h(n)$。

第 7 章 数字信号处理中的有限字长效应

之前讨论的数字信号处理算法和模型都是建立在理论层面的，认为所有的数字精度“无限”大。在实际工程实现中，无论是专用硬件，还是在计算机上用软件来实现数字信号处理，输入信号的每个取样值、算法中要用到的参数以及任何中间计算结果和最终计算结果，都用有限位的二进制数来表示或存储在有限字长的存储单元中。在数字系统中，有三种与字长密切相关的误差因素：

(1) A/D 变换中，将输入的模拟信号采样转换为数字信号时所产生的量化效应；

(2) 系数采用有限位二进制数表示时产生的量化效应；

(3) 在运算过程中，由于字长的限制，必须对数据进行尾数处理和为防止溢出而压缩信号电平所产生的误差。

本章拟通过对上述因素进行分析，探讨利用数字处理器件实现系统时有限字长对结果的影响、误差传播的方式方法、处理结果的可信度以及可以采取的改进措施等。

7.1 数值表示的有限字长效应

7.1.1 定点数与浮点数

为了用有限的数字符号代表所有的数值，人们通常采用进位制(也称进制)的方法，即按给定的规则进位。例如，R 进制就表示某一位置上的数进行运算时每逢 R 进一位。R 进制下，任何一个数 P 可以表示为

$$(P)_R = \sum_{i=m}^{n} k_i R^i \tag{7-1}$$

其中，R 称作基数，R^i 称为位权，显然，每位的数值 $k_i \in [0, R-1]$。式(7-1)称为数 P 在 R 进制下的按权展开式。在非计算机领域，最常用的进制是十进制。在计算机中，各类信息、数据、指令等都以二进制方式进行存储和处理，而在程序编写时，则经常会涉及八进制、十进制和十六进制等。

当式(7-1)中的下限 $m \geqslant 0$ 时，P 是纯整数；当上限 $n \leqslant 0$ 时，P 是纯小数。可以看出，$i=0$ 是区分数 P 的整数部分和小数部分的关键位置，称为小数点位置。

根据小数点位置是否变化，将数的表示区分为定点数和浮点数两种。小数点位置固定不变的数称为定点数，如 11.556、3.189 等。定点数表示的数的格式规范，它所表示的数的精度固定。小数点位置可以变化的数称为浮点数。浮点数所表示的数的精度是不同的，

如 111.76、1.2357、1000.1 等。同一个数也可以用不同的形式来表示，如 111.76 可以用科学计数法表示成 11.176×10^1、1.1176×10^2、0.11176×10^3 等。

数字系统中所采用的二进制表示法有定点制和浮点制两种。无论是采用软件编程还是采用专用硬件实现，存储和处理过程中所采用的存储单元的长度都只能是有限的，也就是说数值表达的精度是有限的。7.1.2 节将对二进制的定点、浮点表示因寄存器长度限制而导致的误差进行分析，并就折中的成组浮点制(Block Floating Point，BFP，也称块浮点制)进行简单讨论。

7.1.2　定点制误差分析

1. 数的定点表示

在定点制下，一旦确定了小数点在整个数码中的位置，在整个运算过程中即保持不变。因此，根据系统设计要求、数值范围来确定小数点处于什么位置很重要，这就是数的定标。

数的定标有 Q 表示法和 S 表示法两种。Q 表示法形如 Qn，字母 Q 后的数值 n 表示包含 n 位小数。例如，Q0 表示小数点在第 0 位的后面，数为整数；Q15 表示小数点在第 15 位的后面，0～14 位都是小数位。S 表示法则形如 S$m.n$，m 表示整数位，n 表示小数位。以 16 位 DSP 为例，通过设定小数点在 16 位数中的不同位置，可以表示不同大小和不同精度的小数。表 7-1 列出了一个 16 位数的 16 种 Q 表示、S 表示及它们所能表示的十进制数值范围。

表 7-1　Q 表示、S 表示及十进制数值范围

Q表示	S表示	十进制数表示范围	分辨率
Q15	S0.15	$-1\leqslant X\leqslant 0.999\ 969\ 5$	$2^{-15}=0.000\ 030\ 517\ 578\ 125$
Q14	S1.14	$-2\leqslant X\leqslant 1.999\ 939\ 0$	$2^{-14}=0.000\ 061\ 035\ 156\ 25$
Q13	S2.13	$-4\leqslant X\leqslant 3.999\ 877\ 9$	$2^{-13}=0.000\ 122\ 070\ 312\ 5$
Q12	S3.12	$-8\leqslant X\leqslant 7.999\ 755\ 9$	$2^{-12}=0.000\ 244\ 140\ 625$
Q11	S4.11	$-16\leqslant X\leqslant 15.999\ 511\ 7$	$2^{-11}=0.000\ 488\ 281\ 25$
Q10	S5.10	$-32\leqslant X\leqslant 31.999\ 023\ 4$	$2^{-10}=0.000\ 976\ 562\ 5$
Q9	S6.9	$-64\leqslant X\leqslant 63.998\ 046\ 9$	$2^{-9}=0.001\ 953\ 125$
Q8	S7.8	$-128\leqslant X\leqslant 127.996\ 093\ 8$	$2^{-8}=0.003\ 906\ 25$
Q7	S8.7	$-256\leqslant X\leqslant 255.992\ 187\ 5$	$2^{-7}=0.007\ 812\ 5$
Q6	S9.6	$-512\leqslant X\leqslant 511.980\ 437\ 5$	$2^{-6}=0.015\ 625$
Q5	S10.5	$-1024\leqslant X\leqslant 1023.968\ 75$	$2^{-5}=0.031\ 25$
Q4	S11.4	$-2048\leqslant X\leqslant 2047.937\ 5$	$2^{-4}=0.0625$
Q3	S12.3	$-4096\leqslant X\leqslant 4095.875$	$2^{-3}=0.125$
Q2	S13.2	$-8192\leqslant X\leqslant 8191.75$	$2^{-2}=0.25$
Q1	S14.1	$-16\ 384\leqslant X\leqslant 16\ 383.5$	$2^{-1}=0.5$
Q0	S15.0	$-32\ 768\leqslant X\leqslant 32\ 767$	$2^{0}=1$

2. 定点运算

定点表示的两个数在进行加减法运算前，必须保证这两个数的定标值 Q 严格相等。假设进行加减运算的两个数分别为 x 和 y，它们的 Q 值相等且都为 Q_c，则进行加减运算的结果为 $x \pm y$，结果的 Q 值仍为 Q_c。

当 x 和 y 的 Q 值不相等时，假设它们的 Q 值分别为 Q_x 和 Q_y，且有 $Q_x > Q_y$，运算结果 z 的定标值为 Q_z，进行加减运算的步骤如下：

(1) 将 Q 值较小的数 y 的 Q 值调整为 Q_x，即 $y' = y \times 2^{Q_x - Q_y}$；

(2) 计算 $z' = x \pm y'$ 的值，其 Q 值为 Q_x；

(3) 将 z' 的 Q 值调整到 Q_z，即 $z = z' \times 2^{Q_z - Q_x}$，得到最终的运算结果。

做乘除运算时，假设进行运算的两个数分别为 x 和 y，它们的 Q 值分别为 Q_x 和 Q_y，则两者进行乘法运算的结果为 xy，Q 值为 $Q_x + Q_y$，除法运算的结果为 x/y，Q 值为 $Q_x - Q_y$。

在程序或硬件实现中，上述定标值的调整可以直接通过寄存器的左移或右移完成。若 $b > 0$，则要实现 $x \times 2^b$ 需将存储 x 的寄存器左移 b 位；若 $b < 0$，则要实现 $x \times 2^b$ 需将存储 x 的寄存器右移 $|b|$ 位。

在上述过程中，有两个问题需要引起重视：一是定标运算本质上还是原来的整数运算，人为确定 Q 值的过程实际上相当于将原来的运算过程放大了 2^Q 倍，更容易引起运算溢出。二是在右移调整 Q 值的过程中，实际上是舍弃了一部分运算精度，会形成截尾误差。对于第一个问题，需要根据实际问题合理地选择 Q 值，尽量避免其溢出。常用的选择 Q 值的方法有理论分析法和统计分析法等，在程序设计时应尽可能采取一些保护措施，如对数据进行归一化处理，牺牲精度、尽可能取较小的 Q 值，使用 DSP 芯片的溢出保护功能等。对于第二个问题，则需要从理论层面分析在整个过程中所产生误差的大小，及其对处理结果的影响等，将其控制在可以接受的范围内。

3. 定点数的原码、补码和反码表示

由前面的分析过程可知，采用定点处理器进行小数的运算，其小数点位是由程序员根据处理问题的需要人为设定的，在处理的过程中需要时刻关注 Q 值的变化及其所表示的物理含义，因而，从处理器的角度来看，定点制下进行小数的运算实质上还是按处理器字长进行整数的各种运算。同样，对数进行存储和处理的时候，数的各种码制表示规律也同样适用于定点表示下的小数处理。

计算机基础课程中，计算机在表达数值的时候，二进制数的最高位一般用作符号位，0 表示正数，1 表示负数，一个数可以有原码、补码和反码三种形式。对于正数来说，三种码都一样；而对于负数，这三种码并不一致，用途也各不相同。例如，原码适合做乘除法，常被用于设计串行乘法器；而补码适合做加减法，加法器的硬件多采用补码制。表 7-2 列出了三种码的特性对比。在数字信号处理器(DSP)中，通常采用补码制。

表 7-2　原码、补码和反码特性对比表

类　别	原 码	补 码	反 码
定　义	采用“符号-幅度码”的形式，最高位为符号位，代表数的正负，其余位代表数的大小	正数与原码表示相同，负数“取反加一”	正数与原码表示相同，负数按位取反

续表

类　别	原码	补码	反码
表示数的数量	2^L-1(0 有两种表示，即 $(00..0)_2$ 和 $(10..0)_2$)	2^L(0 仅有一种表示，即 $(00..0)_2$)	2^L-1(0 有两种表示，即 $(00..0)_2$ 和 $(11..1)_2$)
优　点	乘除运算方便，以两数符号位的逻辑加就可简单决定结果的正负号，数值则是两数数值部分乘除的结果	(1) 求取方便，负数直接取反加一即得其补码； (2) 可以把减法与加法统一成补码加法，符号位同时参加运算，无须考虑溢出进位； (3) 只要最后相加结果不溢出，即使中间结果有溢出也不影响运算	(1) 求取方便，负数直接按位取反即得反码； (2) 也可以把减法与加法统一成加法运算，但如果符号位相加后出现进位，则需把它送回到最低位进行相加，即做循环移位与最低位相加
缺　点	加减运算不方便，需先判断符号是否相同，相同则做加法，不同则做减法，当做减法时还需要判断两数的绝对值大小，用绝对值大者减绝对值小者，增加了运算开销	乘除运算不方便	乘除运算不方便
应用场合	应用较多，典型应用为串行乘法器	应用较多，程序处理和硬件加法器设计中常见	不常用
举　例	$(0.111)_2=(0.875)_{10}$ $(1.111)_2=(-0.875)_{10}$	$(0.111)_2=(0.875)_{10}$ $(1.111)_2=(-0.125)_{10}$	$(0.111)_2=(0.875)_{10}$ $(1.111)_2=(0)_{10}$

数的转换在 MATLAB 中的实现有如下几种方式。

(1) 函数 dec2bin 可以实现将一个十进制正整数转换成一个二进制的字符串。调用格式：

```
dec2bin(D)
dec2bin(D,N)
```

其中，输入变量 D 是小于 2^{52} 的非负整数，N 为转换后的二进制字符串的长度。

(2) 函数 bitcmp 可以用于求一个十进制正整数的补码，和函数 dec2bin 一起使用可以求一个十进制整数的反码和补码。调用格式：

```
bitcmp(A,N)
```

其中，输入变量 A 是无符号型整数，$A\leqslant 2^N-1$,计算结果为 2^N-1-A。

(3) 函数 num2bin 用于将一个数值矩阵转化成二进制的字符串。调用格式：

```
B = num2bin(Q,X)
```

其中，输入变量 X 是数值矩阵，Q 用于表明 X 的属性。在 MATLAB 里用函数 quantizer 生成量化目标 Q，常用的调用格式为 Q=quantizer([w,f])，w 是字符串 B 的长度，f 是小数位数。需要注意的是，如果不是 0. xxxx，则必须要给整数位保留两个比特(包含一位符号位)。

【例 7-1】 用 MATLAB 编程求十进制数 −1325 的二进制原码、反码和补码表示。

解 因为 $2^{10}<1325<2^{11}$，所以需要用 11 位二进制数来表示该十进制数，假设用 12 位二进制数表示，其中第 12 位为符号位。利用前面介绍的 MATLAB 函数编写程序如下：

```
x=-1325;
a=abs(x);
b=dec2bin(a+2^11,12)              %原码
c=dec2bin(bitcmp(a,12),12)        %反码
d=dec2bin(bitcmp(a,12)+1,12)      %补码
```

运行结果：

```
b=110100101101
c=101011010010
d=101011010011
```

【例 7-2】 用 MATLAB 编程求十进制数 123.874 的二进制原码表示，小数位数保留 8 位。

解 利用前面介绍的 MATLAB 函数编写程序如下：

```
Q=quantizer([16,8]);
num2bin(Q,123.874)
```

运行结果：

```
ans=
    0111101111011111
```

4. 定点量化误差分析

在定点制下，当 Q 值确定以后，即用来表示小数的寄存器位数 L 确定后，其可表示的最小数的单位也就确定了，记为 2^{-L}，这个值称为量化间距，记作 q。超出 L 位的部分，可以通过直接截断的方式进行处理，所产生的误差称为截尾误差，也可以通过舍入的方式进行处理，产生舍入误差。

如果数 P 的小数部分是 x，通过 M 位二进制表示，存入 Q 值定义为 L 的寄存器中被量化为 $Q[x]$，则其量化误差 e 定义为

$$e=Q[x]-x,\quad x\in[0,1) \tag{7-2}$$

1) *截尾误差*

对于正数，原码、补码和反码的形式都相同，有

$$x=\sum_{i=1}^{M}k_i 2^{-i} \tag{7-3}$$

$$Q[x]=\sum_{i=1}^{L}k_i 2^{-i} \tag{7-4}$$

$$e=Q[x]-x=-\sum_{i=L+1}^{M}k_i 2^{-i} \tag{7-5}$$

显然，此时有 $-(2^{-L}-2^{-M})\leqslant e\leqslant 0$。当 $M\to\infty$ 时，有 $-2^{-L}\leqslant e\leqslant 0$。也就是说，截尾误

差最大不超出量化间距 q。

对于负数，由于三种码的表达方式不同，因此误差也不同。

当负数用原码表示时，有

$$x=-\sum_{i=1}^{M}k_i2^{-i} \tag{7-6}$$

$$Q[x]=-\sum_{i=1}^{L}k_i2^{-i} \tag{7-7}$$

$$e=Q[x]-x=\sum_{i=L+1}^{M}k_i2^{-i} \tag{7-8}$$

易知，$0\leqslant e\leqslant 2^{-L}-2^{-M}$。当 $M\to\infty$ 时，有 $0\leqslant e\leqslant 2^{-L}$。也就是说，用原码表示负数时，截尾误差始终为正，误差均值为 $2^{-(L+1)}$，且最大误差不超出量化间距 q。

当负数用补码表示时，有

$$x=-1+\sum_{i=1}^{M}k_i2^{-i} \tag{7-9}$$

$$Q[x]=-1+\sum_{i=1}^{L}k_i2^{-i} \tag{7-10}$$

$$e=Q[x]-x=-\sum_{i=L+1}^{M}k_i2^{-i} \tag{7-11}$$

易知，$-(2^{-L}-2^{-M})\leqslant e\leqslant 0$。当 $M\to\infty$ 时，有 $-2^{-L}\leqslant e\leqslant 0$。也就是说，用补码表示负数时，其截尾误差与正数情况一致，始终为负，误差均值为 $-2^{-(L+1)}$，最大误差不超出量化间距 q。

当负数用反码表示时，有

$$x=-1+\sum_{i=1}^{M}k_i2^{-i}+2^{-M} \tag{7-12}$$

$$Q[x]=-1+\sum_{i=1}^{L}k_i2^{-i}+2^{-L} \tag{7-13}$$

$$e=Q[x]-x=-\sum_{i=L+1}^{M}k_i2^{-i}+2^{-L}-2^{-M} \tag{7-14}$$

易知，$0\leqslant e\leqslant 2^{-L}-2^{-M}$。当 $M\to\infty$ 时，有 $0\leqslant e\leqslant 2^{-L}$。也就是说，用反码表示负数时截尾误差的情况与原码表示时相同，始终为正，误差均值为 $2^{-(L+1)}$，且最大误差不超出量化间距 q。

2）舍入误差

当定点数用于表示小数的寄存器长度为 L，将长度为 $M(M>L)$ 的数据存入该寄存器进行舍入处理时，就是将第 $L+1$ 位加 1，然后截断数据到第 L 位。容易理解，无论采用原码、补码还是反码表示，这个过程都调整了误差范围，误差均值的绝对值由 $2^{-(L+1)}$ 调整为 0，而误差范围调整为 $[-2^{-(L+1)},\ 2^{-(L+1)}]$。

7.1.3 浮点制误差分析

从前面对定点制误差分析的过程可以看出，定点制的优点是运算简便，对处理器要求低。但数的表达能力有限，所处理的数的动态范围较小。同时，寄存器的利用效率低，当表示较小的小数时，小数的有效位数较短，由截尾舍入产生的百分比误差随着数的绝对值的减小而增大。

科学计数法中，允许将任意一个数字表示为一个纯小数与一个指数相乘的形式：

$$(P)_R = S \cdot R^c$$

其中，S 一般为绝对值介于 0～1 之间的规格化尾数，机器中可用原码或补码表示；R 为基数，在数字处理器中通常取 2；c 为浮点数的阶码，即指数，它为整数。采用浮点制表示，可以在兼顾表达范围的同时保证运算精度。

根据 IEEE754 国际标准，常用的浮点数有单精度浮点数(single)和双精度浮点数(double)两种格式。单精度浮点数占用 4 字节(32 位)存储空间，在数字寄存器中，单精度浮点数的存储格式如图 7-1 所示，包括 1 位符号位 S，8 位阶码(指数)E，23 位尾数 F，数值范围为 1.175E－38～3.403E＋38。指数 E 的取值范围是－127～＋128，为了计算机内部表达的需要，加上偏移值 127 后存入实际字段。

(1) 当 $S=0$，$E=127$，F 的 23 位均为 1 时，表示的浮点数为最大的正数：

$$(\text{7F7FFF})_\text{H} = (2-2^{-23}) \times 2^{127} \approx 3.403 \times 10^{38}$$

(2) 当 $S=1$，$E=127$，F 的 23 位均为 1 时，表示的浮点数为绝对值最大的负数：

$$(\text{FF7FFFF})_\text{H} = -(2-2^{-23}) \times 2^{127} \approx -3.403 \times 10^{38}$$

(3) 当 $S=0$，$E=-126$，F 的 23 位均为 0 时，表示的浮点数为符合科学计数法的最小的正数：

$$(00800000)_\text{H} = 2^{1-127} \approx 1.175 \times 10^{-38}$$

双精度浮点数占用 8 字节(64 位)存储空间，包括 1 位符号位、11 位阶码、52 位尾数，数值范围为 1.7E－308～1.7E＋308。

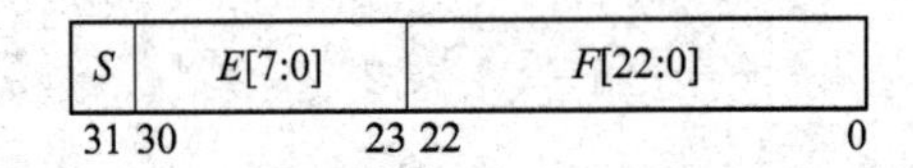

图 7-1 单精度浮点数的存储格式

浮点数进行加减运算一般需要五个步骤：

(1) 对阶：使两数的小数点位置对齐。

(2) 尾数求和(差)：将对阶后的两尾数按定点加减运算规则求和(差)。

(3) 规格化：为增加有效数字的位数，提高运算精度，必须将求和(差)后的尾数规格化。

(4) 舍入：为提高精度，要考虑尾数右移时丢失的数值位。

(5) 判断结果：即判断结果是否溢出。

浮点数的乘除运算分为阶码运算和尾数运算两个步骤。阶码运算较为简便，若是乘法，则对阶码寄存器段做加法运算，若是除法则做减法运算。

对于浮点数的乘法，尾数运算一般包括四个步骤：

(1) 预处理：检测两个尾数中是否有一个为 0。若有一个为 0，乘积必为 0，不再作其他操作；如果两尾数均不为 0，则可进行乘法运算。

(2) 相乘：两个浮点数的尾数相乘可以采用定点小数的任何一种乘法运算来完成。

(3) 规格化：相乘结果可能要进行左规，左规时调整阶码后如果发生阶下溢，则作机器零处理，如果发生阶上溢，则作溢出处理。

(4) 尾数截断：尾数相乘会得到一个双倍字长的结果，若限定只取 1 倍字长，则乘积的若干低位将会丢失。可以通过前面讨论的定点制截断处理方法进行截尾或舍入处理。

对于浮点数除法，尾数运算需要先检测被除数是否为 0，若为 0，则商为 0；再检测除数是否为 0，若为 0，则商为无穷大，另作处理。若两数均不为 0，则可进行除法运算。两浮点数尾数相除同样可采取定点小数的任何一种除法运算来完成。对已规格化的尾数，为了防止除法运算结果溢出，可先比较被除数和除数的绝对值，如果被除数的绝对值大于除数的绝对值，则先将被除数右移一位，其阶码加 1，再作尾数相除。此时所得结果必然是规格化的定点小数。

与定点制相比，浮点制一定程度上可以兼顾动态范围和运算精度，但其指数和尾数都需要参与运算，运算过程复杂，实现难度大，硬件成本高，在仅提供定点运算的处理器中很难获得实时的运算结果。

从处理误差方面看，浮点制所产生的误差传播范围广，分析起来难度较大，此处不做详细论述，可参阅相关书籍。

7.1.4　成组浮点制

成组浮点制(Block Floating Point，BFP)也称为块浮点制，基本思想是兼顾定点制和浮点制的优点，将一组数值相近的数据定义成一个具有统一指数的数据块。换句话说，就是将该组数据同时根据这个共享指数进行缩放，在保证动态范围和精度的同时又不需要考虑彼此间指数的影响。

BFP 是一种在工程实现中较常采用的方法。例如，Altera 公司提供的 IP 核 FFT Megacore 中就集成了该算法。

7.2　A/D 变换的有限字长效应

7.2.1　A/D 变换及其量化误差的统计分析

A/D 变换包括采样和量化两部分，如图 7-2 所示。模拟信号 $x_a(t)$经过采样后转换为时域离散信号 $x(n)$，然后对 $x(n)$做截尾或者舍入的量化处理后得到二进制数字信号$\hat{x}(n)$。

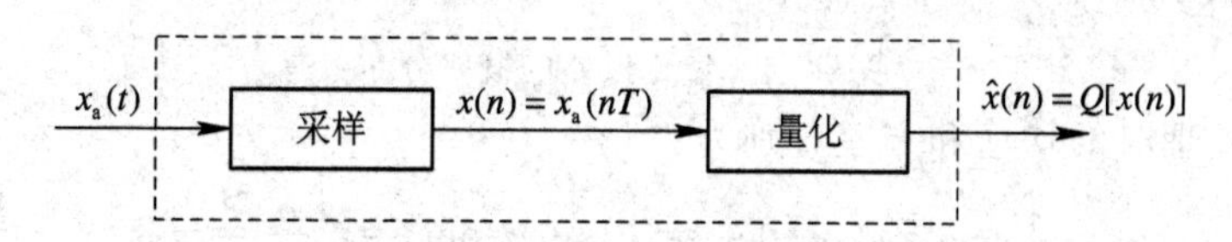

图 7-2　A/D 变换器的非线性模型

由于 A/D 变换总是采用定点制，因此需要将模拟信号乘以比例因子 A，以限定其最大值不能超过 A/D 变换的动态范围，即

$$x(n)=Ax_a(t)\big|_{t=nT}=Ax_a(nT) \tag{7-15}$$

显然，信号 $x(n)$具有无限精度，受存储单元的字长限制，必须对其做截尾或者舍入的量化处理，用 $e(n)$表示量化误差，则

$$e(n)=Q[x(n)]-x(n)=\hat{x}(n)-x(n) \tag{7-16}$$

A/D 变换的量化方式和数的表示方式直接决定了其量化特性。设 A/D 变换的输出是字长为 $b+1$ 位的补码定点小数，其中 b 位是小数部分，若用 $e_{\mathrm{T}}(n)$ 表示截尾误差，用 $e_{\mathrm{R}}(n)$ 表示舍入误差，由 7.1 节可以得到量化误差的范围为

$$-q<e_{\mathrm{T}}(n)\leqslant 0 \tag{7-17}$$

$$-\frac{q}{2}<e_{\mathrm{R}}(n)\leqslant\frac{q}{2} \tag{7-18}$$

这里，$q=2^{-b}$，表示量化阶距。式(7-17)、式(7-18)给出了量化误差的范围，但是要想精确地刻画出每个量化误差的值还是非常困难的。通常用统计分析的方法来分析量化误差的统计特性，研究 A/D 变换的有限字长效应。A/D 变换器的统计模型如图 7-3 所示。

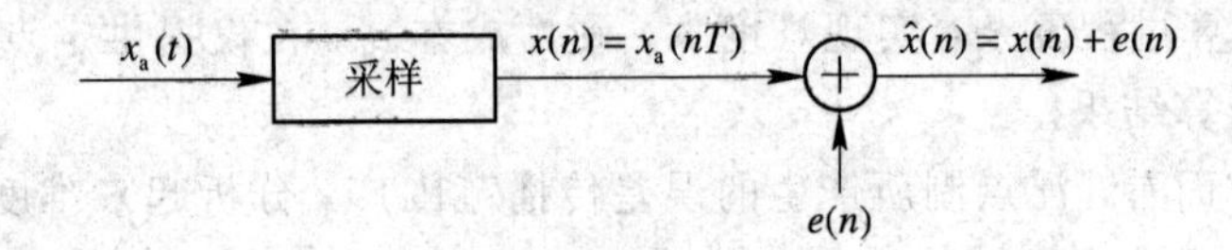

图 7-3 A/D 变换器的统计模型

为了研究其统计特性，首先对量化误差 $e(n)$ 作如下假设：

(1) $e(n)$ 是平稳随机序列；

(2) $e(n)$ 与采样信号 $x(n)$ 互不相关；

(3) $e(n)$ 序列中任意两个值之间不相关，即 $e(n)$ 为白噪声序列；

(4) $e(n)$ 在其取值范围内均匀等概率分布。

根据上述假设，$e(n)$ 是与输入信号完全不相关的、均匀分布的白噪声序列，进行截尾和舍入处理时误差的概率密度函数分别如图 7-4(a)、(b)所示。

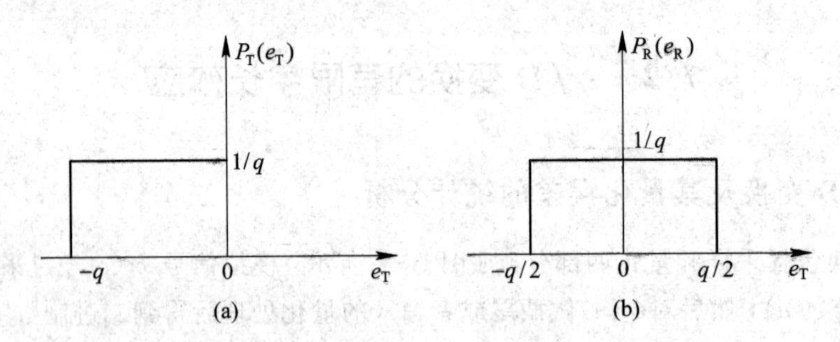

图 7-4 量化误差的概率分布

进行截尾处理时的均值和方差分别为

$$m_{\mathrm{T}}=\int_{-\infty}^{+\infty}e_{\mathrm{T}}P_{\mathrm{T}}(e_{\mathrm{T}})\mathrm{d}e_{\mathrm{T}}=\int_{-q}^{0}\frac{1}{q}e_{\mathrm{T}}\mathrm{d}e_{\mathrm{T}}=-\frac{q}{2}=-2^{-b-1} \tag{7-19}$$

$$\sigma_{\mathrm{T}}^{2}=\int_{-\infty}^{+\infty}(e_{\mathrm{T}}-m_{\mathrm{T}})^{2}P_{\mathrm{T}}(e_{\mathrm{T}})\mathrm{d}e_{\mathrm{T}}=\int_{-q}^{0}(e_{\mathrm{T}}+\frac{q}{2})^{2}\frac{1}{q}\mathrm{d}e_{\mathrm{T}}=\frac{q^{2}}{12}=\frac{2^{-2b}}{12} \tag{7-20}$$

进行舍入处理时的均值和方差分别为

$$m_{\mathrm{R}}=\int_{-\infty}^{+\infty}e_{\mathrm{R}}P_{\mathrm{R}}(e_{\mathrm{R}})\mathrm{d}e_{\mathrm{R}}=\int_{-\frac{q}{2}}^{\frac{q}{2}}\frac{1}{q}e_{\mathrm{R}}\mathrm{d}e_{\mathrm{R}}=0 \tag{7-21}$$

$$\sigma_{\mathrm{R}}^2=\int_{-\infty}^{+\infty}(e_{\mathrm{R}}-m_{\mathrm{R}})^2 P_{\mathrm{R}}(e_{\mathrm{R}})\mathrm{d}e_{\mathrm{R}}=\int_{-\frac{q}{2}}^{\frac{q}{2}} e_{\mathrm{R}}{}^2\ \frac{1}{q}\mathrm{d}e_{\mathrm{R}}=\frac{q^2}{12}=\frac{2^{-2b}}{12} \tag{7-22}$$

分析式(7-19)～式(7-22)可知：

(1) 进行截尾处理时误差序列的均值不为零，也就是说误差序列 $e_{\mathrm{T}}(n)$ 中包含直流分量，直流分量的存在会使信号的频谱在频率等于 0 处存在 δ 函数，从而影响信号的频谱结构。而采用舍入处理时误差序列的均值为 0，不存在直流分量。因此，实际应用中多采用舍入处理方式。

(2) 进行截尾处理和舍入处理时误差序列的方差相等，即 $\sigma_{\mathrm{T}}^2=\sigma_{\mathrm{R}}^2=\sigma_e^2$($\sigma_{\mathrm{e}}^2$ 为量化误差的均方差，也是量化误差的平均功率)，都取决于 A/D 变换的字长 b，字长越长，量化误差越小。

用符号 σ_x^2 表示信号功率，则量化信噪比为

$$\frac{\sigma_x^2}{\sigma_e^2}=\frac{\sigma_x^2}{\dfrac{q^2}{12}}=(12\times 2^{2b})\sigma_x^2 \tag{7-23}$$

对数表示为

$$\begin{aligned}\mathrm{SNR}&=10\lg\left(\frac{\sigma_x^2}{\sigma_e^2}\right)=10\lg[(12\times 2^{2b})\sigma_x^2]\\&=6.02(b+1)+10\lg(3\sigma_x^2)\end{aligned} \tag{7-24}$$

从式(7-24)中可以看出，信号功率一定的情况下，字长每增加 1 bit，量化信噪比约增加 6 dB。

【例 7-3】 假设语音信号量化编码时，选用 12 bit 的 A/D 变换器，其动态范围为 0～5 V，求系统量化误差的均方差。

解　量化阶距电压：

$$V_q=5\times 2^{-b}=5\times 2^{-12}=1.2\ \mathrm{mV}$$

系统量化误差的均方差：

$$\sigma_e=\frac{V_q}{\sqrt{12}}=0.3464\ \mathrm{mV}$$

7.2.2　量化噪声通过线性系统

本节将在不考虑系统实现误差和运算误差的情况下，将系统近似看作是完全理想的，即具有无限精度的线性系统，讨论量化信号通过线性时不变系统的问题。

假设量化序列 $\hat{x}(n)=x(n)+e(n)$，线性时不变系统的单位脉冲响应为 $h(n)$，由 7.2.1 节的假设，即信号 $x(n)$ 和量化噪声 $e(n)$ 相互独立，系统为因果系统，则根据线性叠加原理，系统的输出为

$$\begin{aligned}\hat{y}(n)&=\hat{x}(n)*h(n)=[x(n)+e(n)]*h(n)\\&=x(n)*h(n)+e(n)*h(n)=y(n)+f(n)\end{aligned} \tag{7-25}$$

其中，$y(n)$ 是系统对信号 $x(n)$ 的响应，$f(n)$ 是噪声信号 $e(n)$ 通过线性系统的输出，有

$$f(n)=e(n)*h(n)=\sum_{m=0}^{+\infty}h(m)e(n-m) \tag{7-26}$$

量化噪声通过线性系统的框图如图 7-5 所示。

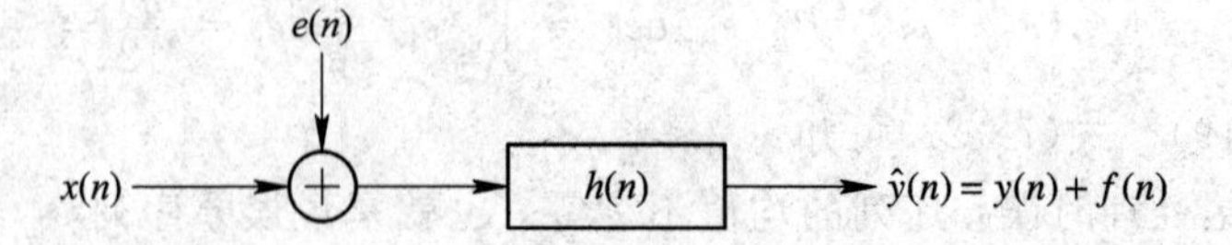

图 7-5 量化噪声通过线性系统

(1) 若 $e(n)$是舍入误差，则输出噪声信号 $f(n)$的均值为

$$m_f = E\left\{\sum_{m=0}^{+\infty} h(m)e(n-m)\right\} = m_e\sum_{m=0}^{+\infty} h(m) \tag{7-27}$$

由式(7-21)可知，舍入误差 $e(n)$的均值 $m_e=0$，可求得 $m_f=0$。其方差为

$$\begin{aligned}\sigma_f^2 &= E[(f(n)-m_f)^2] = E(f^2(n)) \\ &= E\left[\sum_{m=0}^{+\infty} h(m)e(n-m)\sum_{k=0}^{+\infty} h(k)e(n-k)\right] \\ &= \sum_{m=0}^{+\infty}\sum_{k=0}^{+\infty} h(m)h(k)E[e(n-m)e(n-k)]\end{aligned}$$

由前面的假设 $e(n)$为白噪声序列，序列中任意两个值之间不相关，得

$$E[e(n-m)e(n-k)] = \sigma_e^2\delta(m-k)$$

则有

$$\begin{aligned}\sigma_f^2 &= \sum_{m=0}^{+\infty}\sum_{k=0}^{+\infty} h(m)h(k)\sigma_e^2\delta(m-k) \\ &= \sigma_e^2\sum_{m=0}^{+\infty} h^2(m) = \frac{q^2}{12}\sum_{m=0}^{+\infty} h^2(m)\end{aligned} \tag{7-28}$$

由式(7-28)可以看出，量化噪声通过线性时不变系统后，其输出信号的方差依然和量化字长成反比。在量化字长一定的情况下，其输出信号的方差取决于系统单位脉冲响应的能量。

假设 $h(n)$是实序列，由帕塞伐定理得

$$\begin{aligned}\sum_{m=0}^{+\infty} h^2(m) &= \frac{1}{2\pi \mathrm{j}}\oint_c z^{-1}H(z)H(z^{-1})\,\mathrm{d}z \\ &= \frac{1}{2\pi}\int_{-\pi}^{+\pi}|H(\mathrm{e}^{\mathrm{j}\omega})|^2\,\mathrm{d}\omega\end{aligned} \tag{7-29}$$

代入式(7-28)可得

$$\sigma_f^2 = \sigma_e^2\,\frac{1}{2\pi \mathrm{j}}\oint_c z^{-1}H(z)H(z^{-1})\,\mathrm{d}z = \sigma_e^2\,\frac{1}{2\pi}\int_{-\pi}^{+\pi}|H(\mathrm{e}^{\mathrm{j}\omega})|^2\,\mathrm{d}\omega \tag{7-30}$$

(2) 若 $e(n)$是截尾误差，则输出噪声信号 $f(n)$的方差仍为式(7-28)，其均值为

$$\begin{aligned}m_f &= E\left\{\sum_{m=0}^{+\infty} h(m)e(n-m)\right\} = m_e\sum_{m=0}^{+\infty} h(m) \\ &= -\frac{q}{2}\sum_{m=0}^{+\infty} h(m) = -\frac{q}{2}H(\mathrm{e}^{\mathrm{j}0})\end{aligned} \tag{7-31}$$

显然，输入信号时截尾量化，在输出端也引入了一个直流分量。

【例 7-4】 已知 IIR 数字滤波器的系统函数为

$$H(z) = \frac{1}{1-1.5z^{-1}+0.56z^{-2}} \qquad |z| > 0.8$$

假设其输入信号 $\hat{x}(n)$ 为8位A/D变换器($b=7$)的输出，求滤波器输出端的量化噪声功率。

解　由于A/D变换的量化效应，滤波器输入端的量化噪声功率为

$$\sigma_e^2 = \frac{q^2}{12} = \frac{2^{-2b}}{12} = \frac{2^{-16}}{3} \tag{7-32}$$

滤波器输出端的量化噪声功率为

$$\begin{aligned}\sigma_f^2 &= \sigma_e^2 \cdot \frac{1}{2\pi \mathrm{j}} \oint_c z^{-1} H(z) H(z^{-1}) \mathrm{d}z \\ &= \sigma_e^2 \cdot \frac{1}{2\pi \mathrm{j}} \oint_c \frac{1}{(1-0.7z^{-1})(1-0.8z^{-1})} \cdot \frac{1}{(1-0.7z)(1-0.8z)} \frac{\mathrm{d}z}{z}\end{aligned}$$

围线 c 内只有两个极点 $z_1=0.7$，$z_2=0.8$，根据留数定理有

$$\begin{aligned}\sigma_f^2 &= \sigma_e^2 \frac{1}{2\pi \mathrm{j}} \oint_c \frac{z}{(z-0.7)(z-0.8)(1-0.7z)(1-0.8z)} \mathrm{d}z \\ &= \sigma_e^2 \sum_k (\text{积分函数在围线 } c \text{ 内极点 } z_k \text{ 上的留数}) \\ &= \sigma_e^2 \{ \mathrm{Res}[z^{-1} H(z) H(z^{-1}),\ 0.8] + \mathrm{Res}[z^{-1} H(z) H(z^{-1}), 0.7] \\ &= \sigma_e^2 \left[\frac{0.8}{0.1 \times (1-0.8\times 0.8)(1-0.7\times 0.8)} + \frac{0.7}{-0.1\times(1-0.8\times 0.7)(1-0.7\times 0.7)} \right] \\ &= \sigma_e^2 (50.5051 - 31.1943) \\ &= 19.3108 \sigma_e^2 \\ &= 9.822 \times 10^{-5}\end{aligned}$$

7.3　数字滤波器系数量化的有限字长效应

对于第4～6章中研究的滤波器，都假定其系数具有无限精度。然而，无论是利用计算机编程仿真，还是在具体的工程实现中，数字系统中的滤波器系数都必须存放在有限字长的存储器中，这就需要通过量化编码把理想的滤波器系数转换成有限长度的二进制码。而系数量化过程中存在的误差会造成滤波器零极点位置的偏移，从而导致系统真实的频率响应和设计的理想滤波器的频率响应之间存在差异。特别是系统中存在单位圆附近的极点时，量化误差有可能使这些极点移动到单位圆上甚至单位圆外，使原本稳定的系统变得不稳定。这就要求我们在实际应用中要考虑数字滤波器系数量化的有限字长效应。当然，系数量化对滤波器的影响不仅仅和存储器的字长有关，也与滤波器的结构有关，不同结构对量化误差的敏感程度不同，因此，选择合适的滤波器结构可以改善系数量化对滤波器性能的影响。

7.3.1　系数量化对IIR数字滤波器性能的影响

无限长单位脉冲响应(IIR)数字滤波器的系统函数可以表示为

$$H(z) = \frac{\sum_{i=0}^{M} b_i z^{-i}}{1 - \sum_{i=1}^{N} a_i z^{-i}} = \frac{B(z)}{A(z)} \tag{7-33}$$

对分子和分母多项式的系数进行量化。假设系数 b_i和 a_i的量化值分别为$\hat{b}_i$ 和$\hat{a}_i$，对应的量化误差为 Δb_i和 Δa_i，则

$$\hat{b}_i = b_i + \Delta b_i, \quad \hat{a}_i = a_i + \Delta a_i \tag{7-34}$$

量化后的系统函数为

$$\hat{H}(z) = \frac{\sum_{i=1}^{N} \hat{b}_i z^{-i}}{1 - \sum_{i=1}^{N} \hat{a}_i z^{-i}} = \frac{\hat{B}(z)}{\hat{A}(z)} \tag{7-35}$$

通过前面章节的学习可知，系统性能在很大程度上取决于系统的极点。而量化误差的存在会造成系统极点位置的改变，从而影响系统的稳定性。为了衡量系数量化对极点位置的影响，定义系统中每个极点位置对各系数偏差的敏感程度为极点位置灵敏度，用极点位置灵敏度来反映系数量化对滤波器稳定性的影响。

假设量化前系统的理想极点为 $z_i(i=1, 2, \cdots, N)$，对分母多项式 $A(z)$进行因式分解可得

$$A(z) = 1 - \sum_{i=1}^{N} a_i z^{-i} = \prod_{i=1}^{N} (1 - z_i z^{-1}) \tag{7-36}$$

系数量化后，由于量化误差 Δa_i的存在，对应的极点变为$\hat{z}_i = z_i + \Delta z_i(i=1, 2, \cdots, N)$。又因为极点 z_i的值和分母多项式中每个系数 $a_i(i=1, 2, \cdots, N)$都有关系，所以可以把极点 z_i表示成如下函数形式：

$$z_i = z_i(a_1, a_2, \cdots, a_N) \qquad i = 1, \cdots, N \tag{7-37}$$

由系数量化带来的极点的改变量 Δz_i为

$$\Delta z_i = \frac{\partial z_i}{\partial a_1}\Delta a_1 + \frac{\partial z_i}{\partial a_2}\Delta a_2 + \cdots + \frac{\partial z_i}{\partial a_N}\Delta a_N = \sum_{k=1}^{N} \frac{\partial z_i}{\partial a_k}\Delta a_k \tag{7-38}$$

式中，$\frac{\partial z_i}{\partial a_k}$称为极点位置灵敏度，它反映了极点 z_i对系数 a_k变化的灵敏程度。从式(7-38)中可以看出，$\frac{\partial z_i}{\partial a_k}$大，$\Delta a_k$对 Δz_i的影响就大；反之，$\frac{\partial z_i}{\partial a_k}$小，$\Delta a_k$对 Δz_i的影响就小。下面利用分母多项式 $A(z)$求解$\frac{\partial z_i}{\partial a_k}$，即

$$\frac{\partial z_i}{\partial a_k} = \left. \frac{\dfrac{\partial A(z)}{\partial a_k}}{\dfrac{\partial A(z)}{\partial z_i}} \right|_{z=z_i} \tag{7-39}$$

由式(7-36)可知

$$\frac{\partial A(z)}{\partial a_k} = - z^{-k} \tag{7-40}$$

$$\frac{\partial A(z)}{\partial z_i} = - z^{-N} \prod_{\substack{l=1 \\ l \neq i}}^{N} (z - z_l) \tag{7-41}$$

把式(7-40)和式(7-41)代入式(7-39)可以得到

$$\frac{\partial z_i}{\partial a_k} = \frac{z_i^{N-k}}{\prod\limits_{\substack{l=1\\l\neq i}}^{N}(z_i - z_l)} \tag{7-42}$$

将式(7-42)代入式(7-38)可得

$$\Delta z_i = \sum_{k=1}^{N} \frac{\partial z_i}{\partial a_k}\Delta a_k = \sum_{k=1}^{N} \frac{z_i^{N-k}}{\prod\limits_{\substack{l=1\\l\neq i}}^{N}(z_i - z_l)}\Delta a_k \tag{7-43}$$

分析式(7-43)可知，由系数量化带来的极点的改变量 Δz_i的值取决于以下几个因素。

(1) 系数的量化误差 Δa_k。系数量化误差越大，极点的改变量就越大。而在量化方式确定的情况下，增加寄存器的长度可以减小系数量化误差。

(2) 极点的分布情况。式(7-43)中，分母多项式中因子 $z_i - z_l$是由极点 z_l指向极点 z_i的矢量，整个分母是除极点 z_i之外的其他 $N-1$ 个极点指向极点 z_i的矢量乘积。显然，矢量越短，系统各极点之间的距离越近(极点越稠密)，对应的极点位置灵敏度越高，由系数量化带来的极点的改变量 Δz_i的值也越大；反之，矢量越长，极点位置灵敏度越低，由系数量化带来的极点的改变量 Δz_i的值也越小。

(3) 滤波器的阶数 N。N 越大，极点位置灵敏度越高，极点的改变量 Δz_i的值也就越大。从这个角度来说，采用级联型或并联型结构比采用高阶的直接型结构，系数量化对系统稳定性的影响要小。

7.3.2　系数量化对 FIR 数字滤波器性能的影响

7.3.1 节我们通过分析系数量化带来的系统极点位置的变化，研究了系数量化对 IIR 数字滤波器稳定性的影响。本节我们将以直接型结构为例分析系数量化对 FIR 系统性能的影响。

对于直接型 FIR 数字滤波器而言，系数量化时滤波器仍然能够保持线性相位特性，系数量化主要对系统的幅频特性产生影响。

由 4.3 节可知，FIR 数字滤波器的系统函数可以表示为

$$H(z) = \sum_{n=0}^{N-1} h(n)z^{-n} \tag{7-44}$$

对系数 $h(n)$进行量化，假设量化误差为 $e(n)$，则量化后的结果$\hat{h}(n)$为

$$\hat{h}(n) = h(n) + e(n) \tag{7-45}$$

量化以后的系统函数为

$$\begin{aligned}\hat{H}(z) &= \sum_{n=0}^{N-1} \hat{h}(n)z^{-n} = \sum_{n=0}^{N-1}[h(n) + e(n)]z^{-n} \\ &= \sum_{n=0}^{N-1} h(n)z^{-n} + \sum_{n=0}^{N-1} e(n)z^{-n} = H(z) + E(z)\end{aligned} \tag{7-46}$$

式中，$E(z)$是误差函数 $e(n)$的 Z 变换，对应的频率响应为

$$E(e^{j\omega}) = \sum_{n=0}^{N-1} e(n)e^{-j\omega n} \tag{7-47}$$

量化字长一定时，系数的量化误差是个有界量。假设量化字长为 b，量化阶距为 q，舍

入时 $|e(n)| \leqslant \frac{q}{2} = \frac{2^{-b}}{2}$，则量化误差的幅度响应为

$$\begin{aligned}|E(e^{j\omega})| &= \left|\sum_{n=0}^{N-1} e(n) e^{-j\omega n}\right| \leqslant \sum_{n=0}^{N-1} |e(n)| \, |e^{-j\omega n}| \\ &= \sum_{n=0}^{N-1} |e(n)| \leqslant \frac{Nq}{2} = \frac{N \cdot 2^{-b}}{2} = \frac{N}{2 \times 2^{b}}\end{aligned} \tag{7-48}$$

从式(7-48)中可以看出，滤波器阶数固定的情况下，量化误差的幅度响应和量化字长成反比，可以通过增加量化字长来减小量化误差的影响。

从概率统计的角度，由 7.2.1 节可知，采用有限精度的舍入处理时，$e(n)$的均值为 0，方差等于 $q^2/12$。假设 N 个系数的量化误差之间是不相关的，则量化误差的频率响应的方差 σ_E^2 是这 N 项误差的方差之和，即

$$\sigma_E^2 = \frac{q^2}{12} N = \frac{2^{-2b}}{12} N \tag{7-49}$$

分析式(7-49)可知，量化字长一定的情况下，量化误差的频率响应的方差 σ_E^2 和滤波器的阶数成正比。因此，当阶数较高时，为了减小系数的量化误差的影响，应该采用级联型滤波器结构。

7.4　定点运算对数字滤波器的影响

在工程实现中，为了满足系统信噪比要求，需要分析滤波器的运算误差，以选择合适的滤波器运算位数。数字滤波器的实现需要乘法、加法和延迟三种基础运算，其中延迟运算不会造成字长的变化。定点运算中，加法运算不会造成尾数字长的变化，误差主要来自数的溢出；而两个尾数长度为 n 的数相乘后，乘积的尾数长度为 $2n$，受存储器长度的限制，要对乘积做截尾或者舍入处理，这势必会引入误差，影响滤波器的性能。因此，这里仅分析乘法和加法，特别是乘法运算的舍入误差对数字滤波器性能的影响。

由于乘法运算中的截尾和舍入都是非线性处理过程，因此直接分析十分麻烦。这里采用统计分析的方法，将每一个支路的舍入误差用符号 $\varepsilon(n)$ 表示，作为独立噪声叠加在信号上，得到一个支路的定点相乘运算的算法流图，如图 7-6 所示。图 7-6(a)中，$v(n) = au(n)$；图 7-6(b)中，$\hat{v}(n) = Q_R[au(n)]$；图 7-6(c)中，有

$$\varepsilon(n) = Q_R[au(n)] - au(n) = \hat{v}(n) - v(n) \tag{7-50}$$

其中，$Q_R[\cdot]$表示舍入处理。

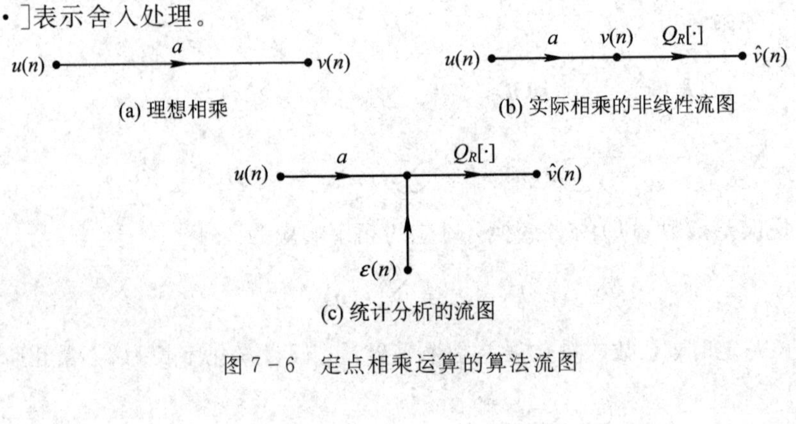

(a) 理想相乘

(b) 实际相乘的非线性流图

(c) 统计分析的流图

图 7-6　定点相乘运算的算法流图

采用图7-6(c)所示的统计分析模型来分析乘法舍入误差对滤波器性能的影响时，需要对舍入噪声 $\varepsilon(n)$ 作如下假设：

(1) $\varepsilon(n)$ 是均值为0的平稳白噪声序列；

(2) 每个量化误差在量化间隔上均匀分布(即每个噪声都是均匀等概率分布)；

(3) $\varepsilon(n)$ 与输入序列 $u(n)$ 及中间计算结果不相关，并且各噪声之间也互不相关。

有了这些假设，整个系统就可以看作线性系统，每一个噪声按照白噪声通过线性系统的理论求出其输出噪声，所有输出噪声经线性叠加得到总的噪声输出。

7.4.1 IIR数字滤波器运算中的有限字长效应

一个 N 阶的IIR数字滤波器的输入/输出关系可以用式(7-51)所示的 N 阶的线性常系数差分方程来描述：

$$y(n)=\sum_{i=0}^{M}b_i x(n-i)+\sum_{j=1}^{N}a_j y(n-j) \tag{7-51}$$

式(7-51)中共包含 $M+N+1$ 次乘法，每次乘法都要做舍入处理，产生舍入误差。因此，利用该滤波器进行滤波运算时会产生 $M+N+1$ 个误差序列。用 $\varepsilon_i(n)$ 表示系数 b_i 和输入信号 $x(n-i)$ 相乘时产生的舍入误差，$\hat{y}(n)$ 表示经过舍入处理后的滤波器输出，$\eta_j(n)$ 表示系数 a_j 和输出信号 $\hat{y}(n-j)$ 相乘时产生的舍入误差，$e(n)$ 表示滤波器的总误差，则

$$\begin{aligned}\hat{y}(n)&=\sum_{i=0}^{M}Q_R[b_i x(n-i)]+\sum_{j=1}^{N}Q_R[a_j\hat{y}(n-j)]\\&=\sum_{i=0}^{M}[b_i x(n-i)+\varepsilon_i(n)]+\sum_{j=1}^{N}[a_j\hat{y}(n-j)+\eta_j(n)]\\&=\sum_{i=0}^{M}b_i x(n-i)+\sum_{j=1}^{N}a_j\hat{y}(n-j)+\left[\sum_{i=0}^{M}\varepsilon_i(n)+\sum_{j=1}^{N}\eta_j(n)\right]\\&=\sum_{i=0}^{M}b_i x(n-i)+\sum_{j=1}^{N}a_j\hat{y}(n-j)+e(n)\end{aligned} \tag{7-52}$$

对式(7-52)两边作Z变换可得

$$\hat{Y}(z)=\sum_{i=0}^{M}b_i z^{-i}X(z)+\sum_{j=1}^{N}a_j z^{-j}\hat{Y}(z)+E(z)$$

根据式(7-33)，有

$$\begin{aligned}\hat{Y}(z)&=\frac{\sum_{i=0}^{M}b_i z^{-i}}{1-\sum_{j=1}^{N}a_j z^{-j}}X(z)+\frac{1}{1-\sum_{j=1}^{N}a_j z^{-j}}E(z)\\&=\frac{B(z)}{A(z)}X(z)+\frac{1}{A(z)}E(z)\\&=Y(z)+F(z)\end{aligned} \tag{7-53}$$

从式(7-53)中可以看出，舍入处理后，滤波器的输出 $\hat{y}(n)$ 等于 $y(n)$ 和 $f(n)$ 之和，其中 $f(n)$ 是系统总误差 $e(n)$ 通过传输函数为 $H_e(z)=\dfrac{1}{A(z)}$ 的系统的输出。

根据前面的假设，每一个乘法支路中的舍入误差是均值为零的平稳白噪声序列，系统总误差 $e(n)$ 是 $M+N+1$ 个乘法支路的舍入误差之和，因此 $e(n)$ 也是均值为零的平稳白噪声序列，其方差(功率)等于各个乘法支路中舍入误差的方差之和。假设 $e(n)$ 的方差为 σ_e^2，则

$$\sigma_e^2=(M+N+1)\sigma_\varepsilon^2=\frac{(M+N+1)q^2}{12} \tag{7-54}$$

式中，σ_ε^2 为单个乘法支路中舍入误差的方差。由 7.2.2 节，$e(n)$ 通过系统 $H_e(z)$ 后输出信号 $f(n)$ 的方差 σ_f^2 为

$$\begin{aligned}\sigma_f^2&=\frac{\sigma_e^2}{2\pi}\int_{-\pi}^{\pi}|H_e(\mathrm{e}^{\mathrm{j}\omega})|^2\mathrm{d}\omega=\frac{\sigma_e^2}{2\pi}\int_{-\pi}^{\pi}\frac{1}{|A(\mathrm{e}^{\mathrm{j}\omega})|^2}\mathrm{d}\omega\\&=\frac{(M+N+1)q^2}{12}\frac{1}{2\pi}\int_{-\pi}^{\pi}\frac{1}{|A(\mathrm{e}^{\mathrm{j}\omega})|^2}\mathrm{d}\omega\\&=(M+N+1)\sigma_\varepsilon^2\frac{1}{2\pi}\int_{-\pi}^{\pi}\frac{1}{|A(\mathrm{e}^{\mathrm{j}\omega})|^2}\mathrm{d}\omega\end{aligned} \tag{7-55}$$

式(7-55)也可表示为

$$\begin{aligned}\sigma_f^2&=\frac{(M+N+1)q^2}{12}\frac{1}{2\pi\mathrm{j}}\oint_c\frac{1}{A(z)A(z^{-1})}\frac{1}{z}\mathrm{d}z\\&=(M+N+1)\sigma_\varepsilon^2\frac{1}{2\pi\mathrm{j}}\oint_c\frac{1}{A(z)A(z^{-1})}\frac{1}{z}\mathrm{d}z\end{aligned} \tag{7-56}$$

由式(7-55)和式(7-56)可以看出，在量化字长(量化阶距)固定的情况下，σ_f^2 取决于 IIR 数字滤波器的系统函数。显然，当滤波器的结构不同时，σ_f^2 的值也不相等。

【例 7-5】 一个因果的 IIR 数字系统的系统函数为

$$H(z)=\frac{0.3}{1-0.9z^{-1}+0.2z^{-2}}\qquad |z|>0.5$$

试分别在直接型、级联型和并联型情况下，求解由乘法舍入误差所产生的输出噪声的方差。

解 (1) 直接型结构。由

$$H(z)=\frac{0.3}{1-0.9z^{-1}+0.2z^{-2}}=\frac{0.3}{A(z)}$$

有 $A(z)=1-0.9z^{-1}+0.2z^{-2}=(1-0.5z^{-1})(1-0.4z^{-1})\qquad M=0,N=2$

直接型结构定点相乘舍入后的统计模型如图 7-7 所示，三次系数相乘，共有三个舍入噪声，分别用 $\varepsilon_0(n)$、$\varepsilon_1(n)$ 和 $\varepsilon_2(n)$ 表示，由式(7-56)可得

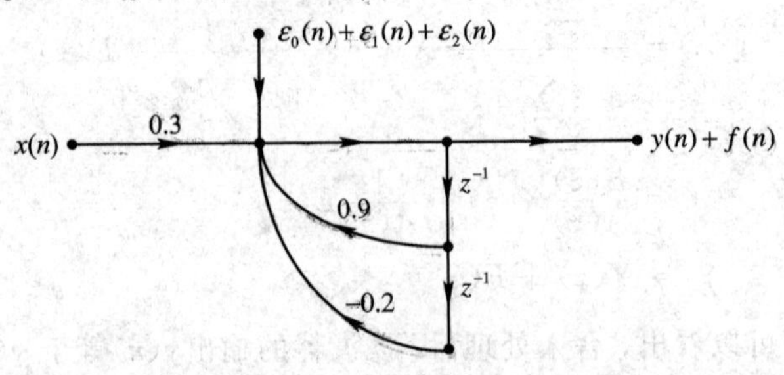

图 7-7 直接型结构定点相乘舍入后的统计模型

$$\sigma_f^2=(M+N+1)\sigma_\varepsilon^2\frac{1}{2\pi \mathrm{j}}\oint_c\frac{1}{A(z)A(z^{-1})}\frac{1}{z}\mathrm{d}z=3\sigma_\varepsilon^2\frac{1}{2\pi \mathrm{j}}\oint_c\frac{1}{A(z)A(z^{-1})}\frac{1}{z}\mathrm{d}z$$

$$=3\sigma_\varepsilon^2\frac{1}{2\pi \mathrm{j}}\oint_c\frac{1}{(1-0.5z^{-1})(1-0.4z^{-1})(1-0.5z)(1-0.4z)}\frac{1}{z}\mathrm{d}z$$

围线 c 内只有两个极点 $z_1=0.5$，$z_2=0.4$，根据留数定理有

$$\sigma_f^2=3\sigma_\varepsilon^2\frac{1}{2\pi \mathrm{j}}\oint_c\frac{1}{(1-0.5z^{-1})(1-0.4z^{-1})(1-0.5z)(1-0.4z)}\frac{1}{z}\mathrm{d}z$$

$$=3\sigma_\varepsilon^2\frac{1}{2\pi \mathrm{j}}\oint_c\frac{z}{(z-0.5)(z-0.4)(1-0.5z)(1-0.4z)}\mathrm{d}z$$

$$=3\sigma_\varepsilon^2\sum_k(\text{积分函数在围线 } c \text{ 内极点 } z_k \text{ 上的留数})$$

$$=3\sigma_\varepsilon^2\left\{\mathrm{Res}\left[\frac{1}{A(z)A(z^{-1})}\frac{1}{z},\ 0.5\right]+\mathrm{Res}\left[\frac{1}{A(z)A(z^{-1})}\frac{1}{z},\ 0.4\right]\right\}$$

$$=3\sigma_\varepsilon^2\left[\frac{0.5}{0.1\times(1-0.5\times0.5)(1-0.4\times0.5)}+\frac{0.4}{-0.1\times(1-0.5\times0.4)(1-0.4\times0.4)}\right]$$

$$=3\sigma_\varepsilon^2(8.3333-5.9524)$$

$$=7.1427\sigma_\varepsilon^2=0.5952q^2$$

其中，$\sigma_\varepsilon^2=\frac{q^2}{12}$。

(2) 级联型结构：

$$H(z)=0.3\times\frac{1}{1-0.5z^{-1}}\cdot\frac{1}{1-0.4z^{-1}}=\frac{0.3}{A_1(z)}\cdot\frac{1}{A_2(z)}=H_1(z)H_2(z)$$

输入信号先通过子系统 $H_1(z)$，再通过子系统 $H_2(z)$。需要注意的是，子系统 $H_1(z)$ 的输出量化噪声还要通过子系统 $H_2(z)$ 才能到达输出端。级联型结构定点相乘舍入后的统计模型如图 7－8 所示。每次乘法运算在相应的节点上引入一个舍入噪声。从图 7－8 中可以看出，三个系数相乘的舍入噪声中有两个通过系统 $1/A(z)$，一个通过系统 $1/A_2(z)$ 到达输出端，可以求得

$$\sigma_f^2=2\sigma_\varepsilon^2\frac{1}{2\pi \mathrm{j}}\oint_c\frac{1}{A(z)A(z^{-1})}\frac{1}{z}\mathrm{d}z+\sigma_\varepsilon^2\frac{1}{2\pi \mathrm{j}}\oint_c\frac{1}{A_2(z)A_2(z^{-1})}\frac{1}{z}\mathrm{d}z$$

$$=2\sigma_\varepsilon^2\frac{1}{2\pi \mathrm{j}}\oint_c\frac{1}{(1-0.5z^{-1})(1-0.4z^{-1})(1-0.5z)(1-0.4z)}\frac{1}{z}\mathrm{d}z$$

$$+\sigma_\varepsilon^2\frac{1}{2\pi \mathrm{j}}\oint_c\frac{1}{(1-0.4z^{-1})(1-0.4z)}\frac{1}{z}\mathrm{d}z$$

$$=4.7618\sigma_\varepsilon^2+1.1905\sigma_\varepsilon^2$$

$$=5.9523\sigma_\varepsilon^2=0.4960q^2$$

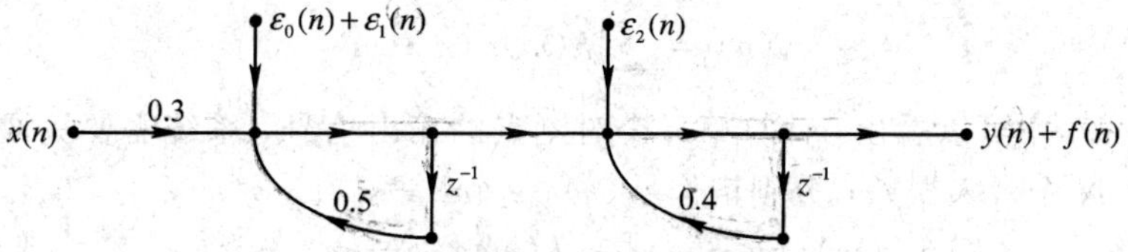

图 7－8　级联型结构定点相乘舍入后的统计模型

(3) 并联型结构：

$$H(z)=0.3\left(\frac{5}{1-0.5z^{-1}}-\frac{4}{1-0.4z^{-1}}\right)=\frac{1.5}{A_1(z)}+\frac{-1.2}{A_2(z)}=H_1(z)+H_2(z)$$

并联型结构定点相乘舍入后的统计模型如图 7－9 所示，四个舍入噪声中，有两个通过 $1/A_1(z)$ 系统，两个通过 $1/A_2(z)$系统。因此，输出信号 $f(n)$的方差为

$$\begin{aligned}\sigma_f^2&=2\sigma_\varepsilon^2\frac{1}{2\pi\mathrm{j}}\oint_c\frac{1}{A_1(z)A_1(z^{-1})}\frac{1}{z}\mathrm{d}z+2\sigma_\varepsilon^2\frac{1}{2\pi\mathrm{j}}\oint_c\frac{1}{A_2(z)A_2(z^{-1})}\frac{1}{z}\mathrm{d}z\\&=2\sigma_\varepsilon^2\frac{1}{2\pi\mathrm{j}}\oint_c\frac{1}{(1-0.5z^{-1})(1-0.5z)}\frac{1}{z}\mathrm{d}z+2\sigma_\varepsilon^2\frac{1}{2\pi\mathrm{j}}\oint_c\frac{1}{(1-0.4z^{-1})(1-0.4z)}\frac{1}{z}\mathrm{d}z\\&=2\sigma_\varepsilon^2\mathrm{Res}\left[\frac{1}{A_1(z)A_1(z^{-1})}\frac{1}{z},0.5\right]+2\sigma_\varepsilon^2\mathrm{Res}\left[\frac{1}{A_2(z)A_2(z^{-1})}\frac{1}{z},0.4\right]\\&=5.0476\sigma_\varepsilon^2=0.4206q^2\end{aligned}$$

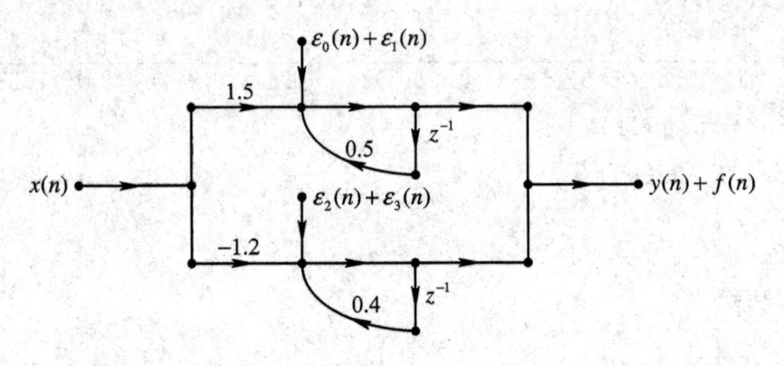

图 7－9　并联型结构定点相乘舍入后的统计模型

从上述计算结果可知，直接型结构的舍入误差全部要经过系统的反馈网络，误差最大；级联型结构前级网络的舍入误差会累积到后级网络，而后级网络的舍入误差不会累积到前级网络，因此，整个系统的舍入误差比直接型的小(在某些情况下，其误差性能接近甚至超过并联型网络)；并联型系统的每个子系统的舍入误差只通过本系统，和其他子系统无关，所以一般情况下，在三种结构中，并联型结构的系统舍入误差最小。

7.4.2　FIR 数字滤波器运算中的有限字长效应

7.4.1 节中对 IIR 数字滤波器的分析方法同样适用于 FIR 数字滤波器。和 IIR 数字滤波器相比，除频率采样型结构外，FIR 数字滤波器的其他结构均无反馈环节网络，因此不会造成舍入误差的累积，舍入误差的影响比同阶 IIR 数字滤波器的小。下面以直接型(横截型)结构为例分析 FIR 数字滤波器运算中的有限字长效应。

一个 $N-1$ 阶 FIR 数字滤波器的差分方程为

$$y(n)=\sum_{m=0}^{N-1}h(m)x(n-m) \tag{7-57}$$

从式(7－57)中可以看出，计算第 n 个时刻点的输出信号，系统需要完成 N 次乘法运算，就会产生 N 个舍入误差，分别记作 $e_0(n)$，$e_1(n)$，…，$e_{N-2}(n)$，$e_{N-1}(n)$，即

$$Q_R[h(m)x(n-m)]=h(m)x(n-m)+e_m(n)$$

FIR 数字滤波器的直接型结构的线性噪声模型如图 7－10 所示。由前面的假设可知，$e_0(n)$，$e_1(n)$，…，$e_{N-2}(n)$，$e_{N-1}(n)$是互不相关的白噪声序列。

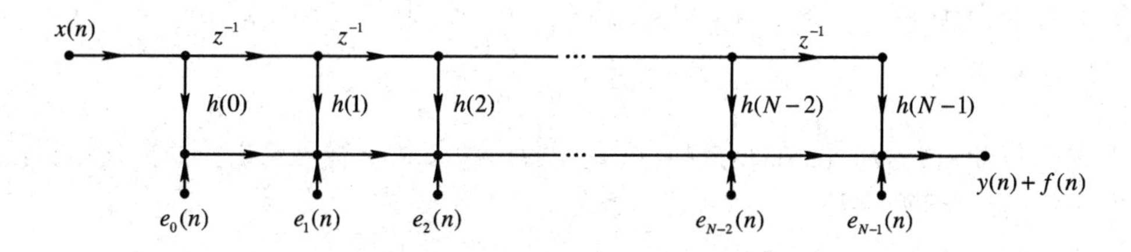

图 7-10　FIR 数字滤波器的直接型结构的线性噪声模型

考虑舍入误差，$N-1$ 阶 FIR 数字滤波器的差分方程为

$$\begin{aligned}\hat{y}(n) = Q_R\left[\sum_{m=0}^{N-1} h(m)x(n-m)\right] &= \sum_{m=0}^{N-1} h(m)x(n-m) + \sum_{m=0}^{N-1} e_m(n) \\ &= y(n) + f(n)\end{aligned} \tag{7-58}$$

式中，$f(n) = \sum_{m=0}^{N-1} e_m(n)$ 是系统的输出误差，是 N 次乘法舍入误差的简单叠加。由白噪声的性质可以求得系统输出误差的方差为

$$\sigma_f^2 = N\sigma_e^2 = \frac{Nq^2}{12} \tag{7-59}$$

输出误差的方差与量化字长 q 以及滤波器的阶数 N 有关，滤波器的阶数越高，滤波器的运算误差越大。换言之，在运算精度相同的情况下，滤波器的阶数越高，需要的量化字长就越长。

本章小结

本章重点讨论了在工程实现中数字信号处理算法的量化误差对系统所产生的影响。首先分析了数字处理器中数值表达的方法，就定点运算中数的表示、四则运算、量化能力、舍入与截断等问题进行了探讨；在此基础上，介绍了浮点制的基本原理和四则运算，并就工程中应用较多的块浮点制进行了简要描述；接着，以概率理论为基础，介绍了 A/D 变换的有限字长效应的处理方法；最后，着重分析了系数量化对数字滤波器性能的影响以及定点运算对数字滤波器性能的影响。

习题与上机练习

7.1　当下列二进制数分别为原码、反码和补码表示时，请将其分别转化成对应的十进制数。

(1) 10110010；　(2) 01110011；　(3) 1.1100011；　(4) 0.1001111。

7.2　将下列十进制数分别用 6 位(其中，数据位为 5 位，符号位为 1 位)的原码、补码、反码表示。

0.125，-0.125，0.1875，-0.1875，1.388，-1.388

7.3　用 MATLAB 语言编程实现题 7.2 中数的转换。

7.4　(1) 对题 7.2 中的定点数，用 4 位数据分别求它们的截尾和舍入表示；

(2) 计算它们相应的截尾和舍入误差。

7.5　已知 IIR 数字滤波器的系统函数为

$$H(z)=\frac{1}{1-z^{-1}+0.21z^{-2}}\qquad |z|>0.7$$

假设其输入信号 $\hat{x}(n)$ 为 8 位 A/D 变换器($b=7$)的输出，求滤波器输出端的量化噪声功率。

7.6　一个 FIR 数字滤波器的系统函数为

$$H(z)=1-1.5236z^{-1}+0.2135z^{-2}$$

假设存储器的字长为 8 bit，试求该滤波器的实际 $\hat{H}(z)$ 的表达式。

7.7　一个 IIR 系统的系统函数为

$$H(z)=\frac{1-0.8z^{-1}}{1-1.1z^{-1}+0.3z^{-2}}$$

假设用 b 位字长的定点制运算实现该系统，尾数作舍入处理。

(1) 试分别在直接Ⅰ型和直接Ⅱ型的情况下，求解由乘法舍入误差所产生的输出噪声的方差；

(2) 假设用一阶网络的级联型结构实现 $H(z)$，共有几种网络流图？试求每一种流图的输出的舍入噪声方差；

(3) 求用并联型结构实现 $H(z)$时的输出舍入噪声方差；

(4) 比较以上几种不同结构，分析哪种结构的运算精度最高，哪种的最低。

7.8　假设 A/D 变换器的字长为 b，在其输出端接入 IIR 系统，系统的单位脉冲响应 $h(n)$为

$$h(n)=[0.5^n+(-0.5)^n]\mathrm{u}(n)$$

试求系统输出的 A/D 量化噪声方差 σ_f^2。

7.9　一个 IIR 系统的系统函数为

$$H(z)=\frac{2-0.6z^{-1}}{1-z^{-1}+0.24z^{-2}}$$

(1) 画出 $H(z)$的幅度特性；

(2) 若采用舍入误差的处理方式，用 4 位定点表示其系数，计算系数量化后系统函数的极点和它的幅度特性。

第 8 章　MATLAB 程序设计语言在信号处理中的应用

8.1　概　　述

8.1.1　MATLAB 简介

MATLAB，矩阵实验室(Matrix Laboratory)的简称，是一种用于算法开发、数据可视化、数据分析及数值计算的计算语言和交互式环境。作为编程语言，与大家常用的 C、Java、Python 等计算机语言相比，MATLAB 的语法规则更简单，更贴近人的思维方式，被称为“草稿纸式的语言”。作为交互式环境，MATLAB 提供了命令行窗口、程序窗口、各种工具箱(应用程序)和混合编程调用接口，以满足不同用户在各个应用场合的需求。MATLAB 的应用范围非常广，包括信号和图像处理、通信、控制系统设计、测试和测量、财务建模和分析，以及计算生物学等众多应用领域。

MATLAB 系统由开发环境、数学函数库、MATLAB 语言、图形处理系统和应用程序接口(API)五大部分组成。开发环境包括命令行窗口、M 文件编辑调试器、MATLAB 工作区和在线帮助文档等。数学函数库包括大量的计算算法，可直接调用，实现了强大的数学计算功能。MATLAB 语言是一个面向矩阵(数组)运算的高级语言，包括程序流控制、函数、面向对象编程等，不仅可以方便地构建简单的程序，也可用于构建复杂的大型程序。图形处理系统可以快速地以 2D 或 3D 方式可视化各种数据，并支持动画显示。应用程序接口(API)使 MATLAB 可以方便地与各种语言和系统进行混合编程，相互操作。

截至目前，MATLAB 已经发展到 R2021a 版本，安装此软件需要的操作系统为 Windows 10(1803 版或更高版本)、Windows 7 Service Pack 1、Windows Server 2019 或者 Windows Server 2016(仅限 64 位)。完全安装可能会占用约 28 GB 的磁盘空间。

8.1.2　MATLAB 应用入门

1. MATLAB 界面简介

启动 MATLAB R2021a 后，其默认的集成环境即用户工作界面如图 8-1 所示，其中包括选项卡面板、命令行窗口和工作区窗口等。

1) 选项卡面板

选项卡面板位于窗口的顶部，包含主页、绘图和 APP 3 个选项卡。主页选项卡是主要操作面板，包括文件、变量、代码、SIMULINK、环境和资源 6 个子区。绘图选项卡提供了

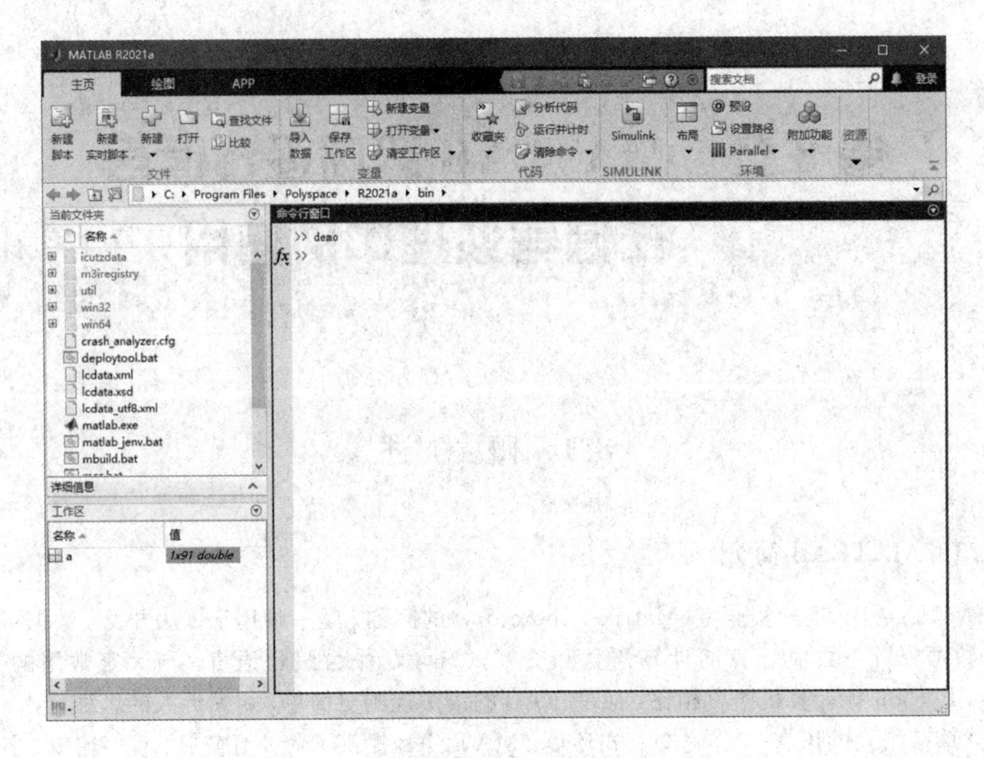

图 8-1　MATLAB R2021a 的用户工作界面

数据的绘图功能。APP 选项卡提供了各种工具箱和应用程序的入口。

主页选项卡的主要功能包括：

(1) 新建：新建文件项，主要有 5 种选择，即新建脚本文件(文本格式的 MATLAB 程序文件，扩展名为.M，可以直接通过文件名的方式在 MATLAB 环境下解释运行)、实时脚本文件(MATLAB 草稿脚本，扩展名为.mlx，支持边输入边执行，适合于论文编排输出)、Figure(图形)、Model(仿真模型文件)和 GUI(可视化界面文件)。

(2) 打开：打开所有 MATLAB 支持的文件格式，系统将自动识别并采用相应的程序对其进行处理，如打开一个.m 文件，系统将自动打开 M 文件编辑器对其进行编辑。

(3) 导入数据：导入用于 MATLAB 处理的数据，包括各种图像文件、声音文件、电子表格以及.mat 文件等。单击后可以弹出向导对话框，引导完成数据导入工作。

(4) 保存工作区：将工作空间的变量以.mat(二进制)或 ASCII 文本的形式存入文件。

2) 命令行窗口

命令行窗口是 MATLAB 的重要窗口，如图 8-2 所示。“>>”是运算提示符，当命令行窗口出现该符号后表示 MATLAB 系统处于空闲态，可以接收指令输入，在其后可以输入各种指令、函数、表达式等，实现用户与 MATLAB 的直接交互。

对输入命令的解释，MATLAB 按以下顺序进行：

(1) 检查它是否是工作空间中的变量，是则显示变量内容；

(2) 检查它是否是嵌入函数，是则运行之；

(3) 检查它是否是子函数；

(4) 检查它是否是私有函数；

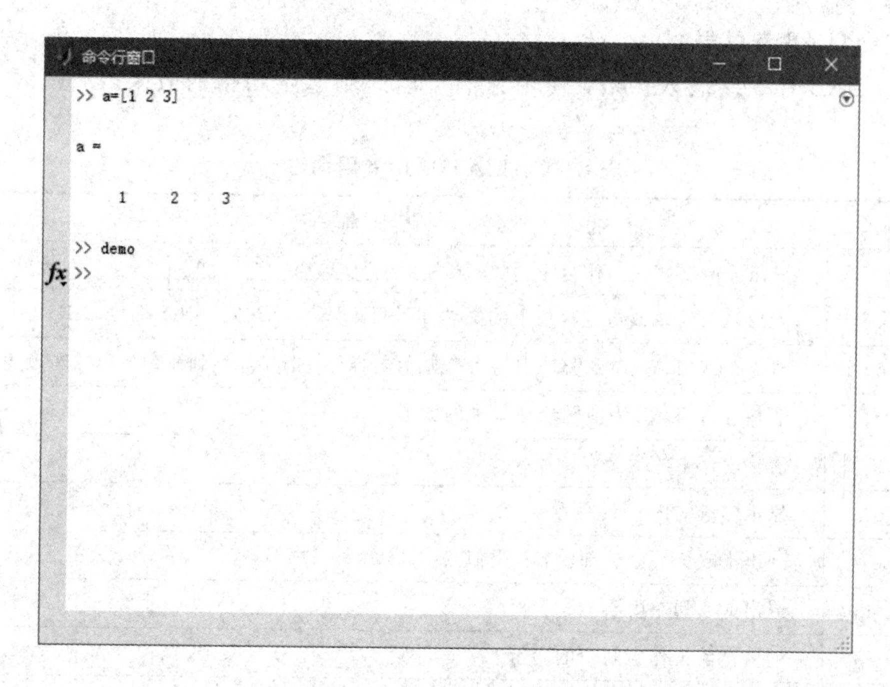

图 8-2　MATLAB 的命令行窗口

(5) 检查它是否是位于 MATLAB 搜索路径范围内的函数文件或脚本文件。

请注意，如果有两个以上方案与输入的命令相匹配，则 MATLAB 只执行第一个来匹配。

3) 工作区窗口

工作区窗口可以直观地显示当前内存中所有的 MATLAB 变量的变量名、数据结构、使用内存大小、数据类型等信息，如图 8-3 所示。可以用鼠标右键点击变量名对变量进行直接操作。

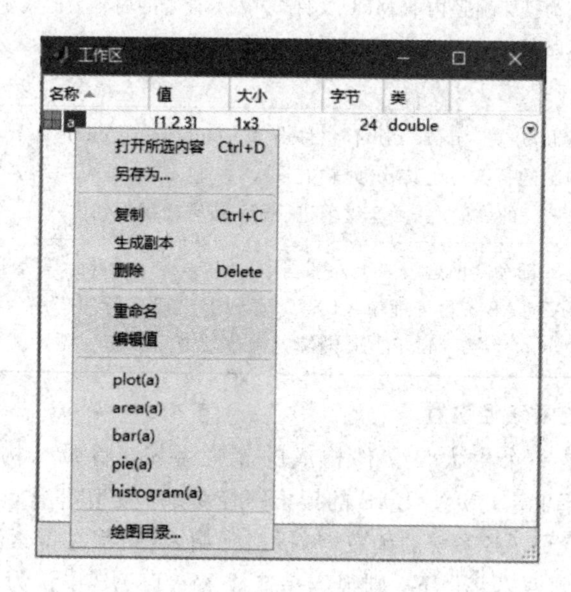

图 8-3　MATLAB 的工作区窗口

2. MATLAB 常用命令

MATLAB 有一些嵌入函数，使用它们可以起到事半功倍的效果。常用的命令见表 8-1。

表 8-1　MATLAB 常用命令

命　令	功　能
cd	显示或改变当前工作目录，与工具栏中的 Current Directory: d:\MATLAB6p1\work 同效
dir	列出当前目录或指定目录下的文件和子目录清单，类似于 DOS 命令 DIR
clc、home	清除 MATLAB 命令窗口中的所有显示内容，并把光标移到命令窗口的左上角
clf	清除 MATLAB 当前图形窗口中的图形
clear	清除内存中的变量和函数
disp	显示变量的内容
type	列出指定文件的全部内容，类似于 DOS 命令 TYPE
exit、quit	退出 MATLAB
who	列出当前工作空间中的变量
whos	列出当前工作空间中变量的更多信息
what	列出当前目录或指定目录下的 M 文件、MAT 文件和 MEX 文件
which	显示指定函数或文件的路径
lookfor	按照指定的关键字查找所有相关的 M 文件
exist	检查指定的变量或函数文件的存在性，返回一个 0～8 的值。其中，0 表示检查的内容不存在，1 表示检查的内容是工作空间内的变量，2 表示检查的内容为搜索路径内的 M 文件或其他普通文件，3 表示检查的内容为搜索路径内的 MEX 文件，4 表示检查的内容为搜索路径内的 MDL 文件，5 表示检查的内容为嵌入函数，6 表示检查的内容为搜索路径内的 P 文件，7 表示检查的内容为一个目录，8 表示检查的内容为一个 Java 类
more	用于滚屏分页，more off 不允许分页输出，more on 允许分页输出，more(n)指定每页输出的行数。允许分页输出时，每显示一页的内容，在命令窗口会显示“- - more - -”的标记，按回车键前进一行，按空格键翻到下一页，按 q 键退出当前显示
!	用于在外部命令前运行一个外部程序。例如，"! notepad"表示运行 Windows 记事本程序，MATLAB 不再处理输入信息，直到退出所运行的程序为止；"! notepad &"表示运行记事本程序，MATLAB 继续处理信息

3. MATLAB 的搜索路径设置

MATLAB 系统是一个由大量文件构成的庞大系统，目录结构和搜索顺序保证了 MATLAB 系统的有序工作，MATLAB 的搜索路径对维护工作非常重要。

一般情况下，MATLAB 系统的函数(包括工具箱函数)都在搜索路径之中。用户设计的函数如果没有保存到搜索路径下，则很容易造成 MATLAB 误认为该函数不存在。这时只要把程序所在的目录加入 MATLAB 的搜索目录即可。

MATLAB 的搜索路径的设置可以通过在命令行窗口输入指令来完成，也可以通过设置路径对话框来完成。设置路径对话框时，可以在命令行窗口输入 pathtool 指令激活，也可以点击选项卡面板“主页”→“环境”→“设置路径”来激活。“设置路径”对话框如图 8-4 所示。

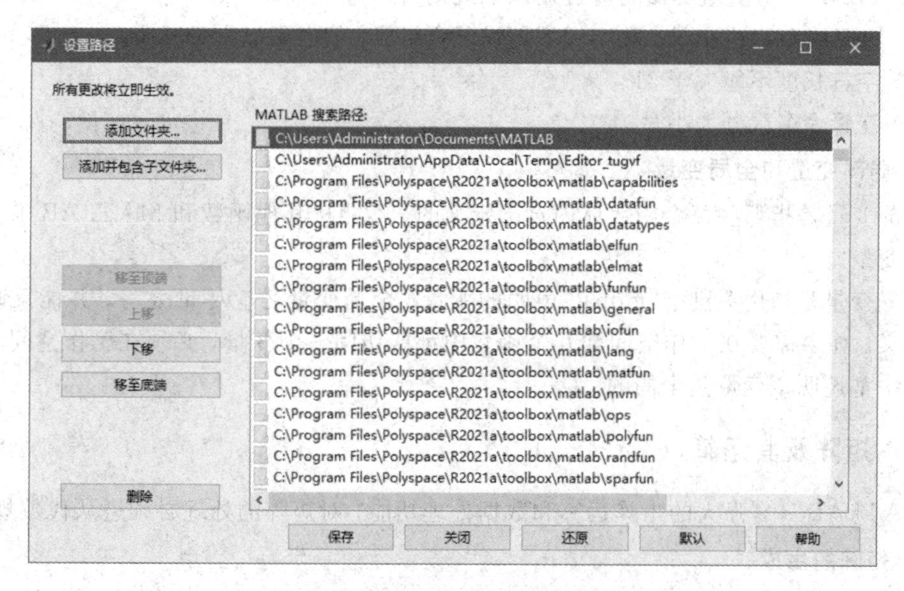

图 8-4　“设置路径”对话框

单击“添加文件夹…”按钮可以将用户的文件夹加入系统路径中；“添加并包含子文件夹…”允许把一个文件夹和它所有的子文件夹加入系统路径中，可以实现文件夹的批量添加。这两种操作均可以直观地在右侧的路径栏内看到结果。选中右侧列表中的一个文件夹，可以利用“移至顶端”“上移”“下移”“移至底端”4 个按钮来改变其在系统路径中的排列位置，以利于对文件的搜索使用，也可以利用“删除”按钮将其删除。对路径操作完毕后，按“保存”按钮予以保存。

8.2　基本数值运算

8.2.1　MATLAB 内部的特殊变量和常数

MATLAB 内部有很多变量和常数，用以表达特殊含义。常用的有：

(1) 变量 ans：指示当前未定义变量名的答案。

(2) 常数 eps：表示浮点相对精度，其值是从 1.0 到下一个最大浮点数之间的差值。该变量值作为一些 MATLAB 函数计算的相对浮点精度，按 IEEE 标准，$eps=2^{-52}$，近似为 2.2204×10^{-16}。

(3) 常数 Inf：表示无穷大。当输入或计算中出现除以 0 时会产生 Inf。

(4) 虚数单位 i，j：表示复数的虚部单位，相当于 $\sqrt{-1}$。

(5) NaN：表示不定型值，是由 0/0 运算产生的。

(6) 常数 pi：表示圆周率 π，其值为 3.141 592 653 589 7…。

8.2.2 变量类型

1. 变量命名规则

MATLAB 中对变量的命名应遵循以下规则：

(1) 变量名可以由字母、数字和下划线混合组成，但必须以字母开头。

(2) 字符长度不能大于 31。

(3) 变量命名区分大小写。

2. 局部变量和全局变量

局部变量是指那些每个函数体内自己定义的，不能从其他函数和 MATLAB 工作空间访问的变量。

全局变量是指用关键字“global”声明的变量。全局变量名应尽量大写，并能反映它本身的含义。如果需要在工作空间和几个函数中都能访问一个变量，必须在工作空间和这几个函数中都声明该变量是全局的。

8.2.3 矩阵及其运算

MATLAB 具有强大的矩阵运算和数据处理功能，对矩阵的处理必须遵从代数规则。

1. 矩阵的生成

1) 一般矩阵的生成

对于一般的矩阵，MATLAB 的生成方法有多种。最简单的方法是从键盘直接输入矩阵元素。直接输入矩阵元素时应注意：各元素之间用空格或逗号隔开，用分号或回车结束矩阵行，用中括号把矩阵所有元素括起来。

【例 8-1】 在工作空间产生一个 3×3 矩阵 A。

可用 MATLAB 语言描述如下：

```
A=[1  2  3; 4  5  6; 7  8  9]
```

或

```
A=[1  2  3
   4  5  6
   7  8  9]
```

运行结果：

```
A=
    1    2    3
    4    5    6
    7    8    9
```

2) 特殊矩阵的生成

对于特殊的矩阵，可直接调用 MATLAB 的函数来生成。

用函数 zeros 生成全 0 矩阵，格式如下：

```
B=zeros(m,n)
```

生成 m×n 的全 0 阵。

用函数 ones 生成全 1 矩阵，格式如下：

B=ones(m, n)

生成m×n的全1阵。

用函数eye生成单位阵，格式如下：

B=eye(m,n)

生成m×n矩阵，其中对角线元素全为1，其他元素为0。

用函数rand产生[0, 1]之间均匀分布的随机序列，格式如下：

rand(m, n)

生成m×n的[0, 1]之间均匀分布的随机矩阵。

用函数randn产生均值为0、方差为1的高斯分布的随机序列，格式如下：

randn(m, n)

生成m×n的均值为0、方差为1的高斯分布的随机矩阵。

2. 矩阵的运算

矩阵的运算有基本运算和函数运算两种类型。基本运算包括矩阵的加、减、乘、除、乘方、转置(如A′)、共轭转置(如A*′)、逆(如A^(-1))等，其主要特点是通过MATLAB提供的基本运算符+、-、*、/(\)、^等即可完成。函数运算主要是通过调用MATLAB系统内置的运算函数来求取矩阵的行列式(det(A))，求秩(rank(A))，求特征值和特征向量([V, D]=eig(A))，求Jordan标准形(jordan(A))，求输出矩阵行和列的长度(size(A))，求输出向量的长度(length(X))，求输出矩阵的逆(inv(A))和矩阵分解等。需要使用时可以参阅联机帮助和相关参考书。

【例8-2】 矩阵的基本运算。

```
A=[1, 2, 3; 4, 5, 6];
B =[6, 5, 4; 3, 2, 1];
C =A+B                  %计算两个矩阵的和
D =B'                   %计算矩阵B的转置
E=A*D                   %做矩阵乘法，必须满足矩阵乘法的基本要求
                        %E应该是2阶方阵
F=det(E)                %求E的行列式
G=E^(-1)                %求E的逆
```

输出结果：

```
C=
   7    7    7
   7    7    7
D=
   6    3
   5    2
   4    1
E=
   28    10
   73    28
F=54
```

```
G=
    0.5185    -0.1852
   -1.3519     0.5185
```

8.3 基本语句

8.3.1 程序控制语句

MATLAB 的程序控制语句有循环语句、条件转移语句两种类型。

1. 循环语句

MATLAB 的循环语句包括 for 循环和 while 循环两种类型。

1) for 循环

语法格式：

```
for 循环变量 = 起始值：步长：终止值
    循环体
end
```

其中，起始值和终止值为一整型数；步长可以为整数或小数，省略步长时，默认步长为 1。执行 for 循环时，判定循环变量的值是否大于(步长为负时则判定是否小于)终止值，不大于(步长为负时小于)则执行循环体，执行完毕后加上步长，大于(步长为负时小于)则终止值后退出循环。

【例 8-3】 给矩阵 A、B 赋值。

MATLAB 语句及运行结果如下：

```
k=5;
a=zeros(k, k)     %矩阵赋零初值
for m=1:k
    for n=1:k
        a(m,n)=1/(m+n-1);
    end
end
for i=m:-1:1
    b(i)=i;
end
```

运行结果：

```
a=
    1.0000    0.5000    0.3333    0.2500    0.2000
    0.5000    0.3333    0.2500    0.2000    0.1667
    0.3333    0.2500    0.2000    0.1667    0.1429
    0.2500    0.2000    0.1667    0.1429    0.1250
    0.2000    0.1667    0.1429    0.1250    0.1111
b=
```

```
    1    2    3    4    5
```

2）while 循环

语法格式：

```
while 表达式
    循环体
end
```

其执行方式为：若表达式为真(运算值非0)，则执行循环体；若表达式为假(运算结果为0)，则退出循环体，执行 end 后的语句。

【例 8-4】 已知 a=3，利用 while 循环，分别给 a 赋值 2，1，0。

```
a=3;
while a
    a=a-1
end
```

输出：

```
a=2
a=1
a=0
```

2. 条件转移语句

条件转移语句有 if 和 switch 两种。

1）if 语句

MATLAB 中 if 语句的用法与其他高级语言相类似，其基本语法格式有以下几种：

格式一：

```
if 逻辑表达式
  执行语句
end
```

格式二：

```
if 逻辑表达式
  执行语句 1
else
  执行语句 2
end
```

格式三：

```
if 逻辑表达式 1
  执行语句 1
else if   逻辑表达式 2
  执行语句 2
end
```

2）switch 语句

switch 语句的用法与其他高级语言相类似，其基本语法格式如下：

```
switch 表达式(标量或字符串)
    case 值 1
        语句 1
    case 值 2
        语句 2
        ⋮
    otherwise
        语句 n
end
```

8.3.2 绘图语句

常用的 MATLAB 绘图语句有 figure、plot、stem、subplot 等，图形修饰语句有 title、axis、text 等。

1. figure

figure 有两种用法。

格式一：

```
figure
```

该函数会创建一个新的图形窗口，并返回一个整数型窗口编号。

格式二：

```
figure(n)
```

该函数将第 n 号图形窗口作为当前的图形窗口，并将其显示在所有窗口的最前面。如果该图形窗口不存在，则新建一个窗口，并赋以编号 n。

2. plot

plot 为线型绘图函数。语法格式：

```
plot(x,y,'s')
```

其中，参数 x 为横轴变量；y 为纵轴变量；s 用以控制图形的基本特征(如颜色、粗细等)，通常可以省略。常用绘图参数的含义如表 8-2 所示。

表 8-2 常用绘图参数的含义

参数	含 义	参数	含 义	参数	含 义
y	黄色	.	点	—	实线
m	紫色	o	圆	:	虚线
c	青色	×	打叉	—·	点画线
r	红色	+	加号	--	破折线
g	绿色	*	星号	^	向上的三角形
b	蓝色	s	正方形	<	向左的三角形
w	白色	d	菱形	>	向右的三角形
k	黑色	v	向下的三角形	p	五角形

3. stem

stem 用于绘制离散序列图，语法格式：

stem(y)

和　　stem(x,y)

这两个函数分别和相应的 plot 函数的绘图规则相同，只是用 stem 函数绘制的是离散序列图。

4. subplot

subplot 的语法格式：

subplot(m,n,i)

图形显示时分割窗口命令，把一个图形窗口分为 m 行，n 列，共 m×n 个小窗口，并指定第 i 个小窗口为当前窗口。

5. 绘图修饰命令

在绘制图形时，我们通常需要为图形添加各种注记以增加可读性。语法格式：

title('标题')

该函数可以在图形上方添加标题，使用 xlabel('标记')或 ylabel('标记')为 x 轴或 y 轴添加说明，使用 text(x 值、y 值、'想加的标示')可以在图形中任意位置添加标示。

【例 8-5】 绘图语句示例如图 8-5 所示。

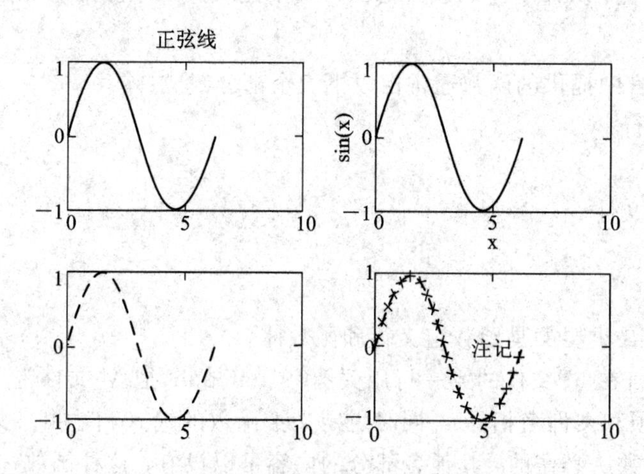

图 8-5　例 8-5 中绘制的几种正弦波形

MATLAB 语句如下：

```
x=0:0.1*pi:2*pi;              %定义 x 向量
figure(1);                    %创建一个新的图形窗口，编号为 1
subplot(2,2,1);               %将窗口划分为 2 行，2 列，在第 1 个窗口中作图
plot(x,sin(x));               %画图
title('正弦线');              %给图形加标题
subplot(2,2,2);               %在第 2 个窗口中作图
plot(x,sin(x),'r');           %画一正弦波，红色
xlabel('x');                  %给 x 轴加说明
ylabel('sin(x)');             %给 y 轴加说明
```

```
subplot(2,2,3);                    %在第3个窗口中作图
plot(x,sin(x),'--');               %画一正弦波，破折线
subplot(2,2,4);                    %在第4个窗口中作图
plot(x,sin(x),'r+--');             %画一正弦波，红色破折线，破折线上有加号
text(4,0,'注记');
```

运行结果如图 8-5 所示。

8.4 MATLAB函数

8.4.1 函数及其调用方法

在 MATLAB 语言中，M 文件有两种形式：脚本和函数。

脚本没有输入/输出参数，只是一些函数和命令的组合。它可以在 MATLAB 环境下直接执行，也可以访问存在于整个工作空间内的数据。由脚本建立的变量在脚本执行完后仍将保留在工作空间中，可以继续对其进行操作，直到使用 clear 命令对其清除为止。

函数是 MATLAB 语言的重要组成部分。MATLAB 提供的各种工具箱中的 M 文件绝大部分是以函数的形式给出的。函数接收输入参数，返回输出参数，且只能访问该函数本身工作空间中的变量，从命令窗口或其他函数中不能对其工作空间的变量进行访问。

1. 函数结构

MATLAB 语言中提供的函数通常由以下五个部分组成：

(1) 函数定义行；

(2) H1 行；

(3) 函数帮助文件；

(4) 函数体；

(5) 注释。

这五个部分中最重要的是函数定义行和函数体。

MATLAB 语言在 M 文件的第一行用关键字“function”把 M 文件定义为一个函数，并指定它的名字(必须和文件名相同)，同时也定义了函数的输入和输出参数。函数定义行是一个 MATLAB 函数所必需的，其他各部分的内容可以没有，这种函数称为空函数。

例如，求最大值函数“max”的定义行可描述为

```
function [Y,I]=max(x)
```

其中，“max”为函数名，输入参数为“x”，输出参数为“Y”和“I”。

函数体是函数的主体部分，它包括进行运算和赋值的所有 MATLAB 程序代码。函数体中可以包括流程控制、输入/输出、计算、赋值、注释以及函数调用和脚本文件调用等。在函数体中完成对输出参数的计算。

2. 函数调用

函数调用的过程实际上就是参数传递的过程。例如，在一个脚本文件里调用函数“max”可采用如下方式：

```
n=1:20;
```

```
a=sin(2*pi*n/20);
[Y,I]=max(a);
```

该调用过程把变量“a”传给了函数中的输入参数“x”，然后把函数运算的返回值传给输出参数“Y”和“I”。其中，Y是a序列的最大值，I是最大值Y对应的坐标值。

8.4.2　常用数字信号处理函数

1. 信号产生函数

1）三角函数

语法格式：

```
sin(t)
```

该函数产生以2π为周期、幅值范围在[-1，+1]之间的正弦波。其中，参数t为时间变量。

类似的其他三角函数有cos(t)、tan(t)、asin(t)、acos(t)、atan(t)。

2）三角波或锯齿波产生函数

语法格式：

```
sawtooth(t,width)
```

该函数产生以2π为周期、幅值范围在[-1，+1]之间的三角波或锯齿波。其中，参数t为时间变量；width是[0，1]之间的数，它决定函数在一个周期内上升部分和下降部分的比例。width=0.5产生三角波，width=1产生锯齿波，此时函数可简写为sawtooth(t)。

3）方波产生函数

语法格式：

```
square(t)
```

该函数产生以2π为周期、幅值范围在[-1，+1]之间的方波。其中，参数t为时间变量。

4）sinc产生函数

语法格式：

```
sinc(t)
```

该函数在t≠0时取sin(pi*t)/(pi*t)，在t=0时取1。

【例8-6】 信号产生函数举例。

```
clear all
t=0:0.0001:0.1;
x1=sawtooth(2*pi*50*t);          %在[0，0.1]之间产生5个周期的锯齿波
subplot(221)
plot(t,x1)
x2=sawtooth(2*pi*50*t,0.5);      %在[0，0.1]之间产生5个周期的三角波
subplot(222)
plot(t,x2)
x3=square(2*pi*50*t);            %在[0，2]之间产生5个周期的方波
subplot(223)
plot(t,x3)
axis([0,0.1,-1.2,1.2])
```

```
t=-4:0.1:4;
x4=sinc(t);                              %产生抽样函数
subplot(224)
plot(t,x4)
```

运行结果如图 8-6 所示。

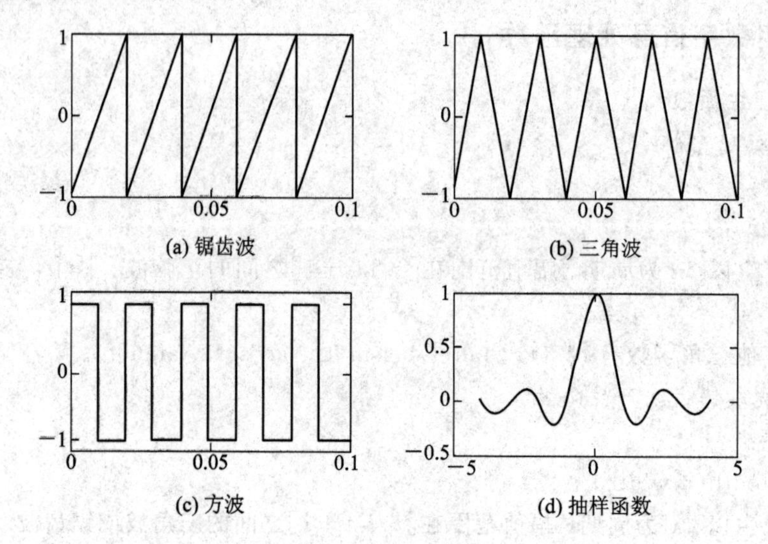

图 8-6　常用信号

2. 常用窗的 MATLAB 函数表示

常用窗的 MATLAB 函数表示如表 8-3 所示。

表 8-3　常用窗的 MATLAB 函数表示

窗名称	MATLAB 函数	窗名称	MATLAB 函数
矩形窗	boxcar(N)	海明窗	hamming(N)
三角形窗	triang(N)	布拉克曼窗	blackman(N)
汉宁窗	hanning(N)	凯塞窗	kaiser(N, BETA)

说明：除凯塞窗外，其他窗函数的使用方法相同。函数的参数 N 是窗长度，调用结果为一个列向量。

例如，产生 50 点的海明窗可用 MATLAB 语言表示如下：

```
Wn=hamming(50);
plot(Wn)
```

凯塞窗函数是一组可调窗函数。其语法格式如下：

```
kaiser(N, BETA)
```

该格式返回一个 N 点的凯塞窗，参数 BETA 是窗函数表达式中的参数 β，其含义参照 6.2.2 节的介绍。

3. 滤波器分析与实现函数

1) 取绝对值

语法格式：

```
abs(x)
```

当 x 为实数时，计算 x 的绝对值；当 x 为复数时，得到的是复数的模值；当 x 为字符串时，得到各字符的 ASCII 码。

2）取相角

语法格式：

```
angle(z)
```

该函数可求复矢量或复矩阵的相角，结果为一个以弧度为单位、介于 $-\pi$ 和 $+\pi$ 之间的值。

3）求线性卷积

语法格式：

```
conv(x,y)
```

该函数可求矢量 x 和 y 的卷积。若 x(n)和 y(n)的长度分别为 M 和 N，则返回值是长度为 M+N−1 的矢量。

【例 8-7】　x(n)=[3 4 5]，y(n)=[2 6 7 8]，求其线性卷积。

MATLAB 语句如下：

```
x=[3 4 5];
y=[2 6 7 8];
z=conv(x,y)
```

运行结果：

```
z=
    6    26    55    82    67    40
```

4）利用指定的数字滤波器对数据进行滤波

常用语法格式：

```
y=filter(b,a,x)
```

函数 filter 利用数字滤波器对数据进行滤波时，采用直接Ⅱ型结构实现，因而适用于 IIR 数字滤波器和 FIR 数字滤波器。参数 $a=[a_0\ \ a_1\ \ a_2\ \ \cdots\ \ a_N]$和 $b=[b_0\ \ b_1\ \ b_2\ \ \cdots\ \ b_M]$ 是滤波器系数，x 为输入序列，y 为滤波后的输出。滤波器的系统函数为

$$H(z)=\frac{Y(z)}{X(z)}=\frac{b_0+b_1z^{-1}+\cdots+b_Mz^{-N}}{a_0+a_1z^{-1}+\cdots+a_Nz^{-M}}$$

标准形式中取 $a_0=1$；若滤波器系数 $a_0\neq1$，则 MATLAB 会自动归一化系数；若 $a_0=0$，则系统给出出错信息。

【例 8-8】　在语音信号处理中，常利用周期脉冲信号通过 AR(10)模型来近似合成浊音信号。若信号周期 T=46，AR 模型的系数 a=[1，−1.7218，1.2594，−0.6157，0.7754，−0.6496，0.3651，−0.4547，0.3339，0.0975，−0.1851]，试合成 5 个周期的浊音信号。

用 MATLAB 语句实现如下：

```
T=46;
a=[1,-1.7218,1.2594，-0.6157，0.7754，-0.6496,0.3651，-0.4547，0.3339，0.0975，
    -0.1851];
for i=0:5
    x(i*T+1)=1;
end
```

```
y=filter(1,a,x);
plot(y)
xlabel('t')
ylabel('y')
```

输出波形如图 8-7 所示。

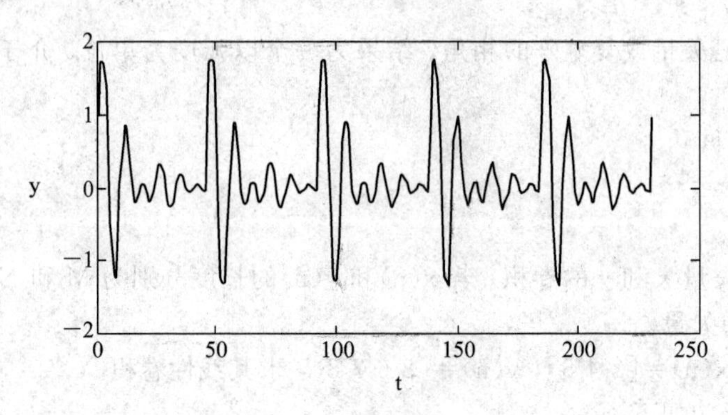

图 8-7 合成浊音信号

5）计算数字滤波器 $H(z)$ 的频率响应 $H(e^{j\omega})$

语法格式：

[H,W]=freqz(B,A,L)

该函数可得到数字滤波器的 L 点的频率向量 W 和与之相对应的 L 点的频率响应向量 H，计算所得的 L 个频率点均匀地分布在[0，π]上。参数 $A=[a_0\ \ a_1\ \ a_2\ \ \cdots\ \ a_N]$，$B=[b_0\ \ b_1\ \ b_2\ \ \cdots\ \ b_M]$是滤波器系数，则滤波器的系统函数如下：

$$H(z)=\frac{B(z)}{A(z)}=\frac{b_0+b_1z^{-1}+\cdots+b_Mz^{-M}}{a_0+a_1z^{-1}+\cdots+a_Nz^{-N}}$$

参数 L(与上式中阶次 N 的含义不同)最好选用 2 的整数次幂，以便使用 FFT 进行快速运算，L 的缺省值为 512。freqz(B,A,L)直接绘制频率响应图，而不返回任何值。

H=freqz(B,A,W)　　　　%返回 W 向量中指定的频率范围内的频率响应，
　　　　　　　　　　　　%W 以弧度为单位在[0，π]范围内

[H,F]=freqz(B,A,L,Fs) %对 $H(e^{j\omega})$ 在$[0,F_s/2]$上等间隔采样 L 点，采样点
　　　　　　　　　　　　%频率及相应的频率响应值分别记录在 F 和 H 中

6）计算数字滤波器 $H(z)$ 的单位脉冲响应 $h(n)$

语法格式：

[H,T]=impz(B,A)

滤波器用传递函数模型限定，参数 B、A 分别为 H(z)分子、分母多项式的系数，函数返回滤波器的单位脉冲响应列向量 H 和时间(即采样间隔)列向量 T。

4．变换函数

1）一维快速离散 Fourier 变换

语法格式：

y=fft(x)

y 是计算信号 x 的快速离散傅里叶变换。当 x 为矩阵时，计算 x 中每一列信号的离散傅里叶变换。当 x 的长度为 2 的幂时，用基 - 2 算法；否则，采用较慢的分裂基算法。

```
y=fft(x,n)        //计算 n 点的 FFT，当 x 的长度大于 n 时，截断 x，否则补零
```

2）一维快速离散 Fourier 逆变换

语法格式：

```
y=ifft(x)         //y 是计算信号 x 的快速离散傅里叶变换的逆变换
y=ifft(x,n)       //计算 n 点的快速离散傅里叶变换的逆变换
```

3）离散余弦变换(DCT)

语法格式：

```
y=dct(x)          //计算信号 x 的离散余弦变换
y=dct(x,n)        //计算 n 点的离散余弦变换
```

当 x 的长度大于 n 时，截断 x；否则补零。

离散余弦逆变换可由函数 idct 实现。

【例 8 - 9】 计算信号 $x(n) = n + 20\sin\left(\frac{2\pi n}{20}\right)$，$n = 1, 2, \cdots, 100$ 的 DCT。

用 MATLAB 语言可实现如下：

```
N=100; n=1:N;
x=n+20*sin(2*pi*n/20);
y=dct(x);
z=idct(y);
subplot(311); stem(x,'.'); xlabel('n'); ylabel('x(n)');
subplot(312); stem(y,'.'); xlabel('n'); ylabel('dct(x)');
subplot(313); stem(z,'.'); xlabel('n'); ylabel('idct[dct(x)]')
```

运行结果如图 8 - 8 所示。

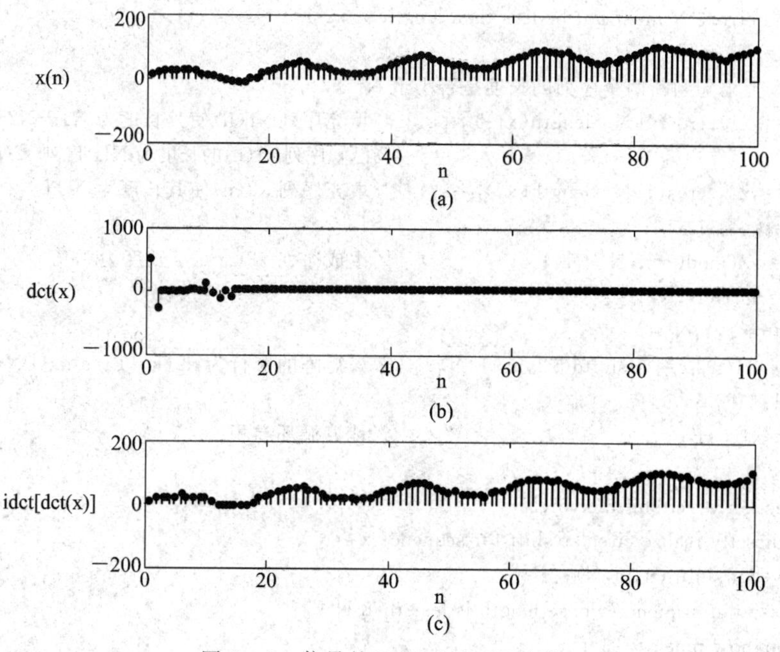

图 8 - 8　信号的 DCT 和 IDCT 变换

8.5 MATLAB在信号处理中的应用举例

8.5.1 线性卷积与圆周卷积的计算

对于无限长序列，不能用MATLAB直接计算线性卷积，在MATLAB内部只提供了一个conv函数用于计算两个有限长序列的线性卷积。对于圆周卷积，MATLAB内部没有提供现成的函数，我们可以按照定义式直接编程计算。

【例8-10】 已知两序列：

$$x(n)=\begin{cases}0.8^n & 0\leqslant n\leqslant 11\\ 0 & \text{其他}\end{cases}$$

$$h(n)=\begin{cases}1 & 0\leqslant n\leqslant 5\\ 0 & \text{其他}\end{cases}$$

求它们的线性卷积 $y_1(n)=h(n)*x(n)$ 和 N 点的圆周卷积 $y(n)=h(n)\text{Ⓝ}x(n)$，并研究两者之间的关系。

(1) 计算圆周卷积的函数。

```
function yc=circonv(x1,x2,N)
%直接计算圆周卷积 y=circonv(x1,x2,N)
%输出参数：圆周卷积结果 y
%输入参数：需要计算圆周卷积的序列 x1,x2 和圆周卷积的点数 N
if length(x1)>N
    error('N must not be less than length of x1');
end
if length(x2)>N
    error('N must not be less than length of x2');
end
%以上语句判断两个序列的长度是否小于 N
x1=[x1,zeros(1,N-length(x1))];          %填充序列 x1(n)使其长度为 N1+N2-1
                                        %已知序列 x1(n)的长度为 N1，序列 x2(n)的长度为 N2
x2=[x2,zeros(1,N-length(x2))];          %填充序列 x2(n)使其长度为 N1+N2-1
n=[0:1:N-1];
x2=x2(mod(-n,N)+1);                     %生成序列 x2(-n)，长度为 N
H=zeros(N,N);
for n=1:1:N
    H(n,:)=cirshiftd(x2,n-1,N);         %该矩阵的 k 行为 x2(k-1-n mod N)
end
yc=x1*H';                               %计算循环卷积

function y=cirshiftd(x,m,N)
%directly realize circular shift for sequence x
%y=cirshiftd(x,m,N);
%x:input sequence whose length is less than N
%m:how much to shift
```

```
%N:circular length
%y:output shifted sequence
if length(x)>N
    error('the length of x must be less than N');
end
x=[x,zeros(1,N-length(x))];
n=[0:1:N-1];
y=x(mod(n-m,N)+1);
```

(2) 研究两者之间的关系。

```
clear all;
n=[0:1:11];
m=[0:1:5];
N1=length(n);
N2=length(m);
xn=0.8.^n;                          %生成 x(n)
hn=ones(1,N2);                      %生成 h(n)
yln=conv(xn,hn);                    %直接用函数 conv 计算线性卷积
ycn=circonv(xn,hn,N1);              %用函数 circonv 计算 N1 点的圆周卷积
ny1=[0:1:length(yln)-1];
ny2=[0:1:length(ycn)-1];
subplot(2,1,1);                     %画图
stem(ny1,yln);
xlabel('n');
ylabel('线性卷积')
subplot(2,1,2);
stem(ny2,ycn);
xlabel('n');
ylabel('圆周卷积')
axis([0,16,0,4]);
```

运行结果如图 8-9 所示。

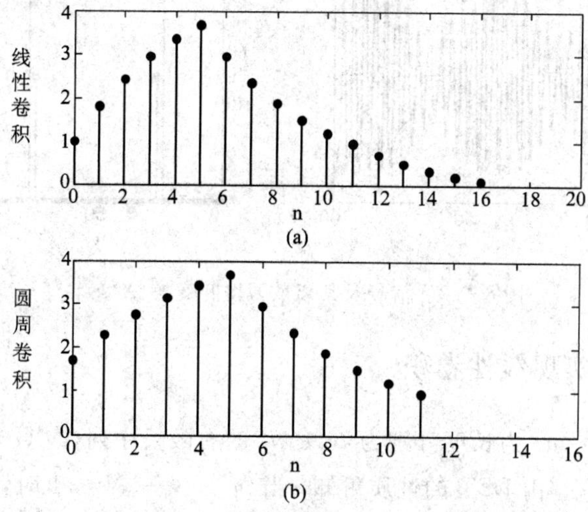

图 8-9　线性卷积和圆周卷积的比较

8.5.2　利用离散傅里叶变换(DFT)分析信号的频谱

MATLAB 中计算序列的离散傅里叶变换和逆变换采用的是快速算法，利用 fft 和 ifft 函数来实现。函数 fft 用来求序列的 DFT，函数 ifft 用来求 IDFT,调用格式参看 8.4.2 节。

【例 8-11】　已知序列 $x(n)=2\sin(0.48\pi n)+\cos(0.52\pi n)$，$0\leqslant n<100$，试绘制 $x(n)$ 及它的离散傅里叶变换 $|X(k)|$。

MATLAB 实现程序：

```
clear all
N=100;
n=0:N-1;
xn=2*sin(0.48*pi*n)+cos(0.52*pi*n);
XK=fft(xn,N);
magXK=abs(XK);
phaXK=angle(XK);
subplot(1,2,1)
plot(n,xn)
xlabel('n');ylabel('x(n)');
title('x(n) N=100');

subplot(1,2,2)
k=0:length(magXK)-1;
stem(k,magXK,'.');
xlabel('k');ylabel('|X(k)|');
title('X(k) N=100');
```

运行结果如图 8-10 所示。

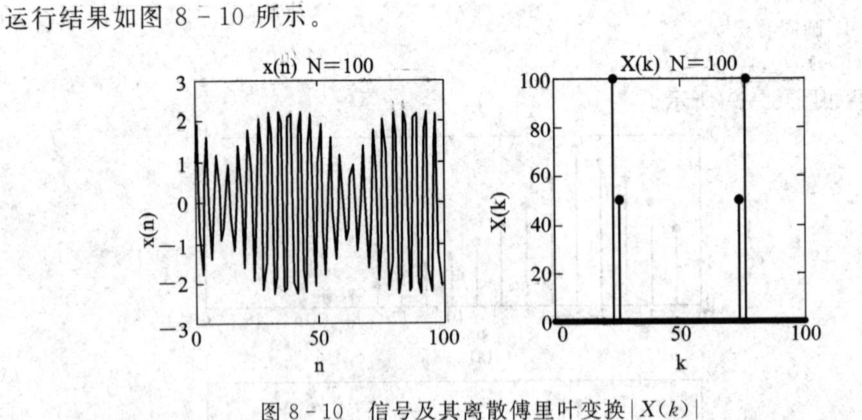

图 8-10　信号及其离散傅里叶变换 $|X(k)|$

8.5.3　利用 FFT 实现线性卷积

若序列 $x_1(n)$、$x_2(n)$ 为长度分别为 N_1、N_2 的有限长序列，$y_c(n)=x_1(n)\,Ⓝ\,x_2(n)$，$y_l(n)=x_1(n)*x_2(n)$。由 DFT 的性质可知，当 $N\geqslant N_1+N_2-1$ 时，有 $y_l(n)=y_c(n)=\text{IDFT}\{\text{DFT}[x_1(n)]\cdot\text{DFT}[x_2(n)]\}$。序列较长时 DFT 运算通常用快速算法 FFT 实现。在

MATLAB 的信号处理工具箱中函数 FFT 和 IFFT 用于快速傅里叶变换和逆变换。

【例 8-12】 用 FFT 实现例 8-10 中两序列的线性卷积。

实现程序：

```
n=[0:1:11];
m=[0:1:5];
N1=length(n);
N2=length(m);
xn=0.8.^n;                                      %生成 x(n)
hn=ones(1,N2);                                  %生成 h(n)
N=N1+N2-1;
XK=fft(xn,N);
HK=fft(hn,N);
YK=XK.*HK;
yn=ifft(YK,N);
if all(imag(xn)==0)&(all(imag(hn)==0))          %实序列的循环卷积仍然为实序列
    yn=real(yn);
end
n=0:N-1;
stem(x,yn,'.')
xlabel('n');
ylabel('y(n)');
```

运行结果如图 8-11 所示。

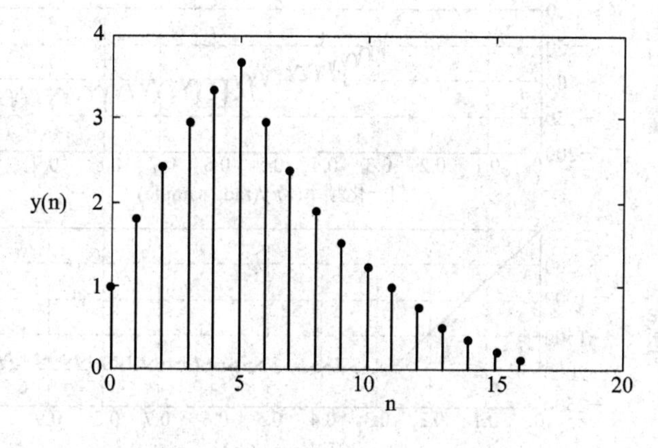

图 8-11　利用 FFT 实现线性卷积

8.5.4　FIR 数字滤波器的设计与实现

FIR 数字滤波器的设计方法有窗函数法和频率采样法两种，在 MATLAB 的数字信号处理工具箱中提供了函数 fir1。fir1 采用经典窗函数法设计线性相位 FIR 数字滤波器，且具有标准低通、带通、高通和带阻等类型。

语法格式：

```
B=fir1(n,Wn)
B=fir1(n,Wn,'ftype')
B=fir1(n,Wn,window)
B=fir1(n,Wn,'ftype',window)
```

其中，n 为 FIR 数字滤波器的阶数，对于高通、带阻滤波器，n 取偶数；Wn 是对 π 归一化后的滤波器的截止频率，取值范围为 0～1，对于带通、带阻滤波器，Wn=[W1,W2]，且 W1<W2；'ftype'为滤波器类型，缺省时为低通或带通滤波器，为'high'时是高通滤波器，为'stop'时是带阻滤波器；window为窗函数，列向量，其长度为 n+1，缺省时自动取海明窗；输出参数 B 为 FIR 数字滤波器的系数向量，长度为 n+1。

【例 8-13】 用窗函数法设计一个线性相位 FIR 数字低通滤波器，性能指标：通带截止频率 $wp=0.2\pi$，阻带截止频率 $ws=0.3\pi$，阻带衰减不小于 40 dB，通带衰减不大于 3 dB。

实现程序：

```
wp=0.2 * pi;
ws=0.3 * pi;
wdelta=ws-wp;
N=ceil(8 * pi/wdelta);
Wn=(0.2+0.3) * pi/2;
b=fir1(N-1,Wn/pi,hanning(N));
freqz(b,1,512)
```

运行结果如图 8-12 所示。

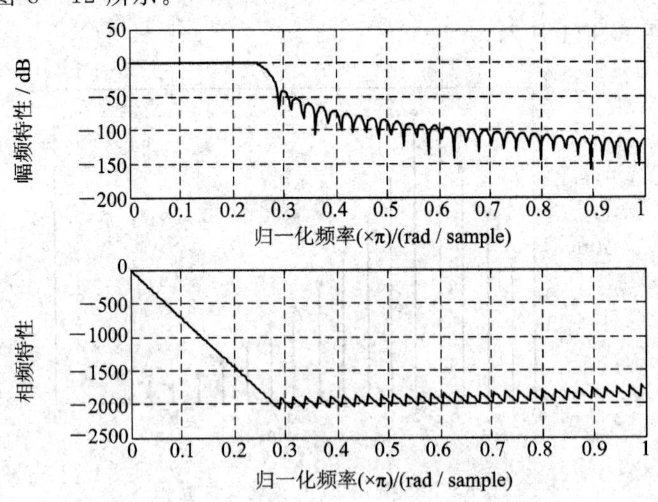

图 8-12 FIR 数字滤波器的幅频和相频特性

8.5.5 IIR 数字滤波器的设计与实现

基于模拟滤波器变换原理的 IIR 数字滤波器的经典设计方法是：首先根据模拟滤波器的指标设计出相应的模拟滤波器，然后将设计好的模拟滤波器转换成满足给定技术指标的数字滤波器。常用算法有脉冲响应不变法和双线性变换法。在 MATLAB 的数字信号处理工具箱中提供了相应的设计函数，常用的有7种。

1. Butterworth数字和模拟滤波器阶数选择函数

[N, Wn]=buttord(Wp, Ws, Rp, Rs)

该格式用于计算巴特沃思(Butterworth)数字滤波器的阶数N和3 dB截止频率Wn。

输入参数：Wp是对π归一化后的通带截止频率，Ws是对π归一化后的阻带截止频率，Wp与Ws的取值在0和1之间；Rp是通带最大衰减，Rs是阻带最小衰减，且Rp、Rs的单位为分贝(dB)。当Wp<Ws时，为低通滤波器；当Wp>Ws时，为高通滤波器；当Wp和Ws为二元矢量时，为带通或带阻滤波器，这时Wn也是二元矢量。

输出参数：N是符合要求的数字滤波器的最小阶数，Wn为Butterworth滤波器的固有频率(3 dB)。

[N, Wn]=buttord(Wp, Ws, Rp, Rs, 's')

输入参数：Wp是模拟滤波器的通带截止频率，Ws是模拟滤波器的阻带截止频率，它们的单位是弧度/秒；Rp是通带最大衰减，Rs是阻带最小衰减，且Rp、Rs的单位为分贝(dB)。

输出参数：N是符合要求的模拟滤波器的最小阶数，Wn为Butterworth滤波器的固有频率(3 dB)。

2. Butterworth模拟低通原型滤波器的零极点和增益函数

[Z, P, K]=buttap(N)

输入参数：N表示Butterworth模拟低通原型滤波器的阶数。

输出参数：Z、P、K分别是N阶Butterworth模拟低通原型滤波器的零极点增益模型的零点矢量、极点矢量和增益。

3. 零极点增益模型到传递函数模型的转换函数

[num, den]=zp2tf(Z, P, K);

输入参数：Z、P、K分别表示零极点增益模型的零点矢量、极点矢量和增益。

输出参数：num、den分别为传递函数的分子和分母的多项式系数。

4. 模拟低通滤波器到模拟低通滤波器的转换函数

[b, a]=lp2lp(Bap, Aap, Wn);

输入参数：Bap和Aap分别是截止频率为1的模拟低通原型滤波器的传递函数的分子和分母多项式的系数矢量。

输出参数：b和a分别是截止频率为Wn的模拟低通滤波器的传递函数的分子和分母多项式的系数矢量。

功能：把模拟低通滤波器转换成截止频率为Wn的模拟低通滤波器。

5. Butterworth数字和模拟滤波器的设计函数

[b, a]=butter(n, Wn, 'ftype')

输入参数：n和Wn分别是所要设计的Butterworth数字滤波器的阶数和截止频率；ftype的形式确定了滤波器的形式，ftype缺省时，若Wn为一个元素，则为低通，若Wn为两个元素的矢量，则为带通，ftype为high时为高通，ftype为stop时为带阻。

输出参数：b和a分别为所要设计的数字滤波器的系统函数的分子和分母多项式的系数矢量。

功能：设计一个阶数为 n、截止频率为 Wn 的数字滤波器。

[b, a]=butter(n, Wn, 's')

输入参数：n 和 Wn 分别是所要设计的 Butterworth 模拟滤波器的阶数和截止频率，Wn 的单位为弧度/秒；参数's'的意义同上面 ftype 的。

输出参数：b 和 a 分别为所要设计的模拟滤波器的系统函数的分子和分母多项式的系数矢量。

功能：设计一个阶数为 n、截止频率为 Wn 的模拟滤波器。

6. 脉冲响应不变法函数

[bz, az]=impinvar(b, a)

输入参数：b 和 a 分别是模拟滤波器的传递函数的分子和分母多项式的系数矢量。

输出参数：bz 和 az 分别是数字滤波器的系统函数的分子和分母多项式的系数矢量。

功能：利用脉冲响应不变法把模拟滤波器转换为数字滤波器。

7. 双线性变换函数

[bz, az]=bilinear(b, a, Fs);

输入参数：b 和 a 分别是模拟滤波器的传递函数的分子和分母多项式的系数矢量；Fs 是采样频率。

输出参数：bz 和 az 分别是数字滤波器的系统函数的分子和分母多项式的系数矢量。

功能：利用双线性变换法把模拟滤波器转换为数字滤波器。

[Zd, Pd, Kd] = bilinear(Z, P, K, Fs)

输入参数：Z、P、K 分别表示模拟滤波器的传递函数的零极点增益模型的零点矢量、极点矢量和增益，Fs 是采样频率。

输出参数：Zd、Pd、Kd 分别表示数字滤波器的系统函数的零极点增益模型的零点矢量、极点矢量和增益。

功能：把模拟滤波器的零极点模型转换为数字滤波器的零极点模型。

【例 8-14】 用脉冲响应不变法设计数字低通滤波器，要求通带和阻带具有单调下降性，指标参数如下：通带截止频率 $\omega_p=0.2\pi$ rad，通带最大衰减 $R_p=1$ dB，阻带截止频率 $\omega_s=0.35\pi$ rad，阻带最小衰减 $R_s=10$ dB，采样周期 $T=1$ s。

解 MATLAB 实现程序如下：

```
%用脉冲响应不变法设计数字滤波器程序
T=1;
Fs=1/T;
%T=1 时的模拟滤波器指标
wp=0.2*pi/T;
ws=0.35*pi/T;
Rp=1
Rs=10;
%计算相应的模拟滤波器的阶数 N 和 3 dB 截止频率
[N, wc]=buttord(wp, ws, Rp, Rs, 's');
%计算相应的模拟滤波器的系统函数
```

```
[b, a]=butter(N, wc, 's');
%用脉冲响应不变法将模拟滤波器转换成数字滤波器
[bz, az]=impinvar(b, a);
%绘制频率响应曲线
[H, W]=freqz(bz, az);
plot(W/pi, 20*log10(abs(H)));
grid
xlabel('频率 w/pi')
ylabel('频率响应幅度/dB')
```

运行结果如图8-13所示。

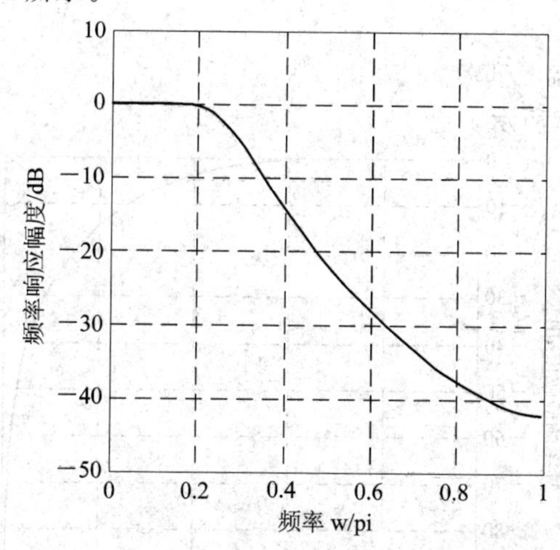

图8-13　例8-14中的低通滤波器的频率响应

【例8-15】　用双线性变换法设计一个Butterworth低通滤波器，要求其通带截止频率为100 Hz，阻带截止频率为200 Hz，通带衰减 R_p 小于2 dB，阻带衰减 R_s 大于15 dB，采样频率 F_s=500 Hz。

解　MATLAB实现程序如下：

```
%利用双线性变换法设计数字滤波器程序
Rp=2;
Rs=15;
Fs=500;
Ts=1/Fs;
%采用双线性变换法时频率的预畸变
wp=100*2*pi*Ts; %利用公式，求数字域通带截止频率 wp
ws=200*2*pi*Ts %利用公式，求数字域阻带截止频率 ws
wp1=2*tan(wp/2)/Ts; %利用公式，进行预畸变
ws1=2*tan(ws/2)/Ts;
%选择滤波器的最小阶数
[N, Wn]=buttord(wp1, ws1, Rp, Rs, 's'); %注意此处是代入经预畸变后获得的模拟频率
                                        %参数
%计算 butterworth 模拟低通原型滤波器
[Z, P, K]=buttap(N);
```

```
%零极点增益模型到传递函数模型的转换
[Bap, Aap]=zp2tf(Z, P, K);
%把模拟原型滤波器转换成截止频率为 Wn 的低通滤波器
[b, a]=lp2lp(Bap, Aap, Wn);
%用双线性变换法实现模拟滤波器到数字滤波器的转换
[bz, az]=bilinear(b, a, Fs);
%绘制频率响应曲线
[H, W]=freqz(bz, az);
plot(W/pi, 20 * log10(abs(H)));
grid
xlabel('频率 w/pi')
ylabel('频率响应幅度/dB')
```

运行结果如图 8-14 所示。

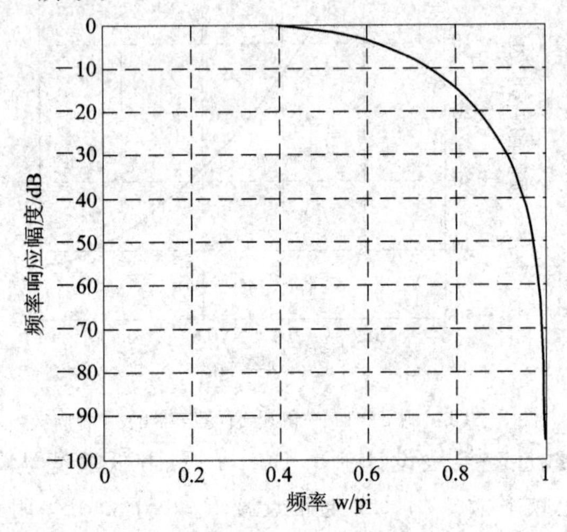

图 8-14　例 8-15 中的低通滤波器的频率响应

本章小结

本章首先简要地介绍了 MATLAB 程序设计语言的基本知识，着重讲述了 MATLAB 函数，尤其是常用信号处理函数的使用，以举例的形式，重点阐述了 MATLAB 在信号处理中的应用，着重探讨了线性卷积与循环卷积的计算、利用离散傅里叶变换(DFT)分析信号的频谱、利用 FFT 实现线性卷积、FIR 数字滤波器的设计与实现和 IIR 数字滤波器的设计与实现等五个专题。MATLAB 的功能十分强大，使用起来非常方便，在工程技术尤其是信号处理领域得到了相当广泛的应用。希望读者通过本章的学习，能基本掌握 MATLAB 程序设计知识，能利用 MATLAB 进行简单的数字信号处理，能利用其提供的工具箱进行滤波器的设计。

附录　部分习题参考答案

第 1 章

1.1　$x(n)=-2\delta(n+3)-\delta(n)+3\delta(n-1)+2\delta(n-3)$。

1.2　(1) $x(n)+y(n)=\{3, 3, 3, 3\}$；

$x(n)-y(n)=\{-1, 1, -1, 3\}$；

$x(n)\cdot y(n)=\{2, 2, 2, 0\}$。

(2) $x(n)+y(n)=\{2, 3, 3, 3\}$；

$x(n)-y(n)=\{0, 1, 1, 3\}$；

$x(n)\cdot y(n)=\{1, 2, 2, 0\}$。

1.3　(1) 该序列为周期序列，其周期 $N=14$；

(2) 该序列为周期序列，其周期 $N=6$；

(3) 该序列为非周期序列；

(4) 该序列为周期序列，其周期 $N=72$。

1.4　1/90=0.011 11 s。

1.5　24 000。

1.6　带限频率分别为 500 Hz、250 Hz、125 Hz、62.5 Hz，最高频率为 62.5 Hz。

1.7　最小采样数为 6000，截止频率为 3000 Hz。

1.9　(1) 600 Hz；(2) 400 Hz；(3) 200 Hz；(4) 400 Hz。

1.10　(2) $f_c=f_s/2=2.5$ kHz。

1.11　(2) $y(t)=5+\cos(2\pi\cdot 400t)+2\cos(2\pi\cdot 600t)$。

1.12　(1) 其周期 $T_0=0.05$ s=50 ms；

(2) $x(n)=\cos(2\pi fnT+\varphi)=\cos\left(0.8\pi n+\frac{\pi}{6}\right)$；

(3) $x(n)$的周期 $N=5$。

1.13　$x_1(n)=x_{a1}(nT)=\cos\left(\frac{n\pi}{2}\right)$。

$x_2(n)=-\cos\frac{3\pi n}{2}$。

$x_3(n)=\cos\frac{5\pi n}{2}$。

$\hat{x}_{a1}(t)$的频谱不会发生混叠，$\hat{x}_{a2}(t)$与$\hat{x}_{a3}(t)$的频谱将出现混叠现象。

1.14　$\Omega_1=2\pi<\Omega_s/2$，$y_{a1}(t)=x_{a1}(t)$，不失真。

$\Omega_2=5\pi>\Omega_s/2$，$y_{a2}(t)\neq x_{a2}(t)$，失真。

1.15 250π，2250π。

1.16 (1) $T=\dfrac{1}{12\,000}$。

(2) T 不是唯一的。例如，$\cos\left(\dfrac{\pi}{3}n\right)=\cos\left(\dfrac{7\pi}{3}n\right)$，可以取 $T=\dfrac{7}{12\,000}$。

1.17 (1) $y(n)=\{1, 2, 3, 4, 4, 3, 2, 1\}(0\leqslant n\leqslant 7)$。

(2) $y(n)=\{1, 1, 0, -1, -1\}(0\leqslant n\leqslant 4)$。

(3) $y(n)=h(n-3)=\{0, 0, 0, 1, 0.5, 0.25, 0.125\}(0\leqslant n\leqslant 6)$。

(4) $n<4$ 时，$y(n)=0$，$y(4)=1$，$y(5)=2$，$y(6)=3$，$y(7)=4$，$y(8)=2$；$n\geqslant 9$ 时，$y(n)=0$。

1.18 (a) $y(n)=h(n-1)=2\delta(n-1)+\delta(n-2)$。

(b) $y(n)=-2\delta(n)+5\delta(n-1)-\delta(n-3)$。

(c) $y(n)=\{0,0,1,2,3,4, 5,5,4,3,2,2,2,3,4,5,5,4,3,2,1\}(0\leqslant n\leqslant 20)$，如图 F1-1 所示。

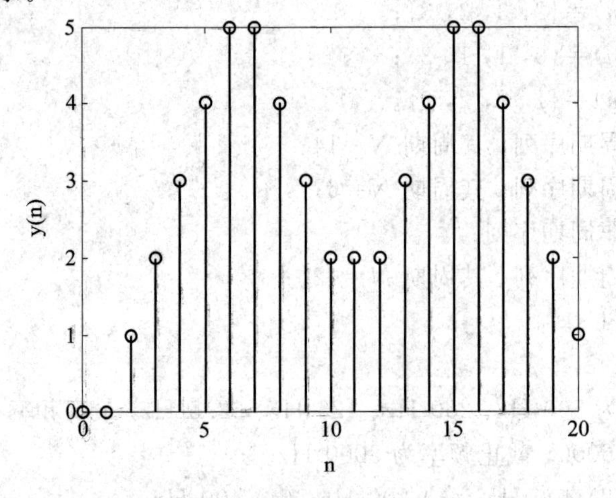

图 F1-1 题 1.18 解图(一)

(d) $y(n)=\delta(n+2)+\delta(n+1)-\delta(n)+3\delta(n-3)+3\delta(n-4)+2\delta(n-5)+\delta(n-6)$，如图 F1-2 所示。

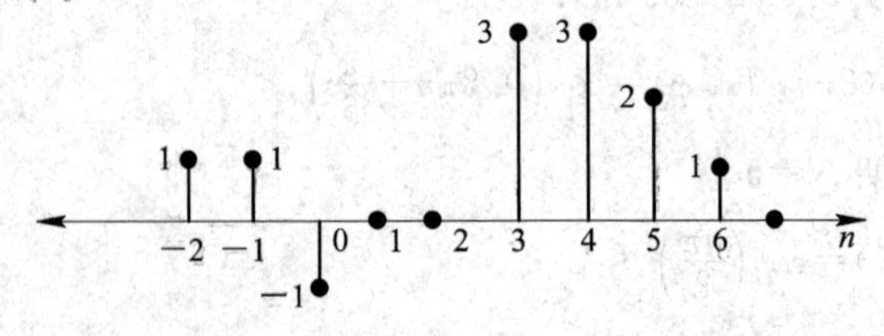

图 F1-2 题 1.18 解图(二)

1.19 $y(n)=a\delta(n)+2a\delta(n-1)+3a\delta(n-2)+4a\delta(n-3)+5a\delta(n-4)+5a\delta(n-5)+5a\delta(n-6)+4a\delta(n-7)+3a\delta(n-8)+2a\delta(n-9)+a\delta(n-10)$。

1.20　(1) $y(n)=\begin{cases}0(n<0)\\1(n=0)\\3(n=1)\\4(n\geqslant 2)\end{cases}$；

(2) $y(n)=\dfrac{\beta^{n+1}-\alpha^{n+1}}{\beta-\alpha}\mathrm{u}(n)$。

1.21　$y(n)=\dfrac{\beta^{n-n_0+1}-\alpha^{n-n_0+1}}{\beta-\alpha}\left[\mathrm{u}(n-n_0)-\left(\dfrac{\alpha}{\beta}\right)^N\mathrm{u}(n-n_0-N)\right]$。

1.22　$N_4=N_0+N_2$，$N_5=N_1+N_3$。

1.23　$y(n)=\dfrac{a^{-n}}{1-a}\mathrm{u}(-n-1)+\dfrac{a}{1-a}\mathrm{u}(n)$。

1.24　(1) 非线性、时不变系统；

(2) 线性、时变系统；

(3) 非线性、时不变系统；

(4) 线性、时不变系统。

1.25　(1) 稳定、因果、线性系统。

(2) 非稳定、非因果($n<n_0$)、线性系统。

(3) 稳定、非因果($n_0\neq 0$)、线性系统。

(4) 稳定、线性系统，当 $n_0\geqslant 0$ 时是因果系统，当 $n_0<0$ 时是非因果系统。

(5) 稳定、因果、非线性系统。

(6) 稳定、因果、非线性系统。

1.26　(1) $y_1(n)=-\delta(n)-2\delta(n-1)-\delta(n-2)+\delta(n-5)+2\delta(n-6)+\delta(n-7)$，如图 F1-3 所示。

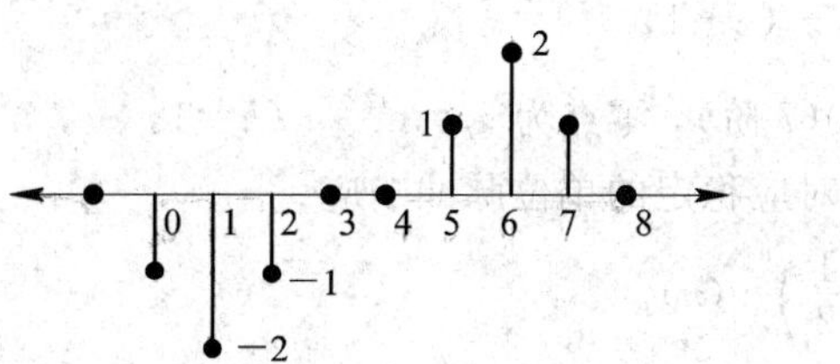

F1-3　题 1.26 解图

(2) $h(n)=-\delta(n+1)+\delta(n-1)$。

1.27　(1) 系统是非线性的。

(2) $y(n)=3\delta(n+6)+2\delta(n+5)$。

1.28　(1) 系统不是时不变的。

(2) $y(n)=2\delta(n+2)+\delta(n+1)-2\delta(n)+3\delta(n-1)+2\delta(n-2)+\delta(n-3)$。

1.29　(1) $y_2(n)=-\sum\limits_{k=0}^{4}y(n-k)$。

(2) $h(n)=-\delta(n)-2\delta(n-1)-\delta(n-2)$。

1.30　(1) 不是时不变系统。

(2) 不是线性系统。

(3) 不是时不变系统，是线性系统。

1.31 $y(n)=x(n)+x(n-1)+\frac{1}{2}y(n-1)$，$y(n)=\left(4-\frac{3}{2^n}\right)u(n)$。

1.32 $\alpha=-1/7$。

1.33 (1) (a) $H(z)=\dfrac{2-\frac{1}{2}z^{-1}}{1-\frac{1}{2}z^{-1}}\qquad\left(|z|>\frac{1}{2}\right)$。

其极点为 $z=1/2$，零点为 $z=1/4$(图略)。

(b) 该序列对应稳定系统的单位脉冲响应。

(2) (a) $H(z)=1-\frac{1}{8}z^{-3}\qquad(|z|>0)$。

零点为 $z=\frac{1}{2}e^{j\frac{2\pi}{3}k}(k=0,1,2)$，极点为 $z=0$(三阶)。

(b) 该序列对应稳定系统的单位脉冲响应。

(3) (a) $H(z)=\dfrac{1}{1-3z^{-1}}=\dfrac{z}{z-3}\qquad(|z|>3)$。

零点为 $z=0$，极点为 $z=3$。

(b) 该序列对应非稳定系统的单位脉冲响应。

(4) (a) $H(z)=\dfrac{3z/4}{\left(1-\frac{1}{2}z\right)\left(z-\frac{1}{2}\right)}\qquad\left(\frac{1}{2}<|z|<2\right)$。

零点为 $z=0$，极点为 $z_1=1/2$，$z_2=2$。

(b) 该序列对应稳定系统的单位脉冲响应。

(5) (a) $H(z)=\dfrac{z^8-1}{z^7(z-1)}\qquad(|z|>0)$。

极点为 $z=0$(7 阶)，零点为 $z_k=e^{j\frac{2\pi}{8}k}\quad(k=1,\cdots,7)$。

(b) 该序列对应稳定的单位脉冲响应。

1.34 (1) $x(n)=\left(-\frac{1}{2}\right)^n u(n)$。

(2) $x(n)=-(-0.5)^n u(-n-1)$。

(3) $x(n)=4\left(-\frac{1}{2}\right)^n u(n)-3\left(-\frac{1}{4}\right)^n u(n)$。

(4) $x(n)=\left(-\frac{1}{2}\right)^n u(n)$。

1.35 若所给的 Z 变换表达式对应着因果性的系统或序列，则其收敛域必须包含$+\infty$，也即在 $z=\infty$处不能有极点。

(1) 因为$\lim\limits_{z\to\infty}\dfrac{(1-z^{-1})^2}{1-\frac{1}{2}z^{-1}}=1$，所以它是因果的。

(2) 非因果。

(3) 因果。

(4) 非因果。

1.36　收敛域有三种可能：$|z|<\frac{1}{2}$，$\frac{1}{2}<|z|<2$，$|z|>2$。

(1) 当$|z|<\frac{1}{2}$时，$x(n)=-3\cdot\left(\frac{1}{2}\right)^n u(-n-1)-2\cdot 2^n u(-n-1)$。

(2) 当$\frac{1}{2}<|z|<2$时，$x(n)=3\cdot\left(\frac{1}{2}\right)^n u(n)-2\cdot 2^n u(-n-1)$。

(3) 当$|z|>2$时，$x(n)=3\cdot\left(\frac{1}{2}\right)^n u(n)+2\cdot 2^n u(n)$。

1.37　极点为$z=2$，$z=1/2$，零点为$z=0$(零极点图略)。

(1) $|z|>2$，其序列为右边序列，也是因果序列，$x(n)=-2^n u(n)+\left(\frac{1}{2}\right)^n u(n)$。

(2) $|z|<0.5$，其序列为左边序列，$x(n)=2^n u(-n-1)-\left(\frac{1}{2}\right)^n u(-n-1)$。

(3) $0.5<|z|<2$，其序列为双边序列，$x(n)=2^n u(-n-1)+\left(\frac{1}{2}\right)^n u(n)$。

1.38　(1) $x(n)=(n+1)a^n u(n)$。

(2) $x(n)=n\cdot a^n u(n)$。

1.39　$x(n)=\delta(n)+\frac{1}{|n|!}$。

1.40　(1) $\mathscr{Z}[n^2 a^n u(n)]=\frac{za(z+a)}{(z-a)^3}\quad(|z|>|a|)$。

(2) $\mathscr{Z}[a^{-n}u(-n)]=\frac{1}{1-az}\quad\left(|z|<\frac{1}{|a|}\right)$。

1.41　$C(z)=X(z^{-1})\cdot X(z)$。

1.42　$Y(z)=\frac{1}{1-z^{-1}}X(z)$，$R_y=R_x\cap\{|z|>1\}$。

1.43　$X(z)=\frac{1}{1-az^{-10}}(|z|>|a|^{1/10})$。

1.44　(1) 初值 $x(0)=\lim\limits_{z\to\infty}X(z)=1$，终值 $x(\infty)=\mathrm{Res}[X(z),1]=\frac{30}{13}$。

(2) 初值 $x(0)=\lim\limits_{z\to\infty}X(z)=0$，终值 $x(\infty)=\mathrm{Res}[X(z),1]=2$。

1.45　$x(1)=3/2$。

1.46　$x(0)=2$。

1.47　(1) $$y(n)=\begin{cases}\sum\limits_{m=0}^{n}a^m=\dfrac{1-a^{n+1}}{1-a} & (0\leqslant n\leqslant N-1)\\ \sum\limits_{m=n-N+1}^{n}a^m=\dfrac{a^{n-N+1}(1-a^N)}{1-a} & (n\geqslant N)\end{cases}$$。

当$a\neq 1$时，$y(n)=\frac{1-a^{n+1}}{1-a}R_N(n)+\frac{a^{n-N+1}(1-a^N)}{1-a}u(n-N)$。

(2) 结果同上。

1.48　(1) $X(e^{j\omega})=1$。

(2) $X(e^{j\omega})=e^{-jn_0\omega}$。

(3) 当 $a>0$ 时，$X(e^{j\omega})=\dfrac{1}{1-e^{-a-j\omega}}$。

(4) 当 $a>0$ 时，$X(e^{j\omega})=\dfrac{1}{1-e^{-(a+j\omega_0+j\omega)}}$。

(5) $X(e^{j\omega})=\dfrac{1}{2}\times\dfrac{1}{1-e^{-a+j(\omega_0-\omega)}}+\dfrac{1}{2}\times\dfrac{1}{1-e^{-a-j(\omega_0+\omega)}}\quad(a>0)$。

(6) $X(e^{j\omega})=\dfrac{1}{2j}\left[\dfrac{1}{1-e^{-a+j(\omega_0-\omega)}}-\dfrac{1}{1-e^{-a-j(\omega+\omega_0)}}\right]$。

(7) $X(e^{j\omega})=\dfrac{1-e^{-jN\omega}}{1-e^{-j\omega}}$。

1.49 $X(e^{j\omega})=X(z)\big|_{z=e^{j\omega}}=\dfrac{1-\dfrac{1}{2}e^{j\omega}}{\dfrac{5}{4}-\cos\omega}$。

1.50 (1) $X(z)$的收敛域为 $1/3<|z|<2$，序列 $x(n)$是双边的。

(2) 假如序列是双边的，其收敛域有两种可能 $1/3<|z|<2$ 或 $2<|z|<3$。

1.52 $X(e^{j\omega})=\hat{X}_a\left(j\dfrac{\omega}{T}\right)=\dfrac{1}{T}\sum\limits_{m=-\infty}^{+\infty}X_a\left(j\dfrac{\omega}{T}-jm\dfrac{2\pi}{T}\right)$，$T=0.25$ ms，$f_0=1$ kHz，$\omega_0=\Omega_0 T=2\pi f_0 T=0.5\pi$，$X(e^{j\omega})$以 2π 为周期，横坐标为 ω。对应 f 为 ±1 kHz，ω 为 $\pm0.5\pi$，纵坐标为原来的 $1/T$，$X(e^{j\omega})$为周期性的三角谱(图形略)。

1.53 (1) $X_a(j\Omega)=2\pi[\delta(\Omega-\Omega_0)+\delta(\Omega+\Omega_0)]$，其中 $\Omega_0=2\pi f_0=200\pi$ rad/s。

(2) $\hat{x}_a(t)=\sum\limits_{n=-\infty}^{\infty}2\cos\left(\dfrac{\pi}{2}n\right)\delta(t-nT)$；

$x(n)=2\cos(\Omega_0 nT)=2\cos\left(\dfrac{\pi}{2}n\right)\quad(-\infty<n<\infty)$。

(3) $\hat{X}(j\Omega)=\dfrac{2\pi}{T}\sum\limits_{k=-\infty}^{\infty}[\delta(\Omega-\Omega_0-k\Omega_s)+\delta(\Omega+\Omega_0-k\Omega_s)]$；

$X(e^{j\omega})=2\pi\sum\limits_{k=-\infty}^{\infty}[\delta(\omega-\omega_0-2k\pi)+\delta(\omega+\omega_0-2k\pi)]$。

1.54 (1) $X(e^{j\omega})=\dfrac{1}{2j}\left[\sum\limits_{k=-\infty}^{\infty}2\pi\delta(\omega-0.1\pi+2\pi k)-\sum\limits_{k=-\infty}^{\infty}2\pi\delta(\omega+0.1\pi+2\pi k)\right]$。

(2) $X(e^{j\omega})=0$。

(3) $X(e^{j\omega})=0$。

1.55 (1) 6；(2) 2；(3) 4π；(4) 28π；(5) 316π；

(6) $x_e(n)=-\dfrac{1}{2}\delta(n+7)+\dfrac{1}{2}\delta(n+5)+\delta(n+4)+\delta(n+1)+2\delta(n)+\delta(n-1)+\delta(n-4)+\dfrac{1}{2}\delta(n-5)-\dfrac{1}{2}\delta(n-7)$。

1.56 $x(n)=\dfrac{1}{2}\delta(n)+\dfrac{1}{4}\delta(n+2)+\dfrac{1}{4}\delta(n-2)$。

1.58 $y(n)=\dfrac{x(2n)+x(-2n)}{2}$。

1.59　(1) $x(-n)=\delta(n)+\delta(n+1)+\delta(n+2)+\delta(n+3)$。

(2) $x_e(n)=\frac{1}{2}[\delta(n+3)+\delta(n+2)+\delta(n+1)+2\delta(n)+\delta(n-1)+\delta(n-2)+\delta(n-3)]$。

(3) $x_o(n)=\frac{1}{2}[-\delta(n+3)-\delta(n+2)-\delta(n+1)+\delta(n-1)+\delta(n-2)+\delta(n-3)]$。

(4) $x_1(n)=x_e(n)+x_o(n)=x(n)$。

1.60　$\mathrm{DTFT}[x_e(n)]=\mathrm{Re}[X(e^{j\omega})]=\frac{1-a\cos\omega}{1+a^2-2a\cos\omega}$；

$\mathrm{DTFT}[x_o(n)]=\mathrm{jIm}[X(e^{j\omega})]=\frac{-a\sin\omega}{1+a^2-2a\cos\omega}$。

1.61　$h(n)=\delta(n)+\delta(n-1),H(e^{j\omega})=1+e^{-j\omega}=2e^{-j\frac{\omega}{2}}\cos\frac{\omega}{2}$。

1.62　$h(n)=a^n u(n),H(e^{j\omega})=\frac{1}{1-ae^{-j\omega}}$。

1.63　$h(n)=a^n u(n),H(e^{j\omega})=\frac{1}{1-ae^{-j\omega}}$。

1.64　$h(n)=\delta(n)+\delta(n-1),H(e^{j\omega})=1+e^{-j\omega}=2e^{-j\frac{\omega}{2}}\cos\frac{\omega}{2}$。

1.65　$x(n)=\frac{\sin\left(\frac{n\pi}{4}\right)}{n\pi}+\frac{\sin\left(\frac{3n\pi}{4}\right)}{n\pi}$。

1.66　(1) $y(n)=a^n u(n)+2a^{n-2}u(n-2)=\delta(n)+a\delta(n-1)+a^{n-2}(a^2+2)u(n-2)$。

(2) $X(e^{j\omega})=1+2e^{-j2\omega},H(e^{j\omega})=\frac{1}{1-ae^{-j\omega}},Y(e^{j\omega})=\frac{1+2e^{-j2\omega}}{1-ae^{-j\omega}}$。

1.67　$H(z)=\frac{5-2z^{-1}}{1-\frac{1}{3}z^{-1}}\qquad\left(|z|>\frac{1}{3}\right)$。

1.68　$H(e^{j\omega})=\frac{1}{4}(1+e^{-j\omega}+e^{-j2\omega}+e^{-j3\omega})=\frac{1}{4}e^{-j\frac{3}{2}\omega}\frac{\sin 2\omega}{\sin(\omega/2)}$。

1.69　$H(e^{j\frac{\pi}{6}})=\frac{1-2e^{-j\frac{\pi}{6}}}{1+\frac{1}{4}e^{-j\frac{\pi}{6}}-\frac{1}{8}e^{-j\frac{2\pi}{6}}}$，

$$\begin{aligned}y(n)&=2|H(e^{j\frac{\pi}{6}})|\cos\left\{\frac{\pi}{6}n-\frac{\pi}{2}+\arg[H(e^{j\frac{\pi}{6}})]\right\}\\&=2|H(e^{j\frac{\pi}{6}})|\sin\left\{\frac{\pi}{6}n+\arg[H(e^{j\frac{\pi}{6}})]\right\}。\end{aligned}$$

1.70　(1) $|z|>2,h(n)=\mathscr{Z}^{-1}[H(z)]=-\frac{2}{3}\left(\frac{1}{2}\right)^n u(n)+\frac{2}{3}\cdot 2^n u(n)$，因果非稳定序列。

(2) $\frac{1}{2}<|z|<2,h(n)=\mathscr{Z}^{-1}[H(z)]=-\frac{2}{3}\left(\frac{1}{2}\right)^n u(n)-\frac{2}{3}\times 2^n u(-n-1)$，稳定非因果序列。

(3) $|z|<\frac{1}{2},h(n)=\mathscr{Z}^{-1}[H(z)]=\frac{2}{3}\left(\frac{1}{2}\right)^n u(-n-1)-\frac{2}{3}\times 2^n u(-n-1)$，非因果非稳定序列。

1.71　$y(n)=\delta(n)$。

1.72　$H(z)=\dfrac{a_1 z^{-1}+a_0}{1-b_1 z^{-1}}$，其差分方程为 $y(n)=a_0 x(n)+a_1 x(n-1)+b_1 y(n-1)$。

(1) 若 $b_1=0.5$，$a_0=0$，$a_1=1$，则系统函数 $H(z)=\dfrac{z^{-1}}{1-0.5z^{-1}}$，极点为 $z=0.5$，零点为 $z=\infty$，收敛域为 $|z|>0.5$，$h(n)=\left(\dfrac{1}{2}\right)^{n-1}\mathrm{u}(n-1)$，$H(\mathrm{e}^{\mathrm{j}\omega})=\dfrac{-1}{0.5-\mathrm{e}^{\mathrm{j}\omega}}$，

$|H(\mathrm{e}^{\mathrm{j}\omega})|=\dfrac{1}{\sqrt{\dfrac{5}{4}-\cos\omega}}$。

1.73　$y(n)=x(n)+ax(n-1)+by(n-1)-y(n-2)$。

$H_1(z)=\dfrac{Y(z)}{X(z)}=\dfrac{1+az^{-1}}{1-bz^{-1}+z^{-2}}$。

$H_1(z)$的零点为 $z_1=0$，$z_2=\cos\left(\dfrac{2\pi}{N}\right)$，极点为 $z_1=\mathrm{e}^{\mathrm{j}\frac{2\pi}{N}}$，$z_2=\mathrm{e}^{-\mathrm{j}\frac{2\pi}{N}}$。

$h(n)=\cos\left(\dfrac{2\pi}{N}n\right)u(n)$。

$H(\mathrm{e}^{\mathrm{j}\omega})=\dfrac{1-\cos(2\pi/N)\mathrm{e}^{-\mathrm{j}\omega}}{1-2\cos(2\pi/N)\mathrm{e}^{-\mathrm{j}\omega}+\mathrm{e}^{-\mathrm{j}2\omega}}$。

系统为 IIR 系统，递归型结构。

1.74　$y(n)=\dfrac{1}{1-\dfrac{1}{3}\mathrm{e}^{-\mathrm{j}\frac{\pi}{4}}}\exp\left(\mathrm{j}\,\dfrac{n\pi}{4}\right)$。

1.75　(1) $H(\mathrm{e}^{\mathrm{j}\omega})=\mathrm{e}^{-\mathrm{j}2\omega}2\cos(2\omega)$，$|H(\mathrm{e}^{\mathrm{j}\omega})|=2|\cos(2\omega)|$，幅频特性曲线如图 F1-4 所示。

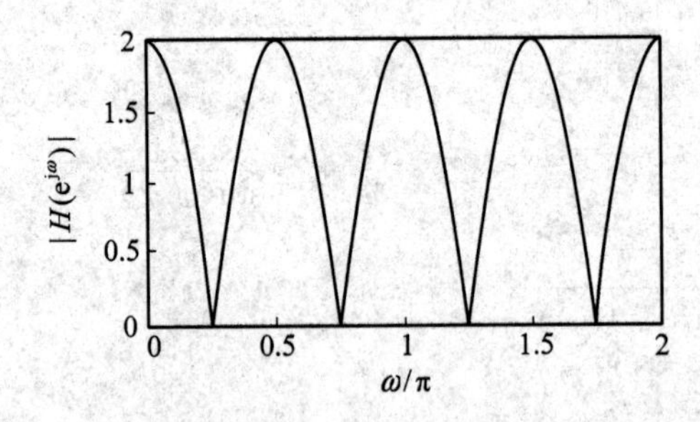

图 F1-4　题 1.75 解图

(2) $y(n)=2\cos\left(\dfrac{\pi}{2}n\right)\qquad(-\infty<n<\infty)$。

(3) 观察图 F1-4 所示的幅频特性，在 $\omega=\pm\dfrac{\pi}{4}-2\pi k(-\infty<k<\infty)$处，$|H(\mathrm{e}^{\mathrm{j}\omega})|=0$，系统将输入信号中频率为 $\omega=\dfrac{\pi}{4}$ 的分量 $\cos\left(\dfrac{\pi}{4}n\right)$滤除，而在$\omega=\pm\dfrac{\pi}{2}-2\pi k$ $(-\infty<k<\infty)$处，$H(\mathrm{e}^{\mathrm{j}\omega})=2$，即将分量 $\cos\left(\dfrac{\pi}{2}n\right)$放大两倍。

1.76　(1) $H(\mathrm{e}^{\mathrm{j}\omega})=\mathrm{e}^{-\mathrm{j}\frac{1}{2}\omega}\cos\left(\dfrac{\omega}{2}\right)$，$|H(\mathrm{e}^{\mathrm{j}\omega})|=\left|\cos\left(\dfrac{\omega}{2}\right)\right|$，幅频特性如图 F1-5 所示。

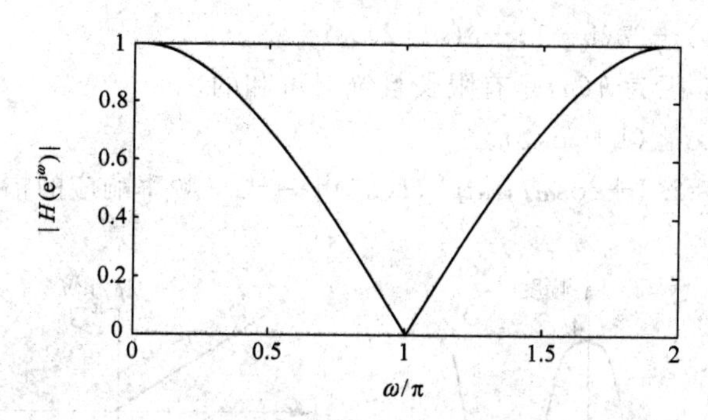

图 F1-5　题 1.76(1)解图

(2) $H(\mathrm{e}^{\mathrm{j}\omega})=\mathrm{j}\mathrm{e}^{-\mathrm{j}\frac{1}{2}\omega}\sin\left(\frac{\omega}{2}\right)$，$|H(\mathrm{e}^{\mathrm{j}\omega})|=\left|\sin\left(\frac{\omega}{2}\right)\right|$，幅频特性如图 F1-6 所示。

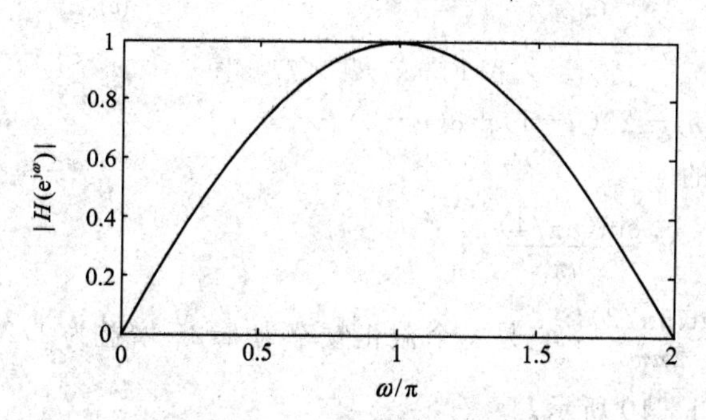

图 F1-6　题 1.76(2)解图

(3) $H(\mathrm{e}^{\mathrm{j}\omega})=\cos(\omega)$，$|H(\mathrm{e}^{\mathrm{j}\omega})|=|\cos\omega|$，幅频特性如图 F1-7 所示。

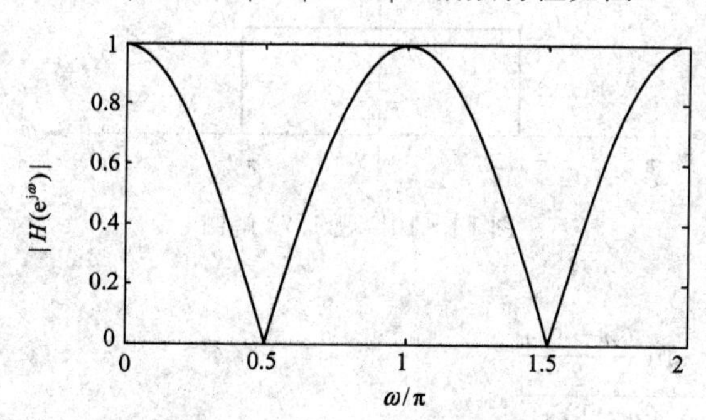

图 F1-7　题 1.76(3)解图

(4) $H(\mathrm{e}^{\mathrm{j}\omega})=\mathrm{j}\sin\omega$，$|H(\mathrm{e}^{\mathrm{j}\omega})|=|\sin\omega|$，幅频特性如图 F1-8 所示。

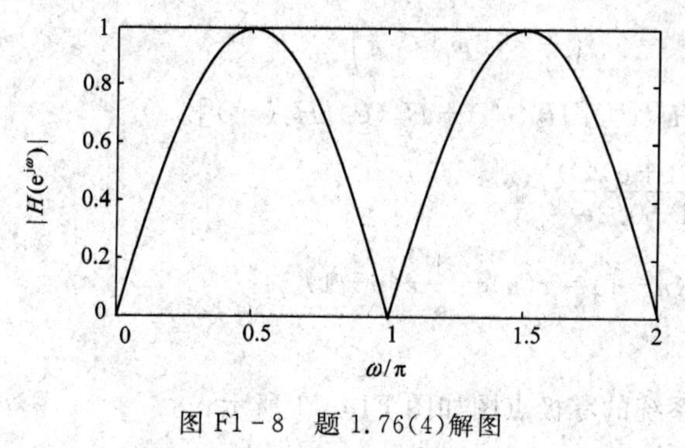

图 F1-8　题 1.76(4)解图

1.77　(1) $h(n)=\delta(n)+2\delta(n-1)+\delta(n-2)$。

(2) 是稳定的。因为 $h(n)$ 是有限长且绝对可和的。

(3) $H(e^{j\omega})=2e^{-j\omega}(1+\cos\omega)$。

(4) $|H(e^{j\omega})|=2(1+\cos\omega)$，$\arg[H(e^{j\omega})]=-\omega$，频率响应的幅度和相位如图 F1-9 所示。

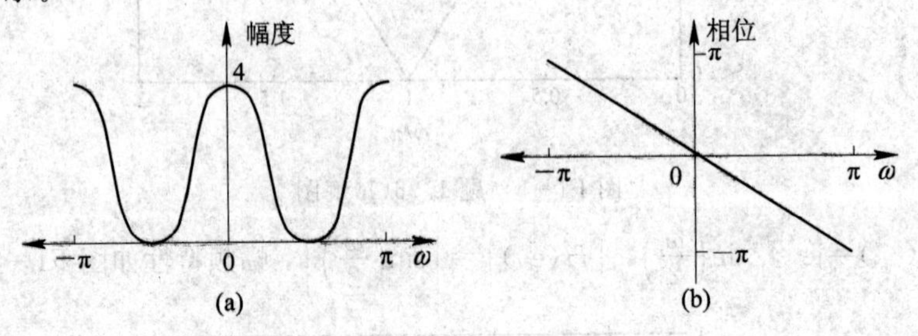

图 F1-9　题 1.77 解图

(5) $h_1(n)=\delta(n)-2\delta(n-1)+\delta(n-2)$。

1.78　系统是非因果的。

1.79　(1) $h(n)=(-1)^n\dfrac{\sin(n\pi/4)}{n\pi}$。

(2) $h_1(n)=\dfrac{\sin(n\pi/2)}{2n\pi}$，它是一个截止频率为 $\pi/2$、增益为 1/2 的低通滤波器。$H_1(e^{j\omega})$ 如图 F1-10 所示。

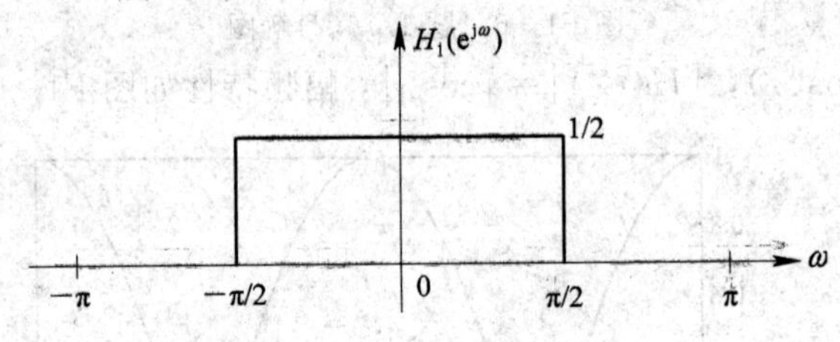

图 F1-10　题 1.79 解图

1.80　$h(n)=\dfrac{\sin\dfrac{n\pi}{2}}{n\pi}-\dfrac{\sin\dfrac{(n-1)\pi}{2}}{(n-1)\pi}$。

$$H(e^{j\omega})=\begin{cases}1-e^{-j\omega} & \left(|\omega|\leqslant\dfrac{\pi}{2}\right)\\ 0 & \left(\dfrac{\pi}{2}<|\omega|\leqslant\pi\right)\end{cases}。$$

1.81　(1) $H(e^{j\omega})=H_1(e^{j\omega})[H_2(e^{j\omega})+H_3(e^{j\omega})H_4(e^{j\omega})]$。

(2) $H(e^{j\omega})=\dfrac{(1+e^{-j2\omega})^3}{1-0.2e^{-j\omega}}$。

1.82　(1) $y(n)-ay(n-1)=x(n)-\dfrac{1}{a}x(n-1)$。

(2) $|a|<1$。

(3) $a=1/2$，系统的零极点图如图 F1-11 所示。

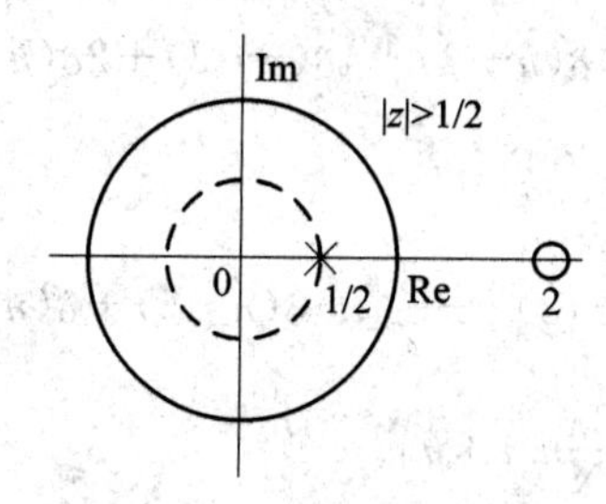

图 F1-11　题 1.82 解图

(4) $h(n)=a^n u(n)-\frac{1}{a}a^{n-1}u(n-1)$。

(5) $|H(e^{j\omega})|=\frac{1}{a}$。

第 2 章

2.1 $\tilde{X}_1(k)=\begin{cases}4(k=rN)\\2(k=rN+1)(-\infty<r<+\infty,\ N=4)。\\0(k=rN+2)\\2(k=rN+3)\end{cases}$

2.2 (1) $X(0)=0$，$X(1)=2-2j$，$X(2)=0$，$X(3)=2+2j$。

(2) $X(0)=0$，$X(1)=4$，$X(2)=0$，$X(3)=0$。

(3) $X(k)=\begin{cases}N\delta(k) & (c=1)\\ \dfrac{1-c^N}{1-cW_N^k} & (c\neq 1)\end{cases}$。

(4) $X(k)=\begin{cases}\dfrac{N}{2j} & (k=1)\\ -\dfrac{N}{2j} & (k=N-1)\\ 0 & (k=0\ 及\ 2\leqslant k\leqslant N-2)\end{cases}$。

(5) $X(k)=1(0\leqslant k\leqslant N-1)$。

(6) $X(k)=W_N^{n_0 k}(0\leqslant k\leqslant N-1)$。

2.4 当 $N=10$，$X(k)=\dfrac{a^6(W_{10}^{6k}-a^4)}{1-aW_{10}^k}$，$a\neq 1$；

当 $N=20$，$X(k)=\dfrac{a^6[W_{20}^{6k}-a^4(-1)^k]}{1-W_{20}^k}$，$a\neq 1$。

2.5 $\text{DFT}\left[x(n)\cos\left(\frac{2\pi}{N}mn\right)\right]=\frac{1}{2}[X((k-m)_N)+X((k+m)_N)]$　$(k=0, 1, 2, \cdots, N-1)$。

$\text{DFT}\left[x(n)\sin\left(\frac{2\pi}{N}mn\right)\right]=\frac{1}{2j}[X((k-m)_N)-X((k+m)_N)]$。

2.6 (1) $y(n)=4\delta(n-4)+3\delta(n-5)+2\delta(n)+\delta(n-1)$。

(2) $w(n)=[4, 1.5, 1, 1, 1, 1.5]$。

(3) $q(n)=5\delta(n)+3\delta(n-1)+2\delta(n-2)$。

2.7　$y(n)=4\delta(n)+5\delta(n-1)+\delta(n-2)+4\delta(n-3)+2\delta(n-4)$。

2.8　$X(k)=N\delta\left(k-\frac{N}{2}\right)$。

2.9　$x(n)=\frac{1}{2}[\delta(n-3)+\delta(n-13)]+\frac{3}{2}[-\delta(n-5)+\delta(n-11)]$。

2.10　(1) $\mathrm{IDFT}[X(k)]=\cos\left(\frac{2\pi}{N}nm+\theta\right)$。

(2) $\mathrm{IDFT}[X(k)]=\sin\left(\frac{2\pi}{N}nm+\theta\right)$。

2.11　(1) $x(n)=a^nR_N(n)$，$X(k)=\frac{1-a^N}{1-aW_N^k}$，$y(n)=b^nR_N(n)$，$Y(k)=\frac{1-b^N}{1-bW_N^k}$。

(2) $x(n)=\delta(n)$，$X(k)=1$，$y(n)=N\delta(n)$，$Y(k)=N$。

2.12　$x(n)=\frac{1}{5}+\delta(n)$。

2.13　$y(n)=-\delta(n)+2\delta(n-1)+2\delta(n-7)+\delta(n-8)$。

2.14　$y(n)=\{6, 5, 4, 3, 2, 2, 2, 3, 4, 5\}$。

2.16　(1) $x(n)*x(n)=\left\{0, 0, \frac{1}{4}, 1, 2, 2.5, 2, 1, \frac{1}{4}\right\}$。

(2) $y(n)=x(n)⑤x(n)=\{2.5, 2, 1.25, 1.25, 2\}$，即 $y(0)=2.5$，$y(1)=2$，$y(2)=1.25$，$y(3)=1.25$，$y(4)=2$。

(3) $x(n)⑩x(n)=x(n)*x(n)=\left\{0, 0, \frac{1}{4}, 1, 2, 2.5, 2, 1, \frac{1}{4}, 0\right\}$。

(4) $N=5+5-1=9$。

2.17　$x_1(n)Ⓝx_2(n)=\begin{cases}N(0\leqslant n\leqslant N-1)\\0(\text{其他})\end{cases}$。

2.18　$x(n)④h(n)=\delta(n)+4\delta(n-1)+2\delta(n-2)+2\delta(n-3)$。

2.20　(1) $X(k)=1+2W_4^{2k}+W_4^{3k}$。

(2) $Y(k)=5+4W_4^k+5W_4^{2k}+2W_4^{3k}$，

$y(n)=5\delta(n)+4\delta(n-1)+5\delta(n-2)+2\delta(n-3)$；

(3) $x(n)$与$h(n)$的线性卷积为 $y(n)=x(n)*h(n)=[1, 1, 2, 5, 1, 4, 2]$，则

$z(n)=x(n)④h(n)=2\delta(n)+5\delta(n-1)+4\delta(n-2)+5\delta(n-3)$。

2.22　$y(n)=\frac{1024}{1023}\left(\frac{1}{2}\right)^nR_N(n)$。

2.23　$\mathrm{IDFT}\{X(k)\}=\frac{a^n}{1-a^N}R_N(n)$。

2.24　$x_1(n)=\tilde{x}_1(n)R_N(n)=\sum_{r=-\infty}^{+\infty}x(n+rN)R_N(n)$。

2.25　$b=3$。

2.26　$c=2$。

2.27　(1) $1+X(k)$。

(2) $W_4^{3k}X((4-k))_4$。

(3) $\mathrm{Re}[X(k)]$。

2.28　$Y(k)=X(e^{j\frac{2\pi}{rN}k})(0\leqslant k\leqslant rN-1)$。

2.29　$Y(k)=X(e^{j\frac{2\pi}{N}k})(0\leqslant k\leqslant rN-1)$。

第 3 章

3.1　直接运算所需的总时间为 2 分 6 秒，FFT 运算所需总时间为 0.717 s。

3.2　可节省$\frac{N}{2}$次，所占百分比为$\frac{1}{\mathrm{lb}N}\times 100\%$，如 $N=8$，则为$\frac{1}{3}\times 100\%\approx 33.3\%$。

3.3　(3) $\frac{N}{2}\,\mathrm{lb}N$，$N\,\mathrm{lb}N$；(4) M，$\frac{N}{2}$。

3.4　(3)。因为按时间抽取的 FFT 算法和按频率抽取的 FFT 算法中均具有该种蝶形运算单元。

3.5　新的倒位序后的样本序号为 0，8，4，12，2，10，6，14，1，9，5，13，3，11，7，15。

3.6　四级中的每一级 r 的可能值为

$m=1$，　$r=0$；

$m=2$，　$r=0$，4；

$m=3$，　$r=0$，2，4，6；

$m=4$，　$r=0$，1，2，3，4，5，6，7。

3.7　$m=3$(第三级)和 $m=4$(第四级)。

3.8　$m=1$(第一级)。

3.9　该 FFT 算法为时间抽取法。

3.10　$a=2\cos\left(\frac{2\pi\times 3}{6}\right)=-\sqrt{2}$，$b=-W_N^k=-W_8^3=-e^{-j6\pi/8}=\frac{1+j}{\sqrt{2}}$。

3.11　(1) $\Delta f=20$ Hz；　(2) $f_k=4000$ Hz；　(3) $f_k=6000$ Hz。

3.12　(1) $x_a(t)$的最高频率为 $f_0=2048$ Hz。

(2) DFT 系数之间的频率间隔 $\Delta f=1$ Hz。

(3) 若直接用 DFT，则计算这些值需要的乘法次数为 101×4096=413 696；

若采用 FFT，则所需的乘法次数为 2048×lb4096=24 576。

3.13　仅有 $x_2(n)$信号的 64 点 DFT 在加窗后可以看到两个可区分的谱峰。

3.14　信号 $x_2(n)$、$x_3(n)$、$x_6(n)$可能是 $x(n)$。

3.16　当 $x(n)=\cos(\pi n/2)(0\leqslant n\leqslant 7)$时，$X(k)=\begin{cases}4(k=2,\ 6)\\0(k=0,\ 1,\ 3,\ 4,\ 5,\ 7)\end{cases}$。

3.17　$X_1(k)=\frac{1}{2}[G(k)-G^*(N-k)](0\leqslant k\leqslant N-1)$，

$X_2(k)=\frac{1}{2j}[G(k)-G^*(N-k)](0\leqslant k\leqslant N-1)$。

3.18　令 $Z(k)=X(k)+jY(k)$，则 $z(n)=\mathrm{IFFT}[Z(k)]=x(n)+jy(n)$。

3.19　$\begin{cases}X_1(k)=\frac{1}{2}[X(k)+X(k+N)]\\X_2(k)=\frac{1}{2}[X(k)-X(k+N)]W_{2N}^{-k}\end{cases}$

令 $Y(k)=X_1(k)+jX_2(k)(0\leqslant k\leqslant N-1)$，则 $y(n)=\text{IFFT}[Y(k)]=x_1(n)+jx_2(n)$ $=x(2n)+jx(2n+1)$。

3.22　(1) $N\leqslant M$ 时，分段处理，每段长 N 点，各段数据经一定的运算后作 N 点 FFT。

(2) $N>M$ 时，M 数据补零到 N 点，再作 N 点 FFT，从而算出全部 $X(z_k)$ 值。

3.23　(1) $N=49$。

(2) $M=51$。

(3) 取每个圆周卷积的第 49 点到第 99 点去和前一段的点衔接起来。

3.24　(1) 最小记录长度 $\tau=102.4$ ms。

(2) 所允许处理的信号的最高频率 $f_h=f_s/2=5$ kHz。

(3) 在一个记录中的最少点数 $N=1024$。

3.25　$\Delta f=\dfrac{8\text{ kHz}}{512}=15.62$ Hz。

3.26　(1) $f_s\geqslant 1400$ Hz；　(2) $T\leqslant 1/1400$ s；　(3) $N\geqslant 14$；

(5) $x(n)=\cos\left(\dfrac{2\pi}{5}n\right)+0.5\cos\left(\dfrac{7\pi}{15}n\right)+0.5\cos\left(\dfrac{\pi}{3}n\right)$，$x(n)$的周期为 30。

第 4 章

4.1　提示：$H(z)=\dfrac{4.5+3z^{-1}+7.5z^{-2}+5z^{-3}}{1+z^{-2}+2z^{-3}}=\dfrac{(1.5+z^{-1})(3+5z^{-2})}{(1+z^{-1})(1-z^{-1}+2z^{-2})}$。

4.3　$H(z)=\dfrac{-\dfrac{1}{4}+z^{-2}}{1-\dfrac{1}{4}z^{-2}}$。

其直接Ⅱ型结构如图 F4-1 所示。

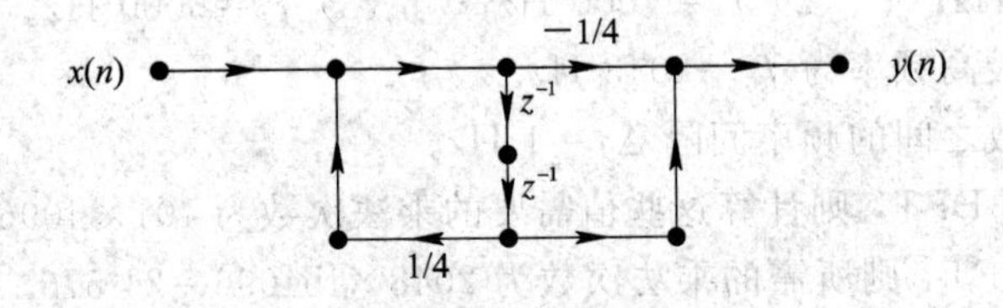

图 F4-1　题 4.3 解图

4.4　(1) $w(n)=\dfrac{1}{2}y(n)+x(n)$，$v(n)=\dfrac{1}{2}y(n)+2x(n)+w(n-1)$，

$y(n)=v(n-1)+x(n)$。

(2) $H(z)=\dfrac{Y(z)}{X(z)}=\dfrac{1+2z^{-1}+z^{-2}}{1-\dfrac{1}{2}z^{-1}-\dfrac{1}{2}z^{-2}}=\dfrac{(1+z^{-1})(1+z^{-1})}{\left(1+\dfrac{1}{2}z^{-1}\right)(1-z^{-1})}$。

级联型结构如图 F4-2 所示。

(3) 系统有两个极点，即 $z_1=-\dfrac{1}{2}$，$z_2=1$，因为第二个极点在单位圆上，所以系统是不稳定的。

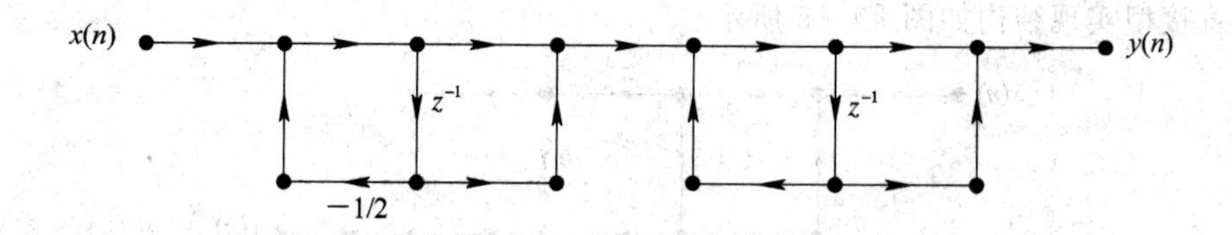

图 F4-2　题 4.4 解图

4.5　$H(z)=\dfrac{2(z^{-1}-6z^{-2}+8z^{-3})}{1-\frac{1}{2}z^{-1}}$。

直接Ⅱ型实现结构如图 F4-3 所示。

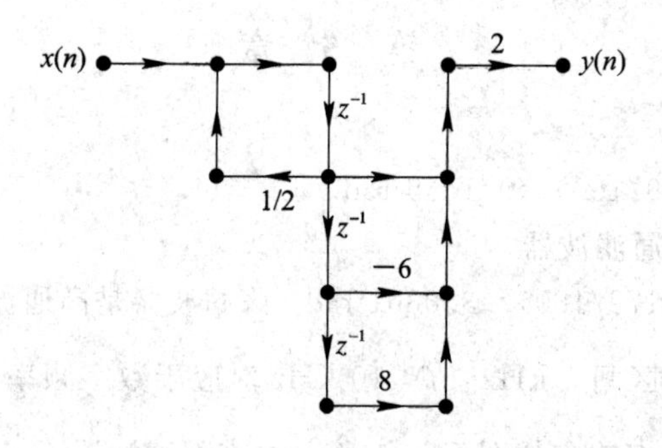

图 F4-3　题 4.5 解图

4.6　直接Ⅱ型实现结构如图 F4-4 所示。

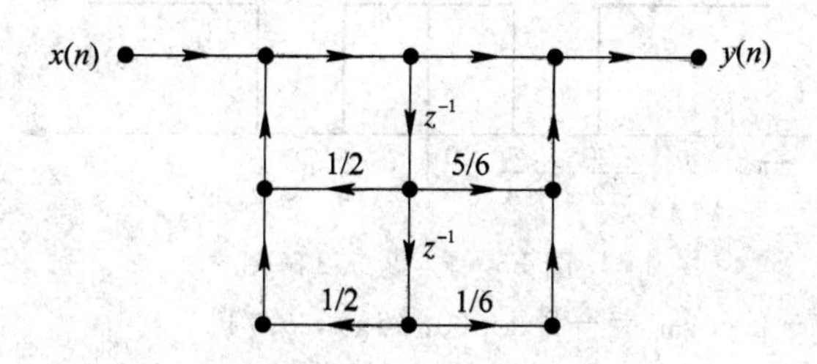

图 F4-4　题 4.6 解图

4.9　对图(a)：

$$y(n)=0.25y(n-1)-2y(n-2)+2x(n)-1.5x(n-1)+3x(n-2)$$

$$H(z)=\frac{2-1.5z^{-1}+3z^{-2}}{1-0.25z^{-1}+2z^{-2}}$$

对图(b)：

$$y(n)=1.5y(n-1)-0.26y(n-2)+0.98y(n-3)+0.26y(n-4)+0.08y(n-5)+6x(n)+4.4x(n-1)+16.5x(n-2)+5.1x(n-3)+3.8\times(n-4)+0.8x(n-5)$$

$$H(z)=\frac{6+4.4z^{-1}+16.5z^{-2}+5.1z^{-3}+3.8z^{-4}+0.8z^{-5}}{1-1.5z^{-1}+0.26z^{-2}-0.98z^{-3}-0.26z^{-4}-0.08z^{-5}}$$

4.10　$h(n)=\delta(n)-2\delta(n-1)+4\delta(n-2)+3\delta(n-3)-\delta(n-4)+\delta(n-5)$。

4.11 直接型实现结构如图 F4-5 所示。

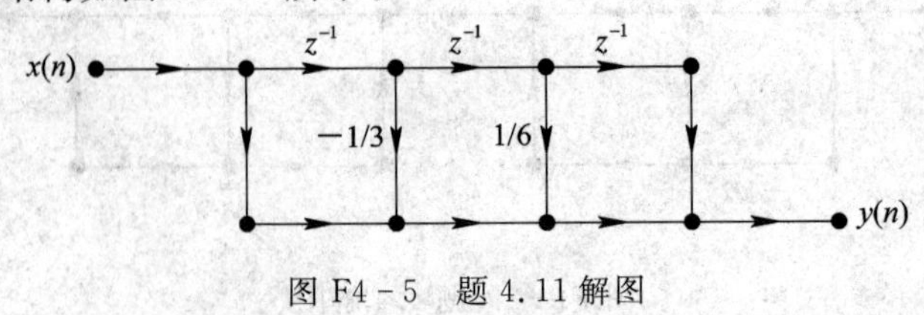

图 F4-5 题 4.11 解图

4.12 (2) $H(z)=\dfrac{1-a^7z^{-7}}{1-az^{-1}}(|z|>0)$。

(3) 直接型结构需要 6 个延时器、6 个乘法器和 6 个加法器；级联型结构需要 8 个延时器、2 个乘法器和 2 个加法器。

第 5 章

5.1 (1) $b=\pm 0.1$。

(2) $\omega_0=\arccos(179/180)=0.1055\ \text{rad}$。

(3) 该滤波器是低通滤波器。

(4) $\omega_0=\arccos(-179/180)=3.0361\ \text{rad}$，该滤波器是高通滤波器。

5.2 $f_s=40\ \text{kHz}$，频率区间 $5\ \text{kHz}<f<10\ \text{kHz}$ 对应于数字频率区间 $\frac{\pi}{4}\leqslant\omega\leqslant\frac{\pi}{2}$，于是数字滤波器是一个频率响应如图 F5-1 所示的带阻滤波器。

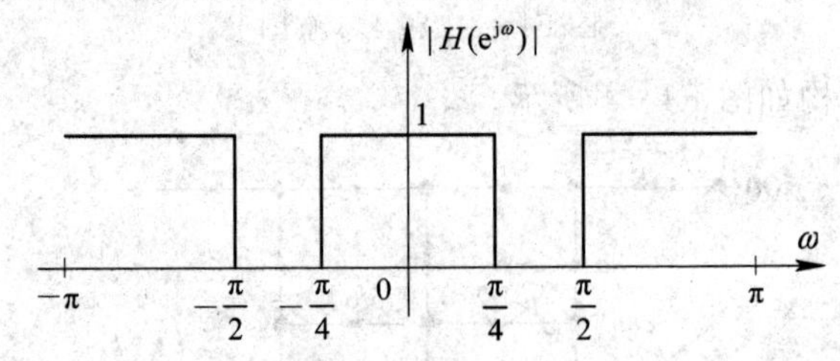

图 F5-1 题 5.2 解图

5.3 $f_s\geqslant 2\ \text{kHz}$，$a=-2\cos\omega_0=-2\cos(0.06\pi)$，$b=1$。

5.4 $\omega_c=0.012\pi$。

5.5 巴特沃思模拟低通滤波器的阶次 $N=4$，$\Omega_c=2\pi\times 3000=6000\pi$，由表 5-1 即可得 $H_a(s)$。极点位置如图 5-6(b)所示。极点位置 $s_k=\Omega_c e^{j\left(\frac{1}{2}+\frac{2k-1}{8}\right)\pi}$，$k=1, 2, 3, 4$。

5.6 巴特沃思模拟低通滤波器的阶次 $N=5$，$\Omega_c=2\pi\times 6000=12\ 000\pi$，由表 5-1 即可得 $H_a(s)$。

5.7 $\omega_c=\Omega_c T=2\pi(1000)\times 0.0002=0.4\pi\ \text{rad}$。

5.8 利用 $\omega=\Omega T$，得

$$T=\frac{\omega}{\Omega}=\frac{\pi/4}{2\pi(300)}=417\ \mu\text{s}$$

T 的选择是唯一的。

5.9 $\omega_c=2\arctan\left(\dfrac{\Omega_c T}{2}\right)=2\arctan\left(\dfrac{2\pi(2000)\times 0.0004}{2}\right)=0.7589\pi\ \text{rad}$。

5.10 $\Omega_c=\dfrac{2}{T}\tan\left(\dfrac{\omega_c}{2}\right)$，$T=\dfrac{2}{2\pi(300)}\tan\left(\dfrac{3\pi/5}{2}\right)=1.46\ \text{ms}$，$T$ 是唯一的。

5.11　脉冲响应不变法：

$$H(z)=\frac{3}{4}\times\frac{(e^{-\frac{1}{2}}-e^{-\frac{3}{2}})z^{-1}}{1-(e^{-\frac{1}{2}}+e^{-\frac{3}{2}})z^{-1}+e^{-2}z^{-2}}=\frac{0.29z^{-1}}{1-0.83z^{-1}+0.14z^{-2}}$$

双线性变换法：

$$H(z)=\frac{3(1+z^{-1})^2}{(5-3z^{-3})(7-z^{-1})}=\frac{3(1+2z^{-1}+z^{-2})}{35-26z^{-1}+3z^{-2}}$$

5.12　$H(z)=\frac{T[1-e^{-aT}\cos(bT)\cdot z^{-1}]}{1-2e^{-aT}\cos(bT)\cdot z^{-1}+e^{-2aT}z^{-2}}$。

5.13　$\frac{1}{(s-s_k)^2}\Rightarrow\frac{Te^{s_kT}z^{-1}}{(1-e^{s_kT}z^{-1})^2}$。

5.14　$H(z)=\frac{0.2452(1+z^{-1})}{1-0.5095z^{-1}}$。

5.15　$H(z)=\frac{1}{2}(1+z^{-1})$。

5.16　(1) 不成立；(2) 成立。

5.17　该滤波器是唯一的，系统函数为

$$H_a(s)=\frac{4(1+s)}{1+3s}-\frac{4(1+s)}{3+5s}$$

5.18　可以。

5.19　(2) $\omega=\pi$ 对。

5.20　$H(z)=\frac{1}{1-0.3679z^{-1}}+\frac{-1-0.4105z^{-1}}{1+1.1072z^{-1}+0.3679z^{-2}}$。

5.21　$H(z)=\frac{1+3z^{-1}+3z^{-2}+z^{-3}}{186-412z^{-1}+318z^{-2}-84z^{-3}}=\frac{0.005\,376(1+3z^{-1}+3z^{-2}+z^{-3})}{1-2.215z^{-1}+1.71z^{-2}-0.4516z^{-3}}$。

5.22　$N=17$。

5.23　$H(z)=\frac{0.0675(1-2z^{-1}+z^{-2})}{1+1.143z^{-1}+0.4128z^{-2}}$。

5.24　$H(z)=\frac{1}{2}\times\frac{1-3z^{-1}+3z^{-2}-z^{-3}}{3+z^{-2}}$。

5.25　利用双线性变换法的频率变换关系，有

$$\Omega_s=\frac{2}{T}\tan\left(\frac{\omega_s}{2}\right)=\frac{2}{2\times10^{-3}}\tan\left(\frac{0.2\pi}{2}\right)=2\pi(51.7126)\text{rad/s}$$

$$\Omega_p=\frac{2}{T}\tan\left(\frac{\omega_p}{2}\right)=\frac{2}{2\times10^{-3}}\tan\left(\frac{0.3\pi}{2}\right)=2\pi(81.0935)\text{rad/s}$$

这样，可得原型连续时间滤波器的技术指标为

$$|H(j\Omega)|<0.04,\quad |\Omega|\leqslant2\pi(51.7126)$$

$$0.995<|H(j\Omega)|<1.005,\quad |\Omega|\geqslant2\pi(81.0935)$$

5.26　利用 $\omega=\Omega T$，求得原型连续时间滤波器的技术指标为

$$-0.02<|H(j\Omega)|<0.02,\quad 0\leqslant|\Omega|\leqslant2\pi(20)$$

$$0.95<|H(j\Omega)|<1.05,\quad 2\pi(30)\leqslant|\Omega|\leqslant2\pi(70)$$

$$-0.001<|H(j\Omega)|<0.001,\quad 2\pi(75)\leqslant|\Omega|\leqslant2\pi(100)$$

5.27 $H(z)=\dfrac{0.65(1-z^{-2})}{2.65+1.35z^{-2}}$。

5.28 $H(z)=\dfrac{0.3318(1-3z^{-2}+3z^{-4}-z^{-6})}{1-0.9658z^{-2}+0.5827z^{-4}-0.1060z^{-6}}$。

第 6 章

6.1 (b) (1) 是，为第一种线性相位 FIR 数字滤波器。

(2) 不是线性相位 FIR 数字滤波器。

(3) 是，为第四种线性相位 FIR 数字滤波器。

(4) 不是线性相位 FIR 数字滤波器。

(5) 是，为第四种线性相位 FIR 数字滤波器。

(6) 是，为第二种线性相位 FIR 数字滤波器。

(c) (1) $\theta(\omega)=-2\omega$； (3) $\theta(\omega)=-\dfrac{3}{2}\omega+\dfrac{\pi}{2}$；

(5) $\theta(\omega)=-\dfrac{5}{2}\omega+\dfrac{\pi}{2}$； (6) $\theta(\omega)=-\dfrac{5}{2}\omega$。

6.2 $H(\omega)=1+2\cos\omega$， $\theta(\omega)=-\omega$。

注：可以只画出一个周期 $-\pi\leqslant\omega\leqslant\pi$ 的幅频特性曲线和相频特性曲线。

6.4 $H(z)=\dfrac{2}{0.49}(1-0.7\sqrt{2}z^{-1}+0.49z^{-2})(0.49-0.7\sqrt{2}z^{-1}+z^{-2})(1+z^{-1})$。

6.5 (1) $h(n)=\dfrac{\sin[\omega_c(n-\alpha)]}{\pi(n-\alpha)}R_N(n)$，$\alpha=\dfrac{N-1}{2}$。

(2) 有两种类型，分别为第一种和第二种线性相位 FIR 数字滤波器。

(3) $h(n)=\dfrac{\sin[\omega_c(n-\alpha)]}{\pi(n-\alpha)}\cdot\left[0.5-0.5\cos\left(\dfrac{2\pi n}{N-1}\right)\right]R_N(n)$。

6.6 (1) $h(n)=(-1)^n\dfrac{\sin[\omega_c(n-\alpha)]}{\pi(n-\alpha)}R_N(n)$，$\alpha=\dfrac{N-1}{2}$。

(2) 有两种类型，分别属于第一种、第四种线性相位 FIR 数字滤波器。

(3) $h(n)=(-1)^n\dfrac{\sin[\omega_c(n-\alpha)]}{\pi(n-\alpha)}\cdot\left[0.5-0.5\cos\left(\dfrac{2\pi n}{N-1}\right)\right]R_N(n)$。

6.7 (1) $h(n)=-\dfrac{2\sin[\omega_c(n-\alpha)]\sin[\omega_0(n-\alpha)]}{\pi(n-\alpha)}R_N(n)$，$\alpha=\dfrac{N-1}{2}$。

(2) 单位脉冲响应 $h(n)$ 的长度 N 为奇数时，属第三种线性相位 FIR 数字滤波器；N 为偶数时，属第四种线性相位 FIR 数字滤波器。

(3) $h(n)=-\dfrac{2\sin[\omega_c(n-\alpha)]\sin[\omega_0(n-\alpha)]}{\pi(n-\alpha)}\cdot\left[0.5-0.5\cos\left(\dfrac{2\pi n}{N-1}\right)\right]R_N(n)$。

6.8 由题意，根据表 6-3，选择海明窗，长度 $N=51$。

$$w(n)=\left[0.54-0.46\cos\left(\frac{2\pi n}{N-1}\right)\right]R_N(n)$$

$$h(n)=\frac{\sin[\omega_c(n-\alpha)]}{\pi(n-\alpha)}w(n)=\frac{\sin[0.5\pi(n-25)]}{\pi(n-25)}\cdot\left[0.54-0.46\cos\left(\frac{2\pi n}{50}\right)\right]$$

$$(0\leqslant n\leqslant 50)$$

$$\alpha=\frac{N-1}{2}=25,\ \omega_c=0.5\pi$$

6.9　$h(n)=\frac{\sin[\omega_c(n-\alpha)]}{\pi(n-\alpha)}R_N(n)=\frac{\sin[0.5\pi(n-10)]}{\pi(n-10)}R_N(n)$。

6.10　第一种和第四种线性相位 FIR 数字滤波器可以用于设计高通滤波器，而第二种和第三种不能用来设计高通滤波器，因为它们在 $z=1$ 上必须为 0。

6.11　滤波器需要的通带最大误差为 $\delta_1=0.05$，阻带最大误差为 $\delta_2=0.1$，将它们转换为分贝(dB)，可得

通带最大衰减 $A_p=-20\lg(1-\delta_1)=0.445\ \text{dB}$，　$20\lg\delta_1=-26\ \text{dB}$

阻带最小衰减 $A_s=-20\lg\delta_2=20\ \text{dB}$，　$20\lg\delta_2=-20\ \text{dB}$

窗函数的旁瓣峰值幅度要小于 −26 dB，查看表 6-3，汉宁窗(Hanning)、海明窗(Hamming)、布拉克曼窗(Blackman)满足这个技术指标。

汉宁窗(Hanning)：$0.35\pi-0.25\pi=\frac{8\pi}{N}$，$N=80$。

海明窗(Hamming)：$0.35\pi-0.25\pi=\frac{8\pi}{N}$，$N=80$。

布拉克曼窗(Blackman)：$0.35\pi-0.25\pi=\frac{12\pi}{N}$，$N=120$。

6.16　(1) 有两种类型，滤波器单位脉冲响应的长度 N 为奇数时，属于第一种线性相位 FIR 数字滤波器；N 为偶数时，属于第二种线性相位 FIR 数字滤波器。

(2) $H_k=\begin{cases}1 & (k=0,\ 1)\\ -1 & (k=7)\\ 0 & (k=2,\ 3,\ 4,\ 5,\ 6)\end{cases}$，$\theta_k=-\frac{N-1}{2}\cdot\frac{2\pi}{N}k=-\frac{7}{8}\pi k$。

(3) $h(n)=\frac{1}{8}\left[1+2\cos\left(\frac{2\pi}{8}n-\frac{7\pi}{8}\right)\right]\quad(0\leqslant n\leqslant 7)$。

6.17　$N=5$，第一种线性相位 FIR 数字滤波器。

$$H_k=\begin{cases}0 & (k=0)\\ 1 & (k=2,\ 3)\\ 0.39 & (k=1,\ 4)\end{cases}$$

$$\theta_k=-\frac{2\pi}{N}k\cdot\frac{N-1}{2}=-\frac{2\pi k}{5}\times 2$$

即 $\theta_k=-\frac{4\pi}{5}k\quad(0\leqslant k\leqslant 4)$。

6.19　(1) $H_k=\begin{cases}1 & (k=0,\ 1,\ 14)\\ 0.6 & (k=2,\ 13)\\ 0 & (3\leqslant k\leqslant 12)\end{cases}$。

$\theta_k=-\frac{2\pi}{N}k\ \frac{N-1}{2}=-\frac{14\pi}{15}k\quad(0\leqslant k\leqslant 14)$。

(2) $h(n)=\frac{1}{15}\left[1+2\cos\left(\frac{2\pi}{15}n-\frac{14\pi}{15}\right)+1.2\cos\left(\frac{4\pi}{15}n+\frac{2\pi}{15}\right)\right]$。

第 7 章

7.1 (1) 10110010 为原码、反码和补码表示时，对应的十进制数分别为－50、－77、－78；

(2) 01110011 为原码、反码和补码表示时，对应的十进制数均为 115；

(3) 1.1100011 为原码、反码和补码表示时，对应的十进制数分别为－0.7734、－0.2188、－2266；

(4) 0.1001111 为原码、反码和补码表示时，对应的十进制数均为 0.6172。

7.2 0.125 的原码、反码、补码均为 00.0010；

－0.125 的原码为 10.0010，反码为 11.1101，补码为 11.1110；

0.1875 的原码、反码、补码均为 00.0011；

－0.1875 的原码为 10.0011，反码为 11.1100，补码为 11.1101；

1.388 的原码、反码、补码均为 01.0110；

－1.388 的原码为 11.0110，反码为 10.1001，补码为 10.1010。

7.5 由于 A/D 变换的量化效应，滤波器输入端的量化噪声功率为

$$\sigma_e^2 = \frac{q^2}{12} = \frac{1}{12}2^{-2b} = \frac{2^{-16}}{3}$$

滤波器输出端的量化噪声功率为

$$\begin{aligned}\sigma_f^2 &= \sigma_e^2 \cdot \frac{1}{2\pi \mathrm{j}}\oint_c z^{-1}H(z)H(z^{-1})\mathrm{d}z \\ &= \sigma_e^2 \cdot \frac{1}{2\pi \mathrm{j}}\oint_c \frac{1}{(1-0.3z^{-1})(1-0.7z^{-1})} \cdot \frac{1}{(1-0.3z)(1-0.7z)}\frac{\mathrm{d}z}{z}\end{aligned}$$

围线 c 内只有两个极点 $z_1=0.7$，$z_2=0.3$，根据留数定理有

$$\begin{aligned}\sigma_f^2 &= \sigma_e^2\frac{1}{2\pi \mathrm{j}}\oint_c \frac{z}{(z-0.3)(z-0.7)(1-0.3z)(1-0.7z)}\mathrm{d}z \\ &= \sigma_e^2\sum_k(\text{积分函数在围线内极点 } z_k \text{ 上的留数}) \\ &= \sigma_e^2\{\mathrm{Res}[z^{-1}H(z)H(z^{-1}),0.3] + \mathrm{Res}[z^{-1}H(z)H(z^{-1}),0.7] \\ &= \sigma_e^2\left[\frac{0.3}{-0.4\times(1-0.3\times0.3)\times(1-0.7\times0.3)} + \frac{0.7}{0.4\times(1-0.3\times0.7)\times(1-0.7\times0.7)}\right] \\ &= \sigma_e^2(-1.0433+4.3435) = 3.3002\sigma_e^2 \\ &= 1.6786\times10^{-5}\end{aligned}$$

7.6 根据题目可知，8 bit 的存储器字长分配 1 bit 为符号位，1 bit 为整数位，6 bit 为小数位，则

$$\hat{H}(z) = 1 - 1.5156z^{-1} + 0.2031z^{-2}$$

参考文献

[1] OPPENHEIM A V, SCHAFER R W. Discrete-time signal processing. 2nd. Prentice Hall, Inc., 1999.

[2] 奥本海姆，谢弗，巴克. 离散时间信号处理. 2版. 刘树棠，黄建国，译. 西安：西安交通大学出版社，2001.

[3] OPPENHEIM A V, SCHAFER R W. Digital signal processing. Prentice Hall, Inc., 1975.

[4] MITRA S K. Digital signal processing: a computer-based approach. 2nd. McGraw-Hill Companies, Inc., 2001. 北京：清华大学出版社，2001.

[5] VINAY K I, JOHN G P. Digital signal processing: using MATLAB. Thomson Learning, 2000.

[6] 恩格尔，普罗克斯. 数字信号处理：使用 MATLAB. 刘树棠，译. 西安：西安交通大学出版社，2002.

[7] ORFANIDIS S J. Introduction to signal processing. Prentice Hall, International, Inc., 1998.

[8] LUDEMAN L C. Fundamentals of digital signal processing. Harper & Row, Publishers, Inc., 1986.

[9] ROBERTS R A, MULLIS C T. Digital signal processing. Addison-Wesley Publishing Company, Inc., 1987.

[10] 程佩青. 数字信号处理教程. 2版. 北京：清华大学出版社，2001.

[11] 丁玉美，高西全. 数字信号处理. 2版. 西安：西安电子科技大学出版社，2001.

[12] 李素芝，万建伟. 时域离散信号处理. 长沙：国防科技大学出版社，1994.

[13] 海因斯. 数字信号处理. 张建华，卓力，张延华，译. 北京：科学出版社，2002.

[14] 邹理和. 数字信号处理：上册. 北京：国防工业出版社，1985.

[15] 吴镇扬. 数字信号处理的原理与实现. 南京：东南大学出版社，1998.

[16] 戴悟僧. 数字信号处理导论. 上海：上海科学技术出版社，2000.

[17] 王世一. 数字信号处理. 修订版. 北京：北京理工大学出版社，1997.

[18] 吴湘淇. 信号系统与信号处理. 北京：电子工业出版社，1999.

[19] 姚天任，孙洪. 现代数字信号处理. 武汉：华中理工大学出版社，1999.

[20] 陈贵明，张明照，戚红雨. 应用 MATLAB 语言处理数字信号与数字图像. 北京：科学出版社，2000.

[21] 黄文梅，熊桂林，杨勇. 信号分析与处理. 北京：国防科技大学出版社，2000.

[22] 高西全，丁玉美，阔永红. 数字信号处理：原理、实现及应用. 北京：电子工业出版社，2006.
[23] CLFEACHOR E，WJERVIS B. 数字信号处理实践方法. 北京：电子工业出版社，2003.
[24] OPPENHEIM A V，WILLSKY A S，YOUNG I T. Signal and systems. Prentice Hall，Inc.，1983.
[25] 奥本海姆，等. 信号与系统. 钱忠良，徐建勋，陈孝榕，译. 杭州：浙江科学技术出版社，1991.